GÉOLOGIE AGRICOLE

PREMIÈRE PARTIE

DU

COURS D'AGRICULTURE COMPARÉE

FAIT A L'INSTITUT NATIONAL AGRONOMIQUE

Par Eugène RISLER

DIRECTEUR DE L'INSTITUT AGRONOMIQUE

MEMBRE DE LA SOCIÉTÉ NATIONALE D'AGRICULTURE DE FRANCE

MEMBRE DU CONSEIL SUPÉRIEUR DE L'AGRICULTURE

TOME IV ET DERNIER

PARIS

BERGER-LEVRAULT ET Cie

LIBRAIRES-ÉDITEURS

5, rue des Beaux-Arts, 5

LIBRAIRIE AGRICOLE

DE LA MAISON RUSTIQUE

26, rue Jacob, 26

1897

GÉOLOGIE AGRICOLE

NANCY, IMPRIMERIE BERGER-LEVRAULT ET Cie.

Berger-Levrault et Cie, Éditeurs.

LE GRAISIVAUDAN.

D'après une photographie de M. Jourdan-Laforte.

GÉOLOGIE AGRICOLE

PREMIÈRE PARTIE

DU

COURS D'AGRICULTURE COMPARÉE

FAIT A L'INSTITUT NATIONAL AGRONOMIQUE

Par Eugène RISLER

DIRECTEUR DE L'INSTITUT AGRONOMIQUE

MEMBRE DE LA SOCIÉTÉ NATIONALE D'AGRICULTURE DE FRANCE

MEMBRE DU CONSEIL SUPÉRIEUR DE L'AGRICULTURE

TOME IV ET DERNIER

PARIS

BERGER-LEVRAULT ET Cie
LIBRAIRES-ÉDITEURS
5, rue des Beaux-Arts, 5

LIBRAIRIE AGRICOLE
DE LA MAISON RUSTIQUE
26, rue Jacob, 26

1897

GÉOLOGIE AGRICOLE

CHAPITRE XVI (*Suite*)

LES TERRAINS TERTIAIRES ET QUATERNAIRES DU SUD-OUEST DE LA FRANCE

§ 7. — Les départements du Tarn, du Lot, de Tarn-et-Garonne et de Lot-et-Garonne.

A mesure que, des plaines du sud-ouest, on s'avance vers le nord ou vers les montagnes du centre, on trouve des terrains tertiaires de plus en plus anciens ; et, en même temps, les dépôts d'eau douce remplacent peu à peu les dépôts marins. Tandis que les formations pliocènes et miocènes prédominent, comme nous l'avons vu dans les Landes, la Gascogne et le Lauraguais, les mollasses et les calcaires de l'époque oligocène, souvent recouverts par des graviers, des sables ou des limons quaternaires, ont constitué la plupart des plateaux qui s'étendent sur la rive droite de la Garonne, entre les fertiles alluvions des vallées du Dropt, du Lot, de l'Aveyron et du Tarn; et, sur les limites de ce bassin tertiaire, nous rencontrons des terrains d'origine éocène, appuyés, les uns sur les granites de la Montagne-Noire ou du Plateau central, les autres sur les calcaires jurassiques ou crétacés du Quercy et du Périgord.

Le classement géologique de ces terrains tertiaires est difficile, mais leur ensemble n'en forme pas moins une région naturelle dont les caractères agricoles sont assez nets. Pour suivre l'ordre chronologique des formations, nous allons commencer leur description par l'éocène du Tarn et nous reviendrons de là vers l'ouest, en parcourant les départements du Lot, de Tarn-et-Garonnne et de Lot-et-Garonne.

Le département du Tarn se compose de deux parties qui diffèrent à la fois par le climat et par la constitution géologique. La partie orientale, froide et humide, est formée par les monts de Lacaune et du Sidobre qui relient la Montagne-Noire au Plateau central et dessinent avec eux une sorte de golfe ouvert au sud-ouest et protégé contre les vents du nord et de l'est par cette ceinture de montagnes. C'est dans ce golfe que les terrains tertiaires et quaternaires sont venus se déposer en plateaux dont l'altitude varie de 200 à 250 mètres et qui sont séparés par les vallées de l'Agout, du Dadou et du Tarn.

A. — *Éocène moyen.*

a) *Sables et argiles à graviers du littoral du bassin tertiaire.* — Les plus anciens sédiments tertiaires que l'on trouve dans le département du Tarn et surtout aux environs de Castres, se composent de *sables argileux rougeâtres* et d'*argiles à graviers* dont les éléments peu roulés proviennent de la Montagne-Noire. Comme ces dépôts ne contiennent aucun fossile, il a été fort difficile de déterminer leur âge. Dans un mémoire qu'il vient de publier[1], M. Vasseur démontre qu'ils sont contemporains des terrains nummulitiques des Pyrénées et de la Montagne-Noire et, par conséquent, du calcaire grossier inférieur du bassin de Paris.

M. Ernest Barthe, propriétaire à la Tuilerie neuve, près de Castres, a bien voulu me communiquer sur les sables argileux rougeâtres et argiles à graviers les détails qui vont suivre :

Sur les contreforts des massifs montagneux du Tarn (granites, granites-gneiss, gneiss, schistes cambriens ou siluriens, schistes argi-

1. *Bulletin des services de la carte géologique de la France.* 1894.

leux) s'étale une série de bancs argileux et arénacés, parfois bréchiformes, dont la sédimentation discordante et la coloration rouge tranchent vivement avec les lignes sombres et redressées des roches primitives et primaires qui forment le substratum de ce premier essai de formation éocène. L'étendue de ces dépôts détritiques est très considérable en longueur, mais elle n'occupe en largeur qu'un faible espace souvent réduit à 4 ou 5 kilomètres. C'est un long ruban rouge, souvent brisé et interrompu, qui se déroule sur les flancs de nos montagnes les moins escarpées, disparaît totalement sur les pentes raides et se plaît à occuper, de préférence, les versants mollement inclinés, les croupes arrondies, les plateaux ou la base des talus.

Dans le canton de Dourgne, près de Touscairats et de Rasigons, puis à Escoussens, au sud de Labruguière, ainsi qu'au petit Causse de Mazamet, se sont déposés des bancs de glaises tégulines d'une grande vivacité de teinte qui sont utilisées par les tuileries des environs. L'industrie céramique exploite également de belles marnières situées dans la haute vallée du Thoré, près de Saint-Amans-Soult et notamment au Simon d'Albine qui possède des bancs argileux très recherchés pour la fabrication des tuiles.

En revenant sur nos pas et en descendant la rive droite du Thoré, nous trouvons des dépôts d'argile très sableuse, profondément ravinés, qui se sont établis sur les pentes gneissiques du Vintrou, du Pont-de-Larn, de Saint-Baudille et de Rigautou. A partir de cette dernière localité, où les calcaires lacustres débutent brusquement par la haute colline du pic du Nègre, la partie sud des argiles rouges disparaît sous l'épais manteau de pierre calcaire, tandis que la portion la plus importante, restée à l'état libre, se développe largement à Augmontel et dans la direction de Notre-Dame-de-Noaillac.

Il est incontestable que le plateau calcaire du *grand Causse* repose tout entier sur les argiles et les brèches rutilantes qui obéissent à toutes les dislocations, fractures, effondrements, failles, dont cette intéressante région a été le théâtre. Partout où les ravines ont une profondeur suffisante, on est certain de revoir sous ce calcaire le substratum argileux rouge qui lui reste invariablement fidèle jusqu'aux portes de Castres, au rocher de Lunel, où l'on pouvait le distinguer, il y a 30 ans, à quelques mètres de la chaufournerie des bords de l'Agout. Depuis cette époque, les travaux des carriers ont masqué cette superposition, aujourd'hui ensevelie sous les menus débris de l'exploitation.

Les argiles à graviers restées à découvert à Rigauton et à Augmontel prennent une grande importance dans la vallée de la Durenque, à la Peyrugue, à Peyrols, au château de la Poussarié. De là, elles passent par des collines élevées dans le bassin de l'Agout en formant les jolies vallées de Teillède, de Galibran et de Tournemire et en gagnant, de terrasse en terrasse, les croupes granitiques du Sidobre.

De Tournemire et de la Perrulle, ces argiles enjambent la profonde vallée de l'Agout, pénètrent dans le canton de Roquecourbe où elles reposent constamment sur les schistes siluriens, parviennent dans le pays de Montredon et s'y étalent à des niveaux relativement élevés, marqués à la cote de 550 mètres. Leur bordure occidentale s'enfonce avec des découpures innombrables sous les grès marneux, qui s'imprègnent fréquemment de la teinte rouge caractéristique. Sur la rive droite du Dadou, commence le pays d'Albigeois, où la formation rougeâtre, loin d'avoir épuisé ses matériaux, prend un nouvel essor[1], se combine d'abord avec les argiles rutilantes du permien de Réal-

---

1. Voici ce que dit M. G. Vasseur de cette extension des *argiles à graviers* dans l'Albigeois :

Les *argiles à graviers*, qui constituent, aux environs de Mazamet et de Castres, l'équivalent du nummulitique de la Montagne-Noire, ne paraissent pas se prolonger sur la feuille d'Albi (de la carte géologique détaillée).

Lorsqu'on suit la bordure du bassin tertiaire à partir de Mazamet, en se dirigeant vers le nord, on voit d'abord le calcaire lacustre de Castres et du causse de Labruguière passer latéralement à la *formation détritique littorale*.

Plus au nord, le même facies se continue dans les mollasses de Lautrec, au voisinage des terrains anciens, et c'est à l'ensemble de ces deux assises éocènes qu'il faut sans doute rapporter les sables et les argiles à graviers qui s'étendent depuis les environs de Réalmont (feuille d'Albi) jusqu'à la vallée du Tarn (Arthez).

Sur la rive droite de cette rivière, et en avançant toujours vers le nord, on voit les graviers littoraux envahir progressivement des dépôts tertiaires de plus en plus récents. Les argiles à graviers qui affleurent au-dessous du calcaire à mélanies dans les vallées situées entre Saint-Cernin, Cognac et Notre-Dame-de-la-Drèche appartiennent, en effet, à l'éocène supérieur. Enfin, dans les environs de Salles et de Monestiès, le même facies se poursuit dans l'oligocène, atteignant en certains points la base du calcaire de Cordes (calcaire supérieur de Taix).

mont qu'elle recouvre transgressivement, puis se dirige vers la haute vallée de l'Assou.

L'étendue importante des argiles dont nous venons d'esquisser les contours a subi une longue série d'érosions et a été divisée en une multitude de lambeaux isolés les uns des autres par les vallées principales et secondaires, par les plus petits cours d'eau, souvent même par de simples ravins. Dans les grandes pentes, elles ont totalement disparu.

Il est à noter que, dans cette formation éocène, l'action des eaux quaternaires est restée partout appréciable. Si nous trouvons sur certains points des dénudations énormes, nous découvrons ailleurs des alluvions sableuses et caillouteuses qui ont recouvert les argiles d'un manteau pierreux assez épais pour y interdire l'usage de la charrue. Ces entassements de galets sont formés par des fragments de quartz laiteux ou jaunâtres recouverts d'une patine ocreuse. A peine roulés, ces matériaux de dimension pugillaire et céphalaire doivent leur origine aux terrains granitiques ou schisteux des environs. Tout entassement de cailloux trop volumineux devient un obstacle pour la culture des céréales et ne peut être utilisé que par des semis de conifères qui se développent assez rapidement malgré la pauvreté du sol.

Même de nos jours, les phénomènes actuels entament souvent les couches les plus sableuses. Malgré leur perméabilité et leur puissance d'imbibition, ces lits aréneux sont loin d'être à l'abri du ruissellement des eaux courantes. Quand une pluie torrentielle s'abat sur ces terrains meubles, elle creuse des rigoles qui s'agrandissent et se transforment en ravins profonds, laissant apparaître les formations anciennes sous-jacentes. Plus tard, sous l'effort répété de nouvelles eaux sauvages, entraînant avec elles un cortège de cailloux de quartz, les parois de ces ravins s'écroulent, l'œuvre de destruction se poursuit et les terres les plus fines roulent vers le thalweg, abandonnant derrière elles les blocs quartzeux dépouillés de leurs gangues argileuses. Voici l'ordre stratigraphique des assises :

N° 6. 5 à 10 mètres. Manteau caillouteux quaternaire, gros graviers ;

N° 5. 10 à 30 mètres. Argiles sableuses avec menus graviers de quartz ; terre arable ;

N° 4. 10 à 40 mètres. Argiles plastiques rutilantes ;

N° 3. 1 à 2 mètres. Conglomérats à grains fins, grès agglutinés par une pâte ferrugineuse (Gasquignolles, Boisnoir de Gaïx, la Pérarié, etc.) ;

N° 2. 2 à 3 mètres. Argiles blanches kaoliniformes avec feldspath décomposé (La Mengabarié, La Terrisse, près Notre-Dame-de-Noaillac) ;

N° 1. 1 mètre. Conglomérats bréchiformes cimentés par l'oxyde de fer (Rigautou, Malacan, Lavergne).

La série n'est jamais complète.

Tandis que les n°s 6, 5 et 4 sont les plus importants et ceux qui constituent la couche arable, 3, 2 et 1 n'ont qu'une faible épaisseur et forment des éléments tout à fait accessoires en géologie agricole.

N° 1. Un des traits les plus saillants de la formation consiste dans la présence des brèches silico-ferrugineuses qui se sont agglutinées sur son extrême bordure au contact des schistes à minéraux siluriens. Les éléments ferrugineux des filons, sous l'influence des eaux météoriques, sont passés à l'état de peroxyde hydraté et se sont souvent combinés (Roquecourbe) à l'oxyde de manganèse. De là, résultent dans ces points de contact, des conglomérats brun-rouge où les blocs de quartz cloisonnés, à cristaux limpides, solidement cimentés, défient par leur dureté le choc du marteau (Boinezon, Notre-Dame, Malacan, Lavergne, Roquecourbe, Bouyrol).

N° 2. Les argiles kaoliniformes sont évidemment originaires du plateau granitique du Sidobre. Le transport de ces arènes par les eaux chargées d'acide carbonique a causé une altération profonde du feldspath et l'a transformé en une roche friable et pulvérulente que la moindre pression des doigts écrase. Le mica est en lamelles blanches ou dorées et le quartz en grains vitreux de très petite dimension (La Mengabarié près Augmontel, La Terrisse près Notre-Dame, La Pounasié, La Motte entre Vénès et les Fournials). — Toutes ces argiles où le feldspath décomposé prédomine pourraient être exploitées pour la fabrication de produits réfractaires.

N° 3. Les conglomérats à grains fins, de même que les argiles kaoliniformes, contiennent les trois éléments du granite et présentent parfois le facies de véritables arkoses. Ils sont cimentés par une pâte argileuse très rouge. Ces grès sont quelquefois friables et peu agglomérés, mais on en trouve également qui sont fortement agglutinés par une combinaison de calcaire, de silice et de fer et présentent une cohésion aussi intime que les granites. Leurs irrégularités de texture les ont fait rejeter par l'industrie du bâtiment. Ne se montrant que par des affleurements au fond des ruisseaux et des ravins, ils seraient difficilement exploitables (Augmontel, Gasquignolles, Le Castelet, Ruisseau de la Pérarié, Bois de Gaïx, Galibran).

N° 4. Le sous-sol est ordinairement constitué par l'argile plastique rutilante qui a une grande puissance et représente, à elle seule, plus d'un tiers de la formation.

C'est sur ce fond franchement imperméable que se concentrent toutes les eaux infiltrées dans le manteau caillouteux quaternaire et les argiles sableuses à menus graviers. Au-dessus de cette argile plastique, interposée au milieu de la série, jaillissent les sources de la région. L'eau est suffisamment abondante dans ces terrains, et c'est grâce à cette précieuse ressource que la prairie atteint un développement considérable dans la plupart des fermes du pays. Ces eaux jaillissantes sont toujours très ferrugineuses ; l'oxyde de fer surnage à leur surface sous forme de pellicules irisées ou se dépose sur les parois des fontaines en limonite ocreuse.

N° 5. Le terme représenté par les argiles sableuses est uniformément répandu sur toute la surface de la formation où souvent le sable prédomine aux dépens de l'argile qui se dissimule dans les profondeurs du sous-sol. L'argile sableuse forme presque partout la couche arable.

Les sables se composent de grains de quartz blanc laiteux passant souvent à l'état de gros graviers pugillaires. Toute cette couche est éminemment perméable.

N° 6. Les eaux des temps quaternaires ont transporté des masses de cailloux de quartz sur les argiles et sables éocènes, au point de les rendre parfois infertiles.

Considéré dans son ensemble, le terrain est très pauvre en chaux. Seules, ses couches supérieures, lorsqu'elles sont en contact avec les calcaires du grand Causse, peuvent être considérées comme de véritables marnes (20 p. 100 de chaux et au-dessus)[1]. Les couches restées à l'état libre et soumises à la culture contiennent de la silice et du fer en excès; le feldspath orthose leur fournit une teneur en potasse assez importante, mais difficilement assimilable; la végétation dont se couvre spontanément le sol fournit, par ses détritus, un peu d'azote; l'acide phosphorique ne fait pas complètement défaut. Depuis plus de 50 ans, le chaulage est en honneur dans cette région tout entière où la terre continue à absorber de la chaux sans manifester la moindre lassitude de cette saturation. Ce régime est adopté, presque sans exception, par les cultivateurs qui répandent généralement la chaux en février, à raison de 3,520 kilogr. à l'hectare, sur les labours destinés à recevoir la pomme de terre. En octobre, immédiatement après la récolte du précieux tubercule qui donne des rendements beaucoup plus rémunérateurs que les céréales, soit 9,400 kilogr. de pommes de terre à l'hectare, pour une semence de 1,175 kilogr. à l'hectare, on se hâte de labourer à l'araire et de semer du blé ou du seigle, suivant l'altitude des champs. Au froment, succède une avoine avec fumier de ferme (15,000 kilogr. à l'hectare), puis vient un trèfle qu'on laisse végéter pendant plusieurs années avant d'entreprendre sa rupture. Cette légumineuse, qui est la plante fourragère favorite de la contrée, répond pendant les deux premières années à la confiance que lui témoigne le cultivateur et donne un rendement de 3,500 à 4,000 kilogr. à l'hectare. Dans les champs médiocres, trop sableux ou trop caillouteux, après la pomme de terre chaulée et une avoine sans fumier, vient une jachère prolongée pendant deux ou trois ans sous forme de pâturage. Les préférences sont pour la chaux grasse, malgré son prix élevé (18 fr. les 1,000 kilogr.). Elle

1. Les argiles plastiques, en contact avec le calcaire lacustre, passent à l'état de marnes très attaquables par les acides. Ces marnes seraient suffisamment riches en carbonate de chaux pour être employées en agriculture et suppléer au chaulage. Leur exploitation à flanc de coteau serait peu coûteuse. Nous ne savons pas que des essais de marnage aient été tentés par les cultivateurs, qui, trompés par la similitude des teintes, admettent en principe que les terres rouges sont privées d'éléments calcaires. Séduits par la couleur blanche des argiles kaoliniformes, quelques fermiers les ont prises pour des tufs précurseurs d'un calcaire massif sous-jacent. Ils ont fouillé avec persistance dans ces arènes blanches et, après avoir traversé leurs lits, n'ont trouvé, à leur plus grande stupéfaction, que des schistes cristallins. (E. Barthe.)

se gonfle et foisonne dans de plus grandes proportions que les chaux maigres ou demi-hydrauliques trop longues à se déliter (12 fr. les 1,000 kilogr.). Après avoir chaulé une pièce de terre, on laisse écouler 5 ans au moins avant de la soumettre au même traitement. Ce système de chaulage est pratiqué dans toute la montagne du Castrais, dans les granites, gneiss et schistes.

Ces terres arables sont meubles, faciles à travailler par tous les temps et ne réclament pas des labours profonds. On n'a recours à la grande charrue que pour les défoncements et ruptures de pâturages. Le froment est semé à la volée à raison de 2^{hl},33 à l'hectare ; le rendement est de 13 à 14 hectolitres à l'hectare ; le poids, 76 kilogr. à l'hectolitre. Au-dessus de l'altitude de 400 mètres, le seigle remplace le blé. Le maïs mûrit mal et ses grains sont légers[1].

Les prairies de l'éocène sont fraîches et vertes, très résistantes à la sécheresse, un peu marécageuses quand elles reposent sur l'argile plastique imperméable. Les surfaces étant toujours suffisamment inclinées pour permettre un drainage facile, on se débarrasse des eaux stagnantes au moyen de tranchées remplies de cailloux qui sont dirigées vers un grand fossé collecteur. L'arrosage se fait à l'aide d'emprunts faits aux cours d'eau ou plus fréquemment par des bassins d'irrigation construits à peu de frais avec des battues d'argile et des murs de soutènement en pierres sèches, le tout édifié sans le secours du sable et du mortier. Le paysan sait recueillir la plus petite source ; les plus chétifs suintements sont captés et réunis dans les bassins. Quand l'eau emmagasinée est suffisamment abondante pour se répandre dans toute la prairie ou dans une portion importante de sa surface, les vannes s'ouvrent et l'irrigation a lieu. Les prairies sont fumées tous les trois ans avec 18,000 à 20,000 kilogr. de fumier à l'hectare et, de loin en loin, par 500 kilogr. à l'hectare de scories de déphosphoration. Les mieux arrosées donnent

---

1. Évidemment tout ce que dit M. Barthe de l'agriculture des sables et argiles éocènes s'applique également aux terrains de transport quaternaires qui, très souvent, sont venus les recouvrir et qu'il est, d'ailleurs, très difficile d'en distinguer, parce qu'ils se composent tous deux de matériaux dérivés des roches de la Montagne-Noire, du Sidobre et des monts de Lacaune.

4,500 kilogr. de foin à l'hectare, plus le pâturage des bestiaux pendant l'automne et une partie du printemps. Celles qui sont abandonnées à leurs propres forces, sans fumiers ni engrais chimiques, ont des rendements bien inférieurs, 2,500 à 3,000 kilogr. à l'hectare. Le foin est d'assez bonne qualité, mais quelques mauvaises plantes s'y montrent de temps à autre, par exemple : le *Rhinanthus major*, les *Ranunculus aconitifolius, R. flammula, R. sceleratus*, que le bétail fuit avec horreur. Le prix de la prairie de premier choix peut s'élever à 4,000 fr. l'hectare, la prairie médiocre ne dépasse guère 2,000 fr. l'hectare.

La sylviculture comprend principalement des bois de chênes qui occupaient autrefois le quart ou le cinquième de la région. Plusieurs de ces bois ont été malheureusement défrichés de 1878 à 1882 pour faire place à des plantations de vignes qui ne durèrent pas longtemps ; elles furent détruites par le phylloxéra dont les colonies meurtrières s'établirent dans ces argiles sableuses et s'y multiplièrent comme dans une terre d'élection. Tous ces vignobles disparus ont créé des friches abandonnées au ruissellement des pluies qui les ravineront si on ne fait pas un effort pour reconstituer la forêt. Depuis 50 ans, les forêts de pins se sont multipliées sur les croupes arides ou caillouteuses où le *Sarothamnus scoparius* et l'*Erica scoparia*, malgré leur rusticité, avaient de la peine à végéter. Ces bois de conifères sont établis par des semis et non par des plantations. On laboure à la charrue, aussi profondément que le sol caillouteux peut le permettre, et on sème, par hectare, 50 kilogr. de graine de pin de provenance landaise. Plusieurs propriétaires sèment les pins sur des terres bien ameublies et peu caillouteuses en même temps que les céréales d'automne. Les jeunes pins germent et poussent au milieu du blé et de l'avoine, sans souffrir de ce voisinage que les travaux de la moisson suppriment, tout en respectant le semis de conifères encore à l'état rudimentaire. Cette méthode, peu applicable aux terres très mauvaises, a été mise en pratique par M. de Solages sur son domaine de Castelfranc : elle économise 50 p. 100 de semence et l'on obtient, grâce à la fertilité du sol, une végétation plus active. — A l'âge de 5 ans, les jeunes pins subissent un premier émondement des branches latérales ; à 8 ans, ils sont éclaircis ; à 12 ans, ils le sont une deuxième fois ; à 25 ou 30 ans, suivant le terrain, ils doivent être coupés et vendus. Il y a 15 ans, un hectare de pins de 30 ans valait encore 2,500 fr. l'hectare. Aujourd'hui, la dépréciation est sensible, la forêt ayant pris de grandes proportions et la demande étant restée stationnaire. Une perche de pin ne vaut guère plus de 0 fr. 75 c. Ce bois est rejeté par la construction et le chauffage et n'est utilisé que par les tuileries et chaufourneries.

Après une coupe de bois en futaie, le propriétaire cède au bûcheron qui a abattu et débité les arbres le droit de faire des écobuages. La surface du sol forestier est alors enlevée par tranches à l'aide d'une houe plate et bien aiguisée. Les tranches qui ont 0m,05 d'épaisseur sont déposées, à distances égales, sous forme de petits tas coniques auxquels on met le feu. Ces gazons lentement consumés que l'on répand uniformément à la pelle sur la surface à cultiver, abandonnent, après leur complète combustion, des cendres terreuses, rubéfiées par l'action du feu et très chargées de carbonates alcalins. Semés en blé ou en seigle, les écobuages donnent de beaux rendements. L'année suivante, en automne, on réunit en faisceaux les jeunes tiges âgées de six mois, on bêche très superficiellement la terre au trident et on ensemence une deuxième céréale, soit un seigle, soit une avoine.

Sur cette zone littorale du bassin tertiaire, le bétail constitue un des principaux revenus de l'agriculture. L'espèce bovine est représentée par une race montagnarde indigène, dont les plus beaux types sont originaires des plateaux granitiques d'Anglée ou du Sidobre. Le cheptel vivant se compose surtout de vaches réservées aux plus durs travaux. Infatigables marcheuses, attelées à leurs chars à deux roues, ces bêtes nerveuses et robustes vont jusque dans le Narbonnais prendre des chargements de vin. En revanche, elles sont assez mauvaises laitières et impropres à l'engraissement. Quand on veut augmenter leur production de lait, pendant les rigueurs de l'hiver, on les alimente avec des quantités de choux, très cultivés dans les environs de Castres.

Une ferme de 50 hectares nourrit facilement 7 à 8 paires de vaches ; le petit cultivateur qui travaille lui-même son champ a souvent une paire de vaches pour les deux ou trois hectares labourables qu'il possède. L'espèce ovine est indigène et forme de grands troupeaux dans les propriétés de 100 hectares et au-dessus.

La culture est faite, dans les exploitations importantes, par des métayers et des fermiers, quelquefois par des maîtres valets. Une partie du sol, la meilleure et la plus productive, est travaillée directement par les petits propriétaires dont les habitations sont groupées en villages ou hameaux; autour de ces villages le sol est morcelé à l'infini et forme un véritable échiquier. (E. Barthe.)

b) *Calcaire lacustre du causse de Labruguière.* — Non loin de Castres, un vaste plateau de calcaire lacustre s'étend au-dessus des sables et argiles à graviers, entre les vallées du Thoré et de la Durenque et depuis Labruguière au sud jusqu'à Valdurenque au nord. On lui a donné le nom de *causse* comme à tous les plateaux de calcaire tertiaire du Castrais et de l'Albigeois, comme à ceux de calcaire jurassique du Lot et de l'Aveyron qui se ressemblent tous par l'aridité de leurs surfaces et par l'aspect ruiniforme de leurs bords; et l'on appelle spécialement *grand Causse* ou *causse de Labruguière et d'Augmontel* celui des environs de Castres. Ses calcaires sont riches en fossiles; ils sont caractérisés surtout par le *Planorbis pseudoammonius* et la *Limnea Michelini,* et M. G. Vasseur les considère comme synchroniques des *grès à Lophiodon d'Issel* que nous avons vus dans le département de l'Aude.

Le causse de Labruguière, m'écrit M. R. Batut, ancien élève de l'Institut agronomique, représente une grande table calcaire terminée au sud de la vallée du Thoré par des falaises qui, tantôt baignent dans la rivière et tantôt en sont séparées par de grandes bandes de terre d'alluvion extrêmement fertile (fermes de Bonnery et de la Bernussarié). Parfois encore ces falaises se sont effondrées; et sur ces éboulis, dont la surface est formée de fragments calcaires assez ténus, mêlés d'un peu de terre végétale, poussaient autrefois des vignes détruites aujourd'hui par l'invasion phylloxérique.

A l'ouest, le plateau s'abaisse en pentes douces vers la vallée de l'Agout et vient se rattacher aux collines des environs de Castres. Au nord, il surplombe, par des pentes raides et boisées de hêtres et de chênes, la vallée de la Durenque, affluent de l'Agout.

A l'est, il se rattache au massif granitique du Sidobre par une

sorte de col dans lequel vient passer la route nationale d'Albi en Espagne.

L'intérieur est une grande plaine très légèrement ondulée, coupée de ravins profonds qui ne se laissent guère deviner de loin et que l'on ne voit pour ainsi dire que du bord. Lorsqu'on se trouve au fond de ces ravins, on aperçoit la crête coupée à pic sur 2 à 3 mètres de hauteur et laissant voir les entablements de roche, puis des pentes plus douces. Au fond se trouvent généralement des parties cultivées et les seules prairies que puisse produire le causse. L'axe du ravin est occupé par le lit d'un torrent qui reste à sec, sauf au moment des très gros orages. Il est plein de débris provenant des pentes avoisinantes, débris qui n'ont même pas été roulés par les eaux.

Une partie du causse a été achetée par l'État pour servir de champ de tir à l'artillerie. Dans le reste on trouve des fermes isolées, mais pas un village. Ces fermes sont presque toutes situées sur le plateau, à peine y en a-t-il deux ou trois dans les ravins. Les bâtiments sont généralement disposés sur une seule ligne et orientés de l'est à l'ouest, et protégés par des haies de buis, toujours très vigoureux dans le causse.

Il n'est pas rare de voir une seule exploitation pour 200 ou 300 hectares. Inutile de dire que sur une si grande étendue 20 ou 30 hectares au plus sont cultivés. Le reste forme d'immenses parcours sans aucun fond de terre sur lesquels poussent à travers les petits débris calcaires des plantes calcicoles telles que le chardon sans tige, le thym, la lavande, le serpolet, la ronce des champs, le buis et une herbe courte et rare, mais très savoureuse. Ces parcours servent à des troupeaux qui comptent ordinairement 100 ou 200 têtes; ils appartiennent à une variété de la race de la Montagne-Noire qui, d'après M. Sanson, doit se rattacher à la race des Pyrénées.

Ces troupeaux, composés en majeure partie de brebis, sont exploités pour la production des jeunes. Les agneaux mâles sont émasculés et vendus à un an comme moutons; les femelles sont gardées pour remplacer les brebis mères réformées.

C'est un des revenus les plus importants des fermes du causse (j'ai vu un troupeau de 120 bêtes qui donnait jusqu'à 1,200 fr. par an), aussi sont-ils depuis fort longtemps l'objet de soins assidus.

Grâce à ces soins, à la nourriture très substantielle qu'ils trouvent dans ces pacages, ces moutons forment une variété qui a ses caractères propres et jouit dans les environs d'une réputation méritée.

Fait assez curieux : dans chaque troupeau se trouve une chèvre. Un vieux berger à qui j'en demandais l'explication, me répondit que c'était « pour conjurer le malin », puis comme pour s'excuser de m'avoir fait part de cette croyance, il m'assura que la chèvre était nécessaire pour donner du lait aux agneaux chétifs que leurs mères ne suffisaient pas à nourrir.

Les parties du causse cultivées en champ sont celles où se trouve sur le rocher un peu de terre végétale ayant à peu près $0^m,10$ à $0^m,15$ d'épaisseur et mêlée toujours de débris calcaires. Malgré leur peu de profondeur, ces terrains sont moins mauvais qu'on pourrait le supposer. Ils font du blé, beaucoup d'avoine, de l'orge que l'on donne en vert ou dont on recueille le grain, des maïs, des maïs-fourrages, des topinambours, des féveroles, des lentilles. La luzerne n'y vient pas, faute d'eau. Ce qui manque en effet à ces terres où la chaux est en grand excès, c'est l'humidité et l'humus. Avec du fumier et lorsque la quantité d'eau tombée dans l'année est suffisante, on peut avoir de bonnes récoltes. On en a obtenu, dans des années exceptionnelles il est vrai, jusqu'à 30 hectolitres de blé à l'hectare. Le grain est toujours de très bonne qualité et recherché comme semence. L'influence du fumier ne se fait jamais sentir plus d'une année. La nitrification doit marcher avec une grande rapidité dans ce terrain pour ainsi dire uniquement composé de calcaire, brûlé par le soleil et dans lequel, grâce au peu de profondeur de terre meuble, l'aération est parfaite.

Les eaux de pluie qui passent comme dans un tamis à travers la couche calcaire doivent emporter les nitrates produits à des profondeurs que nous ne pouvons même pas mesurer.

L'acide phosphorique doit être en quantité suffisante, car des apports de superphosphate n'ont donné aucun résultat appréciable. Enfin les prairies, situées au fond des ravins dans les terrains les moins secs, donnent des foins excellents où prédominent les légumineuses. Ils ne sont arrosés que pendant les grands orages et leur maximum de rendement paraît être 3,000 kilogr. à l'hectare. Ils

Planche C.

Géologie agricole. IV.

Berger-Levrault et Cie. Éditeurs.

servent à nourrir les 6 à 8 bœufs nécessaires au travail de la ferme.

Au XVIe siècle, le causse de Labruguière était encore tout boisé de résineux. Sa dénudation est un exemple frappant des effets désastreux du déboisement sur un plateau privé d'eau par sa constitution même et exposé aux vents violents qui règnent dans notre Midi.

Sur la bordure du bassin tertiaire, le calcaire lacustre du causse passe latéralement à la formation détritique littorale, d'abord en se couvrant de marnes rouges, comme on peut le voir sur la rive droite de la Durenque, entre le village de Valdurenque et Castres. Puis, dit M. E. Barthe, le calcaire prend définitivement fin à Lambert, à Gasquignolles et à Lamouzié, et les marnes passent à l'état d'argiles rutilantes, inattaquables par les acides et, continuant à se développer largement vers le nord et le nord-ouest, elles se confondent avec les argiles que nous avons déjà décrites comme la base des formations éocènes du Castrais.

Malgré sa médiocre fertilité, cette zone marneuse, souvent mêlée à des graviers ou sables d'origine quaternaire, produit l'effet d'une terre promise, quand on parcourt ses grands bois et ses vastes prairies, après avoir quitté les solitudes désolées du grand Causse. La vigne réussissait jadis dans ces marnes à graviers, comme dans les affleurements de calcaire lacustre qu'on y rencontre de loin en loin ; mais aujourd'hui la viticulture n'y existe plus qu'à l'état de souvenir ; elle est devenue un rêve de prospérité évanouie. A peine quelques épaves échappées au désastre restent de loin en loin pour rappeler cette richesse disparue. Des propriétaires aisés et instruits se livrent dans ce moment à des tentatives de reconstitution de vignobles dans les marnes rutilantes supra-calcaires avec l'espoir de réussir. Déjà, les jeunes vignes greffées sur plants américains commencent à donner des fruits. Dans les terres blanches constituées par les détritus calcaires, tous les essais de plantation de cépages exotiques sont restés infructueux. L'adaptation des Riparias dans ces sols abondants en carbonate de chaux est un problème encore à l'étude.

Après les infortunes viticoles qu'elle a subies, l'agriculture de cette zone marneuse s'est tournée vers la production fourragère, les bestiaux et les céréales.

Les exploitations rurales sont dirigées par des fermiers, des métayers, plus rarement par des maîtres valets.

Le sol, autrefois cultivé en vignes, est morcelé à l'infini dans les environs de Castres, mais, dans la partie la plus boisée et la moins fertile, on trouve plusieurs fermes dont la superficie dépasse 100 hectares.

L'assolement le plus usité est : blé, maïs, avoine, jachère (luzerne hors de rotation) ; l'esparcette remplace fréquemment la jachère.

On sème le blé à la volée à raison de 2^{hl},33 à l'hectare, le rendement est de 15 à 16 hectolitres, l'avoine rend 25 hectolitres, le maïs 25 hectolitres à l'hectare, le tout sans le secours des engrais chimiques.

Les prairies artificielles : luzerne en terrain quaternaire ou marno-quaternaire, 4,000 kilogr. à l'hectare ; en terrain calcaire ou marneux, 2,500 kilogr. à l'hectare. Esparcette, semence, 235 kilogr. à l'hectare ; toujours en terrain très calcaire, 3,500 kilogr. à l'hectare.

Trèfle, peu cultivé ; en terrain quaternaire, il donne 3,800 kilogr. à l'hectare. Prairies naturelles irriguées, 3,500 kilogr. à l'hectare, plus les regains. Prairies sèches, 3,500 kilogr. à l'hectare, sans regains.

Les terres de premier choix situées près de Castres ainsi que les prairies abondamment irriguées, valent 4,000 à 5,000 fr. l'hectare ; les terres de moyenne qualité, 2,500 fr. l'hectare ; les affleurements calcaires avec bois chétifs à truffières, 500 fr. l'hectare.

Une ferme de 50 hectares possède environ 24 vaches ou bœufs (race d'Aubrac).

L'emploi des engrais chimiques ne réussit guère que dans les terrains quaternaires, du moins pour ce qui concerne l'acide phosphorique. Les marnes très calcaires et les calcaires restent assez insensibles à l'action des superphosphates, soit parce qu'ils renferment déjà assez d'acide phosphorique, soit parce que toute addition de phosphate est superflue tant qu'on n'a pas donné au sol la potasse.

Les nitrates de soude, répandus en avril, produisent des résultats surprenants ; ils augmentent la quantité en paille dans de grandes proportions, à moins de conditions atmosphériques défavorables.

On fume à raison de 15,000 à 18,000 kilogr. à l'hectare avec fumier de ferme ou fumier des casernes ; à raison de 2,500 kilogr. à l'hectare avec les terreaux et boues de Castres.

B. — *Mollasses et calcaires lacustres de l'éocène supérieur et de l'oligocène, et poudingues de Palassou.*

Les calcaires lacustres de Castres et du causse de Labruguière supportent à leur tour une puissante masse mollassique qui renferme, aux environs de Saix et de Lautrec, des restes de *Palæotherium* et d'*Anchilophus* ainsi que le *Lophiodon lautricense*. Elle correspond à la mollasse gypsifère de Castelnaudary, mais, en s'éloignant du département de l'Aude, elle perd graduellement son sulfate de chaux et, bien que le plâtre ait été souvent signalé dans les environs de Castres, il n'y existe qu'à l'état accidentel et ne saurait être l'objet d'une sérieuse exploitation.

On trouve à divers niveaux des assises calcaires disséminées, comme des îlots, au milieu des mollasses; entre Saix, Castres et Labruguière, il y en a trois. Des bancs de poudingues s'intercalent aussi dans cette formation, aux environs de Réalmont par exemple ; les galets qu'ils renferment sont formés de débris roulés des roches et terrains anciens de la Montagne-Noire. D'après M. G. Vasseur, les mollasses de Saix et de Lautrec ont pour équivalents dans le bassin de Paris, les sables de Beauchamp et le calcaire de Saint-Ouen. Elles sont surmontées d'un nouvel horizon calcaire (Cuq, Vielmur, Denat, près d'Albi).

Puis l'éocène supérieur comprend encore, au-dessus de cet horizon, les *mollasses de Blan* et le *calcaire du Mas-Saintes-Puelles* et de *Villeneuve-la-Comptal* que l'on peut suivre depuis le département de l'Aude jusqu'aux environs de Saint-Paul et de Lautrec et qui constitue le dernier terme de la série éocène. Or, ces mollasses de l'éocène supérieur renferment des bancs de galets qui, d'après M. G. Vasseur, sont originaires des Pyrénées et se continuent au nord-est jusque dans les environs de Réalmont (Saint-Genest et Ronel). M. G. Vasseur a constaté que ces débris roulés de roches jurassiques, crétacées et nummulitiques sont les mêmes que ceux du poudingue de

Palassou ; il a également reconnu leur présence dans les graviers et poudingues qui forment deux nappes intercalées dans les mollasses oligocènes de Puylaurens, entre le prolongement des calcaires lacustres du Mas-Saintes-Puelles à la base et les calcaires à *Melania albigensis* (oligocène) à la partie supérieure ; et il en conclut que le poudingue de Palassou, déposé d'abord le long de la chaîne pyrénéenne, a formé, à la fin de l'époque éocène et au commencement de l'époque oligocène, une vaste nappe littorale qui s'étendait des Pyrénées au Plateau central[1].

Ce cordon littoral de poudingues de Palassou qui fermait le détroit de Carcassonne, passe à Puylaurens, à Saint-Paul et dans le voisinage de Lautrec pour se terminer à la butte de Ronel, au nord de Réalmont. Il marque, dans le département du Tarn, la limite des formations éocènes qui se trouvent à l'est et des formations oligocènes qui se développent vers l'ouest et vers le nord dans l'Albigeois.

Aux environs de Lavaur et de Gaillac et à l'ouest de Castres, les terrains sont presque entièrement formés de *mollasses*, alternant avec des couches de *marnes*.

Les mollasses diffèrent beaucoup entre elles par leur texture et leur grain plus ou moins serré. Les unes fournissent de la bonne pierre de taille qui se travaille avec facilité et qui a la propriété de durcir à l'air, comme celles de carrières à ciel ouvert de Saix, et celles de Bullières, près de Lavaur, sur les escarpements de l'Agout. Ces grès, de couleur grisâtre ou blanchâtre, sont employés à Castres, à Lavaur, etc., pour la construction des maisons. Les grès marneux ont une couleur jaunâtre et s'altèrent facilement ; entremêlés de marnes pures de diverses couleurs et même de couches de sables, ils fournissent une terre fertile, si elle est bien cultivée, que l'on appelle *fromentale* ou *terre-fort,* comme celle des mollasses miocènes de la Gascogne.

Dans le Tarn, on donne le nom de *lizes* aux terres siliceuses ou argilo-siliceuses, pauvres en chaux, d'origine quaternaire et celui de terres *bâtardes* aux mélanges des lizes avec les fromentales.

---

1. G. Vasseur, *Sur l'extension des poudingues de Palassou dans le département du Tarn*. 1894.

Voici les résultats des analyses de trois terres de Montespieu, domaine de M. de Juge, un des meilleurs agriculteurs du Tarn. Ces analyses sont dues à M. Joulie.

	AZOTE.	POTASSE.	ACIDE phosphorique.	CHAUX.	MAGNÉSIE.
	p. 1,000.	p. 1,000.	p. 1,000.	p. 1,000.	p. 1,000.
1.	0.930	2.430	0.680	115.240	7.900
2.	1.118	2.620	0.804	21.300	6.060
3.	1.574	2.000	0.783	26.280	9.950

La première de ces terres provient de la décomposition des mollasses et marnes tertiaires; les deux autres ont la même origine, mais se trouvent mêlées de quelques dépôts quaternaires (*terres bâtardes*).

Sur les coteaux, ces terres, cultivées suivant l'antique usage du pays, en assolement triennal (jachère, blé, maïs), donnent rarement plus de 15 à 16 hectolitres à l'hectare et 20 à 25 hectolitres de maïs. Le trèfle et l'esparcette y réussissent bien et permettent d'adopter, comme on le fait dans quelques fermes, un assolement de quatre ans : blé, trèfle, blé, maïs, ou encore blé, esparcette, blé, fèves (partie nord de l'arrondissement de Gaillac); quelquefois on trouve un assolement de cinq ans: blé, trèfle, maïs, blé, vesces ou fèves.

Dans le très intéressant rapport qu'il a fait en 1893 au nom de la commission chargée d'attribuer la prime d'honneur et les prix culturaux dans le Tarn, M. Sagnier, membre de la Société nationale d'agriculture, cite parmi les meilleurs agriculteurs des terrains éocènes, M. Henri Fourgassié, à Prades, « solide vieillard de 83 ans, dit-il, qui s'adonne avec une ardeur juvénile aux travaux de son domaine de Pareyre.

« Le domaine de Pareyre, d'une étendue de 83 hectares, est divisé en quatre métairies exploitées, sous la direction du propriétaire, par des maîtres-valets intéressés dans la vente des produits du bétail et des céréales. Ces métairies sont situées, les unes sur un plateau, les autres à mi-côte sur des pentes assez accentuées. Le sol est argilo-calcaire ou silico-calcaire ; il repose sur un tuf calcaire.

« Les trois quarts des terres sont en cultures arables. Au blé succède le maïs, qui est suivi par des cultures de fourrages (trèfle ou sainfoin) ; la rotation se termine le plus souvent par une jachère labourée. Les fumures au fumier sont complétées régulièrement par l'apport d'engrais, principalement d'engrais phosphatés. M. Fourgassié professe une foi profonde dans les résultats acquis par la science agricole, et il s'empresse de les appliquer avec discernement. Les labours sont bien exécutés. Le blé est semé en lignes au semoir. Les terres sont nettes de mauvaises herbes, de même que les luzernes qui appuient l'assolement.

« Le domaine renfermait un vignoble dont la plus grande partie a été détruite par le phylloxéra. M. Fourgassié essaie de maintenir ses dernières vignes par des fumures et des insecticides, et en même temps il effectue des replantations en cépages greffés ; sa nouvelle vigne est dirigée sur fil de fer. Depuis quelques années, il a planté dans ses vignes des pruniers d'ente, qui sont très bien conduits, et qui commencent à donner des produits ; il a installé, depuis trois ans, un séchoir à prunes, à thermosiphon, qui fonctionne très régulièrement.

« C'est surtout sur l'amélioration du régime des eaux que les efforts de M. Fourgassié ont porté depuis le dernier concours. Il a utilisé pour la création de 10 hectares de prairies un ruisseau qui borde sa propriété. Ce ruisseau, dont le cours était irrégulier, a été endigué, plusieurs barrages munis de vannes automobiles ont été établis pour relever le niveau des eaux ; un moulin à vent a été installé pour commander une pompe ; plus récemment, l'inauguration d'un bélier hydraulique a permis d'élever l'eau jusqu'à la maison d'habitation. Cette eau sert aux usages domestiques et à l'arrosage du jardin, elle alimente l'abreuvoir de la métairie voisine, et finalement elle remplit un réservoir dans lequel sont amenés les purins de l'étable pour l'arrosage des prairies. Ces prairies, bien garnies, drainées régulièrement, donnent un rendement de 6,000 à 7,000 kilogr. de foin.

« Le cheptel vivant se compose de 8 paires de bœufs, 8 vaches, 8 veaux, 2 juments et 2 poulains. Des croisements garonnais-gascons forment le fonds du bétail bovin. La porcherie renferme 8 truies. »

Avec un apport de superphosphate et, suivant les cas, de nitrate de soude au printemps, M. de Juge, dans sa terre de Montespieu, près de Castres, a porté ses récoltes de blé à 24^{hl},25 de grain et 5,030 kilogr. de paille et même quelquefois à 28^{hl},82 de grain et 5,950 kilogr. de paille à l'hectare.

M. de Juge estime que la culture du maïs paye rarement ses frais, mais les pommes de terre lui donnent des rendements d'environ 20,000 kilogr. à l'hectare, qu'il trouve à vendre assez facilement à Narbonne à 5 fr. les 100 kilogr.

Dans les parties basses où les débris de la décomposition des mollasses se sont accumulés en couches plus épaisses et presque toujours mêlés à des dépôts quaternaires ou à des alluvions, les terres sont souvent très fertiles. Ainsi le *dessous de Lautrec* est depuis longtemps considéré comme le grenier du pays. On peut y suivre encore l'assolement biennal : maïs, blé, et en obtenir 25 hectolitres de blé et 30 hectolitres de maïs à l'hectare. Quelquefois on interpose une avoine entre le blé et le maïs ; mais, quand les terres sont trop envahies par la folle-avoine, il faut faire deux maïs de suite ou avoir recours à une jachère. On fait des luzernes en dehors de la rotation ou plutôt on fait alterner une période de céréales avec une période de luzernes. Évidemment c'est la meilleure manière d'empêcher l'épuisement des terres par la culture continue de maïs et blé, surtout si l'on a soin d'employer des phosphates, soit sur les fourrages, soit sur les céréales. Malheureusement on a l'habitude de conserver les luzernières trop longtemps, 10 à 15 ans, et quelquefois même plus. On les plâtre aux environs de Lautrec et de Vénès et l'on en obtient en moyenne 6,000 kilogr. de fourrage sec à l'hectare. Dans quelques-unes des meilleures fermes du pays, on trouve l'assolement suivant :

1° Maïs sur défrichement de luzerne, avec un peu de pommes de terre ou de betteraves ;

2° Blé avec fumier ;

3° Avoine ;

4° Luzerne ;

5° Luzerne ;

6° Luzerne.

La vigne, aujourd'hui anéantie par le phylloxéra, occupait, il y a 15 ou 20 ans, le sommet des collines recouvertes par des dépôts quaternaires ou les flancs escarpés des affleurements de grès.

Les couches horizontales de ces grès et marnes ont une épaisseur de près de 200 mètres dans les côtes de Puylaurens qui s'élèvent brusquement au sud de la plaine de l'Agout. Au-dessus de ces grès, les calcaires d'eau douce forment des escarpements blancs que l'on appelle *rochers de Magrin* à cause d'un vieux château qui les domine. Jusqu'à Lavaur un long plateau calcaire est comme suspendu au-dessus des vallées adjacentes et donne à toute cette contrée une physionomie tout à fait singulière. C'est un calcaire analogue à celui du causse de Labruguière, mais d'âge plus récent.

Sur les plateaux qui s'étendent entre les vallées de l'Agout, du Dadou et du Tarn, on retrouve aussi des calcaires lacustres, mais seulement en quelques points isolés au milieu des grès et des marnes qui constituent la plus grande partie des terrains ; leur épaisseur ne dépasse jamais 12 à 15 mètres et souvent elle est beaucoup plus faible.

D'après M. G. Vasseur, le *calcaire de Cuq*, généralement blanc et compact, parfois rosé et noduleux, affleure à flanc de coteaux des deux côtés de la vallée du Dadou, ainsi que dans les buttes avoisinant Réalmont et les plateaux de Ronel et de Denat. Au nord-est, il s'amincit et passe latéralement à une argile rouge.

Le *calcaire de Saint-Paul-Cap-de-Joux* se montre dans les vallées du Dadou et de l'Agros et dans les coteaux de la rive droite de l'Assou. Il passe latéralement à la mollasse au nord-est d'une ligne menée par la butte de Ronel, Lamillarié et le Carla, près Marsac (bords du Tarn).

Le *calcaire d'Albi* à *Melania albigensis* recouvert par les mollasses de l'Agenais forme les plateaux qui s'étendent sur la rive gauche du Tarn ; il contient de nombreux gisements fossilifères (*Melania albigensis, Limnea albigensis, Planorbis, Helix,* etc...). Sur la rive droite du Tarn, ce calcaire s'amincit vers le nord et passe à la mollasse dans les environs de la métairie du Roy et de Saint-Dalmaze (N.-N.-O. d'Albi).

Le *calcaire de Cassagne,* ordinairement marneux et blanc rosé, forme auprès de Marsac quelques plateaux situés sur la rive droite du Tarn. Il s'étend un peu plus au nord que le calcaire à mélanies et disparaît dans cette direction en passant à la mollasse.

Le *calcaire de la Crouzatié* ou *calcaire inférieur de Cordes* constitue au nord-ouest d'Albi les plateaux de Cagnac et de Saint-Cernin. Il s'abaisse régulièrement vers l'ouest jusqu'aux alluvions de la vallée du Tarn sous lesquelles il disparaît au pied de la colline de Senouillac. La même assise affleure sur une grande étendue de chaque côté de la vallée de la Vère et, à partir de Mailhoc, elle se divise en deux bancs séparés par une argile rouge.

Ces deux niveaux offrent une remarquable continuité aux environs de Mailhoc et de Saint-Cernin. La couche inférieure passe à la mollasse dans la colline de Blaye-de-Carmaux, tandis qu'au nord de cette localité et de là jusque dans les environs de Cordes, le banc supérieur se soude au calcaire de Noailles par suite de la disparition de la mollasse intermédiaire, remplacée elle-même par le sédiment calcaire.

Le *calcaire de Noailles* est l'assise la plus puissante de la série de Cordes ; c'est une roche généralement dure et à cassure franche, mais souvent gélive ; elle alterne d'ailleurs avec des bancs marneux. Elle contient comme l'assise précédente *Helix corduensis, Planorbis cornu, Limnea albigensis,* et constitue la table des vastes plateaux qui s'étendent entre Bournazel, Monestier, Blaye-de-Carmaux, Taix, le Signal de Saint-Cernin, Castanet et Senouillac.

Les *calcaires de Donnazac* forment le sommet de toutes les hauteurs entre les vallées de la Vère et du Cérou jusqu'aux alentours de Virac à l'est[1].

Aux environs de Cordes, ces trois derniers horizons de calcaires sont réunis par suite de la disparition des mollasses qui étaient interposées entre eux, et ils forment ensemble une masse de 30 à 40 mètres d'épaisseur.

Sur les bords du bassin oligocène, ces grands plateaux oligocènes ont été enlevés en certains points par les érosions quaternaires et

---

1. G. Vasseur, *Note préliminaire sur les terrains tertiaires de l'Albigeois. Bulletin des services de la carte géologique.* 1894.

l'on aperçoit au-dessous d'eux les argiles rosâtres ou verdâtres avec cailloux roulés qui forment sur tout le littoral la base des dépôts tertiaires.

Tous ces calcaires lacustres du Tarn sont appelés *causses*, comme celui que nous avons vu à Labruguière ; mais ils ne sont pas tous aussi arides que ce dernier. La plupart ne sont pas dépourvus d'une certaine fertilité, quand une certaine proportion d'humus ou de marne se trouve associée au calcaire. On y fait des cultures spéciales, comme celle de l'anis dans l'arrondissement de Gaillac et celle de l'absinthe dans l'arrondissement d'Albi. De plus, ce sont des terrains favorables à la production de la truffe.

Ces mêmes calcaires lacustres de l'oligocène qui forment les causses de l'Albigeois, s'étendent dans le Bas-Quercy, partie nord-est du département de Tarn-et-Garonne et sud du département du Lot. C'est là que M. G. Vasseur a réussi à suivre leur transformation graduelle en mollasse de l'Agenais. Cette mollasse se montre déjà aux environs de Puylaroque (Tarn-et-Garonne) ; elle renferme beaucoup d'*Helix cadurcensis, H. Raulini, Cyclostoma cadurcense* et l'on y trouve encore intercalé un horizon de calcaire caractérisé, comme celui de l'Albigeois, par ces mêmes fossiles. Au-dessus de la mollasse apparaît le calcaire de l'Agenais, blanc et marneux.

Cette succession de couches est constante sur les plateaux de Belfort et de Montpezat et jusqu'aux environs de Lalbenque dans le département du Lot. Mais, à l'ouest, dans les départements du Lot, de Tarn-et-Garonne et de Lot-et-Garonne, dans tout l'Agenais, la mollasse à *Anthracotherium magnum* ou mollasse de l'Agenais remplace complètement le calcaire lacustre à *Helix*.

L'Agenais. — Dans les collines qui dominent la rive droite de la Garonne, au-dessus d'Aiguillon, au-dessus d'Agen et jusqu'à Boudon près de Moissac, on peut étudier la série typique des terrains oligocènes de l'Agenais qui se compose de :

1° La *mollasse de l'Agenais.* — Celle-ci a une épaisseur de 60 à 80 mètres et forme à peu près les deux tiers inférieurs des coteaux. Elle est formée par des assises alternatives de grès à ciment calcaire et de marnes maculées de gris, de jaune et de vert. Dans le nord-ouest du département de Lot-et-Garonne, la mollasse de l'Agenais repose sur le calcaire de Montbazillaç à *Melania albigensis* qui, superposé au calcaire à Astéries ou le remplaçant, se montre au-dessus de la mollasse du Fronsadais, mais dans le sud-ouest, ces calcaires disparaissent et, entre Marmande et Miramont, la mollasse de l'Agenais est superposée immédiatement à la mollasse du Fronsadais, de telle sorte qu'il est fort difficile de les distinguer.

Dans l'Agenais, les mollasses sont souvent sableuses et généralement composées de grains de quartz blanc ou gris, souvent transparents et de grosseurs variées, de fragments anguleux de feldspath et de mica ; elles contiennent çà et là quelques cailloux de quartz hyalin, grenu ou laiteux, diversement colorés et elles font presque toujours effervescence avec les acides.

Les mollasses sableuses de l'Agenais sont quelquefois durcies par un ciment calcaire et, sous cette forme, elles sont exploitées pour pierre de taille dans les contrées qui n'ont pas de roches calcaires. Quelques veines de marne blanche ou jaunâtre, quelques lentilles peu épaisses d'argile grise, maculée de parties jaunâtres, y apparaissent de loin en loin.

Cette assise est limitée, sur la rive droite de la Garonne, par une ligne partant de Langoiran et passant à Créon, Sainte-Foy, où elle dépasse même la Dordogne ; de là, elle va à Bergerac, Tournon, Castelnau-de-Montratier, et rejoint la Garonne à l'ouest de Valence-d'Agen. Au sud de la Garonne, elle s'enfonce assez vite sous les dépôts supérieurs, lorsqu'on remonte les vallées latérales ; elle a déjà disparu à Beaumont-de-Lomagne, Condom et Bazas.

2° Le *calcaire blanc de l'Agenais* ou *calcaire de Villandraut*, qui, sur les rives de la Garonne, couronne la mollasse, a de 15 à 20 mètres d'épaisseur. C'est un calcaire blanc ou d'un blanc légèrement rosé et, sur certains points, d'un brun jaunâtre. Beaucoup plus résistant et moins terreux que la plupart des calcaires d'eau douce du bassin sous-pyrénéen, il est exploité au nord d'Agen. Il est très carié, surtout dans sa partie supérieure, et rempli de cavités horizontales. Il est caractérisé par l'*Helix Ramondi*.

Le calcaire blanc de l'Agenais existe également dans la partie des départements de Lot-et-Garonne et de Tarn-et-Garonne qui se trouve au sud de la Garonne et il s'étend jusque dans le nord du département du Gers ; c'est toujours une masse rocheuse de calcaire grenu passant au marbre et extrêmement carié. Mais il s'amincit graduellement et finit par disparaître sous les arènes et les marnes de la Gascogne.

3° Au-dessus de ce calcaire, on trouve un dépôt marin composé de marnes et argiles à *Ostrea aginensis,* représentant l'horizon des faluns de Bazas ; puis une nouvelle assise d'eau douce.

4° Le *calcaire gris de l'Agenais,* appelé quelquefois dans le pays *calcaire moellon,* gris foncé ou noirâtre, très celluleux et bitumineux ; il s'y développe une odeur fétide, lorsqu'on le frappe avec un marteau. Il renferme des Limnées, des Hélix, des Planorbes. Il a 20 à 30 mètres d'épaisseur. Sa partie inférieure est marneuse.

5° Enfin, dans certains endroits, par exemple dans la colline du Tabor, près d'Aiguillon, une nouvelle assise de marnes et d'argiles à *Ostrea aginensis* reparaît au-dessus du calcaire gris. Mais elle n'a, comme la précédente, que 1m,50 à 2 mètres d'épaisseur.

Telle est la série typique des dépôts aquitaniens dans l'Agenais jusqu'à une ligne qui passe par Foulayronnes, Prayssas et Lacépède.

« Mais, dit Tournouer[1], à mesure que l'on s'éloigne de la vallée de la Garonne, dans la direction de l'est, la succession si nette que l'on observe aux environs d'Agen, s'obscurcit de plus en plus ; le calcaire gris avec ses caractères minéralogiques et paléontologiques qui le font si facilement reconnaître, disparaît tout d'un coup et, à une altitude à laquelle on croyait le suivre facilement, on ne trouve plus que des masses de calcaire blanc, sec, caverneux, presque toujours sans fossiles, qui couronnent toutes les hauteurs en s'élevant vers l'est, jusqu'à 230 ou 240 mètres d'altitude. »

M. G. Vasseur a montré qu'en effet l'argile à *Ostrea aginensis* disparaît peu à peu et que les deux calcaires, le calcaire blanc et le calcaire gris, se confondent alors en une seule masse où il n'est plus possible d'établir aucune division. Il remarque seulement que les couches inférieures restent blanches et marneuses, tandis que les

---

1. Tournouer. *Bull. soc. géol. de France,* 2e série, t. XXVI. 1869.

bancs supérieurs sont généralement jaunâtres, très durs et marmoréens[1].

Sur le plateau de Laugnac, le calcaire gris est en certains points remplacé dans sa partie supérieure par une marne charbonneuse noirâtre, pétrie de débris de mollusques (Hélix et Planorbes) et renfermant de nombreux ossements que M. G. Vasseur a découverts et parmi lesquels se trouvent, d'après M. Gaudry, des restes d'*Amphitragulus Gaudryi*, de *Palæochœrus Typus*, etc...

Puis vient une argile sans fossiles qui est surmontée par un calcaire gris clair ou blanchâtre, souvent bréchoïde, à *Helix Laterti* et *Helix Sansaniensis* (calcaire de l'Armagnac).

Sur les plateaux de l'Agenais la surface du sol est souvent formée par une argile ou un limon argileux de couleur rouge ou brune, ordinairement mêlés à des cailloux de calcaire blanc ou gris.

Un échantillon de ce limon pris sur les collines qui dominent la ville d'Angers contenait, d'après l'analyse de M. Hitier, pour 1,000 :

Azote	1.33
Acide phosphorique	2.91
Potasse	4.23
Chaux	11.20
Magnésie	1.51

On voit que c'est une terre remarquable par sa richesse.

M. Aubin a bien voulu me communiquer les résultats des analyses qu'il a faites de quelques autres terres des coteaux riverains de la Garonne, les deux premières provenant des domaines de M. le baron de Roumefort, à Tonneins (Lot-et-Garonne), et les deux dernières de Malause, près de Moissac (Tarn-et-Garonne).

1. G. Vasseur, *Contribution à l'étude des terrains tertiaires du sud-ouest de la France*. 1891.

TABLEAU.

	AZOTE.	ACIDE phosphorique.	POTASSE.	CHAUX.	MAGNÉSIE.
1.	0.87	0.79	2.41	19.20	0.90
2.	0.52	0.62	2.17	1.14	0.75
3.	0.85	0.89	2.78	144.60	1.70
4.	0.54	0.81	2.12	147.60	0.80

Les terres n° 1 et n° 2 sont les plus mauvaises des domaines de M. de Roumefort, m'écrit M. Labbé, régisseur de ces domaines.

La première est très forte, pénible à travailler, mais bonne pour la vigne et les pruniers ; la deuxième est un limon rougeâtre, mélangé de grains d'oxyde de fer que l'on appelle dans le pays *crottins de chèvre*.

D'après M. Linder, aux environs de Marmande, les sommets des coteaux sont couverts d'un terrain de transport quaternaire : argile sableuse, légèrement micacée, jaunâtre, irrégulièrement veinée de blanc grisâtre et renfermant de nombreux grains ronds ferrugineux, argileux ou sableux, de la grosseur d'un pois ou d'une noisette ; on n'y trouve pas trace de calcaire.

Plus bas, l'argile diminue de proportion et le sable, qui constitue le terrain superficiel, est associé à de petits galets de quartz blanc, grisâtre ou noir, semblables à ceux que l'on observe dans la mollasse miocène de l'Agenais.

Plus bas encore, on tombe dans les graviers sableux qui forment le sol de ce que l'on appelle la plaine haute de la Garonne.

M. Boué, professeur d'agriculture à Vic-en-Bigorre, a bien voulu me communiquer les notes suivantes sur un voyage qu'il a fait en 1894 dans l'Agenais :

La vallée du Gers se rétrécit en amont d'Astaffort. Nous entrons alors dans l'Agenais dont les assises formées de calcaire dur ont résisté à l'érosion des eaux. Le flanc des collines est couvert de bois et leur sommet entouré d'une couronne de calcaires blancs, nus, très escarpés ou même découpés verticalement. C'est là le caractère constant des paysages de l'Agenais.

De l'autre côté de la Garonne, en remontant d'Agen vers Laroque-Timbaut, on aperçoit partout, du fond de la vallée, cette couronne de calcaire caractéristique de l'Agenais. Mais elle se montre d'abord près d'Agen (monticule de Bon-Encontre) sous un aspect blanc presque brillant, puis elle passe peu à peu au brun, et de plus le calcaire qui la constitue devient caverneux. Toutes ces roches sont dures, compactes et peuvent être employées comme pierre de construction.

En dessous se trouvent des bancs alternatifs de calcaires et d'argiles, entremêlés de mollasse. La coloration de l'argile change à mesure qu'on s'approche de la crête de la colline. De jaune qu'elle est dans les berges de la rivière, elle passe à un blanc mat, ne permettant pas de la distinguer de loin d'avec le calcaire.

Sauf dans les pentes très abruptes, les bords du ruisseau d'Agen sont entièrement cultivés. A peine a-t-on quitté Agen vers le nord, qu'on commence à trouver le système de culture qui dominera dans la vallée du Lot et celles de ses affluents. La route est bordée de pruniers ; et les champs sont divisés en bandes de 6 à 7 mètres de largeur, séparées par deux rangées de vignes qui laissent entre elles un nouvel espace d'un ou deux mètres. Sur ces dernières bandes sont plantés des pruniers à 12 ou 15 mètres les uns des autres. C'est la disposition adoptée à peu près uniformément pour les trois cultures de la vigne, du prunier et des céréales réunies dans les mêmes champs.

Le terrain argilo-calcaire sans trop de consistance, se prête bien à toutes ces cultures. Dans l'intervalle des rangées de vignes qui ont assez bien résisté au phylloxéra, on fait du blé, de l'avoine et aussi beaucoup de maïs-fourrage et de luzerne. Néanmoins la rivière est bordée de prairies qui paraissent être en très bon rapport.

Le plateau sur lequel est bâti Laroque-Timbaut est formé de calcaire brun surmonté d'une couche d'argile et de quelques îlots de mollasse ; il s'est formé là une terre arable très analogue aux boulbènes du Gers. C'était un terrain de vignes que l'on reconstitue aujourd'hui avec les plants américains. Grâce à la proximité des assises calcaires, le sol a pu être facilement amendé ; il fournit de belles récoltes de blé et surtout d'avoine.

Sur les pentes, la couche argileuse disparaît et alors le calcaire qui affleure presque à la surface ne saurait convenir aux cultures. En revanche il porte des bois vigoureux conduits en taillis.

Ce même calcaire affleure presque à la surface sur le plateau qui relie Laroque à Hautefage. Il donne naissance à un terrain caillouteux, blanchâtre, connu dans la région sous le nom de *Patricaudes* (terrain pauvre). On y faisait autrefois uniquement de l'avoine, qu'on a remplacée depuis trois ans par l'épeautre, lequel donne un bien meilleur revenu.

A l'approche des groupements de population, les terrains semblent s'améliorer, on y voit quelques vignes et aussi du blé, mais les rendements dépassent rarement 13 hectolitres à l'hectare. Dans ces terrains très pauvres en matières humiques, on sait faire revenir souvent la culture des légumineuses. Le sainfoin est ensemencé sur l'emblavure du blé ; on ne fait qu'une coupe et on enfouit comme engrais vert le produit de la deuxième végétation.

Depuis que la vigne ne donne plus de produits, on fait de grands efforts pour améliorer le sol et augmenter le rendement de toutes les cultures. On emploie beaucoup d'engrais nitriques et phosphatés. De plus, les niveaux d'eau n'étant pas bien éloignés, on a pu s'adonner à la culture potagère, surtout celle des oignons et des tomates.

En descendant vers la vallée du Lot, le terrain devient boisé à nouveau. Des blocs calcaires émergent de temps en temps à la surface, mais sans paraître former un horizon bien déterminé. Le terrain est d'abord franchement argileux, quoique blanchâtre, et il n'est pas propre à la culture du prunier.

Mais ceci n'est qu'un accident local ; car si l'on monte au sommet de Peyragude (pierre aiguë), sur lequel est bâtie la petite ville de Penne, on a devant soi une étendue immense de terrains couverts de pruniers. Au pied de ce promontoire qui s'avance vers le Lot, on aperçoit le sol grâce à l'écartement des arbres ; mais en étendant son regard au loin, on ne voit plus qu'un immense tapis de verdure. L'effet est merveilleux, paraît-il, au printemps, lorsque les arbres portent encore leurs fleurs blanches ; on croirait voir un tapis de neige.

Vers Villeneuve, on peut constater que la culture en *ouillères* est générale dans la vallée, qu'on marie le prunier à la vigne, toujours par rangées distantes de 15 mètres environ et que la culture du chanvre et du topinambour, qui apparaissent pour la première fois, prennent une place assez importante. Les luzernières abondent également, mais surtout aux bords du fleuve.

Dans la direction de Montflanquin, l'aspect du pays rappelle un peu celui du Haut-Armagnac ; les coteaux sont mamelonnés, à pente assez douce et n'ont pas à leur sommet l'assise de calcaire dur que l'on voit partout ailleurs. Jusqu'à mi-côte le sous-sol est entièrement constitué par la mollasse de l'Agenais. La partie supérieure est formée d'un calcaire brunâtre (d'une vingtaine de mètres d'épaisseur), fissuré et ne présentant que rarement des blocs de grande dimension.

Jusqu'à Montflanquin on suit l'assolement biennal : 1° pois, fèves ou pommes de terre ; 2° blé. Ce sont les terrains en pente légère et bien exposés au soleil qui sont préférés pour ce genre de culture.

Autour de Montflanquin, on reconstitue activement les vignobles ; le terrain graveleux paraît se prêter admirablement à cette culture. On y introduit les plants du Bordelais greffés sur américains.

Le fond de la vallée du Lédat est soumis au même système de culture que les terrains examinés jusqu'à présent. La vigne y reparaît associée au prunier. Mais à chaque coude de terrain, lorsque le limon devient trop épais et que la couche graveleuse est trop éloignée de la surface, le prunier disparaît. C'est aussi la fraîcheur naturelle du sol qui doit l'éloigner de ces sortes de terrain, l'arbre préférant les terrains secs ou qui se ressuient rapidement.

Par contre, les pruniers couvrent de plus en plus les champs à mesure qu'on approche de Sainte-Livrade qui est le vrai centre de cette culture. La vallée du Lot atteint là sa plus grande largeur ; le fleuve a déposé un limon très fertile et très abondant. On ne trouve en effet le gravier qui constitue le sous-sol qu'à des profondeurs variant entre 0m,50, 0m,75 et même parfois 1 mètre. Encore ce gravier fournirait-il à son tour une terre végétale d'apparence assez riche. Toutes les cultures sont prospères sur de pareils terrains. On y fait du blé, des navets, du chanvre et on produit surtout des légumes ; le phylloxéra semble y avoir épargné les vignes.

En descendant la vallée du Lot, les pruniers se font de plus en plus rares, pour disparaître définitivement après Clairac. Nous commençons à rencontrer là le terrain dit de *quarterée,* terrain argileux avec un peu de silice, très profond mais non pourvu d'un sous-sol de gravier.

Dès Grange-Laffite, le prunier commence à être remplacé peu à peu par le tabac.

L'introduction de la culture du prunier dans l'Agenais est due, dit-on, à un couvent qui existait jadis dans les environs de Clairac. De là, cette culture s'est successivement répandue dans tout le département de Lot-et-Garonne et dans certaines portions des départements voisins.

Les terrains argilo-calcaires formés par les marnes et les mollasses des coteaux de l'Agenais conviennent particulièrement bien à cet arbre. Il n'exige pas pour ses racines, peu pivotantes, une couche végétale d'une grande profondeur ; mais il n'aime pas les sols ou trop sablonneux ou trop humides. Dans ce dernier cas, il est bon d'assainir les terres au moyen de drains ou de tranchées d'au moins $0^{m},60$ de profondeur, tracées dans le sens de la plus grande pente et remplies de pierres, de branches, etc.

Le prunier redoute les gelées tardives et les vents, surtout ceux qui viennent de l'Océan ; d'après cela, il réussit surtout bien sur les penchants des coteaux inclinés vers le sud, le sud-est ou le sud-ouest. Cependant, dans le Lot-et-Garonne, qui paraît être son pays de prédilection, on plante le prunier à peu près à toutes les expositions.

La taille du prunier est une opération de première importance et doit être faite tous les ans. Il faut alors enlever les branches gourmandes, le bois mort, et arrêter les jets de la charpente qui s'emportent, élaguer ceux qui font confusion et, autant que possible, diriger la tête en forme de gobelet, ce qui laisse pénétrer l'air et la lumière au milieu des rameaux.

Suivant une instruction publiée par la Société d'agriculture d'Agen, le produit moyen d'un prunier *Robe-de-Sergent* est de 6 kilogr. à $7^{kg},500$ de pruneaux secs. S'il y a 80 à 100 arbres par hectare, on peut en obtenir un bénéfice net qui varie de 500 à 700 fr., en sus des produits de la vigne et des cultures intercalaires.

La statistique de 1882 évalue à près de 6 millions de francs par an la récolte des pruniers du département de Lot-et-Garonne. C'est le commerce de Bordeaux qui se charge de la vendre et il est probable qu'en la classant par *demi-choix choix,* et *surchoix* suivant le nombre de pruneaux qu'il faut pour en faire un kilogramme, il en double au moins la valeur marchande.

« Le Normand vante son pommier, dit un poète gascon, M. Chastanet ; le Provençal son olivier. Si notre Alsace met en ligne son cerisier et Bordeaux sa vigne, notre Gascogne, braves gens, y met la prune d'Agen. »

Lou Nourmand vanto soun poumié.
Lou Provençou soun olivié.
Si notre Alsacio boto en ligno
Soun cerici, e Bourdeu sa vigno,
Nostro Gascougno, bravo gent,
Gui boto la Pruno d'Agen.

Cette poésie gasconne n'est peut-être pas très poétique, mais ce n'est pas une gasconnade.

Oui, à côté des fourrages qui sont la base de la production animale et des céréales qui sont partout nécessaires à notre nourriture, ayons des cultures spéciales qui varient avec les sols et les climats. La France est merveilleusement bien faite pour cette variété de productions.

La crise agricole est en partie née de l'uniformité des cultures. Si à cette uniformité on ajoute l'intensité de plus en plus grande de la production, on peut bien diminuer les prix de revient, mais en même temps on diminue toujours plus les prix de vente.

Dans le département de Lot-et-Garonne, le prunier n'est pas le seul exemple des hauts rendements que l'on peut obtenir d'une culture spéciale. En voici un autre qui est tout récent.

Quelques communes des environs de Villeneuve-sur-Lot, dont le phylloxéra avait détruit les vignes et qui ne pouvaient pas les reconstituer en plants américains parce que leur sol est trop calcaire, se sont adonnées à la culture des pois verts. Elles n'ont ménagé ni les soins, ni les engrais; elles emploient même des superphosphates et elles sont arrivées à des produits bruts de 2,000 à 3,000 fr. par hectare. D'importants entrepôts pour ce commerce spécial se sont établis à Villeneuve, et de là les produits sont expédiés sur Bordeaux.

Dans ses *Études agrologiques des principaux terrains du département du Lot,* livre que l'on peut présenter comme un modèle au point de vue scientifique aussi bien qu'au point de vue pratique, M. le Dr E. Rey, député, cite les résultats des analyses de deux terrains tertiaires du département faites par M. Aubin :

Analyse physique p. 100.

	TERRE de l'Hospitalet.	TERRE du Boulvé.
Sable siliceux	61.28	23.08
Argile	5.60	3.95
Calcaire	20.22	48.47
Matière organique non décomposée	5.12	1.55
Humus	0.30	0.26
Eau	7.47	1.99

Analyse chimique p. 1,000.

Azote	1.053	0.819
Acide phosphorique	0.878	0.924
Potasse totale	4.046	1.955
Potasse assimilable	1.325	1.071
Chaux	113.130	271.430
Magnésie	4.400	2.600
Fer	44.720	138.944

Puis M. le Dr Rey ajoute :

« Le terrain tertiaire occupe la partie sud-ouest du département du Lot sur une étendue de 51,000 hectares. Les cantons de Castelnau et de Montcuq tout entiers et une partie de ceux de Lalbenque et de Puy-l'Évêque se trouvent sur cette formation. Elle se compose surtout d'argiles marneuses et de calcaires d'eau douce, blancs et terreux, rarement très durs. Le calcaire y varie de 20 p. 100, chiffres des terres de l'Hospitalet, à 48 p. 100 qui est la proportion des terres du Boulvé. Mais sur quelques crêtes et versants dénudés, cette proportion est encore plus forte, tandis que, sur certains points qui on reçu des terrains de transport, elle s'abaisse au-dessous du chiffre que nous venons de donner.

« Peu de formations géologiques présentent un sol d'une nature et d'une qualité si variables. On y trouve tour à tour des terres très légères et des terres très fortes, des surfaces stériles et des champs d'une grande fertilité. Leur richesse en chaux rend beaucoup de ces terrains peu propres à la culture des vignes américaines en général. Le Jacquez, le Solonis et peut-être certaines variétés de Rupestris sont les seuls cépages capables d'y donner quelques bons résultats. Mais il y a lieu d'espérer que l'on trouvera dans les familles des Berlandieri, des Cordifolia et des Cinéréa et surtout dans leurs hybrides avec les familles actuellement cultivées des plants aptes à prospérer dans ces terrains. »

L'oligocène est souvent pauvre en acide phosphorique et, comme il contient ordinairement beaucoup de calcaire, les engrais organiques y sont dévorés avec rapidité. M. le Dr Rey conseille d'y employer pour la culture du blé, au moment des emblavures, une dose de superphosphate contenant 35 à 40 kilogr. d'acide phosphorique et au mois de mars 150 à 200 kilogr. de nitrate de soude.

« Quand le froment, ajoute M. le Dr Rey, sera ensemencé sur du trèfle, de la luzerne, de l'esparcette, ou bien sur une fumure verte de fèves et de vesces, on n'aura pas besoin de recourir au nitrate de soude, puisque le sol sera enrichi d'azote atmosphérique et la dépense se bornera dès lors à celle du superphosphate de chaux.

« Le maïs, qui est une des principales cultures du pays, sera traité comme le blé, suivant qu'il viendra sur une fumure verte ou sur engrais de ferme. Il sera toujours utile de lui fournir de l'acide phosphorique et quelquefois de la potasse ; mais l'azote pourra être réduit d'un quart.

« Par l'emploi de ces deux principes fertilisants, azote et acide phosphorique, par la culture de l'esparcette qui est la providence des terrains secs et calcaires, cette contrée peut améliorer beaucoup sa situation. »

Ainsi, malgré les difficultés de classement qui résultent de la substitution des dépôts lacustres aux dépôts marins et des transformations latérales que souvent des assises contemporaines présentent dans leur constitution minéralogique, la région des terrains éocènes et oligocènes qui s'étend au nord de la Garonne depuis son point de jonction avec la Dordogne jusqu'aux montagnes qui entourent le département du Tarn présente partout à peu près les mêmes caractères. Ce sont, tantôt des mollasses, c'est-à-dire des alternatives de grès à ciment calcaire et de marnes qui forment des collines arrondies, terminées par des pentes douces sur lesquelles la culture peut facilement s'établir, tantôt des plateaux dont les bords abrupts s'avancent en corniches au-dessus des vallées ; quelques-uns de ces plateaux ne présentent que des causses arides et incultes, d'autres portent des champs plus ou moins fertiles ou des forêts, suivant qu'ils ont été revêtus de limons ou de sables et de graviers quaternaires. La proportion de calcaire que contiennent ces terres varie, mais il ne manque jamais complètement, excepté dans les dépôts quaternaires qui ont été amenés du Plateau central et qui sont épars sur les coteaux ou disposés en terrasses le long des vallées.

Mais, dans la partie nord-est du département de Lot-et-Garonne, le pays change de caractère et prend peu à peu l'aspect et la constitution géologique du Périgord. Nous nous en occuperons dans le paragraphe suivant.

C. — *Alluvions anciennes et modernes.*

Après avoir traversé les terrains primitifs qui forment la partie orientale du département et reçu les eaux du Dourdon et du Rancé presque toujours jaunies par les limons des grès permiens au milieu desquels elles ont coulé, le Tarn entre, à Saint-Juéry, dans la belle plaine d'Albi, plaine qui comprend, non seulement les alluvions modernes déposées sur les bords actuels de la rivière, mais les alluvions anciennes qui correspondent à ses anciens lits et qui sont disposées en terrasses étagées le long de la vallée. Leur largeur totale est souvent de 6 kilomètres, par conséquent elles méritent bien le nom de *plaines* qu'on leur donne dans le pays.

Près de Gaillac, la plaine qui s'étend sur la rive droite du Tarn a plus de 5 kilomètres de largeur jusqu'aux collines de mollasses et de marnes tertiaires qui la bordent. Elle a une surface complètement horizontale, sauf un petit ressaut, véritable marche d'escalier, qui a quelques mètres de hauteur et qui est à peu près parallèle à la rivière.

Voici, d'après E. Collomb, la coupe de cette vallée :

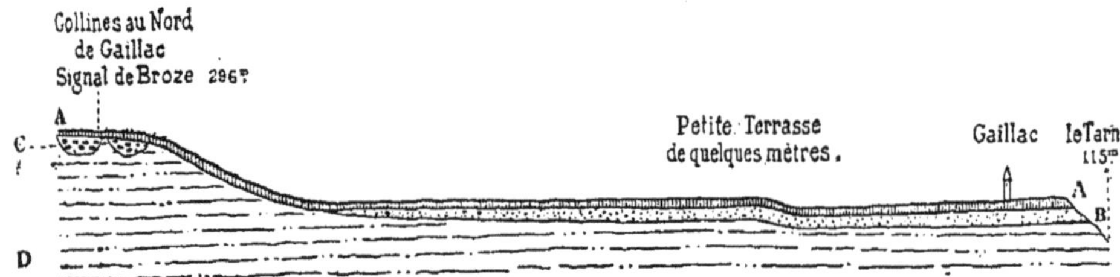

On y trouve :

A. — Un dépôt de *terre végétale et de limon* qui a quelques mètres d'épaisseur et qui couvre toute la plaine d'un manteau continu ; il se poursuit sur les collines comme s'il était indépendant du gravier sous-jacent. Le limon est difficile à distinguer de la terre végétale ; il y a passage insensible de l'un à l'autre. Le limon est, en général, rouge, argileux, lourd ; sur quelques points, il est un peu sableux. Il est activement exploité pour briques et poteries grossières. La terre végétale, qui doit son origine à ce limon, peut être rangée dans les terres de première classe ; elle est couverte des cultures les plus riches de vignes et céréales.

B. — Un lit de graviers et de blocs forme dans la plaine, au-dessous du limon, un lit continu qui a plusieurs mètres d'épaisseur et qui vient mourir au pied des collines où se trouve le signal de Broze. Les graviers sont des cailloux roulés de quartz, de quartzite, de diorite, d'amphibolite, de gneiss, de granite (rose), de grès rouge qui proviennent évidemment des montagnes du Plateau central. Les plus abondants sont les cailloux de quartz blanc et gris ; quant aux cailloux calcaires, ils sont très rares ou manquent absolument. Ces graviers sont exploités pour macadam. On y a trouvé des ossements d'*Elephas primigenius*.

C. — Sur le sommet des collines les plus élevées de la contrée, collines qui limitent la vallée du Tarn, à divers niveaux, on trouve un dépôt de graviers et de sable, quelquefois avec argile qui, d'après Leymerie, est antérieur à celui que nous venons de décrire. Il date probablement de l'époque pliocène et a été formé avant que les vallées du Tarn et de la Garonne aient été complètement creusées. Il est composé de matériaux qui proviennent aussi du Plateau central. C'est un diluvium stratifié confusément ; ce sont des lits alternatifs, des amandes de cailloux roulés de même nature minéralogique que ceux de la plaine, et de sable quartzeux ; on y voit, dit E. Collomb, les traces du mouvement des eaux, comme s'ils eussent été apportés par un grand courant [1].

D. — Dans la plaine, l'éocène supérieur *D* à *Palæotherium* et *Lophiodons* s'étend avec ses grès mollasses, ses grès marneux, ses marnes calcaires ou argileuses au-dessous des graviers *B*. Un niveau d'eau se trouve à 5 à 8 mètres de profondeur entre les graviers *B* et les terrains moins perméables de l'éocène *D*. Cette nappe d'eau est inépuisable ; elle alimente tous les puits des environs et contribue puissamment à la fertilité du sol.

Les collines qui bordent la vallée du Tarn sont formées par des calcaires d'eau douce miocènes à Hélices, Planorbes, Lymnées, qui couronnent les mollasses de l'éocène.

Les trois dépôts A, B et D sont parfois entamés par des *barancos*, petites vallées en miniature ou ravins à fortes pentes, avec végétation luxuriante, de 10 à 15 mètres de profondeur, au fond desquels coule un ruisseau qui va se jeter dans le Tarn.

Les principaux affluents du Tarn sont l'Aveyron et l'Agout qui reçoit lui-même les eaux du Dadou, du Sor et du Thoré. C'est principalement dans le bassin du Sor que les alluvions anciennes et modernes occupent de grandes surfaces. M. Joulie nous donne l'analyse d'une de ces terres d'alluvions anciennes de Garrevaques, dans la vallée du Sor :

Azote	0.99	p. 1,000
Chaux	3.66	—
Magnésie	7.73	—
Potasse.	2.37	—
Acide phosphorique.	0.71	—

1. *Bulletin de la Société géologique de France.* Tome XXVIII, 1871.

Un agriculteur bien connu par l'invention de sa *Défonceuse*, M. Armand Guibal, a obtenu en 1859 la prime d'honneur du département du Tarn, pour son domaine de la Barrarié, situé dans les communes de Cambounés et de Soual, arrondissement de Castres. Ses terres, dit M. de France, rapporteur de la commission, s'étendent pour la plus grande partie dans une vaste plaine comprise entre les ruisseaux du Sor et du Bernazobre, dont le sol argilo-siliceux, reposant sur un sous-sol imperméable de gif (cailloux agglomérés par un ciment très dur) et ne présentant qu'une pente presque nulle, est noyé l'hiver par les pluies et souffre beaucoup des longues sécheresses de l'été. Le reste se trouve sur la pente des coteaux qui bordent la rive opposée du Sor, dont le sol est argilo-calcaire, reposant sur le grès-mollasse qui, dans certaines parties, est très près de la surface.

Il y a vingt-deux ans, lorsque M. Guibal reçut ce domaine, sa contenance était de 68 hectares : il fut évalué 100,000 fr. et donnait un revenu de 3,200 fr.

Les terres au delà du Sor étaient couvertes de bois dont la partie supérieure seule était d'une bonne venue; dans la pente, où le grès-mollasse affleure la surface, il n'y avait que quelques arbres rabougris entre lesquels les troupeaux trouvaient un maigre pâturage. M. Guibal a détourné par un canal à faible pente un ruisseau qui descend des coteaux vers l'extrémité de sa propriété et a défriché et nivelé tout le terrain qui, se trouvant au-dessous, pouvait être irrigué; il a converti ainsi 3 hectares de mauvais pacages en une bonne prairie et n'a conservé en bois que ce qui était d'une belle venue.

Les terres de la plaine, coupées par de nombreuses enclaves, étaient noyées tout l'hiver et ne donnaient de récoltes passables que dans les années exceptionnelles. La première chose à faire était de les assainir pour pouvoir ensuite les cultiver avec sécurité. Pour y parvenir M. Guibal eut à lutter non seulement contre les difficultés d'un terrain plat et ne présentant qu'une pente de moins d'un mètre sur une longueur de 1,200 mètres, mais encore contre le mauvais vouloir des propriétaires des terres enclavées qu'il devait traverser pour faire écouler les eaux.

Il dut donc d'abord se débarrasser de ces voisins fâcheux par quelques échanges, et surtout par l'acquisition des pièces enclavées, souvent à des prix bien supérieurs à leur valeur réelle. 30,000 fr. ont été consacrés à ces achats et ont porté la contenance de la propriété de 68 hectares à $80^{ha},85$.

Une fois ces acquisitions faites, ses terres de la plaine se sont trouvées réunies en une seule pièce coupée par la route de Castres à Toulouse, et il a pu déverser ses eaux, d'un côté, dans le Bernazobre, et de l'autre, dans le Sor. Pour cela, il a refait presque tous les anciens fossés d'écoulement, et, afin de donner aux eaux la meilleure direction et disposer ses champs de la manière la plus favorable pour leur assainissement et l'exécution des labours, il les a divisés en rectangles de 54 mètres environ de largeur sur une longueur de 200 à 400 mètres; il a ensuite dirigé ses labours de manière à ramener la terre vers le milieu de leur largeur, et former ainsi de larges billons donnant à l'eau un écoulement facile vers les fossés. Quelques parties des plus humides ont été drainées. Par ces opérations, il est parvenu à maintenir le niveau des eaux inférieures à $0^m,90$ au-dessous de la surface. Pour permettre aux eaux de pénétrer plus profondément dans le sol et parer ainsi, autant que possible, à la sécheresse des étés, il donna plus de profondeur à la couche labourable par des défoncements de $0^m,50$ à $0^m,60$ de profondeur; mais la rareté et le prix de la main-d'œuvre rendaient cette opération fort dispendieuse, d'autant plus que pour conserver l'ameublissement dans ce sol, qui se reprend si facilement, cette opération doit être renouvelée à des périodes assez rapprochées; il chercha donc à remplacer dans ce travail les bras par une machine qui lui permît de l'exécuter à moins de frais et avec les seules ressources de l'exploitation. Après de nombreux essais et de longs tâtonnements, il construisit sa défonceuse qui lui a valu plusieurs médailles d'or dans divers concours et notamment au Concours général de Versailles, en 1852. Avec cet instrument, tel qu'il est aujourd'hui, un homme avec deux paires de bœufs de force moyenne et une femme ou un enfant pour les conduire, fait le travail de 12 à 15 ouvriers forts et vigoureux.

A mesure qu'il augmentait ainsi la profondeur de la couche labourable, il avait besoin d'une plus grande masse d'engrais pour la fertiliser ; les terres ne pouvant lui en fournir assez dans leur état actuel de fertilité, il dut, pendant plusieurs années, acheter une partie des fumiers de la caserne de Castres. Il a usé de cette ressource tant que les fumiers ont été à un prix assez peu élevé pour supporter les frais de transport et que ses terres n'ont pu se suffire à elles-mêmes par une production plus abondante de fourrages comme elles le font actuellement.

Il y avait sur le domaine 8 hectares environ de mauvaises prairies, trop sèches dans certaines parties, marécageuses dans d'autres. Dès le début de son exploitation, M. Guibal s'occupa de les améliorer, il assainit les parties marécageuses et nivela leur surface ; au moyen d'un barrage sur le Bernazobre, il obtint une chute de trois mètres qui lui permit d'établir une roue hydraulique qui fit mouvoir deux pompes dont l'eau, reçue dans un bassin, lui servit à les arroser au moins pendant l'hiver et le printemps, ce qui assura une bonne coupe de foin dans les anciens prés et lui permit d'augmenter un peu leur étendue. Trouvant que les pompes ne lui donnaient pas assez d'eau et étaient sujettes à de fréquents dérangements, il les a remplacées par une noria qui donne 1,200 litres d'eau à la minute et qui l'élève assez haut pour arroser une plus grande surface et lui permettre de doubler la contenance primitive de ses prairies.

Cette opération lui a fait trouver une mine, pour ainsi dire, inépuisable d'engrais. Les eaux du Bernazobre, qui traverse des contrées fertiles et bien cultivées, sont, après les orages, chargées d'un excellent limon qui ne tarda pas à se déposer au fond du bassin servant à l'irrigation. Lorsque la couche fut assez épaisse, on dut l'extraire et on la porta sur un champ voisin où elle développa une végétation luxuriante. Dès lors M. Guibal chercha à se procurer une quantité plus considérable de cet excellent engrais qu'il fit extraire pendant l'été de la retenue faite sur le Bernazobre. Mais la position de ce ruisseau, très encaissé en cet endroit, en rendait l'extraction difficile et coûteuse ; il se décida alors à construire au travers du Sor, qui coule dans les mêmes conditions, mais dont les abords sont plus faciles, un barrage coûtant 1,200 fr. qui forme un bassin de 1,000 mètres de long où les eaux, ayant perdu leur vitesse, laissent déposer la plus grande partie des matières fertilisantes qu'elles tiennent en suspension. Pendant les basses eaux de l'été on peut le mettre en grande partie à sec au moyen d'une vanne de décharge ménagée dans la chaussée, de sorte que les tombereaux peuvent venir prendre directement leur chargement et puiser à discrétion dans cette mine d'engrais.

L'introduction dans de larges proportions du trèfle, des vesces, des racines et du maïs-fourrage dans son assolement, lui a permis d'augmenter son bétail et de le mieux nourrir, de manière à en retirer plus de bénéfices et plus de fumier ; ainsi, tandis qu'autrefois il n'y avait à la Barrarié que 16 bœufs ou vaches et 80 moutons maigrement nourris, il entretient largement aujourd'hui 2 chevaux pour son usage, 2 mules pour les labours et les charrois, 8 bœufs de travail, 20 vaches ou génisses de la race de Salers, dont une partie travaille au besoin, 1 taureau de la même race, 70 moutons et 2 truies, soit l'équivalent de 40 têtes de gros bétail pour 58 hectares de terres en culture, soit environ une tête pour $1^{ha},45$, proportion assez considérable pour un pays où les fourrages viennent difficilement et qui ne peut que s'accroître avec la fertilité du sol.

L'accroissement du revenu, but de toute amélioration agricole, est venu, par son témoignage irrécusable, attester l'utilité de toutes ces opérations et la bonté du système adopté par M. Guibal ; car, tandis que, il y a vingt-deux ans, lorsqu'il prit possession du domaine, 68 hectares donnaient 3,200 fr. de revenu, soit 47 fr. par hectare, actuellement $80^{ha},85$ lui donnent, d'après la moyenne des cinq dernières années, 7,500 fr., soit environ 93 fr. par hectare, ou près du double.

Nous avons déjà mentionné à propos des terrains de mollasse du Castrais, la terre de Montespieu, propriété de M. de Juge, qui est située dans la vallée du Bernazobre, affluent du Sor, et sur les coteaux qui séparent cette vallée de celle du Thoré. Voici les résultats des analyses de quatre terres *lises,* alluvions quaternaires de la vallée du Bernazobre qui font partie de ce domaine : la première est très fertile ; les deuxième et troisième sont des prairies irriguées de création très ancienne ; la quatrième est une alluvion ancienne qui forme terrasse au bord de la vallée.

	AZOTE.	ACIDE phosphorique.	POTASSE.	CHAUX.	MAGNÉSIE.
1	0.978	1.162	1.520	7.660	
2	3.200	0.490	2.120	8.550	
3	2.740	0.690	3.040	2.530	
4	1.101	0.783	1.830	4.330	

A la ferme d'Enlaure, près de Labruguière, M. Arthur Batut a créé, sur des terrains en partie de grès éocènes, en partie d'alluvions anciennes, des prairies qu'il irrigue avec les eaux du Linon, ruisseau qui se jette dans l'Agout. Les prés donnent en première coupe environ 5,000 kilogr. de foin à l'hectare, mais il y a rarement du regain, parce que l'eau manque en été. L'emploi des superphosphates de chaux permet d'augmenter encore les récoltes.

J'extrais de l'excellent rapport de M. Sagnier les détails suivants sur les cultures de M. Charles Cormouls à Montdragon :

M. Charles Cormouls cultive, depuis 1856, le domaine de La Salvetat, à Montdragon, d'une étendue de 125 hectares dont 25 sont exploités par métayage et 80 sont exploités par le propriétaire. Ce domaine, situé sur la rive gauche du Dadou, domine la rivière à une altitude d'une vingtaine de mètres. Il se compose d'un plateau assez régulier, qui en forme environ les deux tiers, et de terres en pente et en plaine limitées par le ruisseau du Lézert. Le sol formé d'alluvions modernes dans cette dernière partie, et d'alluvions quaternaires sur le plateau, est partout argilo-siliceux, et souvent mêlé de cailloux ; le sous-sol du plateau est constitué par un poudingue imperméable.

Les 80 hectares se répartissent actuellement en 34 hectares de terres arables, 38 de prairies naturelles, 7 de bois, et 1 environ de jardins et de vignes. Le plateau est consacré aux terres arables et aux prairies non arrosées, les pentes aux bois, et les terres de plaine aux prairies arrosées. Le drainage, avec collecteurs à ciel ouvert, et le chaulage, pratiqué à intervalles réguliers, ont permis d'obtenir des récoltes régulières sur le plateau qui était autrefois en landes et bruyères. Les rendements sont : 20 hectolitres par hectare pour le blé ou le maïs, 50 pour l'avoine, 5,000 kilogr. de foin sec pour le trèfle.

L'assolement est biennal ; en règle générale, les céréales alternent avec les plantes fourragères (pommes de terre, maïs-fourrage, seigle coupé en vert et trèfle incarnat). En dehors de l'assolement, une place importante a été faite, depuis sept à huit ans, aux prairies temporaires de graminées et de légumineuses, créées et maintenues avec d'assez fortes fumures. Réduire les emblavures, et accroître les rendements, tel a été le but de cette création.

La grande part faite aux cultures fourragères montre que M. Charles Cormouls cherche surtout ses bénéfices dans les produits du bétail. Il réalise par surcroît un fumier abondant (450,000 kilogr. en moyenne), auquel s'ajoute, chaque année, l'emploi d'engrais minéraux ; il en achète environ pour 1,200 fr. (soit 1,000 kilogr. de nitrate de soude, 200 de sulfate d'ammoniaque et 10,000 kilogr. de superphosphate).

Depuis dix ans, la quantité du bétail entretenu à La Salvetat a presque doublé. Actuellement, on y compte, dans trois étables, bien aménagées, 24 bœufs de travail de la race d'Aubrac, et 42 taurillons ou bouvillons, dont un tiers environ de la race limousine. Tous ces animaux sont bien nourris et bien soignés. La Commission a été vivement frappée par l'initiative prise par M. Charles Cormouls pour remplacer l'ancien bétail du pays par la race limousine, et par les résultats obtenus ; les limousins achetés jeunes s'acclimatent sans peine, et si l'on doit les payer plus cher que les Aubrac, ils profitent bien mieux de la nourriture, et ils arrivent bien plus vite à l'état d'être vendus pour la boucherie, de sorte que le produit final est beaucoup plus élevé ; M. Charles Cormouls l'estime au double.

Le cheptel vivant est complété par neuf truies, dont une partie des produits sert à la nourriture des trois maîtres-valets qui exploitent le domaine sous la direction de M. Charles Cormouls.

Les bois, âgés de vingt ans, sont en mélange de résineux et de feuillus ; ils servent, au début du printemps, pour le pâturage des animaux. Les prairies sèches et temporaires, d'une étendue de

18 hectares, sont utilisées, tantôt par la fauchaison, tantôt pour la pâture. Quant aux prairies arrosées, elles s'étendent sur une superficie de 20 hectares.

Les eaux nécessaires pour l'irrigation sont captées dans le ruisseau du Lézert à l'extrémité du domaine. Un canal d'amenée, à large section, qui sert en même temps de réservoir, a été établi le long du coteau de manière à dominer toutes les terres basses. Sa longueur est d'environ deux kilomètres jusqu'au point où il rejoint les fossés de colature qui vont se perdre dans le Dadou. Sur la partie supérieure de ce canal sont établies des prises qui permettent d'irriguer, par rigoles de niveau, des parcelles de prairies isolées. C'est aux deux tiers environ de son cours qu'il arrive à la masse principale des terres à arroser ; là, sont établis des barrages plus importants qui servent à distribuer l'eau sur la surface de ces terres. Des rigoles principales partent de ces barrages et descendent dans les prairies, qui sont divisées en quatre grandes parties ; sur quelques points, à raison des ondulations du sol, pour atteindre l'extrémité régulièrement, on a dû établir ces rigoles sur talus. L'irrigation suit avec une grande précision les accidents du terrain ; pour obéir à ceux-ci et assurer la marche régulière de l'eau, l'arrosage est pratiqué, suivant les parties, soit par déversement ou rigoles de niveau, soit par planches en ados. Un excellent système de rigoles de colature sert à recevoir les eaux d'excédent des arrosages, et à les conduire au Dadou ; elles sont tracées en suivant deux pentes à droite et à gauche de la ligne de faîte, afin d'éviter que les eaux restent stagnantes sur quelque point.

Ajoutons enfin qu'une partie des prairies étant submersible, des barrages mobiles dominent cette partie et servent à y diriger les eaux, car elles sont chargées de limon, pour en effectuer le colmatage.

Ce système d'irrigation, très bien installé, est encore enrichi par une autre combinaison. Le drainage des terres du plateau a été dirigé de telle sorte que les eaux réunies par les fossés collecteurs sont utilisées pour accroître le débit du canal et augmenter les ressources pour l'irrigation. D'autre part, les fossés qui assainissent le marais de Foncoupet, de l'autre côté du domaine, traversent la cour des bâtiments d'exploitation ; ils entraînent les eaux d'égout et diluent le purin, pour le répandre dans les prairies.

L'aspect des prairies dénote une vigueur de végétation tout à fait remarquable ; leur production est soutenue, et le foin qu'elles donnent est d'excellente qualité.

Près de Villemur, un peu au-dessus de Montauban, il y a, dans la vallée du Tarn, une plaine basse et deux terrasses dont l'altitude et la largeur croissent de l'est à l'ouest, le troisième niveau se trouvant relativement beaucoup plus élevé que les deux autres.

A ces trois niveaux, on trouve le même terrain de transport constitué par deux éléments dont l'un consiste en cailloux roulés, et l'autre en un dépôt généralement riche en silice.

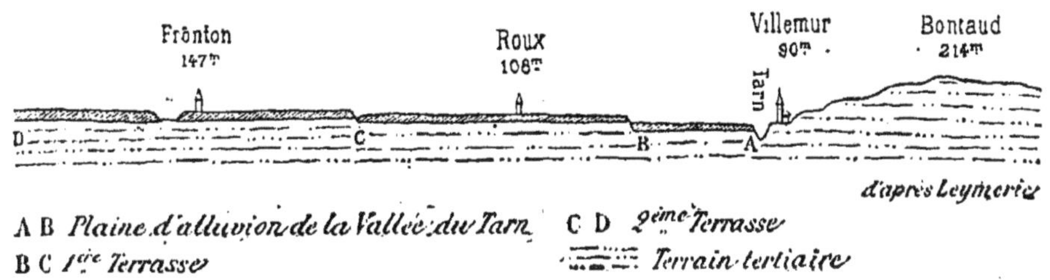

Les cailloux, dans les trois plaines, sont à peu près identiques. Presque tous ont pour base le quartz vitreux ; leur couleur est uniformément blanchâtre, ou un peu jaunâtre, ou rougeâtre à la surface, et leur forme est toujours assez irrégulièrement arrondie. Ces cailloux ont un volume faible ou assez faible ; il atteint rarement la grosseur du poing. Les roches différentes du quartz vitreux commun ne jouent jamais ici qu'un rôle accessoire. Ce sont des gneiss et des schistes micacés durs, des schistes siliceux, quelques grès fins résistants, ordinairement rougeâtres, etc...

La matière terreuse qui accompagne les cailloux et qui habituellement forme au-dessus d'eux une couche plus ou moins épaisse, est à peu près la même dans les deux plaines supérieures ; c'est ordinairement une boulbène très siliceuse, de couleur claire, çà et là rougeâtre, blanche à la surface. Dans le terrain diluvien des plateaux, il y a, à une certaine profondeur, du *grepp,* comme dans les terrasses de la vallée de la Garonne.

Dans la basse plaine, l'alluvion est plus franche, plus argileuse, un peu calcaire, d'une couleur plus sombre, assez souvent d'un brun rougeâtre.

En général, dans toute la vallée, y compris les terrasses, les cailloux sont recouverts par le dépôt terreux ; mais, souvent aussi, l'élément grossier arrive à la surface. Le tout forme, sur le terrain tertiaire, qui constitue partout le sous-sol, un revêtement d'une épaisseur moyenne de 4 à 5 mètres. Le terrain fondamental, habituellement marneux, se montre d'ailleurs sous le dépôt que nous décrivons, dans le lit du Tarn, sur les deux rives et dans les coteaux qui séparent les trois plaines, et surtout dans la côte élevée qui conduit du second au troisième niveau.

La plaine basse de la vallée du Tarn est très fertile dans le canton de Villemur, surtout dans sa partie supérieure, vers Layrac et Mirepoix, et l'on y récolte toute espèce de grains. Mais les plateaux offrent un excès de sable qui ne permet guère que la culture de la vigne. C'est là, dit Leymerie, la terre vraiment classique de la vigne dans nos pays. Dans le plateau supérieur se trouvent les vignobles renommés de Fronton, de Fabas et une partie de ceux de Villaudrie. Une autre partie de ces dernières vignes, si estimées, appartient à la terrasse inférieure. Ce sont des vins qui ressemblent à ceux du Bordelais et les terrains se ressemblent également même par le *grepp* qui est analogue à l'alios[1].

Dans la vallée du Lot, les alluvions anciennes n'existent bien caractérisées que sur quelques sommités, sur les versants de quelques coteaux et dans la plaine haute de la rivière. Sur les sommités, ce sont des sables argileux jaunâtres, souvent bigarrés de jaune, de gris ou de blanc, renfermant ou non des grains roulés d'oxyde de fer et quelquefois, comme entre Hauterive et Trentels, des fragments de meulières qui paraissent provenir d'un remaniement du calcaire lacustre gris de l'Agenais.

Ces sables bigarrés recouvrent, en beaucoup de localités, les flancs des coteaux, tantôt avec les caractères qu'ils présentent sur les sommets, tantôt plus ou moins modifiés ; dans ce dernier cas, ils contien-

1. Leymerie, *Mémoires de l'académie de Toulouse*. 1867.

nent des galets quartzeux ou siliceux de même nature que ceux du lit actuel du Lot.

A la base des coteaux, sur la plaine haute de la rivière, le terrain de transport est très variable ; à Casseneuil, Villeneuve-sur-Lot, Saint-Sylvestre, etc., il est argileux-rougeâtre et ressemble à ceux des sommets des coteaux ; ailleurs, ce sont des graviers plus ou moins argileux ou sableux ; plus généralement, ce sont des amas de cailloux roulés de quartz au milieu desquels on rencontre quelques silex, des meulières et des débris de roches volcaniques et cristallines du Plateau central. Toujours les sables contiennent un peu de fer oxydulé en grains roulés.

L'élément calcaire en fait rarement partie et, quand on l'y rencontre, ce n'est guère qu'à la base des terrains de transport.

Voici, d'après les analyses de M. Aubin, la composition de trois terres d'alluvions anciennes et d'une terre d'alluvion du département du Lot :

		ALLUVIONS ANCIENNES DU LOT			ALLUVIONS modernes du Lot
		à Frayssinet-le-Gélat.	à Saint-Denis-Catus.	à Payrac près Cahors.	à Luzech.
	Terre fine	81,6	90,9	98,9	98,1
	Cailloux	15,4	9,1	1,1	1,9
Analyse physique p. 100.	Sable siliceux	78.56	85.88	81.28	81.28
	Argile	1.75	2.00	12.27	12.27
	Calcaire	0.26	0.25	1.32	1.32
	Matière organique non décomposée	2.01	1.35	2.07	2.07
	Humus	0.93	0.48	0.46	0.46
	Eau	1.01	0.98	0.70	0.70
Analyse chimique de la terre fine p. 100.	Azote	0.0819	0.0760	0.0994	0.0994
	Acide phosphorique	0.0254	0.0434	0.2823	0.2823
	Potasse totale	0.0646	0.1088	0.3553	0.3553
	Chaux	0.145	0.140	0.739	0.7.9
	Potasse assimilable	0.031	0.047	0 051	0.051
	Magnésie	0.060	0.075	0.540	0.549
	Soude	0.0218	0.0327	0.0392	0.0392
	Fer	1.0816	1.2480	4.7008	4.7008

Parmi ces terres, les deux premières ont besoin de chaux, d'acide phosphorique et même de potasse.

« Quant aux alluvions modernes du Lot, comme celles de Luzech, dit M. le Dr Rey, elles sont à la fois meubles, perméables, fraîches et fertiles. Comme leur culture est aussi très soignée, leurs rendements sont très élevés. Le blé y atteint de 30 à 35 hectolitres à l'hectare.

« La vigne donnait quantité et qualité dans ces terrains d'alluvions, avant que le phylloxéra soit venu l'attaquer. Elle y a mieux résisté qu'ailleurs au terrible puceron, mais elle ne laisse pas que de disparaître de plus en plus. La vigne américaine la remplacera avec succès, car elle y trouvera tout ce qui lui est nécessaire pour une bonne végétation et des produits abondants.

« Le tabac s'y développe avec une merveilleuse vigueur et permet d'obtenir des produits bruts considérables.

« Il serait fortement à désirer que l'administration des tabacs pût en étendre la culture. Malheureusement le tabac du Lot ne sert qu'à priser et tout le monde sait que la consommation de ce produit diminue tous les jours. On lui reproche d'être impropre à la fabrication du tabac à fumer, parce qu'il brûle difficilement et ne se consomme pas avec cette régularité si appréciée de ceux qui en font usage. Il y aurait grand intérêt à ce qu'il fût fait des expériences pour savoir si, par des variétés nouvelles ou des procédés de culture différents (plus ou moins d'espacement, etc.), on ne pourrait pas obtenir sur notre sol du tabac à fumer[1]. »

Rien ne s'oppose, en effet, à l'extension de la culture du tabac à fumer dans le département du Lot. C'est, comme le dit M. le Dr Rey, une question de variété et de procédé de culture, principalement d'espacement des plants, de *densité,* suivant l'expression qu'emploie l'administration des tabacs. Dans le département du Lot on cultive encore généralement l'espèce Auriac, la densité est de 11,000 à 12,000 pieds plantés à l'hectare et le rendement moyen a été de 1,143 kilogr. à l'hectare en 1894, tandis qu'avec l'espèce Paraguay et une densité de 30,000 à 40,000 pieds plantés à l'hectare, le poids

---

1. Dr E. Rey, *Études agrologiques des principaux terrains du département du Lot.* Cahors, 1889.

de la récolte peut atteindre 1,500 à 2,000 kilogr. à l'hectare, et la différence du prix est loin de compenser l'infériorité du poids de l'Auriac. Dans le département de Lot-et-Garonne, où l'on trouve aujourd'hui les deux cultures, Auriac et Paraguay, la première n'a donné, en 1894, que 773 kilogr. par hectare, tandis que la deuxième a atteint 1,432 kilogr.

Le département du Lot cultive 2,100 hectares de tabac; celui de Lot-et-Garonne en a 3,230, principalement dans les *quarterées,* riches terres d'alluvion qui s'étendent, près d'Aiguillon, autour du point de jonction du Lot avec la Garonne, et dans les argiles rouges, d'origine quaternaire, qui couvrent les coteaux, de Clairac jusqu'à Marmande.

§ 8. — Le Périgord.

La bordure nord-est du département de la Dordogne fait géologiquement partie du Plateau central et les hauteurs granitiques qui se trouvent aux environs de Nontron ont tous les caractères du Limousin. Puis vient un peu de Permien avec les grès rouges de Montpazier et le petit bassin houiller de Beauregard, près de Terrasson. Le lias entoure tous ces terrains d'une bande de marnes fertiles que l'on peut voir près de Thiviers et d'Excideuil et il est suivi par les calcaires jurassiques que l'Isle traverse avant son arrivée à Périgueux.

Mais la plus grande partie du département se compose de vastes plateaux de craie qui commencent déjà à l'est de Périgueux et s'étendent au sud vers Sarlat et Bergerac, à l'ouest vers Ribérac et Mareuil, tantôt nus ou couverts seulement d'une mince couche de terre rougeâtre que les gens du pays appellent *Caussonal,* tantôt parsemé de dépôts tertiaires ou quaternaires dont nous avons à nous occuper plus spécialement dans ce chapitre.

Les terrains tertiaires les plus anciens du Périgord sont ou les *terrains sidérolithiques,* sables et argiles caractérisés par des teintes bariolées dans lesquelles domine le rouge et par les minerais de fer en grains que l'on y trouve souvent, ou *les grès et sables ferrugineux du Périgord.* Ces derniers sont eux-mêmes entremêlés sans aucun ordre avec des couches d'argiles; ils ressemblent aux terrains sidérolithiques par leurs couleurs variées (blanc, jaune, rouge ou violacé) et il est difficile de les distinguer, surtout lorsqu'ils sont superposés. Du reste, ils ont, au point de vue agricole, les mêmes caractères et nous pouvons les réunir sans aucun inconvénient.

D'après M. Vasseur, ils sont du même âge que la mollasse du Fronsadais et la remplacent peu à peu, à mesure que l'on remonte la rive droite de la Dordogne pour entrer du département de la Gironde dans celui de la Dordogne. Jusqu'aux environs de Bergerac, on trouve encore la mollasse du Fronsadais reposant sur des argiles panachées et surmontées du calcaire lacustre de Castillon.

Mais, un peu à l'est de Bergerac, elle disparaît pour faire place aux sables argileux rouges et aux grès ferrugineux, dits *grès de Bergerac* ou *grès ferrugineux du Périgord*. De là vers le nord-est et vers le nord-ouest, et non seulement dans le Périgord, mais dans la Saintonge, l'Aunis et presque tout le Poitou, les dépôts tertiaires que l'on rencontre, soit au-dessus de la craie, soit au-dessus des terrains jurassiques, restent partout les mêmes : ce sont les terres de bois ou de landes (*Terras dé bos* en patois), argiles ou sables pauvres en chaux dont la végétation forme un contraste frappant avec les sols de calcaire presque pur sur lesquels ils forment des îlots épars.

Mais il en est tout autrement au sud de la Dordogne. Les calcaires lacustres que nous avons trouvés à la surface des plateaux dans les départements de la Gironde, de Lot-et-Garonne, de Tarn-et-Garonne et du Lot franchissent les limites de celui de la Dordogne et se développent aux environs d'Issigeac et de là vers Beaumont à l'est et vers Monbazillac et Sainte-Foy au nord-ouest.

Ainsi nous pouvons dès à présent indiquer la différence fondamentale qu'il y a entre les terrains tertiaires du sud-ouest et ceux de l'ouest de la France. Tandis qu'au sud de la Dordogne et jusqu'au pied des Pyrénées, ils se distinguent presque tous par leur richesse en chaux, ceux que l'on trouve au nord de la Dordogne et jusqu'à la Loire sont, au contraire, à peu d'exceptions près, complètement dénués de calcaire. Mais dans le Périgord, dans la Saintonge, dans l'Aunis, dans le Poitou et dans le Berry, ils sont superposés en îlots épars sur des sols calcaires de formation crétacée ou jurassique et le rôle qu'ils jouent dans l'économie rurale de ces contrées dépend essentiellement de l'étendue que ces îlots tertiaires occupent relativement aux terrains secondaires qui les entourent. Quand ils ne couvrent que de petites surfaces et quand ils n'ont qu'une faible épaisseur, la charrue les mélange en partie avec le sous-sol calcaire, ou bien il est facile de leur donner les amendements calcaires dont ils ont besoin, en les extrayant, soit autour d'eux, soit au-dessous d'eux. De plus, les calcaires sous-jacents étant très perméables leur fournissent un drain naturel. Il en résulte des terres excellentes et souvent la culture les a transformées à tel point qu'il est impossible de reconnaître leur origine.

Ailleurs, lorsque ces terrains tertiaires ont de plus vastes périmètres, on les a laissés en landes ou en bois et de là le nom de *Terres de bois* qu'on leur donne souvent; depuis longtemps on en a défriché une certaine quantité avec une activité plus ou moins grande suivant que les prix des blés ou ceux des bois étaient plus ou moins élevés et, dans ces derniers temps, on a fait ces défrichements pour y établir des plantations de vignes américaines greffées en Folle-Blanche : on dédaignait autrefois les eaux-de-vie des terres de bois, mais aujourd'hui la facilité avec laquelle les Riparia et les Rupestris s'y adaptent en fait une précieuse ressource pour remplacer les vignes détruites par le phylloxéra dans les terrains crayeux.

Mais quelquefois les dépôts tertiaires atteignent de très grandes épaisseurs et couvrent des milliers d'hectares; ils forment alors des contrées humides et pauvres, comme celles que nous avons déjà vues dans la Sologne et la Brenne, et comme la Double, la Sologne du Périgord, dont nous allons nous occuper à présent.

La Double. — La Double s'étend sur la rive droite de l'Isle dans l'angle formé par cette rivière avec la Dronne. Elle comprend 50,000 à 60,000 hectares dont la majeure partie appartient au département de la Dordogne et le reste à ceux de la Gironde et de la Charente.

C'est une succession de coteaux aux formes arrondies ou de plateaux ondulés dont le sol se compose de sables argileux, jaunes ou grisâtres. Ces sables renferment en certains endroits de nombreux petits cailloux de quartz ou des parties endurcies de grès ferrugineux ; ils ont une épaisseur de 20 à 40 centimètres et reposent sur une nappe d'argile.

En creusant un puits de 12 mètres de profondeur à Échourgnac, les trappistes ont trouvé la coupe suivante :

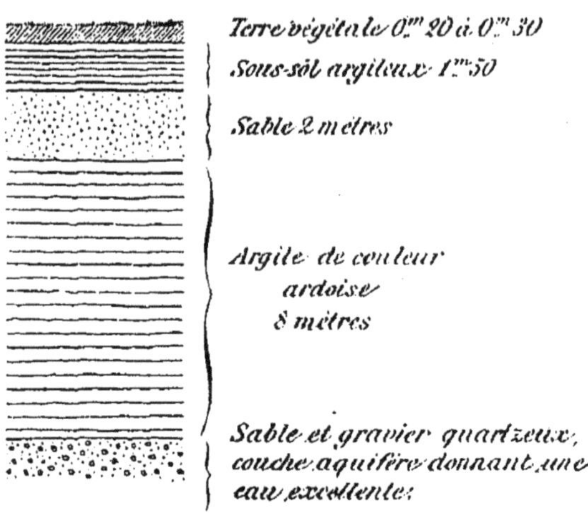

On lit dans les remarques de Desmarets, membre de l'Académie des sciences, sur la généralité de Bordeaux, écrites de 1761 à 1764, que la Double possédait à cette époque des fabriques de poterie, de verrerie, et se livrait en grand à l'exportation du charbon de bois.

Les terres en valeur formaient alors le huitième au plus de l'étendue totale. La santé des hommes et des animaux était compromise par les brouillards. Des ouvriers pionniers, appelés du Lyonnais, avaient commencé des travaux de défrichement qui n'eurent pas de suite. On avait fait des essais de luzerne ; on appréciait aussi l'utilité des amendements calcaires, mais on se plaignait de ne pouvoir les transporter faute de bons chemins. La Double nourrissait alors plus de bons porcs qu'aujourd'hui, à cause de la quantité considérable de glands qu'on y récoltait. Les forêts séculaires que la hache avait longtemps respectées commençaient à s'éclaircir, soit par l'exploitation, soit par la main criminelle des bergers qui trouvaient dans l'incendie un moyen de raviver leurs pâturages, ou des charbonniers qui, en mettant le feu sur place, avaient ainsi plus de facilités pour enlever les souches nécessaires à leur industrie.

Depuis cette époque, le déboisement a continué; les premières voies de communication ont même continué à aggraver le mal en excitant l'avidité des propriétaires de bois.

La canalisation de l'Isle, la construction des routes qui relient Ribérac avec Mussidan, Monpont et Chalais, ouvrant aux produits forestiers un débouché plus facile, ont attiré dans ces contrées de nombreux spéculateurs, dont plusieurs ont payé leur domaine avec la coupe des forêts. Sauf de rares exceptions, la Double n'offre plus aujourd'hui que des taillis clairsemés, aménagés sans ordre, broutés sans cesse par les animaux.

La plupart de ces bois sont envahis par les ajoncs et les bruyères qui les transforment peu à peu en landes et le sol s'appauvrit d'autant plus vite que ces ajoncs et bruyères sont exportés et vendus comme litières dans les parties calcaires et mieux cultivées des cantons de Ribérac, Mussidan et Monpont.

Dans leur excellent rapport sur la Double, MM. de Lentillac et Guilbert observent que les propriétaires devraient, en retour de ces litières, ramener la chaux qui manque à leurs terrains. Il est vrai que pendant longtemps les transports étaient difficiles parce que les chemins manquaient ou étaient en très mauvais état. On ne trouvait pas dans la contrée des matériaux pour les empierrer; quelquefois on était obligé d'y entasser des bruyères pour combler les ornières. Mais aujourd'hui les chemins de fer qui passent au sud et à l'ouest de la Double amènent des matériaux d'empierrement et le pays est traversé par plusieurs routes bien entretenues.

Les eaux de pluie tombées sur la surface imperméable des collines y ruissellent dans tous les sens et forment une série de *nauves*, flaques ou prairies marécageuses, au lieu de se réunir en ruisseaux à thalweg nettement dessiné. Plus bas, elles forment des étangs dans lesquels on élève du poisson et qu'on a cherché à multiplier et à approfondir au moyen de digues échelonnées en travers des vallons.

Malheureusement ces étangs ont amené des fièvres et produit sur la santé des habitants de la Double les mêmes effets désastreux que nous avons eu l'occasion de signaler dans la Dombe, la Sologne et la Brenne.

La Double n'a que 40 habitants par kilomètre carré et ce chiffre descend même à 14 pour les communes d'Échourgnac et de La Jemaye qui occupent le centre du pays.

A la suite d'une excursion dans la Double, Barral a fait une description navrante de l'état dans lequel il avait trouvé une partie de ses habitants.

« Voici, dit-il, ce que j'ai vu en France, à la fin de septembre 1875 :

« Une chaumière, n'ayant qu'une porte, pas de fenêtre, pas de cheminée ; dans un coin, un âtre où se fait la cuisine, mais dont la fumée s'échappe, comme elle peut, à travers les interstices d'un toit couvert en chaume. Un lit dans lequel sont couchés le mari, la femme, deux enfants de deux et quatre ans, tous les quatre tremblants de fièvre. Deux ânes vivent sous le même toit ; leur demeure n'est séparée de celle de la famille que par une commode et un coffre ; dans ce dernier, se trouve la provision de légumes, en partie de pommes de terre. Les pauvres habitants vivent, si cela peut s'appeler vivre, du travail de la terre ; ils labourent avec les ânes qui leur servent aussi pour conduire au marché les quelques denrées dont la vente leur procure de quoi payer l'impôt, la rente du sol et les menus objets nécessaires à leur existence empoisonnée par la fièvre paludéenne. — Ailleurs j'ai rencontré une femme qui portait sous son bras un petit enfant de quelques mois, aux traits hâves, dont les grands yeux à moitié éteints faisaient mal, dont les membres ne présentaient que des os seulement couverts de peau. La femme paraissait avoir 70 ans. Je l'interroge en lui disant : — C'est votre petit enfant? — C'est mon dernier sur six, me répond-elle ; les cinq autres sont morts successivement ; celui-ci, hélas ! ne paraît pas pouvoir vivre. Il a la fièvre comme moi. J'ai 32 ans !... — Plus loin, c'est un vieillard et un jeune garçon qui nous apparaissent. Ils se traînent, ils sont aussi enfiévrés. Le vieillard nous paraît vieux de 75 à 80 ans ; il nous dit n'avoir que 42 ans. Quant au jeune garçon, chez qui la taille et le développement des membres n'accusent guère que 12 à 13 ans, il a passé l'âge de la conscription. Le conseil de revision n'a pu trouver le contingent dans le canton. — Et ces scènes navrantes se sont renouvelées plusieurs fois pendant cette pénible visite.

« Si nous nous plaisons souvent à dire les progrès de l'agriculture et les améliorations qui se produisent parmi les populations rurales, si nous aimons à raconter les belles fêtes des comices, à vanter les merveilleuses richesses mises en lumière par les grands concours dans quelques-unes de nos provinces, il faut bien aussi que nous montrions le triste état dans lequel sont quelques régions. Le pays où nous avons vu une population si malheureuse que nous nous étonnions qu'il y eût des familles se succédant dans de pareils lieux, de demi-siècle en demi-siècle, est la Double. Des étangs ont été établis pour tirer parti du sol par l'élevage du poisson. Ce sont les étangs qui font l'insalubrité, qui répandent la fièvre. Ces étangs, il faut les supprimer. »

Le vœu de Barral est sur le point d'être accompli, grâce à l'initiative de quelques hommes de bien, à la tête desquels il faut citer M. le Dr Piotay et M. le baron d'Arlot de Saint-Saud que nous avons eu le regret de perdre en 1894.

Mais, après avoir supprimé les causes d'insalubrité, il faut aussi supprimer les causes d'infertilité. Il serait nécessaire de drainer les terres, de les défoncer pour mélanger l'argile du sous-sol au sable de la surface et surtout de leur donner la chaux et l'acide phosphorique qui leur manquent, comme le montrent les analyses suivantes faites par M. Hitier et M. Bernard. La première est une terre de taillis de chêne envahis par la bruyère, sable fin de couleur brune, que nous avons recueillie près de la route de Mussidan à Échourgnac ; la deuxième et la troisième sont des terres sablonneuses de la propriété de M. Suc, voisine de celle des Trappistes d'Échourgnac ; les trois dernières viennent de la ferme de M. Liabot à Échourgnac même. Elles renferment pour mille :

TABLEAU.

	CAILLOUX ET SABLE QUARTZEUX.	TERRE FINE.	ANALYSE DE LA TERRE FINE. CARBONATE de chaux.	POTASSE.	ACIDE phosphorique.	ACIDE sulfurique.	MAGNÉSIE.	AZOTE.	ANALYSÉ PAR
1.	91	909	1.15	1.08	0.27	0.09	0.60	0.67	M. Hitier.
2.	254	746	1.52	1.22	0.29	0.06	0.61	0.43	—
3.	340	660	4.01	0.95	0.20	traces	1.90	0.38	—
4.	56	941	?	2.59	0.27	?	?	0.84	M. Bernard.
5.	240	760	?	0.92	0.14	?	?	0.74	—
6.	110	890	?	1.09	0.20	?	?	0.84	—

On voit, d'après ces analyses, que les terres de la Double ont surtout besoin de phosphates. En complétant ainsi les siennes, M. Sue, fils du romancier Eugène Sue, a réussi à y établir d'excellents prés, très riches en légumineuses; et dans les terres 4, 5 et 6, qu'il avait achetées au prix de 180 fr. l'hectare, M. Liabot a obtenu des récoltes de blé de 40 quintaux métriques à l'hectare, après y avoir employé 2,000 kilogr. de scories de déphosphoration, 100 kilogr. de chlorure de potassium et 150 kilogr. de sulfate d'ammoniaque.

Les Trappistes, ces courageux pionniers de l'agriculture, ont fondé sur le domaine de la Biscaye, près d'Échourgnac, le couvent de Notre-Dame-de-Bonne-Espérance. Les fièvres ont décimé les premiers frères qui sont venus y commencer les travaux de desséchement des étangs et de défrichement des bruyères. Mais la bonne espérance ne les a pas abandonnés et ils ont fini par vaincre tous les obstacles. Aujourd'hui les fièvres ont disparu et ils ont réussi à se procurer de l'eau très salubre en creusant un puits dont nous avons donné la coupe plus haut. Ils ont une vacherie importante et fabriquent, comme dans leur abbaye de la Mayenne, des fromages de Port-Salut qui sont très appréciés à Bordeaux. Au-dessous du couvent s'étend une belle prairie arrosée avec les eaux d'égouts de la ferme. Leurs vignes réussissent aussi bien, mais, tout près d'eux, celles de M. Sue ont été détruites par le phylloxéra.

Ce qui importe avant tout, c'est d'obtenir des produits au moyen desquels les améliorations agricoles puissent être payées. Il y a 30 ou

40 ans, le Dr Guyot voyait dans la viticulture le salut et même la fortune de la Double.

« La vigne, dans la Double, écrivait-il, pousse comme le chiendent; elle y vit des siècles et elle y est d'une grande vigueur et d'une grande fécondité. Sur ses 50,000 hectares, la Double comporterait 30,000 hectares de vignes. » Mais, à cette époque, on ne prévoyait ni les ravages du phylloxéra qui a détruit les anciennes vignes, ni la mévente des vins qui compromet le succès des nouvelles plantations. Le Dr Guyot était trop enthousiaste de la viticulture et il connaissait trop peu l'agriculture en général et la Double en particulier pour soupçonner toutes les difficultés du problème d'économie rurale qu'il faudrait y résoudre. MM. de Lentillac et Guilbert les connaissent mieux et je vais emprunter au rapport qu'ils ont publié sur la Double les détails suivants sur la situation actuelle de son agriculture et sur les améliorations réellement pratiques qu'on peut lui conseiller :

Le bois forme la production locale la plus importante de la Double; c'est à peu près le seul produit qui sorte de la contrée. L'essence qui forme en majorité les bois de la Double appartient à la variété connue sous le nom de chêne noir ou tauzin (*Quercus tauza*).

Les fruits de la culture, blé, maïs, millet, pommes de terre, châtaigne, fourrage, vin, etc., se consomment dans le pays, au besoin duquel souvent ils ne peuvent suffire.

Le bétail qui travaille se compose exclusivement de vaches limousines, de petite taille à cause de la mauvaise nourriture à laquelle elles sont soumises; les élèves sont conduits à la boucherie à l'âge de deux ou trois mois et vendus dans le prix de 40 à 60 fr. Ribérac tient le marché principal où viennent s'approvisionner de ces jeunes animaux les bouchers de Périgueux et des villes voisines.

La race porcine est celle du Périgord dans toute sa pureté. Les habitants élèvent et vendent les porcelets après leur avoir fait consommer le gland que, dans certaines années, les baliveaux et chênes de bordure produisent en grande abondance. Ce fruit, n'étant pas réservé, est maraudé un peu partout. Les foires de Saint-Vincent-de-Connezac sont, pour les porcs, les mieux approvisionnées de la contrée.

Les moutons ne reçoivent d'autre nourriture que celle qu'ils trouvent dans les bois, où on les conduit par tous les temps, été comme hiver. Petites de taille, portant une laine claire et rude, donnant des agneaux rachitiques dont la plupart meurent aux champs, atteintes l'hiver du piétin ou de la cachexie aqueuse, les bêtes à laine, tout à fait impropres au sol mouillé de la Double, ne paient pas les frais de garde, et le dégât qu'elles commettent dans les bois est immense.

Bien que nul droit ne l'établisse, la vaine pâture existe partout dans la Double.

La culture est faite par les propriétaires eux-mêmes, des colons partiaires ou des manouvriers; le fermage est peu usité; les grands faire-valoir sont en petit nombre.

Les habitants de la Double sont groupés par villages de huit ou dix feux ; les terres en culture très morcelées sont éparses à peu de distance du logis ; les prairies occupent les vallées, les bois sont éloignés et souvent dans les communes voisines. Seules, les maisons bourgeoises sont isolées, mais elles sont en petit nombre.

Les champs en culture sont généralement entourés de haies vives pour les défendre des animaux qui, toute l'année, paissent dans les bois qui les environnent. Ces haies, dont la nature fait d'ordinaire tous les frais, se composent d'aubépine, de ronces, ou simplement de repousses de chêne que les cultivateurs coupent à demi, couchent et entrelacent le long du sol. A la longue ces arbres grossissent et forment des barrières vivantes, parfaitement inaccessibles au gros bétail; il est vrai qu'elles occupent, sans profit, une largeur considérable et, comme elles sont mal taillées, elles offrent un aspect désagréable à l'œil.

Les terres sont soumises à l'assolement biennal, blé et maïs, avec pommes de terre intercalées dans le maïs ; si la nature du sol est par trop sablonneuse, le seigle remplace le froment, la pomme de terre et le millet occupent la place du maïs.

L'instrument de labour est l'araire trop connu du Périgord ; l'engin étant mauvais, son travail est défectueux par son peu de profondeur et l'imperfection avec laquelle la bande est retournée. Le labour est pratiqué à billons étroits fortement relevés.

Un coup d'araire sur le chaume destiné à recevoir la rave d'hiver, un second, au mois d'avril, au moment d'ensemencer le maïs ; tels sont les travaux destinés à cette sole. Pour le froment, aussitôt la plante sarclée enlevée, on sème et on recouvre à l'araire, ce qui fait en somme trois labours en deux ans. Il est bon de remarquer que celui qu'on destine aux raves, à la fin de juillet, est d'autant plus imparfait que les terrains, très secs à cette époque, sont difficiles à entamer.

L'arrosement par rigole, avec les eaux provenant des suintements, est employé dans les prairies naturelles, mais comme ces eaux proviennent des bois et des bruyères, que la distribution en est faite sans méthode, elles favorisent outre mesure la croissance des joncs et des herbes grossières; le seul engrais que reçoivent ces prés est la balle de blé après le battage des grains. Dans les prairies hautes, l'ajonc se mêle souvent à la centaurée noire, aux chrysanthèmes et aux fougères, de sorte que, à part les prairies qui reçoivent les eaux des villages et qui sont par cela même d'excellente qualité, on peut affirmer qu'elles sont toutes plus ou moins médiocres.

Le seul amendement employé dans la Double est le brulis ou incinération des bruyères sur la sole destinée aux pommes de terre ou au millet; encore ne l'est-il pas d'une manière générale. Les amendements calcaires sont parfaitement inconnus.

Quant aux fumiers, les cultivateurs ont la prétention d'en faire beaucoup, et, en effet, ils fument tous les ans, à chaque récolte. Mais les bruyères recueillies dans les chemins, résidus de matières ligneuses décomposées sous l'eau, contenant peu de matières organiques assimilables, beaucoup de tannin et de principes acides, le tout stratifié avec une faible quantité de fumier d'étable, séjournant en un tas plusieurs mois dans les champs, exposé à la pluie, peut-il bien être décoré du nom de *fumier*? C'est tout au plus un maigre compost incapable d'enrichir ce terrain et surtout de lui donner la cohésion qui lui manque. Il est vrai que pour être conséquent avec lui-même, le cultivateur appelle improprement fourrage l'ajonc et la bruyère, matière première de cet engrais.

Chaque domaine possède aussi quelques vignes fournissant à peine à la consommation locale ; elles sont plantées en joëlles à rangs inégalement distancés. Le périmètre des champs rapprochés de l'habitation, le *barudis*, est formé de vignes élevées en *hautins*. Les plantations à peu près régulières sont à rangs simples, distancés de deux à quatre mètres. La vigne est échalassée, munie de deux rangs de lattons, taillée, quel que soit le cépage, avec des *astes* à toute longueur, ployés sur le premier latton et attachés sur le second en anse de panier.

Le raisin, à cause des nombreux maraudeurs qui l'exploitent et des animaux pillards qu'engendre ce pays boisé, est toujours récolté avant sa maturité ; et comme les procédés de vinification sont des plus défectueux, il en résulte une boisson louche, claire en couleur, acide, qui n'a vraiment du vin que le nom.

On a dit encore : les étangs forment un produit sérieux pour la Double ; les détruire serait affaiblir la richesse locale. Il ressort des renseignements que nous avons recueillis sur les lieux qu'un étang se pêchant tous les trois ans produit en moyenne 90 fr. de poisson par hectare, soit 30 fr. par an.

Supposons cet étang converti en une prairie ; elle sera de bonne qualité, et prenons la moyenne entre le rendement maximum d'une riche prairie, 4,000 kilogr. à l'hectare, et le rendement minimum d'une prairie médiocre, 1,000 kilogr., c'est-à-dire 2,500 kilogr., nous aurons, à raison de 6 fr. les 100 kilogr., prix moyen, 150 fr. net à l'hectare, au lieu de 30 fr., le regain étant laissé pour faire face aux frais de la récolte.

Vu l'état d'humidité où se trouve actuellement le sol et l'absence d'élément calcaire, un seul fourrage est vraiment possible dans la Double : c'est la prairie naturelle. La luzerne n'y vient pas, le trèfle y dure peu, envahi qu'il est par la cuscute ou détruit par l'effritement. Les fourrages annuels, jarosse, farouch, seigle, etc., y prospèrent bien.

L'importance du capital d'exploitation employé sur chaque domaine est fort minime. Une métairie semant 5 hectolitres de blé possède à peine en semences, bestiaux, instruments aratoires, etc., un avoir de 1,500 fr. Le pécule du cultivateur ne provient jamais de sa culture ; la vente des bois lui fournit seule des ressources qu'il emploie invariablement, non en amélioration, mais en agrandissement de son patrimoine.

La limite des héritages dans ce pays où la pierre est absente s'indique, dans les cultures, par de forts pieux en châtaigniers; dans les bois, à l'aide d'arbres qu'on recèpe en têtard à hauteur d'homme.

La suppression ou l'encaissement des étangs, le redressement des cours d'eau, le défoncement du sous-sol, le drainage et le marnage ou l'emploi des phosphates devraient marcher de front avec le reboisement des landes et le repeuplement des taillis clairsemés. Mais c'est surtout à la production du bois qu'il faut viser. Les semis de pin maritime faits il y a une quinzaine d'années dans la vaste propriété de M. Belleisle (le Grand-Claud) appartenant aujourd'hui à M. Limouzin, et divers autres spécimens qu'on rencontre çà et là sur d'autres points de ce vaste territoire, prouvent que, de tous les arbres dont on pourrait faire usage, les conifères sont appelés à résoudre le plus promptement et aux moindres frais cette importante question. En outre, le pin, par sa longue racine pivotante, perce la couche argileuse et contribue à l'égouttement du sol arable. C'est un véritable drainage vertical.

Les semis de châtaignier, dans les endroits les moins humides, offriraient encore de la ressource pour le feuillard et le latton de vigne, bien que cet arbre soit loin d'atteindre, dans la Double, la vigueur et le développement qu'on remarque dans les châtaigneries du Limousin.

Dans les vallées, il faudrait donner le pas au peuplier le long des eaux courantes, et au frêne partout ailleurs[1].

Sur la rive gauche de l'Isle on trouve des plateaux qui ressemblent à la Double par les sables argileux et pauvres en calcaire qui les couvrent et qui lui ressemblaient autrefois par ses maigres cultures, ses taillis clairsemés et ses landes ; on avait même donné à ce pays le nom de *Landais*. Mais les améliorations y ont fait des progrès beaucoup plus rapides que dans la Double ; sa surface est moins grande ; et du côté du sud, on y voit apparaître avant d'arriver à la vallée de la Dordogne, les calcaires lacustres des environs de Castillon qui lui fournissent des amendements. La route de Bergerac à Mussidan peut être considérée comme la limite orientale du Landais et la vallée de la Beauronne comme celle de la Double.

1. De Lentillac et Guilbert, *Rapport sur la Double*. 1863.

A l'est de cette ligne, entre la Dordogne et l'Isle, de Bergerac à Périgueux et de Périgueux jusqu'à Angoulême, s'étendent de vastes plateaux de craie, couverts de loin en loin par des îlots d'argiles rouges ou verdâtres avec blocs de grès ferrugineux ou sables argiles jaunes ou rougeâtres. C'est un type de pays que nous rencontrerons, non seulement dans cette partie du Périgord, mais dans la Saintonge et le Poitou.

Nous avons déjà parlé dans le tome II des terres crayeuses ou *terres de Champagne* du Périgord, terres à chênes-truffiers, à noyers et à esparcette, autrefois terres à vignes. Nous avons maintenant à nous occuper plus spécialement des terrains tertiaires, sables ou argiles toujours riches en fer et pauvres en chaux, terres de bruyères ou de bois (*terras dé bos*), terres à châtaigniers, d'après le langage vulgaire, *sables et grès ferrugineux du Périgord,* d'après la classification géologique.

Dans son *Étude sur le bassin hydrographique du Couzeau,* M. Charles des Moulins les décrit ainsi :

Ce sont des sables blancs, jaunes ou rouges, parfois violacés et capricieusement mélangés à des argiles dont les couleurs sont les mêmes et qui alimentent beaucoup de tuileries.

Au milieu de ces sables et argiles sont disséminés des grès ferrugineux qui ressemblent à des dolmens renversés et des silex qui proviennent de l'assise supérieure de la craie (craie de Maestricht) et contiennent souvent encore ses fossiles caractéristiques, principalement des oursins, entre autres l'*Echinolampas Faujasii.* La craie de Maestricht a disparu, dissoute par les eaux qui ont amené les sables et argiles éocènes, mais ces eaux paraissent n'avoir eu qu'un faible pouvoir de transport, car les silex sont restés en place, sans être ni roulés, ni brisés, au milieu des dépôts éocènes qui reposent directement sur la craie, craie sans silex et relativement tendre, dans laquelle ont été creusées jadis, sur les bords de la Vézère, de la Couze, etc., de si curieuses habitations troglodytes.

Les sables du Périgord sont souvent tellement pénétrés de fer qu'on pourrait les appeler des masses de minerai grossier et, en effet, ces minerais ont été jadis exploités dans des forges dont on trouve les scories éparses dans tout le Périgord. On peut dire que tout le Périgord est semé de ces débris. Ces sables éocènes ne contiennent point de calcaire.

Les sables ferrugineux et argiles de l'éocène font de tristes terres arables. Sable pur ou argile pure, elles ne produisent presque rien. Sable mêlé à l'argile, elles donnent quelque chose et, quand le calcaire vient s'y mélanger, elles peuvent être excellentes. Leur position providentielle sur les hauteurs, ajoute M. des Moulins, les met ainsi au service de toutes les terres qui se trouvent au-dessous. Sans eux, il n'y aurait pour ainsi dire pas de terre en Périgord, car la craie a été parfaitement dénudée.

Dans quelques-unes des *Revues agricoles* si intéressantes qu'il publie dans le *Temps,* M. Grandeau nous a fait connaître Mont-de-Neyrac, propriété de M. Pozzi-Escot, située à environ deux kilomètres de Bergerac, au sommet des coteaux qui longent la rive droite de la Dordogne, à une altitude de 121 mètres. Ce sont des terres formées par les sables ferrugineux du Périgord. La couche arable y a 20 à 30 centimètres et repose sur un sous-sol de *tran,* conglomérat ferrugineux tout à fait imperméable. M. Grandeau a fait l'analyse d'un échantillon d'une terre cultivée en blé par M. Pozzi-Escot.

M. Hitier en a analysé deux autres échantillons : n° 2 pris sur le plateau le plus élevé dans un champ de blé et le n° 3 à flanc de coteau dans une vigne. Voici les résultats (pour mille) de ces trois analyses :

	GROS SABLE.	TERRE FINE.	CHAUX.	POTASSE.	ACIDE phosphorique.	AZOTE.
1	?	?	?	0.47	0.53	0.73
2	130	870	0.86	0.92	0.73	0.75
3	130	870	1.15	0.89	0.27	0.33

Le Mont-de-Neyrac était, comme toute la chaîne de coteaux dont il fait partie et qui se compose également de grès ferrugineux, couvert d'ajoncs, bruyères, bois de châtaigniers et de chênes jusqu'à l'époque où l'on y fit des plantations de vignes, ce qui ne remonte guère à plus de soixante ans. Mais les vignes françaises ayant été détruites par le phylloxéra, M. Pozzi-Escot les replante peu à peu en vignes greffées sur plants américains et, en attendant, en vue de ces nouvelles plantations, il les cultive en céréales.

C'est dans ces terres si pauvres sous tous les rapports qu'il a pu obtenir, comme M. Grandeau l'a raconté, 24 quintaux de blé à l'hectare, après une fumure consistant en 1,000 kilogr. de scories et 200 kilogr. de nitrate de soude.

Des échantillons de sables argileux que nous avons recueillis près de Saint-Nexans, de l'autre côté de la vallée de la Dordogne, à l'est de Bergerac, et qui appartiennent à la même formation, nous ont donné pour mille :

	CHAUX.	POTASSE.	AZOTE.	ACIDE phosphorique.
1	Traces.	1.37	0.35	0.15
2	2.08	1.06	0.47	0.18

La terre n° 1 ne contenait que 6 p. 100 de gros sable quartzeux ; c'était une lande inculte dont l'aspect rappelait tout à fait celui de la Double.

La terre n° 2 provenait d'une vigne très mal cultivée et en partie détruite par le phylloxéra.

M. A. de Fontenay a fait des défrichements considérables et fort bien dirigés dans les terrains tertiaires (*terras dé bos*) qui se trouvent superposés à la craie sur son domaine de Puycheuil, commune de Champeau, canton de Mareuil-sur-Belle.

Lors de l'acquisition du domaine en 1863, il n'y avait que 100 hectares en cultures sur un total de 400 hectares. Il a conservé 200 hectares de bois : châtaigniers exploités pour cercles à 7 ans, chênes et châtaigniers mélangés et exploités à 14 ans pour merrains, échalas de vignes, charbon ou bois de chauffage, et pins maritimes ou sylvestres exploités pour perches à houblon. Il a mis en culture 100 hectares de bois improductifs et de landes. Sur les défrichements il emploie beaucoup de phosphates des Ardennes et de la Meuse qu'il transforme lui-même en superphosphates et qui lui donnent des récoltes très abondantes d'avoine et de seigle. Presque toujours il sème des trèfles dans les avoines et établit un assolement de 4 ans ou de 5 ans dans lequel les maïs-fourrages, les choux du Poitou et cavaliers, les betteraves, carottes, rutabagas, pommes de terre et topinambours occupent une large place. Grâce à cette abondance de fourrages, M. de Fontenay pouvait, dès 1879, nourrir 10 bœufs, 12 vaches, 14 à 16 élèves, 4 à 5 truies portières, 1 verrat et 15 à 20 élèves sur la réserve de 75 hectares qu'il cultive à la main.

Le reste de la propriété est divisé en cinq métairies de 25 hectares chacune, suivant l'usage du pays.

M. de Fontenay a introduit la culture du houblon dans le département de la Dordogne. De 1869 à 1880, il en a planté 6 hectares qui donnent des cônes de qualité remarquable, très appréciés par les brasseurs. L'établissement des houblonnières a particulièrement bien réussi sur des terres siliceuses reposant sur un sous-sol argileux et ayant une pente légère vers le sud.

D'après M. de Fontenay, cette pente est indispensable, parce que le houblon craint l'excès d'humidité. Il veut surtout de l'aération et du soleil avec une certaine fraîcheur dans le sol, fraîcheur qui, à Puychenil, est conservée par le sous-sol argileux. Avant la plantation, ce sous-sol est défoncé par tranchées de 60 centimètres de profondeur.

15 hectares de vignes ont été plantés sur les parties les plus élevées de la propriété, afin de les soustraire autant que possible aux gelées tardives.

Pour l'établissement de ces vignes, on a donné la préférence aux terrains siliceux assainis, exposés au midi avec une légère pente et abrités par les bois du côté du nord.

Voici, d'après M. de Lamothe, quels étaient, il y a environ quinze ans, les cultures et les produits des propriétés de la famille de Marois, situées dans les communes de Segonzac, Saint-Pardoux-de-Drôme, Saint-Sulpice-de-Roumagnac, etc., et composées en partie de sables ferrugineux, en partie de terrains crayeux ou d'un mélange des deux. Elles comprennent 233 hectares de bois, la plupart sur les sables ferrugineux, 53 hectares de vignes sur les pentes de la craie, 50 hectares de prés naturels dans les vallons et parties basses et sur le reste 320 hectares de terres en culture ; total 646 hectares. Deux domaines, ceux de la Martinie et de Segonzac, sont cultivés par les propriétaires eux-mêmes, les 12 autres par des métayers.

Le pays est montueux, à pentes rapides ; les transports y sont pénibles et les labours souvent difficiles, à cause de la nature du sol.

A la Martinie, le blé rendait en moyenne 20 hectolitres à l'hectare, à Segonzac 17 à 18 ; mais, dans les métairies, le produit était moins élevé et, sur l'ensemble des 100 hectares cultivés en blé, le rendement moyen n'était que de 13^{hl},60. Les bois, aménagés en taillis de 20 ans, fournissaient aux propriétaires et aux métayers le bois nécessaire pour le chauffage et les réparations des instruments aratoires. Le surplus, vendu dans les environs, donnait annuellement une recette moyenne de 3,000 fr. Dans les bonnes années, les vignes ont fourni plus de 300 barriques de vin. Avec l'élevage et l'engraissement des bœufs et des moutons, cet ensemble de ventes, moins 10,000 fr. environ de main-d'œuvre et 3,625 fr. d'impôts, laissait un revenu net d'environ 34,000 fr. par an.

Mais hélas ! le prix de vente du blé a bien baissé depuis cette époque et le phylloxéra a détruit la plus grande partie des vignes. On reconstitue ces dernières au moyen de cépages américains greffés en variétés françaises et fort heureusement les *terres de bois* ou sables ferrugineux conviennent fort bien à la plupart de ces cépages, surtout au *Vialla* et au *Jacquez*, suivant M. Joseph Sorbier. De plus, presque toujours ces sables ferrugineux se trouvent à la partie culminante des coteaux et, dans cette situation, les vignobles sont moins exposés à souffrir des brouillards et des gelées tardives que dans le bas des pentes.

Dans le Périgord, comme dans la Saintonge, la reconstitution des vignes par les plants américains est avant tout une question de géologie. Les anciens vignobles avaient presque tous été établis dans la craie, dans la *terre de champagne*, comme on l'appelle dans les deux pays. Mais le phylloxéra les a détruits avec une rapidité foudroyante et nous n'avons pas encore pu trouver des porte-greffes américains qui s'adaptent bien dans ces terrains crayeux. Il faut donc changer notre fusil d'épaule et porter la vigne dans les terres de bois où l'adaptation de la plupart des plants américains est facile.

Mais en même temps, il faut améliorer les procédés de plantation et de culture. Dans la craie, on se contentait jadis de planter la vigne française *à trous* sans faire de défoncement. Dans les terrains imperméables, ce procédé aurait pour résultat de noyer le plant dans une cuvette où l'eau se rassemble de tous côtés ; il ne conviendrait pas même à la vigne française, et la vigne américaine ne le supporte absolument pas. Avant de planter cette vigne dans les sables ferrugineux à sous-sol de *tran* ou d'argile, il faut les défoncer à une profondeur de 40 à 60 centimètres. Il faut même les drainer partout où il y a des mouillères et il y en a quelquefois, non seulement sur les pentes, mais jusqu'au sommet des plateaux.

De plus, au lieu de laisser les vignes sans engrais, comme on l'a fait trop souvent et trop longtemps pour nos anciennes vignes françaises, il faut nourrir abondamment les plants américains au moyen de fumier de ferme et d'engrais chimiques bien appropriés au terrain.

Meulières et calcaire d'eau douce. — Le chemin de fer qui conduit à Marmande traverse d'abord au sud-est de Bergerac des sables ferrugineux au milieu desquels sont épars des grès arrondis et noirâtres, puis il s'élève sur un plateau de calcaire d'eau douce au centre duquel se trouve bâti le bourg d'Issigeac et qui s'étend dans la direction de Beaumont.

Cette zone des calcaires lacustres du département de la Dordogne est la prolongation des calcaires lacustres de l'Agenais et du Quercy qui sont de la même époque. M. G. Vasseur y a trouvé des ossements de *Palæotherium* et de *Xiphodon*.

De Beaumont à Sainte-Sabine, ces calcaires lacustres disparaissent pour faire place latéralement à des couches d'argile avec gypse qui est exploité, et cette argile repose sur une mollasse argilo-sableuse qui forme le fond de la vallée du Dropt.

Sur les bords de ce dépôt de calcaire lacustre, on rencontre, au-dessus des sables ferrugineux du Périgord, une bande discontinue d'argiles blanchâtres, grisâtres ou jaunâtres qui renferment, en blocs isolés et irréguliers, des meulières. Tantôt ces meulières sont enfouies à diverses profondeurs, tantôt elles se trouvent à la surface du sol et alors elles sont gênantes pour les labours dans les champs et pour le fauchage dans les prés. On cherche à s'en débarrasser en les faisant culbuter dans des trous creusés auprès d'eux dans l'épaisseur des argiles.

Les argiles elles-mêmes ne seraient pas fertiles, mais les fragments du calcaire d'eau douce qui les domine les améliorent beaucoup.

Les meulières du Périgord et particulièrement celles de Domme sont estimées, parce qu'elles sont très solides et pour ainsi dire indestructibles; mais, pour en faire des meules, il faut assembler plusieurs pièces au moyen de cercles de fer et, comme elles sont très caverneuses, elles ne permettent pas de faire des moutures très fines.

Le calcaire d'eau douce est tantôt séparé des sables ferrugineux et des argiles rouges de l'éocène par ces argiles à meulières, tantôt il les suit immédiatement, en sorte que l'on peut, dit M. Charles des Moulins, à la lettre se tenir sur la pente un pied posé sur l'argile sang de bœuf et l'autre sur le calcaire blanc. Ce calcaire se montre sous deux formes qui passent fréquemment de l'une à l'autre : en blocs siliceux, qui sont en quelque sorte une transition des meulières à la forme suivante, et en calcaires blancs, tantôt compacts et durs, tantôt marneux et tendres.

Au haut des plateaux et sur les pentes rapides, on trouve des bois et des vignes qui sont, pour ainsi dire, *plantées dans la pierre*, suivant l'expression locale.

On y trouve quelquefois, comme dans la craie, des cavernes qui ont servi de refuges ou demeures souterraines.

Lorsque de ces mamelons blancs on descend dans les plaines qui les environnent, on trouve au-dessus du calcaire une terre marneuse, rouge ou noire, très tenace, mêlée de fragments anguleux de calcaire, qui est d'une grande fertilité. On appelle ces terres les *marches* du Périgord.

Ces mêmes calcaires lacustres se trouvent sur les coteaux de Monbazillac qui dominent la vallée de la Dordogne au sud-est de Bergerac et de là ils se prolongent le long de cette vallée jusqu'à

Sainte-Foy. En montant au château de Bacalan-Monbazillac, nous avons recueilli avec M. Hitier les échantillons suivants dont les analyses vont suivre :

1° Au bas du château, une masse grise qui, sèche, est très dure, mais qui, soumise à la lévigation, se délaie facilement et passe tout entière au tamis de 1 millimètre.

2° Terre légère, calcaire, prise au niveau du château, dans un champ de seigle. Elle est très friable, type de terre discontinue, et contient 14 p. 100 de gros sable calcaire.

3° Limon rougeâtre qui couvre, en couches épaisses, le calcaire lacustre; échantillon pris dans une vigne au haut du village de Monbazillac.

	CHAUX.	POTASSE.	AZOTE.	ACIDE phosphorique.
	p. 1,000.	p. 1,000.	p. 1,000.	p. 1,000.
1	63.0	4.33	0.81	0.35
2	150.0	4.03	0.93	1.22
3	traces.	1.65	0.47	0.26

Les vins blancs de Monbazillac sont considérés comme les meilleurs du Périgord ; ils rivalisent avec le Frontignan et cela provient sans doute en grande partie de ce qu'ils sont faits, comme lui, avec des raisins de Muscat-fou et de Semillon-blanc, récoltés très tard, lorsqu'ils commencent à entrer en pourriture, *pourriture noble* due au *Botrytis cinerea*. Le terrain dans lequel ils sont produits a-t-il une certaine influence sur les qualités exceptionnelles de ces vins? Je n'oserais pas me prononcer là-dessus; j'aime mieux citer l'opinion d'un viticulteur distingué de Bergerac, M. Gagnaire. « Quelle est, dit-il, la cause qui fait que le Muscat-fou et le Semillon-blanc, planté sur la côte opposée à celle de Monbazillac, ne donnent plus, aux vendanges, le même vin doux et liquoreux et ne conservent plus, en vieillissant, ce cachet de douceur et de liqueur qui caractérisent les Monbazillac? On ne peut guère l'attribuer qu'au terrain, surtout lorsqu'on sait par expérience que le sol fortement argilo-calcaire de ce coteau possède le don d'améliorer et d'adoucir tous les produits du sol qui lui sont confiés.

« C'est ainsi que non seulement les pêches, les prunes, poires, pommes, etc., qu'on y récolte sont toujours plus douces, plus sucrées que celles de la plaine et des coteaux du nord de la ville, et il en est de même des divers produits du jardin de la maison ou de la ferme. Vous ne mangerez jamais de meilleurs choux, de si bons salsifis, de plus succulentes carottes, etc., en sauce, avec ou sans viande, que ceux qui proviennent de cette côte privilégiée.

« Mais alors, observera-t-on, si le sol du coteau de Monbazillac possède le don d'adoucir et d'améliorer tous les produits qui lui sont confiés et donne à ses vins blancs des qualités exceptionnelles, que deviendront ces mêmes qualités lorsqu'on ne plantera plus que des Muscat-fous ou des Sémillons-blancs greffés sur Jacquez ou Riparia?

« Elles resteront ce qu'elles étaient dès le principe, par la même raison que la poire greffée sur cognassier ne prend jamais le goût du coing, pas plus que le pêcher greffé sur amandier ou prunier, celui de l'amande ou de la prune, etc. S'il en était autrement, nous n'aurions bientôt plus ni Bordeaux, ni Bourgogne et nos Monbazillacs ne seraient plus que des vins ordinaires. »

En effet, comme le dit M. Gagnaire, la côte opposée à Monbazillac de l'autre côté de la Dordogne n'a pas les mêmes terrains; ce sont des argiles et grès ferrugineux, pauvres en chaux, comme ceux de Mont-de-Neyrac. Mais en suivant vers l'ouest les collines qui longent la vallée de la Dordogne, on ne tarde pas à trouver en approchant des limites du département de la Gironde des calcaires lacustres qui sont la continuation de ceux du Périgord et que l'on nomme là *calcaires de Castillon*. Ils se prolongent même au delà de Castillon jusqu'aux vignobles célèbres du Saint-Émilionnais; ils changent, il est vrai, encore une fois de nom, ils s'appellent alors *calcaires à Astéries*, parce qu'on y trouve des fossiles marins, au lieu de coquilles d'eau douce. Mais ils occupent toujours, dans le Saint-Émilionnais, comme dans les environs de Castillon, comme dans tout l'Entre-deux-Mers, comme près de Sainte-Foy et de Bergerac, le sommet de coteaux plus ou moins renommés par les vins qu'on y récolte. Parmi les vignobles qui se trouvent dans ces terrains calcaires, on pourrait citer celui du château de Montaigne où l'auteur des Essais passa la plus grande partie de sa vie. Il est probable qu'il aimait le bon vin; sa philosophie le prouve. Mais il dédaignait l'agriculture, il l'appelait la *mesnagerie*. « Oyons, dit-il, le conseil que donne le jeune Pline à Cornelius Rufus, son amy, sur ce propos de la solitude : « Je te con-« seille, en cette pleine et grasse retraicte où tu es, de quitter à tes « gents ce bas et abject soing du mesnage, et t'adonner à l'estude « des lettres. »

Laissons donc le phylloxéra achever la destruction des vignes de Montaigne et allons examiner les alluvions qui se trouvent au-dessous d'elles dans la riche vallée de la Dordogne.

Alluvions anciennes et modernes de la Dordogne. — On a longtemps ignoré ou nié qu'il y eût, à l'époque quaternaire et même peut-être plus tôt, des glaciers sur le Plateau central, comme sur les Alpes, les Vosges et les Pyrénées. Mais les recherches de MM. Rames, Julien, Stanislas Meunier, et, en dernier lieu, celles de MM. Marty et Boule ont mis leur existence hors de doute et nous pouvons expliquer, par les eaux diluviennes qui résultèrent de la fusion de ces glaciers, la formation des dépôts d'alluvions anciennes que nous trouvons aujourd'hui sur les plateaux et dans les vallées du bassin de la Dordogne.

M. Ch. des Moulins a signalé dans le département de la Dordogne une alluvion ancienne des plateaux, dépôt fait sur la surface de la craie encore peu creusée, sur l'ébauche encore faible des vallées, dépôt qui a tout au plus 3 à 4 mètres d'épaisseur et se compose de sables grossiers mêlés de très menus graviers, à peu près purs ou mélangés d'une certaine proportion d'argile ferrugineuse qui donne à l'ensemble une couleur rouge. Le calcaire n'y manque pas; aussi ces terres sont-elles excellentes.

On y trouve aussi les silex de la craie de Maestricht et même des silex noirs ou bruns des craies antérieures, ce qui permet de distinguer ce dépôt (que M. des Moulins appelle diluvium) de la mollasse qui ne contient pas de silex des couches de craies antérieures à celle de Maestricht. Ces silex et cailloux sont toujours roulés et disséminés sans ordre dans les sables purs comme dans les terres.

On trouve aussi dans ce diluvium ancien beaucoup de fragments anguleux de craie. Souvent le fer est très abondant et réunit tous les cailloux en une sorte de poudingue.

M. Ch. des Moulins y distingue un *diluvium gris* et un *diluvium jaune*; mais, contrairement à ce qui a lieu dans le nord de la France, il place le diluvium gris au-dessus du jaune. Ce diluvium gris contient du sable et du gravier dont les éléments proviennent de roches quartzeuses et micacées très décomposées. Quand le diluvium est vierge, on reconnaît encore ces cailloux schisteux ou micacés, mais ils se réduisent facilement en poussière sous la pression des doigts ou des instruments de culture. On n'y reconnaît ni granit, ni gneiss, ni trapp, ni basalte, ni lave.

Quelquefois ce diluvium des plateaux est mêlé de beaucoup d'argile et il forme alors des boulbènes froides (*bouvées*) où l'*Agrostis canina* abonde. D'autres fois, ce sont des terres très sablonneuses. Dans la coupe suivante de la vallée de la Dordogne, prise entre Varennes et Saint-Capraise, un peu plus bas que Lalinde, M. Ch. des Moulins a indiqué ces alluvions anciennes, superposées aux grès ferrugineux dans le premier lit de la rivière. Elles se trouvent au-dessus du village de Varennes, tandis que les alluvions anciennes du deuxième lit, plus étroit, de la Dordogne s'étendent au-dessous de ce village formant une terrasse au bord du troisième lit où la craie n'a été recouverte que par les alluvions modernes.

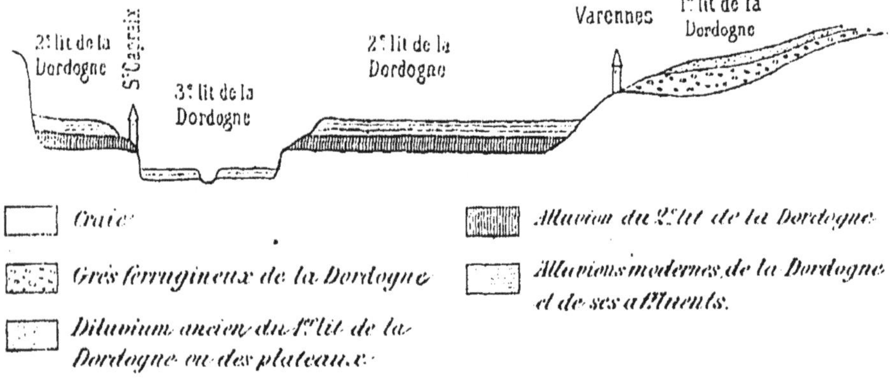

D'après M. Ch. des Moulins, les alluvions anciennes des plateaux ou du premier lit de la Dordogne ne contiennent que des cailloux d'origine schisteuse micacés très décomposés et beaucoup de silex, tandis que les alluvions du deuxième lit de la Dordogne contiennent beaucoup de cailloux de granit, gneiss, basalte et trapp, peu décomposés, qui proviennent du Plateau central.

Le sable du diluvium de la Redoulie (commune de Lanquais) est d'un jaune foncé tirant fortement sur le rouge, très cohérent par l'effet d'un ciment argilo-ferrugineux ; cependant il peut être complètement désagrégé à l'aide des doigts. Il renferme, en nombre incalculable, de très petits cailloux roulés de quartz pur, de roches quartzeuses micacées, fort altérées, des grains de fer oxydulé, etc. (Linder).

M. Grandeau nous a donné les résultats de l'analyse qu'il a faite d'une terre alors cultivée en blé de la propriété de M. Pozzi, nommée la Graulet et située à 6 kilomètres à l'est de Bergerac sur la terrasse d'alluvions anciennes qui borde la vallée de la Dordogne. Cette terrasse se trouve à une hauteur de 20 mètres au-dessus du niveau de la rivière.

D'un autre côté, j'ai recueilli moi-même un échantillon du soussol d'une vigne de ce domaine, échantillon que M. Hitier a analysé dans mon laboratoire.

	CHAUX.	POTASSE.	AZOTE.	ACIDE phosphorique.
	p. 1,000.	p. 1,000.	p. 1,000.	p. 1,000.
Sol	?	1.06	1.44	1.28
Sous-sol	4.280	2.73	0.53	1.20

Une terre d'alluvion, sablonneuse, de couleur gris noirâtre, cultivée en vignes, située près de la ville de Bergerac, était composée d'après M. Hitier de :

CHAUX.	POTASSE.	AZOTE.	ACIDE phosphorique.
—	—	—	—
1.38	1.57	0.75	1.30

Dans les fertiles alluvions des vallées de la Dordogne et de l'Isle, on suit, en général, l'assolement biennal : 1° Blé qui donne 20 à 25 hectolitres à l'hectare ; 2° maïs et haricots, pommes de terre, oignons ou tabac et rarement prairies artificielles.

L'oignon est une des cultures spéciales de ces vallées. Son produit varie de 2,500 fr. à 3,000 fr. par hectare, quelquefois plus et, les frais de culture, fumure, etc., pouvant être évalués à 1,500 fr., il reste un bénéfice net de 1,000 à 1,500 fr. par hectare. Mais la propriété est très divisée et il est fort rare de voir un champ d'oignons de plus de 20 ou 30 ares.

La culture du tabac donne aussi des rendements considérables[1]. Mais souvent on abuse de la richesse naturelle de ces terres privilégiées. On y fait trop peu de fourrages et l'on ne peut nourrir que les animaux nécessaires pour les travaux des champs.

§ 9. — La Saintonge

(DÉPARTEMENTS DE LA CHARENTE ET DE LA CHARENTE-INFÉRIEURE)

Dans la Saintonge, la base générale du pays est formée par des terrains calcaires qui s'étendent à l'ouest du Plateau central jusqu'aux bords de l'Océan : au sud, ce sont des sols de craie qui ressemblent à ceux du Périgord et que l'on appelle en général *terres de champagne ;* au nord, ce sont des sols jurassiques (*groies*). Mais, sur ce fond calcaire, se trouvent éparpillés des îlots tertiaires dont les uns sont d'origine *sidérolithique,* dépôts de sources ferrugineuses qui se sont fait jour à l'époque oligocène à travers les terrains secondaires, tandis que les autres ont été produits par la décomposition des granites et micaschistes du Plateau central et amenés par les eaux au commencement de la période de creusement des vallées.

---

1. La Dordogne est celui de nos départements qui cultive le plus de tabac. En 1894, il en avait 3,300 hectares qui ont donné 3,367,091 kilogr., en argent 2,812,549 fr. La plantation se fait à raison de 35,000 à 37,000 pieds par hectare, dont il reste en charge 30,000 à 32,000 pieds.

Les massifs calcaires présentent d'innombrables poches et excavations, gouffres et puits naturels. Les premiers dépôts tertiaires, composés d'argiles rouges ou rouge-brun, tapissent les parois corrodées de ces poches et sont venus se modeler exactement sur la surface irrégulière des terrains jurassiques et crétacés, en comblant toutes leurs inégalités; quelquefois, les parties supérieures de ces argiles deviennent blanches ou verdâtres. Souvent, elles sont remplacées par des sables à nuances vives, et, ordinairement, on y trouve mêlés des jaspes manganésifères, des minerais de fer, des grès (*grisons*) ou des silex tuberculeux en rognons irréguliers (*pierres cornues*). Dans certains districts, ces silex sont tellement répandus et se montrent en si grande profusion au milieu des champs qu'ils semblent constituer à eux seuls le sous-sol.

Les sédiments postérieurs, débris du Plateau central, qui ont recouvert ces dépôts chimiques, contiennent également des silex, mais des silex roulés, qui proviennent évidemment de la craie sous-jacente. Ce qui y prédomine, ce sont les cailloux de quartz, mêlés aux sables granitiques ou aux argiles.

Les gisements de minerai de fer, dit Coquand[1], qui sont subordonnés aux argiles du terrain tertiaire, ne présentent dans leurs allures aucune régularité. Ce ne sont ni des couches, ni des filons, mais de simples amas disséminés sans ordre et sans continuité sur divers points du département. Ils y sont l'objet d'une exploitation assez active et leurs produits alimentent plusieurs hauts fourneaux.

Les gisements les plus importants sont, pour l'arrondissement de Ruffec, dans les communes du Bouchage, de Moutardon et des Adjots; pour celui de Confolens, dans les communes de Lussac, de Suaux, de Taponnat, de Vitrac et de Saint-Adjutory; pour celui d'Angoulême, dans les communes de Souffrignac, de Mainzac, de Chanas, de Combiers, de Beaulieu-Cloulas; enfin, les gisements des environs de Montmoreau dans l'arrondissement de Barbezieux.

Si, dans les points que nous venons de citer, le terrain tertiaire fournit du minerai de fer en quantité notable, le grand manteau de

1. Coquand, *Description géologique du département de la Charente*, 1860.

landes qui s'étend entre la rivière du Bandiat et la route de Périgueux, contient des gîtes plus étendus encore, et qui sont les plus considérables du département, ceux qui alimentent surtout les hauts fourneaux de Ruelle, de Combiers et de la Feuillade. La forêt de la Rochebeaucourt et les brandes de Beaulieu et de Cloulas ont été fouillées par un très grand nombre de puits dont plusieurs ont atteint la profondeur de 25 à 30 mètres; mais c'est dans les communes de Charras et de Mainzac que l'exploitation du fer a toujours été la plus active, notamment dans les quartiers de Grosbos, de la Plagne et de Mongelias. Les gîtes ferrifères y sont disséminés sous forme d'îlots plus ou moins étendus, au-dessus du calcaire jurassique moyen, et le minerai est distribué en rognons de volume variable et à surface raboteuse, ou bien en grains plus petits au milieu d'argiles sableuses rouges et quelquefois blanchâtres, dont la puissance atteint 60 à 70 pieds. Au sud du village de Charras, on observe des monticules de scories dont on charge les routes aujourd'hui et dont la grande abondance indique l'importance qu'on a accordée autrefois aux minières de cette contrée.

Lorsque les sources minérales auxquelles sont dus les minerais de fer qui nous occupent ne contenaient point le fer en assez grande abondance pour constituer des dépôts indépendants, leur influence s'est bornée à rubéfier ou à colorer les sables et les argiles concomitantes. Cette action est rendue manifeste par l'étude des landes de Suaux, lesquelles s'étendent entre la Bonnieure et la Charente, et où l'on observe alternativement des dépôts riches en minerais et des dépôts stériles. Depuis Chasseneuil jusqu'aux Quatre-Vents, on marche sur des sables et des argiles rouges, au milieu desquels abondent les silex tuberculeux. Çà et là, et principalement dans les alentours de la Bauche, on a pratiqué des fouilles pour la recherche des mines de fer. Mais entre la Bauche et Quatre-Vents on observe, au milieu des matériaux meubles, des amas irréguliers d'argiles coagulées par du peroxyde rouge de fer, à structure bariolée et grumeleuse et renfermant des noyaux de fer hydraté pur. Ces îlots enclavés représentent un facies particulier des mines de fer en grains. Au Point-du-Jour, les portions consolidées constituent des matériaux assez résistants pour pouvoir être employés comme moellons et pierres de taille dans les constructions, et comme pierres de revêtement pour les fours à cuire le pain.

A la suite de l'oxyde de fer qui joue, comme on le voit, un rôle assez important dans la constitution géologique du terrain tertiaire, soit comme roche, soit comme principe colorant, nous avons à mentionner la présence du manganèse peroxydé.

Si des régions dont nous venons de parler nous nous dirigeons vers le sud, nous verrons que les coteaux qui, dans la grande Champagne, établissent le partage des eaux de la vallée du Né d'avec celle de la Charente, sont couronnés sur plusieurs points, et notamment entre Bouteville, Saint-Preuil, Bonneuil et Malaville, par des argiles ou des sables tertiaires. Les argiles sont grises, noirâtres et micacées ; elles occupent la partie inférieure ; au-dessus sont des sables rouges et jaunes, principalement quartzeux, un peu feldspathiques, avec veines argileuses et souvent des galets de quartz blancs ou gris de fumée et quelques rares blocs de granite décomposé. Ces sables n'ont que 5 à 7 mètres d'épaisseur. Ce terrain, surtout vers l'est, n'occupe guère que la partie centrale des plateaux. Les contreforts qui s'en détachent ont été plus profondément dénudés, soit à cause de leur forme, soit par suite des cultures qui les ont envahis, tandis que les sommités n'offrent guère que des bois.

Ces derniers dépôts n'occupent qu'une surface fort limitée. Ils font partie d'autres dépôts tertiaires bien plus étendus que leur dispersion et leur configuration capricieuse font ressembler sur la carte géologique à un vaste archipel éparpillé au milieu du terrain de craie. C'est généralement sur les sommets des plateaux et sur les arêtes qui séparent les vallons qu'ils prennent le plus grand développement. Aussi, pendant que les flancs ravinés des coteaux sont livrés à la culture de la vigne, des céréales et des prairies artificielles, les hauteurs sont recouvertes par des bois ou par des landes d'une stérilité complète. Cette différence d'aspect dans la végétation prête beaucoup de charme au paysage, et elle devient pour le géologue un guide sûr, à l'aide duquel il lui est donné de distinguer ses terrains avec facilité (Coquand).

On trouve sur ces îlots tertiaires la flore caractéristique des terrains pauvres en calcaire : le châtaignier, les bruyères, les genêts, les fougères, etc. Généralement, le sol y est de couleur rougeâtre ou jaune, tandis que la *terre champagne* se compose d'une couche noire et peu profonde reposant sur un sous-sol de craie blanche.

Les agriculteurs de la Saintonge appellent les terrains tertiaires des *varennes*, quand le sable ou les cailloux y prédominent, et *brizards* quand ils sont argileux; le sous-sol de ces brizards, imperméable et souvent mêlé de cailloux (silex de la craie, etc.), se nomme *griffet*. Les *doucins* sont des varennes argilo-sableuses, terres franches ou limons.

Mais ces limons ne sont pas tous des terrains tertiaires ou quaternaires amenés par les eaux du Plateau central et déposés sur les calcaires jurassiques ou crétacés. Souvent ils ont été formés sur place aux dépens de ces étages dont ils contiennent tous les éléments autres que la chaux. D'après M. Boissellier, il en est ainsi pour les limons rouges à chailles recouvrant le bathonien et le bajocien, dans le nord de la Saintonge. Ces limons ont souvent plusieurs mètres d'épaisseur.

Sur le callovien, les limons sont également rouges, mais moins épais et ils ne renferment pas de silex. Il n'y a pas non plus de silex jurassiques dans les limons qui couvrent l'oxfordien.

Les limons qui renferment des meulières sont d'origine sidérolithique. Partout, les meulières caractérisent le sidérolithique.

Aux environs de Ruffec, on trouve des sables argileux à couleurs vives, jaunes, rouges, rosés, veinés d'argile verte ou blanchâtre, souvent micacés, contenant à leur base des galets quartzeux et dans leur partie supérieure des graviers de quartz blanc. Leur épaisseur atteint 7 à 8 mètres. Ils recouvrent sur certains points les limons à silex et sont comme eux antérieurs au creusement des vallées. Ce sont *des terrains de transport des plateaux* qui passent latéralement aux terres jaunâtres et grisâtres, dites *terres de brandes*, sur les plateaux qui bordent les deux rives de la Charente[1].

Les terrains tertiaires couvrent aussi de vastes étendues dans le département de la Charente-Inférieure, et principalement dans sa partie méridionale. Vis-à-vis de la Double du Périgord, sur la rive droite

1. Boissellier, *Comptes rendus des collaborateurs de la carte géologique de la France en 1894.*

de la Dronne, ils forment ce que l'on a appelé la *Double Saintongeoise* qui s'étend sur 35,000 hectares aux environs de Montguyon, de Montlieu, de Montendre et de Mirambeau et se continue jusque dans le département de la Gironde. Ces îlots tertiaires, épars sur la craie, sont très nombreux à l'ouest d'une ligne passant par Jonzac, Pons et Saintes ; ils s'étendent également à la surface des calcaires jurassiques au nord de la Charente entre Cognac, Saintes, Saint-Porchain et Saint-Savinien et forment autour de la *fine champagne*, qui a pour centres Cognac et Segonzac, et de la *grande champagne* qui va de Jarnac, Châteauneuf, Barbezieux, Jonzac, Archiac, Pons jusqu'à Brives et Saint-Sever, la zone des *bois* dont les eaux-de-vie sont moins bien classées, précisément à cause de la différence qu'il y a dans la nature des terrains.

Suivant une notice très intéressante que M. le Dr Guillaud vient de publier, le commerce des eaux-de-vie charentaises a pris naissance après les guerres de religion, sous Henri IV et Louis XIII ; mais il n'acquit une plus grande extension que sous Louis XIV, de 1650 à 1700. Au début, ce furent les eaux-de-vie de l'Aunis, expédiées par le port de la Rochelle, et celles de la Basse-Saintonge, expédiées par le port de rivière de Saint-Jean-d'Angély, qui commencèrent la réputation des produits charentais. Ces eaux-de-vie allaient dans les Flandres et en Angleterre, avec les vins rouges du pays, qui y étaient fort goûtés. Plus tard seulement, arrivèrent, par la navigation de la Charente, des eaux-de-vie de la Haute-Saintonge et de l'Angoumois, et, à mesure que la marchandise fut plus recherchée, la production remonta peu à peu la vallée. Elle s'établit successivement autour de ses principaux ports de rivière, de Saintes après Tonnay-Charente, de Cognac après Saintes, de Jarnac, Châteauneuf et Angoulême après Cognac. Les alentours de ces villes, peu propres à la production des vins de consommation, n'avaient jusque-là donné que de petits vins blancs pour l'usage local. Or, il se trouva que ces petits vins blancs, âpres et légers, étaient très propres à la fabrication des eaux-de-vie, dont certaines, celles provenant des terres de Champagne, quoique moins fortement bouquetées au début que celles de l'Aunis, devenaient en vieillissant plus douces et plus fines de goût. La recherche en devint forcément plus active, et cette circonstance avantageuse, jointe à une question de droit de douanes, finit par concentrer davantage, à la fin du siècle dernier, leur commerce dans les ports de rivière de l'Angoumois, et principalement dans le plus bas d'entre eux, celui de Cognac.

A cette époque, et depuis longtemps déjà, la Saintonge, la Haute comme la Basse, était, on ne sait trop pourquoi, réputée *étrangère*, quant aux tarifs douaniers, et payait, à ce titre, des droits plus élevés que l'Aunis et l'Angoumois, réputés d'*anciens droits*, pour faire franchir à ses produits les limites de la province ou pour les expédier par mer. Les marchés français et étrangers lui étaient ainsi, sinon fermés, du moins rendus moins accessibles. A tel point que ses eaux-de-vie, assujetties à la traite dite de Charente, payaient 15 livres 14 sols de droits par barrique, tandis que les autres, assujetties seulement à la traite foraine, ne payaient que 30 sols.

Or, Cognac était dans l'Angoumois, et c'est ce qui explique, conjointement avec la proximité des meilleurs crus, ceux de la Champagne, pourquoi, vers la fin du siècle dernier, tout le commerce des eaux-de-vie charentaises se faisait déjà à Cognac et pourquoi on les appelait toutes des *cognacs*. Les commerçants de Saintes et de Saint-Jean-d'Angély avaient bien plus d'intérêt à vendre leurs marchandises à Cognac qu'à les expédier directement. Il en était de même de ceux d'Archiac et de Barbezieux, puisque le Né était, de ce côté, la limite de l'Angoumois et de la Saintonge.

A mesure que la réputation et la vente des cognacs s'étendaient au loin, les vignes destinées à les produire couvraient des étendues de plus en plus grandes dans les départements de la Charente et de la Charente-Inférieure. Pour les établir, on défrichait des bois qui avaient couvert autrefois une grande partie du pays. On en créait surtout dans les terrains jurassiques et crétacés qui leur convenaient le mieux, mais évidemment la proximité de leur centre d'exportation, la ville de Cognac, avait une certaine influence sur le développement des vignobles. Ce développement faisait tache d'huile autour de Cognac.

Il se forma ainsi autour de cette ville une série de zones à peu près concentriques et le commerce prit l'habitude de classer les divers crus d'après ces zones en *eaux-de-vie de grande ou fine champagne* et *eaux-de-vie des bois*. Une carte publiée en 1887 par C. Mouchet limite *la grande ou fine champagne* à une vingtaine de communes situées autour de Cognac et de Segonzac entre la Charente et son confluent le Né ; *la petite Champagne* forme autour de la première une zone qui s'arrête à la Charente du côté du nord et aux environs de Châteauneuf, Barbezieux, Jonzac, Pons du côté de l'est et du sud ; la 3e zone, celle des *borderies* ou *premiers bois*, se trouve sur la rive droite de la Charente, au nord-ouest de Cognac, mais elle ne couvre qu'une faible surface entre Saint-Sulpice, Richemont, Javrenac, Chérac et Burie [1] ; la 4e, celle des *fins bois*, entoure les trois premières ; la 5e, celle des *bons bois*, entoure la 4e et s'étend jusque dans les départements de la Dordogne et des Deux-Sèvres ; enfin, les 6e et 7e zones, les *bois ordinaires* et les *bois communs dits à terroir*, forment des bandes qui vont du sud au nord parallèlement aux côtes de l'Océan ; elles comprennent l'île d'Oléron et l'île de Ré.

Mais ce classement laisse beaucoup à désirer. La même zone, par exemple, celle des fins bois ou celle des bons bois, comprend des terrains tertiaires de diverses natures (*varennes* ou *brizards*), des calcaires jurassiques (*groies*), du crétacé inférieur et du crétacé supérieur (*champagne*) et, par contre, des vignobles qui se ressemblent sous tous les rapports, par le sol, par le climat, par la variété cultivée et par les procédés de fabrication de l'eau-de-vie, sont classés, les uns comme fine champagne et les autres comme bois.

Il vaudrait mieux faire un classement basé avant tout sur la constitution géologique des terres de vignes. C'est ce qu'a compris le syndicat des viticulteurs des Charentes et il va publier prochainement une carte qui donnera un classement des eaux-de-vie plus rationnel.

« Faites des *vendanges géologiques*, disait déjà Coquand en 1858 aux viticulteurs des Charentes, c'est-à-dire, séparez et classez vos eaux-de-vie suivant les formations géologiques où elles ont été produites. »

Malheureusement, on ne peut plus guère en produire dans les terrains de champagne, ceux où elles prenaient le bouquet le plus fin.

1. La supériorité des eaux-de-vie des *borderies* provient, dit-on, de ce que le fond du vignoble est constitué par le *Columbar*, tandis qu'ailleurs ce sont la *Folle blanche* et le *Balzac noir* qui prédominent.

Malheureusement, dans ces terrains, le phylloxéra a détruit presque toutes les vignes et la reconstitution par les plants américains y est difficile, parce que ces plants y prennent la chlorose. Espérons que les recherches de nos viticulteurs émérites, MM. Viala, Ravaz, etc., nous donneront bientôt un porte-greffe et des procédés de culture qui s'adapteront bien à ces sols calcaires.

En attendant, il faut faire de plus en plus des vignes dans les *terres de bois,* c'est-à-dire dans les terrains d'origine tertiaire ou quaternaire qui se trouvent en îlots plus ou moins grands, épars à la surface des calcaires jurassiques ou crétacés. Comme ces *varennes, brizards* ou *doucins* ne contiennent que peu de calcaire, tous les plants américains, Rupestris, Riparia, Vialla, Jacquez, Solonis, etc., s'y adaptent fort bien, et il n'y a qu'à les greffer en *Folle* ou en *Columbar* pour obtenir des eaux-de-vie qui pourront bien soutenir le vieux renom des cognacs. La reconstitution des vignobles de la Saintonge est donc une question de géologie. Ils ont péri sur la plupart des terrains jurassiques et crétacés ; il faut les porter sur les terrains tertiaires ou quaternaires.

Mais les cartes géologiques de Coquand pour la Charente et de Manès pour la Charente-Inférieure n'indiquent que les îlots tertiaires et quaternaires qui ont le plus d'étendue et le plus d'épaisseur. Outre ceux qui sont figurés sur ces cartes, il y en a, ou du moins il y en avait beaucoup que les labours et les amendements ont plus ou moins mélangés avec les calcaires qui se trouvaient au-dessous et autour d'eux.

On peut les reconnaître, soit à la couleur rougeâtre du sol, soit à sa végétation naturelle ; partout où le châtaignier et la fougère viennent, on peut être sûr que le Riparia ou le Rupestris réussiront également. Une analyse sommaire de la couche supérieure servira à confirmer ces premières indications. Lorsqu'on trouvera, dans cette couche supérieure, moins de 20 p. 100 de calcaire, on pourra y planter du Riparia sans qu'il y prenne la chlorose. D'après M. Ravaz, il y a même dans la grande Champagne une étendue assez considérable de ces terres, environ un tiers de la surface totale.

Des cartes agronomiques très détaillées, comme celles qui ont été faites dans les départements de Seine-et-Marne, de Seine-et-Oise et d'Eure-et-Loir, seraient tout particulièrement utiles dans les deux Charentes pour indiquer aux propriétaires quelles sont les terres dans lesquelles la reconstitution des vignes par les plants américains peut être essayée avec quelque chance de succès.

Les terrains tertiaires que l'on trouve épars sur les calcaires crétacés des deux Charentes prennent une extension de plus en plus grande à mesure que l'on s'avance au delà de Barbezieux et de Jonzac, vers le département de la Gironde. Il se compose tantôt d'argiles rouges, blanches ou grisâtres qui forment, au sud de la route de Barbezieux à Chalais, une contrée que l'on appelle souvent la *Double de la Saintonge,* parce qu'elle ressemble à la *Double du Périgord* qui lui fait pendant de l'autre côté de la vallée de la Dronne ; plus loin, ce sont des sables qui rappellent d'une manière frappante les landes de la Gascogne.

« Dans les 37 milles compris entre la Garonne, la Dordogne et la Charente, écrivait Arthur Young en 1787, par conséquent au milieu des marchés les plus importants de la France, il est incroyable que l'on rencontre autant de terres incultes ; c'est ce qui m'a frappé le plus dans cette excursion. Beaucoup de ces terrains appartenaient au prince de Soubise, qui n'en voulait rien céder. Il en est de même chaque fois que vous tombez sur un grand seigneur : eût-il des millions de revenus, vous êtes sûr de trouver sa propriété déserte. Celles du prince et celles du duc de Bouillon sont des plus grandes de France, et tous les signes que j'ai aperçus de leur grandeur sont des bruyères, des landes, des déserts, des fougeraies. Visitez leur résidence où qu'elle soit et vous les verrez probablement au milieu de forêts très peuplées de cerfs, de sangliers et de loups[1]. »

A l'époque où Arthur Young parcourait la France, à la fin du siècle dernier, la géologie n'existait pas encore et ne pouvait pas lui servir de guide dans l'appréciation des terrains qu'il voyait.

Il ne se doutait, pas plus dans les terrains tertiaires de la Saintonge que dans les terrains granitiques de la Bretagne, des difficultés presque insurmontables qu'il y avait dans leur amélioration, quand les routes manquaient pour le transport des amendements calcaires qui

1. A. Young, *Voyage en France.* Traduction de M. Lesage.

leur sont indispensables. De plus, si un autre Arthur Young venait visiter aujourd'hui ces mêmes régions, il aurait sans doute une opinion bien différente de ces grands seigneurs qu'il accuse de laisser leurs terres en friches.

Il verrait que les grands propriétaires sont, à cette nouvelle fin de siècle, à la tête du mouvement de reconstitution des vignes dans les terrains tertiaires. Il faut beaucoup de capitaux pour cette reconstitution ; au lieu de dissiper les leurs à des dépenses de luxe dans les villes, ils les emploient à des créations qui, tout en fournissant des salaires à la population appauvrie de leur voisinage, servent de champs d'expérience et de démonstration aux petits propriétaires et leur permettront de refaire à leur tour des vignes quand ils auront repris courage et trouvé les crédits nécessaires pour ces travaux.

Parmi eux, nous devons citer M. le marquis de Dampierre, le regretté président de la Société des agriculteurs de France, et sa magnifique terre de Plassac ; M. Gabriel Dufaure, député de la Charente-Inférieure, qui, sur ses trois domaines de Vizelles, de la Mothe-de-Pons et d'Ambreuil, a réussi à conserver six hectares de vignes françaises par les insecticides et reconstitué 87 hectares en cépages américains greffés et qui s'occupe avec une sollicitude toute particulière d'augmenter le bien-être des familles agricoles qu'il occupe sur ses domaines ; M. Calvet, sénateur et président du syndicat des viticulteurs des Charentes ; M. Daniel Bethmont ; M. Denis ; M. de Lapparent, inspecteur général de l'agriculture, et bien d'autres.

En 1893, la prime d'honneur du département de la Charente a été décernée à M. le marquis de Courties pour son domaine de Lavau, situé dans le canton de Montbron sur les limites du Limousin et de la Saintonge. On trouve dans ce domaine à la fois les micaschistes qui entourent le Plateau central et les calcaires jurassiques surmontés de sables et d'argiles tertiaires.

Le château habité par M. de Courties et les bâtiments de la ferme qu'il cultive à sa main s'élèvent à l'angle formé par la Tardoire avec le ruisseau de la Pouge. Des prairies bien arrosées couvrent les alluvions de ces deux vallées ; les cultures occupent les flancs des coteaux, les unes dans le lias et les calcaires oolithiques, les autres *dans les terres de bois* qui apparaissent sur les sommets.

C'est dans ces dernières que les vignes ont été reconstituées principalement en Folle blanche greffée sur Vialla et Riparia. Il y en a aujourd'hui 17 hectares et demi qui donnent en moyenne 60 hectolitres de vin à l'hectare. Le faire-valoir direct du propriétaire comprend, outre ces vignes, environ 10 hectares de terres arables, prairies artificielles et jardins, 1 hectare de bois et 28 hectares de prairies naturelles; en tout, 56 hectares 85 ares. Les céréales occupent peu de place dans les cultures de Lavau. Pour remplacer la paille, on sème des ajoncs qui sont fauchés toutes les années et fournissent une abondante et fort bonne litière. On emploie aussi pour le même usage les tiges de topinambours qui sont beaucoup cultivés dans le canton de Montbron, comme nourriture des bœufs à l'engrais.

En 1894, c'est M. Albert Verneuil, ancien élève de Grignon, qui a obtenu la prime d'honneur du département de la Charente-Inférieure, pour l'ensemble des domaines de la Malterrière, de Tout-y-Faut et du Pin qui lui appartiennent et de celui de Canteneuil, dont sa belle-mère, Mme veuve Desmaries, est propriétaire, mais qui, par suite d'arrangements de famille, fait partie du même faire-valoir.

Ce dernier domaine est situé à Cozes, dans des terrains de champagne, mais les trois autres se trouvent dans les communes de Villars et de Saint-Simon et une partie de leurs terrains formés d'argiles et de sables cénomaniens très ferrugineux, recouverts, sur certains points, par des varennes tertiaires, se prêtaient bien à la reconstitution des vignes en cépages américains.

Un échantillon de terre de Tout-y-Faut, analysé par M. Lusson, se composait de sable ferrugineux plus ou moins grossier, avec 5 à 6 p. 100 d'argile et environ 2 p. 100 de matières organiques; pas de calcaire et fort peu d'acide phosphorique et de potasse.

Pour donner une idée complète de l'excellente organisation des cultures de M. Verneuil et des remarquables résultats qu'il a obtenus, je laisse la parole à M. Jouet, rapporteur du jury de la prime d'honneur :

C'est en 1877 que M. Verneuil commença à faire pratiquement de l'agriculture sur la petite propriété de Tout-y-Faut, de 18 hectares, dont son père lui avait abandonné la direction. Ayant, à sa sortie de Grignon, fait un stage à l'École de Montpellier, il en avait rapporté la ferme intention de s'occuper immédiatement de la reconstitution du vignoble. Mais il procéda d'abord avec lenteur pour bien étudier les questions d'adaptation, de greffage, etc., tandis que par l'emploi judicieux des engrais chimiques, il arrivait à obtenir d'abondantes récoltes de céréales, de fourrages, de racines, et à produire de grandes quantités de fumier par l'engraissement annuel de 16 à 20 bœufs qu'il revendait avec un bénéfice moyen de 100 fr. par tête.

Dès 1881, bien fixé sur le choix des porte-greffes (Riparia, Vialla, Jacquez et Rupestris), M. Verneuil fit marcher rapidement la plantation sur des sols bien défoncés par de puissantes charrues et bien préparés par les cultures précédentes.

Pour l'établissement des 13 hectares de superbes vignes de Tout-y-Faut, de 1881 à 1887 compris, il a été dépensé 7,772 fr. en sus de ce que produisait la propriété. En 1888, la récolte de 144 barriques vendues à 115 fr. l'une, donnait 15,940 fr. de recettes pour 4,000 fr. de dépenses. Dès cette époque, par conséquent, la propriété de Tout-y-Faut avait remboursé les frais dépensés pour sa reconstitution et donnait déjà un bénéfice net de 4,168 fr.

C'est alors que M. Verneuil, par suite de la mort de son père, se trouva à la tête des exploitations de la Malterrière et du Pin, d'une étendue de 130 hectares, dont 20 seulement en bois et 4 en marais tourbeux. Les excellents résultats obtenus à Tout-y-Faut ne permirent pas à un cultivateur aussi habile et possédant les capitaux nécessaires d'hésiter sur la voie à suivre.

Actuellement les trois propriétés qui ne sont distantes l'une de l'autre que de 2 à 3 kilomètres et qui, bien qu'ayant chacune un chef domestique, ne forment qu'un seul faire-valoir, permettent d'utiliser tour à tour sur l'une ou sur l'autre, suivant les besoins, personnel ouvrier, animaux, outillage, etc. Elles se décomposent ainsi au point de vue des cultures :

Terres arables.	10^{ha},30
Prairies naturelles	16 »
Jardins et pépinières	1 ,33
Bois.	21 ,28

Marais tourbeux	5^{ha},20
Prairies artificielles	2 ,30
Vignes de divers âges.	92 ,31

Les chiffres suivants tirés d'une comptabilité très simple, admirablement tenue par M. Verneuil, donnent une idée des beaux résultats financiers que le concurrent a déjà réalisés et de ceux qu'il devra sûrement réaliser dans l'avenir.

Ces chiffres représentent la balance en espèces résultant de l'inventaire établi au 31 décembre de chaque année par M. Verneuil. En voici le relevé :

L'excédent des dépenses sur les recettes de 1881 à 1887, dans le domaine de Tout-y-Faut, s'est élevé, comme nous l'avons dit, à la somme de . . . . 7,772 fr. » c.

A partir de 1888, les trois exploitations de Tout-y-Faut, la Malterrière et le Pin, n'ont plus formé qu'un seul compte, les bénéfices nets de Tout-y-Faut étant absorbés dans le roulement général ; cela posé, il est établi, d'après les inventaires, que l'excédent des dépenses sur les revenus a été en :

1888.	1,351	»
1889.	32,536	»
1890.	20,667	»
1891.	3,480	»
1892.	9,285	30
Total.	75,091 fr.	30 c.

En y ajoutant l'intérêt à 4 p. 100 de la valeur des domaines avant la reconstitution on obtient :

Tout-y-Faut (30,000 fr.) pendant 12 ans.	14,400	»
La Malterrière et le Pin (180,000 fr.) pendant 4 ans	28,800	»
Total.	118,291 fr.	30 c.

Le total de 118,291 fr. 30 c. représente donc exactement les frais de reconstitution des 92 hectares de vignes dans les trois domaines de Tout-y-Faut, le Pin et la Malterrière.

En ajoutant à cette somme déboursée de	118,291 fr. 30 c.
La valeur des trois propriétés au début de l'entreprise.	210,000 »
On obtient le prix de revient exact de l'entreprise, soit	328,291 fr. 30 c.

Or, M. Verneuil croit être au-dessous de la vérité en estimant actuellement les trois propriétés reconstituées à la somme de 530,000 francs; il ajoute même qu'il ne serait pas vendeur à ce prix. Il en résulte donc que M. Verneuil a obtenu un bénéfice net de 200,000 fr. comme résultat de son travail.

Sans une invasion de vers blancs qui enleva pour plus de 20,000 fr. de plants greffés dans la pépinière de la Malterrière et obligea à en remplacer un grand nombre dans les jeunes plantations, l'année 1891 se fût déjà soldée en bénéfice; il en eût été de même pour l'année 1892 sans la terrible gelée du printemps. Néanmoins, la récolte fut de 1,250 hectolitres vendus à raison de 80 fr. la barrique de 228 litres.

M. Verneuil ne paraît pas exagérer en basant ses calculs sur un rendement moyen de 50 hectolitres par hectare, soit environ 4,500 hectolitres pour la totalité du vignoble parvenu à la production normale. Aux prix actuels de 35 fr. l'hectolitre, ce serait une recette de 157,000 fr., et en admettant que ce prix descende plus tard à 20 fr., cette recette serait encore de 90,000 à 100,000 fr. En défalquant de cette somme les frais de culture estimés à 509 fr. par hectare, on aurait un bénéfice net d'environ 45,000 à 50,000 fr., ce qui justifie amplement la valeur de 530,000 fr. attribuée actuellement par M. Verneuil, après reconstitution, à ses trois domaines.

Le vignoble a été constitué en appliquant les meilleurs principes de la viticulture nouvelle : défoncements profonds au début avec de puissantes charrues actionnées par 12 bœufs, puis avec un treuil à vapeur; plantation de racinés greffés obtenus sur place dans des pépinières très bien dirigées avec un bon choix de porte-greffes et en adoptant d'une façon presque exclusive pour greffons les cépages blancs qui sont réputés les meilleurs pour produire les bonnes eaux-de-vie (folle, saint-émilion, columbar).

Si M. Verneuil demande beaucoup de production à ses vignes, il ne leur épargne pas les engrais; outre la fumure produite par 5 forts chevaux, 16 gros bœufs, 4 vaches et 6 porcs, il n'a pas employé, en 1892, moins de 25,000 kilogr. de scories de déphosphoration, 5,000 kilogr. de nitrate de soude et 2,000 kilogr. de chlorure de potassium.

2 hectares de froment recevant 30,000 kilogr. de fumier par hectare, 500 kilogr. de scories et 150 kilogr. de nitrate de soude, ont donné 25 hectolitres à l'hectare en 1892. Cette année, malgré la sécheresse, le rendement sera supérieur. La commission a vu 13 hectares de betteraves bien réussies, 2 hectares de magnifiques pommes de terre, 1 hectare d'avoine, 2^{ha},30 de luzerne très belle, 2 hectares de vesce auxquels ont succédé de bons maïs-fourrages.

Les prairies sont bien soignées et un bon travail d'assainissement et de nivellement est en voie d'exécution dans l'une d'elles.

La production de litières étant désormais insuffisante, on y supplée avec de la tourbe extraite dans la tourbière de la propriété.

A Canteneuil, dont la superficie est de 65 hectares et qui possédait autrefois un très important vignoble, le moment de la reconstitution n'est pas encore venu. M. Verneuil s'y trouve, en effet, en présence d'un sol argilo-calcaire reposant à des profondeurs variables sur la craie blanche. C'est là que, dans une des plus mauvaises parties sous le rapport de la chlorose, il a établi un champ d'étude des diverses variétés de cépages américains et d'hybrides de MM. Millardet et Couderc. Ce champ est une phylloxérière intense et la proportion de chaux varie de 14 à 50 p. 100 suivant les différentes parties du terrain et d'après les analyses faites. C'est donc à la fois un essai de résistance au phylloxéra et d'adaptation au terrain crayeux. Tous les hybrides sont greffés en Folle blanche. C'est un des champs d'expérience les plus anciens et les mieux compris qui existent. Si quelques plants en très petit nombre donnent des espérances sérieuses, il n'y a point encore de certitude acquise.

Canteneuil est soumis à la culture biennale :

1° 20 hectares de blé fumé avec fumier de ferme et addition de 250 kilogr. de superphosphate de chaux, 80 kilogr. de chlorure de potassium et 125 kilogr. de nitrate de soude par hectare et produisant au minimum 25 hectolitres à l'hectare ;

2° 4 hectares de lupuline, 6 hectares de sainfoin, 3 hectares de vesces, 2 hectares de maïs-fourrages, 2 hectares 50 ares de betteraves, 2 hectares de pommes de terre, 1 demi-hectare de choux et 2 hectares et demi de jachère cultivée.

Toutes ces cultures sont en fort bel état, de même que 4 hectares de luzerne hors assolement. Le fumier est produit par 1 cheval, 10 forts bœufs parthenais, 3 vaches et 50 brebis. La spéculation faite avec celles-ci est très judicieuse. Chaque année, on achète un troupeau de fortes brebis poitevines qu'on fait saillir par un bon bélier southdown. Les agneaux sont vendus un prix élevé à la boucherie, après quoi les brebis sont elles-mêmes engraissées. On engraisse également par an de 12 à 16 bœufs qui, après avoir fourni du travail, donnent à la vente un bénéfice moyen de 100 fr. par tête.

L'importation d'engrais chimiques s'élève à la somme de 2,400 fr. par an.

La partie de la comptabilité afférente à la propriété de Canteneuil fait ressortir 11,350 fr. de recettes pour 8,850 fr. de dépenses, soit un revenu de 2,500 fr. pour une étendue de 52 hectares en culture, défalcation faite des bois et jardins d'agrément, ainsi que d'une jeune plantation d'acacias. Pour des sols de médiocre qualité, c'est un résultat assez satisfaisant, mais M. Verneuil attend avec impatience le moment où il deviendra possible de reconstituer le vignoble, car c'est cette reconstitution qui est, en définitive, le véritable but de l'exploitation de Canteneuil.

Dans la distribution de ses récompenses, le jury n'a pas oublié les métayers de M. Verneuil et, entre autres, M. Joseph Durand, qui exploite le domaine de la Garde, commune de Barjan. C'est, dit M. Jouet, un cultivateur très actif et qui n'hésite pas à marcher dans la voie du progrès sous la direction d'un propriétaire absolument compétent. Le sol de la Garde est argilo-calcaire, reposant souvent à de très faibles profondeurs sur la craie. Le domaine ne comporte que 2 hectares de prairies naturelles, mais sur 22 hectares de terres arables, 8 sont consacrés aux prairies artificielles, aux fourrages annuels et aux plantes sarclées. Celles-ci n'occupent pas moins de 4 hectares. La jachère cultivée porte tour à tour sur une étendue de 2 à 3 hectares. Le froment est cultivé sur 8 hectares et reçoit, outre le fumier de ferme à l'automne, 250 kilogr. de supersphosphate et 80 kilogr. de chlorure de potassium et, au printemps, 125 kilogr. de nitrate de soude. Aussi le rendement moyen atteint-il en moyenne 25 hectolitres à l'hectare. La dépense annuelle en engrais complémentaire est de 550 fr.

Le métayer a planté 1^{ha},20 de vignes américaines greffées. Le propriétaire a fourni le plant, les échalas et le fil de fer ; le métayer s'est chargé de la plantation, du greffage et de tous les travaux de culture. La vendange est partagée par moitié. Le bétail se compose de 4 bœufs, 2 taureaux, 1 vache, 5 élèves, 30 bêtes à laine et 2 à 3 porcs, le tout bien choisi et en bon état.

Le matériel qui appartient au métayer comprend de bons instruments, parmi lesquels le Brabant double, les herses articulées, une faucheuse et une moissonneuse-lieuse. M. Durand, après avoir coupé ses blés, entreprend la moisson de ses voisins à des conditions rémunératrices. L'intérieur de la ferme respire l'ordre et l'aisance. Le métayer accuse un bénéfice net annuel de 1,200 à 1,500 fr. qui ne paraît pas exagéré.

Sur les terrains tertiaires de la Double saintongeoise, près de Montguyon, M. Émile Brusley est propriétaire de 156 hectares, à Fontbouillant.

Jusqu'en 1885, l'exploitation du sol s'y faisait par huit métayers, mais les revenus ayant diminué dans des proportions importantes par suite de l'impossibilité d'obtenir des métayers les soins culturaux et traitements nécessaires aux vignes qui constituaient la partie la plus rémunératrice des cultures, M. Brusley se détermina à prendre la totalité des domaines en exploitation directe.

Son programme fut, avant tout, d'obtenir des quantités considérables d'engrais. Pour cela, il créa une importante industrie laitière, basée sur l'achat du lait dans un rayon considérable autour de Montguyon afin de pouvoir, indépendamment des produits de la laiterie, entretenir constamment de 500 à 600 porcelets et porcs, uniquement nourris avec le petit-lait sortant des écrémeuses centrifuges. La force motrice que lui amenait un gros ruisseau et la présence d'une admirable fontaine aux eaux limpides et à basse température ont facilité cette entreprise industrielle qui a rapidement pris une si grande extension que les locaux affectés à la réception du lait, à l'écrémage et à la fabrication du beurre sont actuellement trop restreints, pèchent par l'encombrement et, par suite, ne peuvent être tenus avec toute la propreté désirable. En dehors du beurre et suivant les saisons, on fabrique une grande quantité de fromages façon Camembert, Olivet,

Port-salut, etc. Les nombreuses récompenses obtenues par M. Brusley dans les concours régionaux et généraux attestent la qualité des produits de laiterie de Fontbouillant qui fournit plusieurs grands cercles et divers restaurants de Paris.

La porcherie a été établie à plus de 500 mètres de la laiterie. Sous le rapport de la construction, de la propreté et de la facilité du service, c'est un modèle de simplicité et d'économie. Tous les purins sont rassemblés dans deux vastes citernes d'où ils sont, soit dirigés sur le fumier établi en contre-bas sur une déclivité du sol, soit chargés au moyen d'une pompe Lary dans des tonnes pour être transportés dans les champs. L'utilisation complète du purin n'est cependant pas réalisée ; une partie du liquide se perd et il serait facile d'obvier à cet inconvénient par la disposition d'un réseau de rigoles qui y amèneraient l'excédent de purin dans les prairies voisines.

Ayant créé une forte production de fumier et de purin, M. Brusley put s'occuper de la production fourragère. Il n'a pas établi, depuis 1885, moins de 25 hectares de prairies et de luzernières ; le rendement par hectare des betteraves fourragères dépasse toujours 50,000 kilogr. et a atteint 66,000 kilogr. en 1890. Le rendement des pommes de terre Richters Imperator a été de 39,000 kilogr. en 1892. Les maïs-fourrages semés successivement sont admirables de végétation.

Aussi M. Brusley peut-il, outre ses 500 à 600 porcs et porcelets, entretenir 8 bœufs de travail, 14 chevaux et 40 vaches laitières de petite taille (bretonnes).

En ce qui concerne les vignes, M. Brusley ayant fait disparaître celles qui étaient par trop affaiblies, s'est attaché à restaurer les autres au moyen d'abondantes fumures avec purin et de traitements cupriques bien faits. La nature légère du sol sur beaucoup de points du domaine est un obstacle notable à l'action destructive du phylloxéra. Aussi les vieilles vignes, grâce à l'emploi des engrais et même sans insecticide, sont-elles pour la plupart luxuriantes de végétation et de fructification. En même temps, la reconstitution par les cépages américains greffés est faite sur 15 hectares.

Au sud de la Charente-Inférieure, entre Gémozac, au nord, et la Gironde, se trouve un vignoble assez étendu dont Mortagne peut être considéré comme le centre et qui comprend les communes de Brie, Boutenac, Saint-Germain, etc... Voici la description qu'en a donnée M. Ravaz, directeur de la station viticole de Cognac :

Ce sont encore en beaucoup de points de vieilles vignes françaises, quelques-unes âgées de plus de cent ans ; elles sont cultivées à la manière du pays, sur souche basse dirigée en éventail ; la taille adoptée est la taille à courson, à deux ou trois yeux ; rarement on laisse un long bois (tire-à-boire). La plantation est serrée : 2,400 ceps au journal en moyenne, soit 7,200 ceps à l'hectare. La culture se faisait autrefois à bras, et le prix n'en était pas très élevé : 100 à 120 fr. par hectare pour trois façons. Aujourd'hui on cultive à la charrue, les cavaillons seuls sont cultivés à la main. Les fumures étaient jadis fort rares, et néanmoins on obtenait d'abondantes récoltes : jusqu'à 150 hectolitres par hectare, en moyenne 60 à 70. C'est beaucoup plus que ce qu'on obtient dans la partie centrale des Charentes. La raison en est dans la disposition serrée de la plantation, dans le grand nombre de ceps qui entrent dans la constitution d'un hectare de vignes.

Aujourd'hui, avec les vignes américaines, comme partout ailleurs du reste, on plante plus espacé ; on ne met plus que 4,000 à 5,000 pieds par hectare. Il serait bien difficile de trouver une raison plausible à cette nouvelle manière de faire. Peut-être croit-on que les vignes américaines étant plus vigoureuses que les vignes françaises, exigent plus d'espace. Mais on se trompe. — Actuellement aussi, il y a une tendance à diriger la vigne sur fil de fer. Les fils de fer n'empêchent pas la vigne de pousser ; ils ne la rendent pas plus vigoureuse non plus. Les labours à la charrue sont évidemment plus faciles ; mais la main-d'œuvre que l'attachage des sarments exige compense largement la facilité d'exécution des labours qui en résulte. Cette erreur a été générale dans les régions où l'on a reconstitué en vignes greffées; on a cru qu'il fallait adopter et un autre espacement et une autre méthode de taille et de conduite de la vigne. Au fur et à mesure que les vignes greffées sont mieux connues, on revient aux anciens procédés de culture : il en sera à Mortagne comme ailleurs.

Le terrain de cette région est silico-argileux, tantôt très sablonneux, tantôt à sous-sol argileux. A une profondeur plus ou moins grande se trouve toujours la craie ou *banche*. Toutes les fois, et c'est la généralité des cas, que la craie est recouverte par ces terres silico-argileuses, la vigne américaine prospère admirablement. Les terrains des environs de Mortagne, sauf les pentes inclinées vers la Gironde, sont tous très propres à la reconstitution. Elle y est déjà très avancée; les petites plantations sont nombreuses; on en trouve aussi quelques-unes de très importantes.

Le Riparia vient fort bien dans tous les terrains qui ne sont pas calcaires; quand la terre est plus maigre, sablonneuse à grains fins, dans les varennes, les Rupestris ordinaires lui seront supérieurs. Où la craie est proche de la surface, le Rupestris du Lot fera merveille, dans toutes les terres qui ne contiennent pas plus de 25 p. 100 de calcaire dans le sol.

La Folle blanche est le cépage le plus cultivé dans ce vignoble. Les vins sont tous destinés à la distillation. Ils fournissent une eau-de-vie très bouquetée, très parfumée, qui ne ressemble pas aux grandes champagnes, mais qui a ses qualités propres[1].

Dans cette région des terrains tertiaires du sud de la Charente inférieure, il y a encore beaucoup de bruyères et de bois de pins qui ressemblent à ceux des landes de Gascogne, et souvent des taillis de chênes qui rappellent ceux de la Double.

L'analogie des terrains ramène les mêmes productions et les mêmes paysages. Mais, entremêlés aux vignobles et aux cultures que la proximité des amendements calcaires permet de faire, ces landes et ces bois fournissent de la litière (*bourre*) pour les animaux et du travail pour les ouvriers que les champs n'occupent pas en hiver.

Sur les terrains jurassiques qui forment la partie septentrionale de la Saintonge et dans l'Aunis, on ne trouve plus autant de dépôts tertiaires ou quaternaires que sur la craie du sud, mais il y en a cependant un certain nombre; quelques-uns ont même une assez grande étendue, par exemple celui qui est occupé par la forêt de Benon. Ailleurs ce ne sont que des *varennes*, sables rougeâtres que l'on reconnaît facilement au milieu des groies qui les entourent.

C'est dans une de ces varennes que M. Bouscasse, l'excellent direc-

---

1. *Revue de viticulture*. 1894.

teur de la ferme-école de Puilboreau, a créé dès 1884 un vignoble de cépages américains greffés qui a servi de champ d'expériences pour toute la contrée.

§ 10. — Le Poitou

(DÉPARTEMENTS DES DEUX-SÈVRES ET DE LA VIENNE)

« Chaque pays, chaque mode, et chaque terre veut sa culture. »
Jacques BUJAULT.

La partie nord-ouest du département des Deux-Sèvres, la *Gâtine*, ressemble à la Vendée, et sur la limite sud-est du département de la Vienne, on voit apparaître les premiers granites du Limousin.

Entre ces deux massifs de roches primitives s'étend le *détroit du Poitou*, série de plateaux de faible altitude qui réunissent le bassin de la Garonne à celui de la Loire.

Jusqu'au nord de Poitiers, ces plateaux se composent de calcaires jurassiques, prolongements de ceux de la Saintonge et de l'Aunis, découpés par des vallées étroites dans lesquelles coulent le Clain, la Vienne et la Gartempe. Aux environs de Châtellerault, le cénomanien et la craie tuffeau remplacent le jurassique et donnent au pays un aspect analogue à celui de la Touraine (*Mirebelois* et *Loudunois*).

Dans le Poitou, comme dans le Périgord et la Saintonge, on trouve des dépôts tertiaires et quaternaires en îlots épars sur les plateaux de calcaires jurassiques ou crétacés; ces dépôts deviennent de plus en plus nombreux et ils couvrent des surfaces de plus en plus grandes à mesure que l'on s'avance du sud-ouest vers le nord-est.

On peut diviser ces dépôts en A) sables et argiles sidérolithiques ; B) marnes et meulières d'eau douce; C) limons et graviers des plateaux et D) alluvions anciennes des vallées[1].

A) *Sables et argiles sidérolithiques.*

Au contact immédiat des calcaires, on trouve, dans la zone jurassique inférieure, une couverte d'argile rouge ou rouge-brun avec

1. *Carte géologique détaillée de la France.* Feuille de Poitiers.

minerai de fer qui empâte souvent des silex jurassiques en place. Cette argile a $1^m,50$ d'épaisseur dans le sud-ouest du département de la Vienne et tapisse les parois corrodées des pentes et poches si nombreuses dans les massifs calcaires.

Puis viennent des argiles blanches et jaunes avec brèches siliceuses qui forment partout la base du terrain sidérolithique. Au-dessus s'étendent des sables argileux et des argiles sableuses marbrées, aux couleurs vives, blanches, rouges, jaunes, souvent micacées, avec grains de quartz non roulés et minerais de fer en grains pisiformes.

Enfin, à la partie supérieure, existe un magma argilo-sableux avec bancs de grès à grains de quartz roulés, fins ou grossiers et à ciment argileux ou siliceux.

Ce qui distingue essentiellement ces sables et argiles sidérolithiques des marnes et meulières d'eau douce (B), c'est qu'ils sont pauvres en calcaire, comme tous les dépôts tertiaires que nous avons trouvés au nord de la Dordogne, dans le Périgord et la Saintonge, et nous devons dès à présent nous attendre à y rencontrer les mêmes caractères agricoles[1].

Dans ses *Études géologiques et agronomiques sur le département de la Vienne,* M. de Longuemar a cru devoir distinguer trois *zones* ou trois *nappes,* comme il dit, dans ces sables et argiles. Ce sont : 1° une zone des argiles rouges mixtes au sud-ouest du département ; 2° une zone des argiles sableuses marbrées à grès terreux et à minerais de fer, au sud-est du département, et 3° une zone des argiles sableuses marbrées entre le Clain et la lisière ouest du département de la Vienne. Cette dernière pénètre dans le département des Deux-Sèvres.

Dans la 1re zone, aux environs de Civray, par exemple, les argiles rouges du sidérolithique ne sont recouvertes que de sables terreux gris rougeâtres, souvent épais (sables de transport quaternaires).

Leur ensemble, dit M. de Longuemar, est essentiellement perméable et peut être désigné sous le nom caractéristique de *terre à châtai-*

1. D'après M. Boisselier, le limon rouge qui couvre les étages jurassiques, particulièrement le bathonien, n'est pas toujours d'origine sidérolithique. Quelquefois il résulte tout simplement de la décalcification des roches jurassiques et contient tous leurs éléments, sauf la chaux.

gniers. De loin en loin, on rencontre, sur cette nappe d'argiles rouges, des lambeaux d'argiles sableuses marbrées.

Dans la 2e et la 3e zone, ces argiles marbrées prédominent.

La nappe des argiles sableuses marbrées, dit-il, qui, sur les plateaux, chevauche à la fois sur le granite, le lias et les calcaires jurassiques inférieurs, étend uniformément son manteau à leur surface, tapisse également la partie supérieure des berges des vallées du Saleron, de l'Asse et de la Benaise. On exploite sur plusieurs points les matériaux qui leur sont propres, et ce sont précisément les excavations pratiquées dans le sol, à diverses époques, qui nous ont permis d'étudier la disposition naturelle de ces terrains.

Ces exploitations ont ou ont eu pour but d'extraire des minerais de fer, généralement destinés aux forges du Berry, des brèches siliceuses avec lesquelles on fabriquait jadis des meules à moudre le seigle, industrie abandonnée à présent, et enfin des pierres d'appareil et des moellons pour les constructions, en utilisant les bancs de grès terreux, à grains plus ou moins fins, que renferme généralement le magma argilo-sableux marbré de la partie supérieure du groupe.

L'étude de quelques-uns de ces gisements va nous édifier sur l'ordre dans lequel ces dépôts ont eu lieu.

Au sommet de la berge droite de la Benaise, à Saint-Pierre-de-la-Trimouille et à Martreuil, on peut relever de haut en bas les assises suivantes :

1° 1m,50 à 2 mètres de sable terreux gris, à galets et cailloutis, à base de sable argileux jaunâtre et rougeâtre, empâtant les mêmes débris : c'est le sol de transport ;

2° 4 à 5 mètres d'argiles sableuses, marbrées et micacées, avec bancs subordonnés de grès terreux, à grains de quartz plus ou moins fins, formant des roches réfractaires employées aux constructions ou pour faire des soles de fours à cuire le pain. Ces bancs se délitent naturellement en prismes irréguliers, à faces planes qui leur donnent de loin un faux air de roches granitiques, illusion complétée par leurs vives couleurs ;

3° 3 à 4 mètres de sables argileux marbrés, avec minerais de fer pisolithique, formant des agglutinations souvent volumineuses ;

4° 2 mètres d'argiles blanches et jaunes, empâtant des brèches siliceuses, de mêmes nuances, dont elles cimentent les éléments.

Lorsque l'assise à minerais, en affleurant sur les berges des vallées, a été plus particulièrement atteinte par les courants, mise à nu et remaniée, elle devient plus accessible et moins coûteuse à exploiter que dans les fouilles pratiquées sur les plateaux.

C'est précisément là ce qui arrive autour du château de la Rivière, en aval de la Trimouille. Du côté opposé, c'est-à-dire sur la berge gauche, à la Forge, à Courtevraud, au Coudray, etc., les argiles ocreuses mises à découvert laissent apercevoir le minerai à fleur du sol, détaché ou empâté dans une roche argileuse, dure, reposant sur des brèches siliceuses, mais sous-jacente aux grès terreux des gisements précédents.

Les roches terreuses qui occupent le sommet du groupe sont fréquemment imperméables, quand l'élément argileux y domine ; les étangs sont faciles à créer dans cette région ; les eaux pluviales infiltrées dans le sol superficiel de transport séjournent au contact de ce sous-sol et rendent le pays malsain, quand elles ne s'échappent pas de leurs réservoirs souterrains le long des pentes des vallons. De là le nom de *zone à étangs* que M. de Longuemar a donné aux argiles marbrées du sud-est du département.

Toute la partie du plateau qui sépare Montmorillon de Bourg-Archambault, de Journet et de Hains, appartient au même groupe. Les grès terreux marbrés règnent autour du dolmen de la Pierre-Soubpèze ; on les voit, avec l'argile à minerai de fer et les brèches siliceuses, occuper le point culminant de la route de Montmorillon à la Trimouille et former la masse du sol élevé qui sépare Journet de Hains, au-dessus des calcaires oolithiques jaunâtres qu'on exploite comme amendements, auprès de Journet et de Hains, en raison de leur état pulvérulent dans certains gisements, tandis que sur d'autres points ils fournissent des matériaux solides pour les constructions.

La différence essentielle des sols où règnent ces grès terreux et des sols formés seulement par les argiles marbrées qui appartiennent au même groupe, c'est que les premiers, en raison de la grande abondance de grains de quartz qu'ils renferment, constituent des terres arables qu'on égoutte facilement et que les amendements calcaires transforment rapidement en sols féconds ; d'autre part, les chemins tracés à leur surface sont solides et résistent bien au parcours des voitures ; les autres, au contraire (ceux qui règnent surtout du côté des Deux-Sèvres entre l'Auxances, la Vonne et le Clain, et le long de la zone à marnes d'eau douce), étant exclusivement argileux, se divisent difficilement par le labourage, exigent des engrais plus abondants et n'offrent l'hiver que des chemins impraticables.

Le sable terreux gris, à sous-sol d'argile, jaune rougeâtre, avec galets et cailloutis siliceux, revêt à peu près partout le groupe tertiaire, et, lorsque celui-ci s'arrête à la hauteur de Hains, en formant une chaîne de bourrelets qui dominent le plateau, le premier continue à revêtir les calcaires oolithiques, qui se trahissent de toutes parts de Hains à Béthines, à Villemort et à Saint-Savin.

Le sidérolithique a recouvert la totalité des terrains jurassiques du Poitou. Des érosions considérables ont précédé le dépôt des marnes et meulières d'eau douce : celles-ci occupent, en général, au milieu du détroit, une zone dirigée du sud-ouest au nord-est et large de 40 kilomètres, suivant laquelle le sidérolithique et les dépôts qui s'y rattachent avaient été préalablement dénudés, en majeure partie, et présentent une série de dépressions comblées par la formation lacustre. Cette zone centrale mixte est encadrée latéralement par deux zones parallèles, où règnent exclusivement les terrains sidérolithiques, l'une qui borde le massif cristallin du Limousin, l'autre le massif de la Vendée.

B) *Marnes et meulières d'eau douce.*

Cette formation lacustre se compose de marnes blanches et tendres qui sont, sur beaucoup de points, exploitées comme amendement, et de calcaires blancs, souvent siliceux, tantôt compacts, tantôt pulvérulents.

Puis, au-dessus de ces marnes et calcaires, on trouve des argiles grises, verdâtres ou jaunâtres avec des silex qui servent à la confection de meules (la Chapelle-Viviers), ou qui sont taillés pour pavés (Chiré-les-Bois).

L'épaisseur maxima de ces dépôts lacustres est de 30 mètres.

Sur le plateau qui s'étend entre le haut Clain et la Charente, dit M. de Longuemar, les marnes blanches d'eau douce ne se montrent que de loin en loin et sans qu'on puisse constater avec précision leurs rapports avec les argiles qui forment la masse principale du sol. De haut en bas, leur groupe présente : 1° une couche de sable terreux gris ou *bornais*, de 30 à 50 centimètres, avec caillontis siliceux et petits galets de quartz, souvent agglutinés à la base par du fer hydroxydé, et formant alors une roche accidentelle, connue sous le nom de *bétain* ; 2° une assise de 50 centimètres d'argile sableuse jaunâtre, à veines blanches et grises, qui accompagne fréquemment le bornais sur les plateaux et les pentes supérieures des vallées ; 3° 50 centimètres d'une argile blanche grisâtre ou verdâtre, de nature smectique, avec nodules de marnes ; 4° 1m,50 d'argile sableuse marbrée ou de sable siliceux fin ; 5° 60 centimètres d'argile jaune-brun, avec minerais de fer, mariée à une assise d'argile rouge, avec silex du terrain jurassique inférieur.

Ce groupe règne autour de Charroux, à Chapelle-Bâton, à Saint-Romain, Joussé et Payroux. Toutefois, sur plusieurs points, à la Saulnière, à la Monique, à la Jarroue, la troisième assise est accompagnée de marnes blanches, qui sont exploitées pour l'amendement des terres. A Fretté, près Mauprevoir, cette marne est presque à fleur du sol ; il en est de même à Beaulieu, Châtillon et Gardigon, à proximité de la rive gauche du Clain, et à moitié chemin, entre Château-Garnier et Sommières.

Entre Savigné et Chapelle-Bâton, l'argile rouge-brun, à minerais de fer, affleure fréquemment, et l'exploitation en serait facile.

Sur le plateau qui sépare le Clain de la Clouère, les gisements de marnes et de minerais de fer se multiplient, et sur une infinité de points ils se montrent presque à fleur du sol, comme cela se voit à Bel-Air, point culminant de la route de Sommières à Gençay, à la Ferrière, et depuis Château-Garnier jusqu'à Usson et à Saint-Secondin.

La nappe de marnes d'eau douce vient s'appuyer sur les argiles rouges et jaunes ferrugineuses avec silex, qui revêtent le pied de la haute colline de Champagné, formée par les étages inférieur et moyen du lias, tandis que les argiles marbrées s'étendent sous les bois de Sichard jusqu'à la Motte-de-Ganne, où elles sont exploitées pour le service d'un four à chaux et à tuiles.

A l'extrémité du plateau, sur le point où la route de Champagné et de Gençay descend à Anché, on peut voir les argiles marbrées, recouvrant l'argile ocreuse avec minerais, superposées l'une et l'autre aux argiles rouges avec silex de l'étage jurassique inférieur. En abordant Marnay, on voit surgir de toutes parts des dépôts marneux superficiels.

Sur tout ce plateau, ce groupe argilo-marneux est revêtu d'une couche plus ou moins épaisse de terrain de transport, formé de trois assises distinctes, savoir, de haut en bas : 1° du sable gris terreux passant au jaune argileux ; 2° un poudingue accidentel ou *bétain*, formé de galets de quartz et de cailloutis siliceux agglutinés par un ciment de fer hydroxydé, limoneux ; 3° une assise de sable argileux jaunâtre, veiné de rouge et de blanc.

Partout où les sous-sols jurassiques ne sont pas mis à nu par les ramifications des vallons qui sillonnent le plateau resserré entre la Vienne et le Clain, le groupe des marnes d'eau douce se montre superposé aux sables argileux marbrés et aux couches à minerais de fer.

Sur sa carte, M. de Longuemar a indiqué par la lettre M la plupart des gisements où ces dépôts marneux ont été plus particulièrement l'objet d'exploitations pour amender les terres. Il arrive parfois que ces marnes contiennent dans leur épaisseur, mais surtout vers la base, des blocs de calcaires jurassiques détachés de leurs gisements primitifs, ce qui tendrait à établir, une fois de plus, que des érosions considérables du sol ont précédé le dépôt de ces terrains d'eau douce, et ont préparé à l'avance les dépressions du sol qui devaient les recevoir.

Nous citerons plus particulièrement, comme étant dans ce cas, les marnières ouvertes au sud de Fleuré et de Tercé. Dans cette dernière commune, les marnes avec blocs de calcaire siliceux occupent les parties culminantes de la plaine, et sont couronnées de silex meulières au sein d'argiles grises. Le village de Pouillé occupe le centre d'une espèce de cirque dont le pourtour est formé d'éminences marneuses. Au contact de la commune de Jardres, le terrain jurassique est mis plus largement à découvert, et, sous les argiles ferrugineuses et les sables terreux gris de transport qui les masquent seuls, ce sont les calcaires pulvérulents de l'Oxfordclay inférieur que l'on extrait du sol pour amender les terres, sous le nom de *tufs*. Du côté de l'ouest jusqu'au Clain, les gisements de marnes d'eau douce, avec les assises argilo-sableuses et ferrugineuses qui leur font escorte, se représentent sur le territoire des communes de Saint-Julien-Lars, de Nieuil, de Nouaillé, de Mignaloux, de Sèvres, etc.

Des gisements importants d'argiles sableuses, marbrées et micacées, existant à Puygiron près Saint-Julien, aux Bordes près Nouaillé, à Bignoux, sont exploités pour les besoins des tuileries du voisinage, et occupent des dépressions du sous-sol jurassique.

Le gisement placé à un kilomètre au sud de Bignoux présente de haut en bas la succession suivante de couches :

1° Sable gris terreux sans cailloutis, 50 centimètres; 2° sable argileux jaune à cailloutis et galets de quartz, 60 centimètres ; 3° sable jaune et rouge à galets, s'agglutinant en poudingue, 2 mètres ; 4° argiles sableuses marbrées, avec plaquettes de fer hydroxydé, 3 mètres ; 5° roches jurassiques.

Les marnes d'eau douce, avec calcaires siliceux compacts et meulières, occupent, avec des argiles sableuses marbrées, les points élevés du sol à Jeune-Availles près Saint-Julien-Lars, à la Touche, à Carthage, à la Cardinerie, dans le voisinage du Breuil-l'Abbesse, aux Bruères, à la Milleterie, etc. Dans tous ces gisements, les marnes et les argiles sont surmontées par les terrains de transport à galets, qui tapissent même fréquemment les roches jurassiques dénudées et affleurant dans les plis de terrain. Les marnes de cette partie du plateau semblent s'être déposées dans des excavations ouvertes au sein des sables argileux marbrés, qui servent fréquemment de parois à leurs dépôts, et sont parfois cause qu'en pratiquant une fouille dans leur massif, on passe le long de la marne sans l'atteindre.

Dans la tranchée du chemin de fer près de Sainte-Éanne (Deux-Sèvres), MM. Sauzé et Baugier ont reconnu comme appartenant au terrain tertiaire, à la base, 1^{m},70 de marne argileuse blanchâtre, avec des bigarrures vertes et rouges surtout au-dessus et avec quelques rognons calcaires ; puis une succession de petites couches de calcaire ou de marne blanche et d'argile verte, coupées de distance en distance par des silex blonds, fauves, noirs, entremêlés de calcaire siliceux, formant ensemble plus de 5 mètres d'épaisseur.

La couche la plus élevée sous la terre végétale se compose de gros rognons ou blocs de silex meulier blond, empâtant ou portant à leur surface des *Lymnées,* des *Paludines* et une grande quantité de graines de *Chara.*

C) *Limon et graviers des plateaux.*

Sur les plateaux, toutes les formations sont recouvertes par des dépôts qui correspondent au commencement de la période du creusement des vallées.

Ces dépôts, dont l'épaisseur est d'environ $1^{m},50$, se composent d'argiles sableuses avec galets et cailloutis qui sont quelquefois cimentés par de l'oxyde de fer impur en un poudingue grossier appelé *bétain*, et au-dessus, d'un limon fin, argilo-sableux, qui contient souvent de petits cailloux roulés de quartz et que les cultivateurs du pays nomment *bornais.*

Au bord des vallées, ces terrains de la surface deviennent surtout sablonneux et caillouteux ; quelquefois ils comprennent des éléments empruntés au sidérolithique, sables argileux jaunes ou rouges, avec galets roulés de quartz et de silex (sablières supérieures des berges de la Vienne et de la Gartempe).

Sur ces plateaux du Poitou, il y a de petites sources et de nombreux suintements au contact des calcaires siliceux avec les marnes d'eau douce et des sables de transport quaternaires avec les argiles bigarrées du terrain sidérolithique. Au-dessus des argiles sidérolithiques, on trouve beaucoup d'étangs ou de mares qui servent à abreuver les animaux des fermes. Mais, au-dessous de ces dépôts tertiaires, le calcaire jurassique qui forme la base des plateaux est trop fissuré pour pouvoir retenir les eaux qui le traversent; celles-ci descendent jusqu'au niveau des marnes du lias et y forment une série de sources très abondantes sur le bord des vallées, le long des affleurements, ou suivant certaines lignes de fracture.

D) *Alluvions anciennes des vallées.*

Les alluvions anciennes des vallées qui ont, en général, 4 à 5 mètres d'épaisseur, sont formées de sables quartzeux gris, avec galets et gros blocs de roches cristallines ; la plupart des galets se composent de calcaires et silex jurassiques dans la vallée du Clain, et de roches cristallines dans celles de la Vienne et de la Gartempe.

Les sables gris d'alluvion sont recouverts irrégulièrement de sables rouges, plus ou moins argileux, dus souvent à de simples phénomènes d'infiltration. Mais, d'autres fois, ce sont des atterrissements postérieurs qui se relient aux dépôts meubles sur les pentes latérales des vallées ; les silex y sont à peine roulés et des galets de quartz sont répandus confusément dans la masse, par exemple dans les sablières du sud de Poitiers[1].

Agriculture du Poitou. — « Des Ormes (près Châtellerault) jusqu'à Poitiers, écrivait la marquise de..... le 17 août 1767, il y a beaucoup de terrain qui ne rapporte rien, et, depuis Poitiers jusqu'à chez moi (en Limousin), il y a 25,000 arpents de terrains qui ne sont que de la brande et des joncs marins. Les paysans y vivent de seigle dont on n'ôte pas le son, qui est noir et lourd comme du plomb. Dans le Poitou et ici on ne laboure que l'épiderme de la terre, avec une petite vilaine charrue sans roues.....

« Depuis Poitiers jusqu'à Montmorillon, il y a neuf lieues qui en valent seize de Paris, et je vous assure que je n'y ai vu que quatre hommes, et trois de Montmorillon à chez moi, où il y a quatre lieues[2]..... »

A peu près à la même époque, un seigneur du Poitou, Lucas de Montigny, écrit à Mirabeau : « Le propriétaire tire du paysan tout ce qu'il peut et, dans tous les cas, le regardant lui et ses bœufs comme bêtes domestiques, il les charge de voitures et s'en sert dans tous les temps, pour tous voyages, charrois, transports. De son côté, ce métayer ne songe qu'à vivre avec le moins de travail possible, à mettre le plus de terrain qu'il peut en pacages, attendu que le produit provenant du croît du bétail ne lui coûte aucun travail.

« Le peu qu'il laboure, c'est pour semer des denrées de vil prix, propres à sa nourriture, le blé noir, les raves, etc. Il n'a de jouissance que sa paresse et sa lenteur, d'espérance que dans une bonne année de châtaignes[3]..... »

« Dans une métairie du Poitou qui rapporte 8 sous par arpent à

---

1. Légende de la feuille de Poitiers de la *Carte géologique détaillée de la France.*
2. *Éphémérides du citoyen,* XX, 146.
3. *Mémoires de Mirabeau,* I, 394.

son propriétaire, les colons consomment chacun par an pour 26 fr. de seigle, pour 2 fr. de légumes, huile et laitage, pour 2 fr. 10 sous de porc ; en tout, par année et par personne, 16 livres de viande et 36 fr. de dépense totale.

« En effet, ils ne boivent que de l'eau, ils s'éclairent et font la soupe avec de l'huile de navette, ils ne goûtent jamais de beurre, ils s'habillent de la laine de leurs ouailles et du chanvre qu'ils cultivent[1]..... »

« Le Poitou, dit Arthur Young, selon ce que j'en vois, est une vilaine et pauvre province, pour laquelle on n'a rien fait ; elle semble manquer de communications, de débouchés, de mouvement de toutes sortes, et elle ne produit pas la moitié de ce qu'elle devrait produire[2]. »

« Le Bas-Poitou, ajoute le voyageur anglais, est bien meilleur et plus riche. » C'est que le Bas-Poitou a des terrains jurassiques et des alluvions qui pouvaient être facilement améliorés par la culture, sans qu'il fût nécessaire d'y introduire des amendements calcaires, comme dans les terrains tertiaires qui couvrent les plateaux du Haut-Poitou. Tant que les moyens de transport manquèrent, ces terrains tertiaires furent pauvres et incultes ; c'étaient les Solognes, les Doubles du Poitou et elles ne commencèrent à se transformer que depuis 1830 à 1840, quand elles eurent des routes et des chemins vicinaux pour transporter les amendements calcaires indispensables à cette transformation et les produits qu'ils permettaient d'obtenir.

Presque tous les domaines qui ont obtenu les primes d'honneur ou les prix culturaux dans les concours agricoles du département de la Vienne appartiennent à ces terrains tertiaires.

En 1869, ce fut la propriété des Angremy, située au sud-ouest du département, près de Civray, dans la zone des terres rouges, que M. de Longuemar appelle *terres à châtaigniers;* elle appartenait à Mme veuve Olivier Serph-Labraudière dont le fils, M. Guzman Serph, aujourd'hui député de la Vienne, l'aidait déjà à cette époque dans l'administration de ses domaines.

---

1. *Éphémérides du citoyen,* IX, 15.
2. Arthur Young, *Voyages en France.* Traduction de M. Lesage.

Voici ce que Mme Olivier Serph disait de l'ancien état de ces terres dans le rapport qu'elle a présenté au jury :

« Le domaine des Angremy appartient depuis 1703 à la famille de mon mari. Il avait autrefois un peu plus de 100 hectares, mais il était cultivé par un seul métayer qui, dans les années d'abondance, arrivait à récolter environ 60 hectolitres de seigle et autant d'avoine.

« Une acquisition faite, en 1821, de 52 hectares, au prix de 11,000 fr. commença la formation de l'ensemble qui, par des annexes successives, a fait des Angremy une propriété de 200 hectares, sans une seule enclave.

« Dans ces deux domaines, les récoltes étaient si misérables, les produits si pauvres, que mon mari résolut de couvrir de bois la plus grande partie de sa propriété.

« Déjà 20 hectares étaient ensemencés de chênes ou de pins maritimes, lorsque celui-ci fut appelé à faire partie du conseil de préfecture de la Vienne. C'était en 1832. Les Angremy furent alors affermés, et dire que les 135 hectares qui formaient, sous la réserve des bois, les deux domaines, ne trouvèrent preneurs qu'au prix de 600 fr. l'un de la part de fermiers, qui ne purent payer ; c'est suffisamment prouver toute la misère du sol, toute celle de l'agriculture qui était alors pratiquée.

« Le cheptel de chaque domaine se composait de 4 bœufs, de 100 brebis de landes et de plusieurs chèvres. La paille d'avoine était presque exclusivement la nourriture d'hiver de ces animaux. Aussi les fermiers se félicitaient-ils quand cette céréale était chargée d'herbe, parce qu'elle leur donnait, disaient-ils, un bon fourrage. Ces animaux, qu'il fallait souvent lever, au sortir de l'hiver, pour les envoyer paître dans les bruyères et dans les bois taillis, étaient misérablement installés dans des étables infectes et sans air, dans des bâtiments en ruine.

« La presque totalité du domaine était en landes.

« Toutes les terres en culture étaient couvertes de fougères auxquelles les labours superficiels donnaient d'autant plus de vigueur que jamais leurs racines n'étaient atteintes. On fumait quelques-uns des champs ensemencés de seigle avec ces mêmes fougères desséchées et brûlées sur les guérets au moment du semis, ou avec les ajoncs triturés dont on laissait une couche épaisse dans toutes les cours et les chemins entourant la ferme.

« Le principal revenu était celui que donnaient les châtaigniers qui couvraient presque tous les champs ; les fermiers devaient en planter un certain nombre chaque année.

« On disait alors des Angremy qu'une poule ne pouvait trouver à s'y nourrir pendant la moisson et qu'on n'y avait jamais mangé de crêpes.

« Les chemins étaient impraticables pour aller à la ville comme pour l'exploitation des bois et la culture des domaines. L'eau séjournait dans les chemins, dans plusieurs champs. Le revenu imposable de toute la propriété était de 1,240 fr. 05 c. ; les 200 hectares payaient 315 fr. d'impôts. »

En 1845, M. Olivier Serph renonça à la carrière administrative pour s'occuper de la gestion et de l'amélioration de sa propriété, et il la compléta alors, en achetant pour 27,000 fr. trente hectares et les bâtiments de deux domaines vendus en détail.

Il la partagea entre cinq métayers qui eurent chacun à cultiver 30 hectares, à peu près ce que chacun pouvait faire avec sa famille, et il garda en mains une réserve sur laquelle il chercha à donner à ces métayers l'exemple des perfectionnements qui pouvaient réussir.

Parmi ces améliorations, la principale fut le chaulage.

La matière première ne manquait pas ; elle se trouvait partout à une certaine profondeur au-dessous des terres qui en avaient besoin et elle affleurait dans les vallons. Un four à chaux fut construit et put livrer cette chaux au prix de revient de 6 fr. le mètre cube, tandis que dans tous les environs on la vendait 12 fr. 50 c.

A mesure qu'on a défriché les landes, on les a chaulées abondamment, et, dans l'assolement de six ans qui y a été établi ensuite, la première sole reçoit, outre le fumier, 25 à 30 hectolitres de chaux, mêlés à environ 30 mètres cubes de compost fabriqué avec les bruyères, genêts, etc... Cet assolement comprend :

1re sole. Choux de Cholet, maïs-fourrage et topinambours.

2e sole. Pommes de terre, betteraves, carottes, courges, etc.

3e sole. Froment d'automne.

4e sole. Trèfle.

5e sole. Froment.

6e sole. Avoine d'hiver et orge de printemps, suivis de navets ou trèfle incarnat.

Tandis que dans tout le pays des environs on ne connaissait que la culture à billons d'un mètre de largeur, M. Serph a introduit l'usage des grandes planches qui permettent l'emploi de tous les instruments perfectionnés. De plus, les métayers s'associent pour défoncer chaque année une certaine surface au moyen de la charrue Bodin n° 1, attelée de 8 à 10 bœufs. Ils ont réussi ainsi à détruire les lits épais de racines de fougères qui se trouvaient dans les landes et repoussaient souvent dans les cultures.

En dehors de l'assolement, on fait des luzernes que l'on sème à la place du trèfle dans le froment de la 3e sole.

Avec ces abondantes ressources fourragères, on peut nourrir 25 têtes de bétail par métairie.

Autrefois, on élevait des mules, comme c'est l'usage général dans le pays, et les juments mulassières servaient aux travaux des fermes. Mais elles ne pouvaient pas faire de labours profonds. M. Serph les remplaça par de jeunes bœufs de Salers, qui grandissent et se développent pendant la période des travaux et puis sont engraissés pendant l'hiver pour être vendus au marché de la Villette.

Les petits moutons du pays ont été croisés avec des Southdowns ou des Dishleys et les truies de race craonnaise ont également reçu du sang anglais.

Grâce à tous ces perfectionnements, le revenu net des Angremy s'est élevé de 2,817 fr. en 1861 jusqu'à 11,136 fr. en 1867 et, si l'on y ajoute l'augmentation des cheptels, l'augmentation réelle de revenu a été encore plus considérable.

Dans cette même région des terrains tertiaires du sud-ouest de la Vienne (sols rouges, argilo-siliceux, dépourvus de calcaire, *zone à châtaigniers* de M. de Longuemar), le jury de la prime d'honneur de 1887 a signalé comme un exemple à suivre la culture de M. Sivadier, fermier, depuis 1877, de la propriété des Berlais, à Céaux, canton de Couhé. Cette propriété appartient à M. Sicard, inspecteur des forêts, et comprend 73 hectares ; soit 66 de terres arables et jardin, 4 de prairies naturelles, 1 de bois et 2 de landes.

Voici quelques extraits du rapport du jury :

« Lorsque M. Sivadier afferma les Berlais, cette propriété laissait beaucoup à désirer : les cultures étaient mal faites, le bétail insuffisant, les produits fort médiocres. Les terres étaient épuisées, et M. Sivadier, en agriculteur intelligent, voulut leur donner de la profondeur pour en relever la fertilité.

« Ses ressources étaient modestes ; néanmoins il se procura une charrue Brabant double et entreprit à l'aide de ce puissant instrument le défoncement général de ses terres. Cette opération fut couronnée d'un tel succès que M. Sivadier estime aujourd'hui que c'est à la charrue Brabant qu'il doit la meilleure part de sa prospérité.

« Le calcaire manquait aussi dans les terres siliceuses des Berlais, et M. Sivadier comprit bien vite qu'il n'arriverait jamais à une grande production s'il ne complétait le sol par l'apport de cet élément indispensable à la nutrition des plantes. Un four à chaux fut construit sur la propriété et M. Sivadier se mit lui-même à la tête de l'opération.

« Il emploie maintenant, chaque année, 600 hectolitres de chaux, qu'il fabrique lui-même. Grâce à son travail personnel, le prix de revient, c'est-à-dire l'achat du charbon, la main-d'œuvre, l'arrachage de la pierre, ne dépasse pas 250 fr., ce qui porte le prix du mètre cube à 6 fr. seulement.

« A l'usage de la chaux s'ajoute encore celui des superphosphates dont 3,000 kilogr. sont employés annuellement dans les cultures.

« En même temps que, par des défoncements et l'emploi d'amendements calcaires, M. Sivadier apportait à la constitution du sol des Berlais une modification profonde ; il introduisait dans ses assolements des cultures nouvelles et soumettait ces assolements eux-mêmes à une règle uniforme.

« La luzerne, cultivée sur une grande échelle, a été l'objet d'un assolement tout spécial. Elle s'étend sur 9 hectares et occupe la même sole pendant neuf années. A son défrichement succèdent trois rotations de trois ans chacune, comprenant froment, avoine et fourrages ou plantes sarclées. Après cette période de neuf ans de cultures, la luzerne revient sur la même sole, qu'elle occupe encore pendant une période de même longueur.

« Un tel aménagement, réservant une large part aux plantes fourragères, a eu pour effet d'augmenter dans des proportions considérables les ressources alimentaires du bétail. L'insuffisance des bâtiments ruraux ne permet plus d'abriter ce volumineux produit, mais on y supplée facilement en le mettant en grosses meules, dans lesquelles le foin est salé, empilé avec soin et parfaitement conservé.

« Les cheptels vivants sont bons et en bon état. Au début de l'exploitation, ils ne représentaient que 27 têtes de gros bétail, d'un poids moyen de 400 kilogr. Ils se composent maintenant : de 16 bœufs de travail, 1 mulet, 4 juments poulinières, 5 poulains de trois à quatre ans, 4 bœufs à l'engrais, 4 vaches, 8 élèves, 1 bélier, 60 brebis, 50 agneaux, 24 antennais, 4 truies, 20 porcelets, représentant 50 têtes de gros bétail.

« Les produits ont subi la même marche ascendante et les rendements accusés par le concurrent seraient, pour le froment, de 35 hectolitres à l'hectare, et, pour l'avoine, de 55 hectolitres.

« La prospérité de cette famille dépend assurément de son ardeur au travail et de ses pratiques intelligentes, mais elle tient aussi à l'entente et à l'union qui règnent dans cette maison, où chacun s'efforce de se rendre utile à tous et de travailler à la prospérité commune. Chaque membre de la famille a sa place marquée. Mme Sivadier et sa fille, âgée de 19 ans, s'occupent de l'intérieur de la ferme, du soin des animaux et du jardin potager. M. Sivadier père dirige les cultures; Jacques Sivadier, fils aîné, se charge des travaux pénibles de labour et de défoncement, et son frère, plus jeune, est attaché à la garde des troupeaux. Enfin, le grand-père, vieillard de 87 ans, rend aussi des services à l'exploitation en réparant avec une grande habileté et en entretenant toujours en bon état l'outillage de la ferme.

« La comptabilité tenue par M. Sivadier, suffisante peut-être pour ses besoins personnels, ne saurait donner le chiffre exact de ses bénéfices; mais les résultats financiers de l'exploitation sont assurément satisfaisants.

« La situation de la famille Sivadier était fort modeste au début de son entreprise ; elle disposait alors de 2,000 fr. à peine, qui servirent aux premiers besoins. Aujourd'hui, par les économies qu'elle a réalisées, elle a pu compléter son mobilier, acheter des engrais et augmenter son bétail et son outillage d'une valeur de 6,000 fr.

« La meilleure preuve, du reste, de la situation prospère de M. Sivadier, c'est qu'il vient de renouveler, avec son propriétaire, son bail à ferme pour une nouvelle période de quinze ans, sans réclamer de diminution sur le prix de fermage. »

Des environs de Civray, la zone des terres rouges à châtaigniers passe dans le département des Deux-Sèvres et y forme, au-dessus des couches jurassiques, une large bande qui s'étend du sud-est au nord-ouest jusque près de Saint-Maixent, entourée de nombreux îlots également pauvres en calcaires ; il y a un certain nombre de ces îlots tertiaires autour de Melle, de Celles et de Niort.

C'est à la ferme de Chaloue, dans le canton de Celles, que demeurait Jacques Bujault, primitivement avocat, mais devenu laboureur, portant lui-même, comme il le dit, « grand chapeau, large blouse, sabots à la courge ».

C'est un de nos écrivains agricoles les plus populaires et ses almanachs ont beaucoup contribué à engager les cultivateurs du Poitou dans la voie de progrès qu'ils suivent aujourd'hui. Dans un de ces almanachs, il parle des terres à seigle ou à châtaigniers de son voisin Maurice Peupin, dit le père Fineau, à la métairie de Pouilleux.

« Dans sa terre, dit-il, venaient le genêt, l'ajonc, la fougère, la grande bruyère, l'oseille ou la vinette sauvage. Le chêne n'y poussait pas trop mal, ainsi que le châtaignier.

« Ce terrain a partout des noms différents, comme terre à seigle, — de Gâtine, — froide, — humide, — mouillée, — argileuse, — venteuse, — creuse, — bournaise, — sauvage, — affamée, etc. — Vous connaissez ces terres, elles ne sont pas bonnes. Le fumier n'y dure qu'un an.

« Le père Fineau fumait ses froments avec de la chaux, la pomme de terre et le haricot avec des récoltes enfouies. Tous les ans il fumait, tous les ans il récoltait, jamais sa terre ne chômait. Il mettait son fumier dans de mauvais prés qu'il avait rendus bons.

« Le chaulage se reconnaît pendant cinq ans, dit Maurice Peupin, mais je chaule trois fois dans six ans et j'enfouis trois fois. Ensuite, ma terre est propre au trèfle, à la luzerne. Cent charretées de fumier ne feraient pas tant d'effet.

« A présent, faut que je vous conte mon enfouissage.

« Le blé récolté, je sème, à la saison, du seigle un petit peu épais, avec un grain de vesce noire ou blanche.

« En mars et vers la fin, je mets mes pommes de terre dans la raie ; je laboure, prenant peu de terre, seulement pour couvrir le seigle et la vesce. En juin, je chausse fortement par un bon coup de charrue grossissant le sillon.

« Veux-je semer des haricots, je les pique de chaque côté du sillon après l'enfouissage ; il en est ainsi du maïs ou du garouil, que je pique à la saison sur le sillon. Tout ça vient comme pâte en mets.

« J'ai un champ, à trois quarts de lieue, de 60 boisselées ; je n'y porte ni fumier ni chaux..... Je sème dans la moitié du seigle que j'enfouis en avril, ou de la vesce que j'enfouis en mai ; — en enfouissant, je sème du blé noir (ou sarrasin). — J'enfouis encore en pleine fleur. — Je jette après l'enfouissement de la graine de colza, de navette, et j'enfouis en semant... Cela fait trois fumages. Dame ! j'ai doublé en piles !

« On a dit vingt ans au village : Maurice Pepin se ruine. J'achetais des champs, faisais le câlin ; j'empruntais un écu, me plaignant comme une oie crevée, disant : Je quitte l'an prochain la manière ; elle ne vaut rien.

« C'est que les diables se sont ravisés ; maintenant ils enfouissent, ils chaulent. Mais Maurice tient 500 boisselées de terre achetées 45 fr.; et les passables se vendent aujourd'hui 200. Ils m'ont nommé le père Fineau..... J'accepte le mot : sur la culture je ne suis pas sot. »

Comme type des améliorations qui peuvent être réalisées avec profit dans la zone des argiles sableuses marbrées du sud-est du département de la Vienne, celle que M. de Longuemar appelle la *zone des étangs*, nous allons décrire la propriété de Léché, commune de Saulgé, canton de Montmorillon, qui appartient à M. Autellet et dont M. Poinet est fermier depuis 1880.

En 1858, lorsque M. Autellet acheta le Léché, la moitié à peine des 210 hectares qui constituent la propriété était cultivée ; le reste, se composant de landes, d'étangs et de marécages, était laissé dans un complet abandon.

Les terrains cultivés étaient très pauvres et donnaient des produits insignifiants. Avant d'affermer, M. Autellet entreprit d'importants travaux d'amélioration sur ces terrains improductifs et les étendit ensuite sur tout le reste de sa propriété.

Les terres en culture furent défoncées, 17 hectares d'étangs furent desséchés, 35 hectares de landes stériles ou de marécages furent drainés et assainis, des défrichements furent opérés sur 52 hectares de terre, qui dès lors furent acquis à la culture.

Les vastes bâtiments d'habitation et d'exploitation que l'on remarque aujourd'hui furent construits à cette époque.

Un grand réservoir, où sont réunies toutes les eaux de drainage, a été creusé à portée des bâtiments dans le double but de pourvoir à tous les besoins de l'exploitation et de servir, lorsque l'abondance des eaux le permet, à l'irrigation des prairies voisines.

C'est alors que M. Autellet, empêché par d'autres occupations de poursuivre ses travaux agricoles, afferma sa propriété du Léché à M. Poinet pour une durée de quinze ans et moyennant le prix annuel de 8,500 fr.

Le sol exploité est aujourd'hui réparti de la manière suivante :

Terres arables	170^{ha},80
Prairies naturelles	33 ,70
Vignes	4 ,50
Jardin	1 »
Total.	210 »

L'assolement régulièrement suivi est de cinq ans. Le blé ne revient qu'une fois sur le même terrain durant cette période.

Au blé succède l'avoine ou la baillarge. Les trois autres soles sont ensuite couvertes par les racines, les fourrages et les prairies artificielles.

L'étendue des prairies a été portée de 20 à 30 hectares ; leur production s'est élevée d'un cinquième par suite de l'emploi du phosphate de chaux.

La sole des plantes sarclées comporte 20 hectares, au nombre desquels se trouvaient 4 hectares de betteraves. On compte 26 hectares de fourrages annuels, 14 hectares de belles luzernières, enfin 18 hectares de trèfles mélangés de ray-grass, qui sont pâturés en seconde année. Les jachères ne portent plus que sur 30 hectares au lieu de 37.

A ces cultures s'ajoute une vigne de 4 hectares 50 ares qui fournit un vin léger, mais suffisant pour les besoins de l'exploitation.

78 hectares reçoivent annuellement une fumure à raison de 35 mètres cubes à l'hectare.

La chaux et la marne sont employées avec succès dans ces sols privés de calcaire ; la marne est extraite sur la propriété même, dans des carrières à ciel ouvert. Elle est employée sur les cultures fourragères en tête d'assolement, et quelquefois, lorsqu'elle est bien délitée, elle est appliquée à la prairie naturelle à raison de 100 mètres cubes à l'hectare. De plus, M. Poinet mélange du phosphate de chaux à la litière de ses animaux ; il en emploie ainsi 5,000 kilogr. par an.

Quant aux matières azotées, il a la bonne fortune de les puiser à une source économique. Dès le début de son entreprise, il passa, avec le directeur de l'importante brasserie de Montmorillon, un traité à la suite duquel il lui a été livré annuellement environ 7,000 hectolitres de drèche, à raison de 0 fr. 75 c. l'hectolitre.

Le bétail a pris au Léché une importance exceptionnelle. Il comprend 8 chevaux et 20 bœufs de travail, 18 bœufs à l'engrais, 1 taureau, 6 vaches, 9 élèves. Tous ces animaux appartiennent aux races limousine et parthenaise. Ils représentent un poids vivant de 300 kilogrammes à l'hectare.

La bergerie offre un intérêt tout particulier. Lorsqu'il arriva au Léché, M. Poinet trouva un troupeau manquant d'uniformité et composé de poitevins, de southdowns, de charmoise et de métis de toutes ces races. Il pensa que le mouton poitevin, avec sa grande ossature et son développement tardif, devait être proscrit de ses étables et que le southdown, à raison surtout de la nature du sol et des pacages du Léché, exigerait peut-être des soins trop minutieux et l'amènerait à d'onéreuses déceptions. Il fixa son choix sur une race déjà acclimatée dans le pays, robuste, rustique, assez précoce : la race charmoise, et peupla son étable des meilleurs reproducteurs, qu'il prit au pays d'origine.

Ce troupeau a prospéré au delà de ses espérances. Par une abondante nourriture et une sélection rigoureusement observée, M. Poinet a donné à ses animaux plus de précocité, plus d'ampleur et une grande uniformité. Le troupeau du Léché jouit d'une réputation méritée, et sa renommée, qui s'est étendue rapidement dans toute la Vienne, a franchi aujourd'hui les limites du département. Aussi, chaque année, les jeunes animaux sont-ils très recherchés et tous vendus à l'étable à un prix élevé.

A cette importante exploitation, M. Poinet a encore annexé un haras composé de 7 baudets et 2 chevaux poitevins. Il a su profiter de circonstances exceptionnelles qui lui ont permis de faire ses achats dans des conditions très avantageuses. Il a néanmoins consacré à la création de son haras une somme de 10,840 fr.

La comptabilité du Léché établit que le capital de roulement qui, au début de la ferme, était de 31,138 fr., s'élève aujourd'hui à 71,185 fr.; que cette augmentation tient notamment à la plus-value acquise par le cheptel, qui, de 36,170 fr., s'est élevé, d'après le dernier inventaire, au chiffre de 48,781 fr. Mais elle accuse comme bénéfice un produit annuel bien faible et peu en harmonie avec l'importance de la propriété et le capital de roulement engagé dans cette entreprise.

Les bénéfices, c'est-à-dire la différence entre les recettes et les dépenses, donnent une moyenne, pour les cinq années de ferme, de 2,245 fr. Le haras à lui seul a produit, depuis sa création, remontant à trois ans, un bénéfice net de 6,422 fr. représentant par an 2,141 fr., c'est-à-dire une somme à peu près égale au bénéfice net de la propriété tout entière.

Ce résultat serait absolument insuffisant et ne répondrait ni aux soins ni à l'activité que déploie M. Poinet dans l'administration de sa ferme; mais il est nécessaire de faire remarquer que cette insuffisance de produits tient exclusivement à l'avilissement du prix des céréales.

Lors de la passation du bail en 1880, le blé valait 22 fr. l'hectolitre, et ce fut sur ce chiffre élevé que fut basée l'évaluation du prix de la ferme. Depuis cette époque les prix sont descendus à 16 et 17 fr. Or, la moyenne en froment s'est élevée annuellement à 600 hectolitres. Cet abaissement du prix de vente portant sur une aussi grande quantité de grains, a réduit les bénéfices à des proportions imprévues.

Ce n'est que grâce à sa rare intelligence, à l'habileté de sa gestion, à son puissant outillage diminuant la main-d'œuvre et les frais de revient, que M. Poinet a pu traverser une crise que ni lui ni son propriétaire n'avaient prévue ; qu'il lui a été possible de maintenir son prix de ferme au chiffre stipulé, alors que le taux des fermages accuse dans la Vienne une diminution d'un cinquième au moins.

Tout est donc à louer dans la belle exploitation du Léché. Les bénéfices sont insuffisants sans doute, mais, en 1887, le jury de la prime d'honneur a pensé que c'était un devoir pour lui de tenir compte des conditions économiques à la seule influence desquelles est due cette insuffisance, et elle n'a pas hésité à attribuer à M. Poinet un prix cultural.

C'est près de Saint-Julien-Lars, dans la zone mixte des argiles sableuses à tuiles et des marnes blanches à calcaires et meulières d'eau douce que se trouve la ferme-école de Montlouis, qui est si bien dirigée par M. de Larclause et qui a rendu tant de services à l'agriculture du Poitou.

Voici quelques renseignements que M. de Larclause a bien voulu me communiquer sur son exploitation.

La rotation suivie se compose de :

1re année. — Plantes sarclées, betteraves, carottes, pommes de terre. Une forte fumure de 40,000 kilogr. de fumier est appliquée avant l'hiver et au moment du semis on ajoute par hectare 400 kilogr. de superphosphate dosant 14 p. 100 PhO, 200 kilogr. de nitrate de soude et 200 kilogr. de sulfate de potasse.

2e année. — Céréales d'hiver ou d'été, qui reçoivent 300 kilogr. de superphosphate dosant 14 p. 100.

3e année. — Trèfles ou vesces avec 250 kilogr. du même superphosphate.

4e année. — Froment qui reçoit à l'automne 400 kilogr. de superphosphate dosant 14 p. 100 et au printemps 100 à 150 kilogr. de nitrate de soude.

5e année. — Fourrages verts, maïs, choux, topinambours fumés au fumier, 30,000 kilogr. à l'hectare, en lignes et sarclés.

6e année. — Froment, excepté sur les topinambours, auxquels succède une avoine d'été. Cette sole reçoit 400 kilogr. de superphosphate et 100 kilogr. de nitrate au printemps.

7e année. — Trèfle incarnat.

8e année. — Avoine d'hiver.

Chaque sole est de 6 hectares environ.

En dehors de la rotation 18 hectares de luzerne, qui reçoivent chaque année 200 à 300 kilogr. de superphosphate par hectare; et souvent quelques récoltes fourragères intercalaires : maïs, moutarde, navets.

En 1895 il y avait 12 hectares en froment, 11 hectares en avoine, 4 hectares en trèfle incarnat, 5 hectares en seigle et vesces-fourrages, 3 hectares en maïs et 2 hectares en choux, 2 hectares en pommes de terre, 3 hectares en betteraves, 3 hectares en topinambours et 1ha,50a en carottes.

Voici les rendements de 1894 à l'hectare :

Froment, 21 quintaux métriques.

Avoine, 20 quintaux.

Trèfle incarnat, 58 quintaux. Valeur en foin sec.

Vesces, 52 quintaux.

Maïs, 66 quintaux.

Choux, 80 quintaux.

Betteraves, 170 quintaux.

Carottes, 100 quintaux.

Topinambours, 60 quintaux.

Pommes de terre, 109 hectolitres.

Luzernes, 70 quintaux.

Les pommes de terre avaient beaucoup souffert de la sécheresse.

J'ai actuellement, dit M. de Larclause, 9 hectares en vignes greffées sur riparias; dans deux ans j'en aurai 15 hectares, et en plus 5 hectares sont consacrés à la pépinière départementale. Je ne greffe, en général, que les cépages du pays, du blanc surtout. Le sol argilo-siliceux convient parfaitement aux vignes américaines greffées. Il n'y a que l'herbemont et le noah qui résistent parmi les producteurs directs.

J'emploie chaque année une grande quantité d'engrais chimiques, tant pour la culture que pour la vigne : 12,000 kilogr. de superphosphate à 14 p. 100 ; 1,000 kilogr. de sulfate de potasse ; 2,000 kilogr. de nitrate de soude.

Il résulte d'expériences très suivies que les effets des scories et des phosphates non traités par l'acide sulfurique ne sont pas appréciables dans mon sol.

J'avais au 1er janvier un effectif de 30,000 kilogr. de bétail, ainsi réparti :

4 chevaux de travail à 500 kilogr. ; 12 bœufs de travail à 600 kilogr. ; 20 bœufs engrais à 700 kilogr. ; 2 vaches à lait à 450 kilogr. ; 4 jeunes veaux à 400 kilogr. ; 54 brebis à 40 kilogr. ; 2 porcs à l'engrais à 100 kilogr. ; 34 agneaux à 30 kilogr. ; volailles diverses, 200 kilogr.

C'est surtout sur l'engraissement des bœufs qu'est basée ma production fourragère. En 1894-1895, j'ai livré à la boucherie 10,900 quintaux de viande grasse, savoir : 8,800 de bœuf ; 600 de vache ; 1,500 d'agneaux. Les porcs sont consommés.

Sur le lias qui entoure à l'est les terrains primitifs du Limousin et à l'ouest ceux de la Vendée, on trouve des sols excellents qui résultent, les uns de la décomposition du lias lui-même, les autres de son mélange avec des dépôts tertiaires. Souvent, ces *liais* sont en herbages ; ailleurs, et surtout là où la propriété est très divisée et la main-d'œuvre très abondante, la culture y obtient de magnifiques produits.

Elle y fait, entre autres, aux environs de Thouars, des graines de légumes et de fleurs, spécialité qui prend un développement de plus en plus considérable dans certaines régions de la France et surtout dans les terres riches en acide phosphorique.

Ainsi, M. Louis Rangeaud fait 4 à 5 hectares de graines de betteraves, carottes, haricots, etc., sur la ferme de 40 hectares qu'il cultive à Magé dans la commune de Louzy, à 6 kilomètres au nord de Thouars. Sur ces 40 hectares il a, en outre, 10ha 1/2 de céréales, 1 hectare de vigne et jardin, 1 hectare de pommes de terre, 9 hectares de luzernes et trèfles, 3^{ha}1/2 de choux, maïs et vesces pour fourrages, 4 à 5 hectares de racines. Toutes ces ressources alimentaires, ajoutées à 6^{ha}1/2 de prairies naturelles qui peuvent être arrosées, lui permettent de nourrir 3 chevaux et 4 bœufs de travail, 1 taureau et 8 ou 10 vaches dont le lait sert à faire du beurre et à nourrir des veaux. Il engraisse chaque année 2 ou 3 bœufs. Le petit bétail et les volailles ne manquent pas non plus dans la ferme de Magé : 6 brebis, 6 agneaux, 2 truies, 12 porcelets, une centaine de poules, une douzaine de dindons et autant de canards. Avec tout cela, on peut faire beaucoup de fumier, mais on pourrait et devrait aussi soigner ce fumier un peu mieux : sous ce rapport, le Poitou en général laisse beaucoup à désirer.

L'outillage et le matériel agricole sont parfaits chez M. Rangeard. Il est aidé dans ses travaux par sa femme, quatre enfants qui ont de 22 à 26 ans, et trois domestiques à gages.

Il paie 3,060 fr. de fermage, mais il doit fournir au propriétaire chaque année 6,500 kilogr. de foin. En ajoutant au prix du fermage la valeur de ce foin, les frais d'assurance et la prestation, le loyer monte à 89 fr. par hectare.

Passons maintenant au nord du département de la Vienne, dans l'arrondissement de Châtellerault. Nous y trouverons encore des terrains tertiaires analogues à ceux que nous avons décrits dans le reste du Poitou, mais, au lieu de reposer sur les formations jurassiques, ils ont été déposés sur la *craie tuffeau* dont les couches, épaisses de 30 à 40 mètres, surmontent les *marnes à ostracées,* marnes argileuses et imperméables qui affleurent au bas des coteaux. L'ensemble de ces terrains forme une série de plateaux et de collines séparés par les vallées de la Vienne, du Clain et de leurs affluents ; c'est un pays qui ressemble à la Touraine. C'est là, presque en face de Châtellerault, sur les collines qui dominent le cours de la Vienne, que sont situées les propriétés de M. de la Massardière, membre de la Société nationale d'agriculture, pour lesquelles il a obtenu en 1879 la prime d'honneur du département et en 1887 le rappel de cette prime.

« Si de dessus les coteaux de la gauche, au-dessous de Châtellerault, écrivait en 1790 M. Creuzé-Latouche, on marche vers le couchant, on se trouve engagé dans une chaîne de collines qui n'ont aucune direction sensible et ne présentent à la vue que des ravins, des hauteurs escarpées, des éboulements et une terre couverte généralement de brandes et de bruyères, avec quelques arbres épars et des taillis; quelques hameaux dispersés, quelques bassins découverts où les terres et les productions sont assez variées, mais où la marne blanchâtre (tuffeau), sillonnée par les labours, y forme le terrain dominant, se rencontrent dans ce canton sauvage qui renferme (entre autres) les paroisses d'Usseau, Remeneuil, Thuré et Saint-Gervais. »

C'est là que sont les terres de la Massardière, de la Gâtinalière et de Bride-les-Loups. Elles forment aujourd'hui un ensemble de 498 hectares; les deux dernières, celles que M. de la Massardière cultive de sa main, en ont 240, y compris 125 hectares de bois.

Bride-les-Loups est presque tout entier sur les terrains tertiaires, gros sables argileux et rouges, formant par-ci par-là des poudingues ferrugineux (*bétain*), le tout couvert d'un limon argilo-sableux (*bornais*) qui est très pauvre en chaux. Mais on a fait ouvrir au pied du coteau de Bride-les-Loups une marnière qui a servi à améliorer les terres du haut. « Mon père l'avait achetée pour mon compte, écrit M. de la Massardière, en 1834, moyennant une douzaine de mille francs. La presque totalité du domaine était en bruyère servant au pacage de chèvres venant de plusieurs lieues à la ronde; et le nom seul de la propriété indique le peu de richesse et le peu de valeur que ce domaine avait autrefois. En parcourant les baux de cette époque, on y voit que 50 hectares de ces bruyères étaient affermés cinq douzaines de fromages de chèvre de deux sous. Moyennant une indemnité donnée au colon, mon père reprit, aussitôt son entrée en jouissance, la plus grande partie des terrains en bruyères ou friches, laissant toujours à colonage les quelques terrains qui étaient cultivés. Là, on ne voyait qu'une vaste lande sans délimitation aucune: des chemins et des fossés d'écoulement furent immédiatement tracés. Les attelages n'existant pas sur la propriété et la difficulté de s'en procurer dans les environs forcèrent mon père à faire exécuter à main d'homme les travaux nécessités pour les semis de pins qu'il avait l'intention de faire sur cette portion de landes, où, de l'avis des hommes de l'époque les plus versés en sylviculture, on ne devait jamais voir lever un pin. La réussite des semis a fort heureusement donné un démenti formel à l'opinion émise ; et, si j'ai fait faire, il y a peu d'années, l'exploitation d'une partie de ces pinières, c'est que je pensais avoir plus d'avantage (eu égard à l'âge des arbres, au terrain et à la position occupée par les bois) à faire coupe blanche et à semer du gland qui s'élèvera sous les couverts de pins renouvelés, soit par les semis naturels, soit par des semis à nouveau. La peine que l'on a éprouvée, les premières années, pour soustraire ces jeunes arbres à la dent dévastatrice des chèvres et des moutons serait difficile à décrire ; mais ce qu'il y a de positif, c'est que nos misérables taillis de chêne qui, jusque-là, étaient rabougris, clairsemés et dévorés par le bétail, sont arrivés, grâce aux semis de pins effectués dans toutes les clairières, à avoir une valeur relativement élevée, tandis qu'autrefois ils ne produisaient qu'un revenu illusoire. »

Quant à la Gâtinalière, elle se trouve presque tout entière sur la craie tuffeau et sur les marnes à ostracées. Par suite de la perméabilité du tuffeau, les eaux viennent se concentrer sur les marnes à ostracées qui font pour ainsi dire cuvette ; si on ne donne pas à ces eaux un écoulement rapide, les terres inférieures ne produisent que des joncs et des herbes aquatiques de très mauvaise qualité, tandis que, bien drainées, elles sont devenues les meilleures de la ferme.

Pour faire ces drainages, M. de la Massardière a employé les pierres de tuffeau extraites par le défoncement des terrains supérieurs.

Voici, dit-il, quel a été le point de départ des améliorations faites dans mes domaines. L'arau poitevin était le seul instrument aratoire connu ; il existait cependant sur la propriété une charrue Dombasle avec versoir en bois, mais on l'employait le moins possible.

L'assolement était triennal.

1re année. — Froment peu fumé, le plus souvent pas du tout.

2e année. — Orge ou avoine de printemps (sans fumier).

3e année. — Jachère morte.

Plantes sarclées inconnues.

Quelques hectares de sainfoin ne donnant, la plupart du temps, qu'un pacage pour les animaux de travail, et servant ensuite au parcours des moutons. Le bétail devait, naturellement, être peu nombreux. Aussi ne se composait-il que de 4 bœufs de travail, 2 vaches, 2 ânesses et 16 moutons.

Aujourd'hui il y a :

67^{ha}	,32^{a}	,66^{c}	terres en labour ;
1	38	30	prés ;
28	45	90	vignes ;
125	31	86	bois taillis, pins, bouleaux et acacias ;
18	07	81	bâtiments, cours, fontaines, jardins et parc planté en bois.

Total : 240^{ha},56^{a},53^{ca}.

L'assolement se compose de :

1re année. — Plantes sarclées (fumées très fortement) : choux, navets, betteraves, maïs-fourrage ou pommes de terre.

2e année. — Orge ou avoine de printemps, avec semis de luzerne, sainfoin et trèfle.

3e année. — Prairie.

4e année. — Prairie.

5e année. — Prairie, défrichée aussitôt après la deuxième coupe et ensemencement de froment avec fumier d'étable ou engrais divers.

6e année. — Froment. Labours préparatoires pour recevoir les plantes sarclées.

7e année. — Plantes sarclées (fortement fumées) : pommes de terre, betteraves, maïs-fourrage, sur lesquelles le froment est semé.

8e année. — Froment, auquel succède une vesce d'hiver.

9e année. — Vesce d'hiver (comme fourrage vert ou sec), sur laquelle on ensemence, après une fumure légère, du maïs-fourrage précédant l'emblave du froment qui lui-même est fumé soit avec du fumier d'étable, soit avec des engrais commerciaux.

10e année. — Froment. Labours préparatoires pour recevoir les plantes fourragères qui doivent lui succéder.

M. de la Massardière ne comprend pas dans cet assolement les topinambours, qu'il ne peut cultiver que sur ses terrains silico-argileux de Bride-les-Loups, ceux de la Gâtinalière étant trop compacts et offrant trop de difficultés pour l'arrachage et le lavage de ce tubercule.

Quant à ses vignes, il donne les détails suivants sur leur création :

En 1853, lorsque je pris sous ma direction la ferme de Bride-les-Loups, je fis, dès l'année suivante, une plantation de vigne sur un coteau en lande, d'une contenance de 3 hectares environ. La réussite m'a engagé à continuer ; actuellement le vignoble existant sur la terre de la Gâtinalière couvre près de 29 hectares.

La presque totalité des plantations de vignes a été faite, jusqu'ici, sur des terrains en bruyères ou en friches, à sous-sol argileux, qui, non seulement n'étaient aptes à aucune culture, mais n'eussent même pu, pour la plupart, être utilisés en semis de bois. Sur ces terrains, il était impossible de penser à des travaux préparatoires de défoncement ; on s'est donc borné à faire des fossés de 40 centimètres de largeur sur 30 centimètres de profondeur, où l'on dépose la rigée (ou chevelu) ; puis le fossé est rempli avec la bruyère existant sur les lieux ; ou dans les parties en friches, avec celle que l'on apporte d'autres points. On recouvre ensuite cette bruyère avec la terre prise sur toute la largeur comprise entre les rangs de vigne ; un ou deux mois après, la terre provenant du fossé est régularisée. Cette bruyère, déposée dans le fossé, offre deux avantages : celui de servir en premier lieu de drainage, ensuite d'engrais.

Dans les vignes espacées à 2 mètres, le prix de ce mode de plantation varie, suivant la difficulté du terrain, de 250 fr. à 310 fr. l'hectare, non compris la valeur de la bruyère et de la rigée que je prends dans mes pépinières, le tout pouvant être évalué à 260 fr. La seconde façon, ou ragréage, se paie à 35 fr. l'hectare, ce qui porte à 550 fr. le prix moyen d'un hectare de vigne planté dans ces conditions. Les premières plantations avaient été faites à rangs espacés seulement de $1^m,66$; j'ai reconnu depuis qu'il était préférable de donner un espace plus considérable, afin de faciliter le passage des instruments.

Sur des terrains si pauvres, je ne pouvais songer à mettre que des cépages communs ; aussi la folle blanche ou jaune compose-t-elle les deux tiers du vignoble. Dans les portions calcaires, j'ai planté des cépages rouges, tels que le gros-noir, le Balzac et le Grolaud de

Cinq-Mars. La synonymie des cépages variant à l'infini, j'ai voulu savoir si nous n'avions pas déjà dans le pays une quantité d'espèces portant un nom différent de celui sous lequel elles sont connues dans les autres contrées. J'ai donc fait venir, il y a quatre ans, une quinzaine de variétés de cépages qui me serviront d'étude et me permettront, dans mes plantations futures, d'approprier à notre terrain celles que j'aurai reconnues les meilleures.

Sur tous les cépages pouvant la supporter, j'ai adopté une taille qui se rapproche de celle du docteur Guyot ; elle consiste à laisser une ou deux branches à fruits et deux ou trois poussiers ou coursons à deux ou trois yeux. Cette taille est faite à l'entreprise moyennant 16 fr. 50 c. l'hectare.

Des mélanges de râfles, de fumiers de cour et de curages de fossé, mis en compost, servent à fumer alternativement une portion du vignoble. Sur les 29 hectares de vignes, 18 sont aujourd'hui en rapport, y compris les 3 hectares de vignes très vieilles. La moyenne du rendement a été, depuis trois ans, de 700 hectolitres, soit 38^{hl}1/2 à l'hectare, moyenne dans laquelle le vin rouge entre pour 220 hectolitres et le blanc pour 580. Le prix de vente, l'hectolitre nu, varie de 10 à 20 fr. pour les vins blancs, et de 18 à 40 fr. pour les rouges.

Les bois furent l'objet constant de mes préoccupations. Toutes les clairières qui se trouvaient dans les taillis de chêne ont été semées en pins et en glands. J'ai reculé à dix-huit ans l'époque de l'exploitation, trouvant que les coupes trop rapprochées finissaient par épuiser la souche, et le raclage que l'on fait la huitième année donne un produit aussi élevé que celui de la coupe blanche qui avait lieu jadis tous les neuf ans.

Les premiers semis de pins ont été faits en plein sur bandes alternes de 1 ou 2 mètres, dont une seule était bêchée. Le pin maritime est l'espèce qui, d'abord, a servi à la formation des bois ; actuellement, je mélange à cette graine du pin sylvestre et du pin noir d'Autriche, et l'infertilité du sol ayant été modifiée par les détritus de feuilles de pins et de plantes diverses, j'ai fait semer du gland dans toutes les enceintes.

Lors de la guerre de la sécession, les matières résineuses prirent une telle valeur, que je voulus retirer des pinières que j'avais l'intention d'exploiter un revenu inattendu. Dans ce but, je fis venir des familles landaises qui se sont chargées de gemmer mes pins jusqu'en 1870, et si depuis il m'eût été possible de me procurer des résiniers, j'eusse continué le gemmage qui, même au prix auquel sont tombées ces matières, serait encore avantageux. Je suis cependant persuadé que, sur la propriété, il est préférable d'abattre les pins à vingt-cinq ou trente ans, moment où la végétation devient plus lente, et de ressemer immédiatement, ce qui a eu lieu sur une portion des bois.

Des plantations de bouleaux et d'acacias couvrent aujourd'hui plus de 8 hectares ; la valeur progressive de cette dernière essence et sa réussite sur nos terrains m'engagent à en étendre la culture. La généralité de ces plantations se fait de la manière suivante : le sol étant imperméable et la racine de l'acacia redoutant l'excès d'humidité, je fais tracer à la charrue des planches qui sont rebombées par deux labours successifs ; puis les jeunes plants sont repiqués sur cet ados, à 40 centimètres les uns des autres. Ces taillis sont exploités tous les six ans pour servir comme échalas.

Une assez grande quantité de jeunes peupliers ont été plantés dans la vallée, le long des routes et des fontaines. Nos terres calcaires convenant bien aux pruniers, dont le produit est recherché pour la fabrication du pruneau (dit de Tours), j'en ai formé la bordure de certains champs.

CHAPITRE XVII

LES TERRAINS QUATERNAIRES DU NORD ET DU CENTRE DE LA FRANCE.

Quand nous avons décrit les terrains tertiaires du nord de la France[1], nous avons déjà parlé des limons quaternaires qui les couvrent sur de vastes étendues et qui en font une région si fertile. Mais ces limons ne sont pas les seuls terrains quaternaires de cette région et leur ensemble a une si grande importance pour son agriculture que je crois devoir les décrire avec plus de détails.

A l'époque de leur formation, le nord de l'Europe était couvert d'immenses glaciers dont on a retrouvé les moraines terminales sur une ligne qui traverse le sud de l'Angleterre, la Hollande, la Westphalie, la Saxe, la Bohême et la Pologne et qui se prolonge jusqu'aux environs de Nijni-Novgorod en Russie. D'après M. A. Erens, la limite de la dispersion des roches scandinaves devrait même être tracée beaucoup plus au sud, près des frontières de la Belgique et de la France.

A la même époque, les Vosges et le plateau central de la France avaient aussi leurs glaciers et ces glaciers ont eu, comme ceux des Alpes, comme ceux du nord de l'Europe, deux périodes principales d'extension.

« Le centre de la France a été, dit M. Julien, après le développement des *Mastodontes* qui caractérisent la fin de la période tertiaire, sous l'influence d'une période glaciaire d'une intensité exceptionnelle.

« Le moutonnement des massifs cristallins, la démolition et la des-

---

1. Voir tome II.

truction des roches éruptives antérieures, sont dus à l'action des glaces. Cette première époque glaciaire est représentée dans le bassin de l'Allier par les conglomérats ponceux de Perrier, d'Orcet, de Monton, les blocs erratiques de Beauregard, de Saint-Romain, du Puy-de-Mür, etc.

« Puis il y a eu une période interglaciaire, période diluvienne qui a été la conséquence de la fonte générale de ces masses de glaces et dont les résultats furent le creusement des vallées, les ablations et les remaniements du sol superficiel (alluvions supérieures de Périer, etc.). La faune à Éléphants fit alors sa première apparition.

« Enfin, à l'époque de l'*Elephas primigenius*, le plateau central a subi une seconde glaciation dont les moraines frontales descendaient jusqu'à 500 mètres d'altitude. Les volcans à cratères ont fait leur apparition entre cette deuxième période glaciaire et l'âge du renne. »

« Si l'on gravit, dit ailleurs M. A. Julien, les pentes abruptes qui dominent le village de Lempdes, en suivant le chemin qui mène à Scouldroux, à 2 kilomètres environ, on trouve la route bordée d'un dépôt de nature spéciale. C'est une masse argileuse, d'un rouge foncé, plastique, et se crevassant par la sécheresse ; une véritable boue empâtant des blocs de différentes natures; ceux de basalte y dominent ; tous sont arrondis, mais la plupart portent des stries très nettes : ils ne sont pas arrondis à la façon d'un caillou de rivière; ils ressemblent plutôt à des polyèdres dont on aurait successivement abattu et usé les arêtes à coups de lime.

« Ce dépôt repose sans intermédiaire sur le gneiss et recouvre une surface de plusieurs centaines de mètres carrés. C'est évidemment le reste d'une moraine profonde indiquant un glacier d'une puissance considérable.

« L'altitude de Lempdes est de 400 mètres environ; celle de ce dépôt est comprise entre 500 et 600 mètres.

« La fertile plaine de Lempdes, qui s'étale au pied du massif gneissique, du village de Charbonnier à gauche, jusqu'à l'Allier à droite, est formée d'une immense épaisseur de limon glaciaire. Vue de la ligne circulaire des hauteurs cristallines à la base desquelles elle s'étale, elle offre à l'œil une série d'ondulations parallèles et concentriques autour du massif. Les plus éloignées sont en même temps les plus élevées, de telle sorte que cette plaine paraît s'exhausser par une série de gradins dont les derniers se perdent vers les confins du Puy-de-Dôme.

« Elle est formée d'un limon jaunâtre, mais elle est pétrie dans toute son épaisseur, jusqu'au terrain houiller qu'elle recouvre transgressivement et qui émerge au delà de ses bords, d'innombrables cailloux striés. Le plus grand nombre sont des basaltes et viennent du Cezallier, du Luguet ou des plateaux de la Haute-Loire. Les autres montrent la série des roches cristallines, mais plus fréquemment le quartz usé, poli, et qui a résisté à cause de sa dureté. Le trachyte y est d'une rareté extrême. »

De l'ensemble de ces faits, M. Julien conclut qu'un glacier colossal ensevelissait jadis toute cette région.

Dans le Cantal, M. Rames a observé des faits analogues. Il distingue un terrain erratique ancien, dispersé à la surface des plateaux entre 700 et 1,000 mètres d'altitude. L'aire de dispersion a dépassé les limites du terrain volcanique. Une nappe d'alluvions des plateaux est subordonnée à cet erratique ancien, qui date probablement de la fin du pliocène. Ensuite les vallées ont été creusées et, sur leur fond ainsi que sur leurs flancs, un nouvel appareil glaciaire s'est établi[1].

Dès 1873, M. G. Fabre avait signalé l'existence de dépôts glaciaires étendus dans la haute vallée du Bèz, sur le versant septentrional du massif des montagnes d'Aubrac, dans les départements de la Lozère et du Cantal. Dans une note présentée à l'Académie des sciences le 13 janvier 1896, il donne de nouveaux détails sur les dépôts erratiques laissés par le glacier, et il ajoute :

« La grandeur des phénomènes glaciaires dans l'Aubrac a lieu d'étonner, quand on songe que les autres massifs montagneux du Gévaudan (Margeride et mont Lozère), bien que d'altitude plus grande, sont à peu près vierges de toute trace de glaciers. Mais il convient de noter que ces massifs sont granitiques, très anciens dans l'histoire du globe, et qu'ils avaient certainement déjà acquis à l'époque tertiaire leur relief aplati et leurs formes orographiques

1. *Géogénie du Cantal*. 1870.

émoussées actuelles. L'Aubrac, au contraire, devait être alors couronné par une série de hauts cônes volcaniques de scories tout fraîchement sortis de terre, et constituant de puissants condensateurs pour la neige ; leurs pentes raides, s'élevant à 1,900 ou 2,000 mètres d'altitude, devaient largement suffire pour alimenter une épaisse nappe de glace s'écoulant vers le nord-nord-est suivant la ligne de la plus grande pente du massif. Tous ces cônes ont aujourd'hui disparu, rabotés et usés par les glaciers qu'ils avaient eux-mêmes provoqués ; on n'en trouve plus que des lambeaux ou témoins épars sous forme de placages de scories rouges en couches fortement inclinées.

« La haute antiquité de cette formation glaciaire des plateaux d'Aubrac est attestée par son antériorité au creusement définitif des vallées ; aussi convient-il de la rapporter au pliocène supérieur, comme les formations analogues du versant ouest du Cantal et du mont d'Or. »

Ainsi, autour du plateau central, comme autour des Vosges et des Alpes, comme dans le nord de l'Europe, les eaux produites par la fusion de ces glaciers ont contribué à la dispersion des matériaux qu'ils avaient amenés, les ont remaniés et ont formé des dépôts plus ou moins bien stratifiés que l'on a nommés *alluvions anciennes* et parmi lesquelles il faut distinguer les *alluvions anciennes des plateaux,* qui sont antérieures à la période du creusement des vallées, et les *alluvions anciennes des vallées.*

§ I. — *Alluvions anciennes et limons des plateaux.*

Il est probable qu'une partie des terrains d'entre Loire et Allier se rattachent à ces alluvions anciennes des plateaux. Ce sont des cailloux quartzeux et des argiles entremêlés sans ordre.

Au-dessus des argiles et sables de la Sologne, soit au sud de la Loire, soit au nord, par exemple aux environs de Châteauneuf et d'Orléans, on trouve de vastes dépôts quaternaires, composés de sables quartzeux, de galets roulés de quartz et de roches du plateau central. Sur les points les plus rapprochés du cours de la Loire, ces dépôts ont été remaniés ou recouverts par des alluvions plus récentes, alluvions des terrasses ou alluvions modernes amenées par les débordements du fleuve.

Sur les plateaux de la Beauce, on rencontre jusqu'aux environs de Paris, près de Trappes, Guyancourt, Palaiseau, Gif, Lozère, etc., des alluvions anciennes qui ont souvent jusqu'à 3 mètres d'épaisseur et qui paraissent avoir été amenées du plateau central. Elles sont composées de sables grossiers, granitiques, ordinairement enrobés dans une argile grise, blanchâtre, jaune ou rouge suivant le degré d'oxydation du fer qu'elle renferme[1]. Voici ce qu'Omalius d'Halloy disait de ces sables dans un mémoire publié en 1828 : « Je considère ces sables, qui sont composés de gros grains de quartz hyalin blancs, accompagnés de grains arrondis de ce même quartz, et qu'on revoit à Étampes et à Rambouillet au-dessus des meulières supérieures, comme l'un des derniers termes des terrains du bassin de Paris. Ils sont un terrain d'atterrissement analogue à celui des grandes vallées, provenant des grands cours d'eau qui descendaient des montagnes d'Auvergne et ayant recouvert d'un vaste amas de sable les plaines de la Sologne, ainsi que la partie méridionale du bassin de Paris qui n'est pas plus élevée que la Sologne. »

Plus au nord, sur les plateaux de la Brie, on trouve encore des matériaux granitiques : graviers, sables et argiles bariolées qui proviennent ou des montagnes de l'Auvergne ou des roches du Morvan, mais ils sont mêlés à des débris de grès de Fontainebleau, de meulières, de silex, etc. En général, ils sont très pauvres en calcaire ou n'en contiennent pas du tout.

« A l'est, sur les plateaux jurassiques de la Lorraine et à des altitudes considérables : aux environs de Nancy à 350 mètres, près de Toul à 475-491 mètres, on trouve, dit M. Bleicher[2], des cailloux atteignant quelquefois la grosseur de la tête, des sables plus ou moins colorés, d'origine vosgienne. En certains endroits, ces alluvions très anciennes forment des traînées, en d'autres des amas considérables.

---

1. Stanislas Meunier. 1876.

2. *Études de géologie comparée sur le terrain quaternaire.* Association pour l'avancement des sciences. 1880.

« Il paraît évident qu'à ces grandes hauteurs au-dessus de nos vallées actuelles, il y a eu autrefois des courants considérables venant des Vosges. C'est surtout dans les fissures du calcaire bathonien que ce diluvium des plateaux s'est conservé intact.

« On trouve aussi, en maint endroit, là où le calcaire jurassique est friable, des amas considérables de débris anguleux de la roche sous-jacente. Cette roche est appelée *Grouine* par les carriers, et il convient de lui conserver ce nom. Les amas de grouine sont des indices de destruction sur place des massifs calcaires sous l'influence d'eaux riches en acide carbonique.

« Si, d'autre part, on remarque que la plupart de nos vallées sont creusées dans des formations géologiques qui se correspondent exactement d'un côté à l'autre, qu'elles s'élargissent tous les jours sous l'influence d'éboulements, de glissements, on pourra concevoir par la pensée un état de choses tel que, là où ces vallées existent actuellement, il n'y avait qu'un pli ou une fissure dans la masse jurassique. Dès lors, il est facile de comprendre que les eaux aient circulé à de grandes hauteurs, glissant sur une pente qui les amenait directement des Vosges, et de plus il est possible de comprendre la répartition des cailloux vosgiens s'irradiant le long de la chaîne à de grandes distances et arrivant jusqu'à la région de la Meuse.

« Les alluvions quaternaires ont suivi les eaux dans leur marche descendante et on retrouve leurs étapes, sous forme de terrasses, sur le flanc des collines qui bordent les vallées des rivières.

M. A. Erens a reconnu des roches d'origine vosgienne dans le diluvium de la partie méridionale du Limbourg, en Hollande[1].

§ II. — *Limon des plateaux.*

« Toute la route de Paris jusque près de Soissons, dit Arthur Young dans ses *Voyages en France,* et de là à Cambrai, traverse, sauf quelques collines peu étendues et de qualité inférieure, un loam sableux d'une admirable composition et d'une profondeur considérable. Le terrain des environs de Meaux doit être mis parmi les plus

1. *Bulletin de la Société belge de géologie.* 1891.

beaux du monde. La partie qui traverse la Picardie est inférieure, quoique excellente. Mais toute la terre labourable de Normandie comprise dans ces limites est jusqu'à une grande profondeur du même loam sableux et friable ; celle de Bernay à Elbeuf a peu de supérieures, c'est un loam brun rouge, sans une pierre, profond de 4 à 5 pieds et reposant sur la craie. Le fameux *pays de Beauce*, que j'ai traversé entre Arpajon et Orléans, ressemble aux vallées de Meaux et de Senlis, sans offrir toutefois autant de profondeur que le premier. »

Suivant Belgrand, nous avons dans le bassin de la Seine 43,630 kilomètres carrés, soit 4,363,000 hectares de cet admirable limon et, si l'on y ajoutait les départements du Nord et du Pas-de-Calais qu'il n'a pas comptés, on arriverait à un total de plus de 5 millions d'hectares.

Le limon des plateaux est un dépôt d'eau douce qui ne présente aucune trace sensible de stratification ; il se compose de sable très fin et d'argile avec plus ou moins de fer et, en général, très peu de calcaire. Son épaisseur atteint quelquefois 12, même 15 mètres. Quand elle est de plus de 2 à 3 mètres, on peut y distinguer 2 parties : la partie supérieure, de couleur plus jaune, plus argileuse, plus pauvre en calcaire que la partie inférieure est le limon proprement dit ou *terre à briques;* la partie inférieure, séparée de la précédente par une ligne horizontale ou parallèle aux ondulations de la surface, est grise et plus grossière, plus sableuse, moins pauvre en calcaire que la première ; elle est appelée *ergeron* par les cultivateurs de la Flandre.

M. van den Brœck a montré que la *terre à briques* est de l'ergeron oxydé par l'air et décalcifié par le passage des eaux de pluie chargées d'acide carbonique. Le carbonate de chaux dissous près de la surface par ces eaux a été se déposer dans le sous-sol, soit à l'état pulvérulent, soit sous forme de concrétions plus ou moins volumineuses ; souvent aussi il a formé autour des racines des plantes qui y avaient végété des canaux cylindroïdes comme ceux que M. Daubrée a signalés depuis longtemps dans le lœss d'Alsace, et une partie des concrétions que l'on trouve dans les limons ne sont que des fragments de ces canaux cylindroïdes.

Du reste, la base des dépôts de limons est toujours plus ou moins modifiée par les terrains plus anciens sur lesquels ils reposent.

Lorsque l'épaisseur des limons ne dépasse pas 3 à 4 mètres, leur masse tout entière est souvent décalcifiée et transformée en terre à briques[1].

Les seuls fossiles qu'on y trouve sont des coquilles de mollusques terrestres ou d'eau douce : *Hélix, Succinées,* etc.

M. Hitier, chef des travaux agricoles à l'Institut agronomique, nous donne les détails suivants sur un limon recueilli dans le département de la Somme. Ce limon de 3 à 4 mètres d'épaisseur en tranchée sert pour la confection des briques. La partie supérieure prise sur un mètre environ d'épaisseur est de couleur brun foncé.

Cette terre, type des sols de limons des plateaux en Picardie, est dite *terre franche* par les cultivateurs. Ce sont de beaucoup leurs meilleures terres ; elles se cultivent par tous les temps et avec deux chevaux pour les labours ; terres où les instruments ne *fatiguent* pas, suivant l'expression des cultivateurs (par comparaison avec les argiles à silex qui usent charrues, extirpateurs, etc.). Ce sont les terres qui se paient le prix le plus élevé.

Cette terre une fois sèche se prend en petites mottes assez dures et on ne peut avoir la partie fine qu'en la délayant dans l'eau, mais dans l'eau elle se délite aussitôt, ne devenant pas collante comme une argile.

Un kilogramme de ce limon renfermait 5^{gr},240 de gros sable, c'est-à-dire ne passant pas au tamis de dix fils par centimètre. Le gros sable se composait de :

3^{gr},170 de débris de silex, la plupart en très petits éclats à angles très aigus (pas trace de grains de quartz roulés) ; 1^{gr},870 de grains

1. Quand le limon quaternaire n'a qu'une faible épaisseur, il est fort difficile de le distinguer des limons qui se forment sur place par la décomposition des roches ou couches de graviers sous-jacentes. Cette décomposition est la conséquence des gelées de l'hiver, etc., et le limon ainsi formé se décalcifie et s'oxyde comme le limon quaternaire par suite du passage des eaux de pluie chargées d'acide carbonique et d'oxygène ; mais ces transformations s'arrêtent à une certaine profondeur et n'atteignent jamais des épaisseurs aussi considérables que les limons transportés sur certains points par les eaux de fusion des glaciers.

Géologie Agricole. IV.

Berger-Levrault et Cie, Editeurs.

LIMON DES PLATEAUX DES ENVIRONS DE REVELLES (SOMME).

D'après une photographie de M. Hitier.

ferrugineux couleur de rouille, la plupart gros comme une tête d'épingle ; $0^{gr},140$ de concrétions calcaires, concrétions filiformes qui ont dû se former autour des racines des plantes qui ont végété dans le limon ; $0^{gr},060$ de petits grains arrondis blanc mat, ressemblant à des grains de millet, calcaires faisant effervescence avec les acides ; enfin, débris organiques : radicelles, graines, chaumes.

Le sous-sol du limon précédent, pris à 2 mètres de profondeur, a une couleur plus claire, brun-jaune pâle ; c'est une terre très douce au toucher, s'écrasant très facilement entre les doigts, et passant alors presque entière au tamis de 1 millimètre.

Le gros sable est très peu abondant. Il n'y en a que $0^{gr},740$ dans un kilogramme, dont $0^{gr},160$ d'éclats de silex à angles très aigus ; puis $0^{gr},420$ de débris de matières organiques avec traces de concrétions calcaires couleur du limon, ou organiques, alors de coloration noirâtre charbonneuse, et enfin $0^{gr},160$ de petits grains couleur rouille.

A la ferme de Champagne (*département de Seine-et-Oise*), si bien cultivée par M. Petit, le limon repose sur les sables de Fontainebleau. M. Hitier en a étudié trois échantillons pris à diverses profondeurs :

1° *Limon pris à une profondeur de 0 mètre à $0^{m},25$.* — Limon de couleur brun foncé : se prenant en petites mottes, très dures, il faut le délayer dans l'eau pour séparer le gros sable des parties fines. Ce limon contenait par kilogramme 25 grammes, dont 24 grammes formés de grains de quartz arrondis de petit diamètre en très grand nombre, grains de quartz blanc ou très légèrement rosé; puis 1 gramme de petits grains de fer couleur rouille ; enfin 2 ou 3 petites concrétions calcaires.

2° *Le limon pris de $0^{m},50$ à $0^{m},60$* était de couleur rouge foncée, se prenant en petites mottes très dures ne passant pas au tamis ; il faut délayer ce limon dans l'eau pour en séparer parties fines et gros sable.

Le gros sable, $5^{gr},660$, se composait de :

1° $5^{gr},400$ de petits grains de quartz blanc rosé et de quelques débris de meulières;

2° $0^{gr},240$ de petits grains arrondis couleur rouille;

3° $0^{gr},020$ grains de calcaire blanc mat et quelques petites concrétions calcaires couleur du limon.

3° *Le limon pris de $0^{m},90$ à 1 mètre* est de même coloration très foncée, se prenant aussi en mottes ou grains très durs; il est nécessaire de le délayer dans l'eau pour séparer gros sable et parties fines, et, même sous l'eau, la désagrégation de ce limon se fait très lentement.

Le poids du gros sable était de $2^{gr},030$; il était formé de :

1° $1^{gr},770$ de grains très petits de quartz blanc, blanc sale ou rosé;

2° $0^{gr},260$ de petits grains de fer couleur rouille, sorte de débris de grès ferrugineux;

3° Enfin 3 ou 4 très petits débris de meulières.

M. Garola, professeur d'agriculture du département d'Eure-et-Loir, a fait pour le *limon de la Beauce* des analyses mécaniques dont les résultats sont fort intéressants.

Suivant une méthode analogue à celle que M. Milton Withney avait employée pour les terres du Maryland, en Amérique, il sépare, sous le nom de *graviers*, tous les éléments du sol retenus par un tamis de dix fils par centimètre. Puis, avec l'appareil à tamis de Wolf, il sépare le sable qui est réparti en 4 lots caractérisés par la dimension des grains :

		Diamètre des grains.		
		Maximum.	Minimum.	Moyen.
		millimètres.	millimètres.	millimètres.
Sable	grossier	1	0,5	0,75
	moyen	0,5	0,25	0,375
	fin	0,25	0,1	0,175
	très fin	0,1	0,05	0,075

Tout ce que ne retiennent pas les tamis de Wolf constitue le limon qui est partagé en 3 lots caractérisés par leur diamètre[1] :

		DIAMÈTRE DES GRAINS.		
		Maximum.	Minimum.	Moyen.
		millimètres.	millimètres.	millimètres.
Limons.	Limon	0,050	0,025	0,0375
	Limon fin	0,025	0,005	0,0150
	Argile	0,005	0,0001	0,00255

Enfin, le calcaire qui a traversé les tamis avec le limon est dosé séparément.

Sols de limon de Beauce.

	CLOCHES.	LE PUISET[3].	BESSAY.	COTRAINVILLE.	MIGNIÈRES.	ROZELLES.
Gravier	4.00	18.00[1]	1.00	0.90	1.93	2.20
Sable grossier	0.52	1.83[1]	0.45	0.31	0.17	0.87
Sable moyen	1.92	2.63[1]	0.83	0.80	0.61	2.23
Sable fin	6.06	2.40	0.77	0.67	0.81	2.93
Sable très fin	2.07	1.60	0.87	0.72	0.83	1.12
Limon	50.64	32.90	68.84	59.40	66.72	63.10
Limon fin	5.67	3.85	4.72	5.59	5.65	4.48
Argile	20.15	24.40	25.80	27.37	20.00	20.84
Calcaire limoneux	0.60	12.33	0.70	0.85	0.40	1.05
TOTAL	97.63	97.94	98.98	97.61	97.12	98.82
Eau et pertes	2.37[2]	2.06	1.02	2.39	2.88	1.18
Nombre approximatif de grains par gramme en milliards	8,7	9,75	11,2	11,9	8,7	9,0
Surface des grains de 1 gramme de terre en centimètres carrés	2,154	2,255	2,800	2,921	2,315	2,355
Poids du litre de terre fine sèche en grammes	950	1,100	1,010	»	990	990

1. Calcaire.
2. Eau 1.73.
3. Cette terre est un mélange de limon et de calcaire lacustre, mélange qu'on trouve souvent dans les localités où le limon quaternaire est peu épais, en sorte que la charrue mélange avec lui le calcaire du sous-sol.

1. Le liquide limoneux est traité comme dans le procédé de M. Schlœsing pour mettre l'argile en émulsion avant la séparation.

On trouve dans ces terrains 20 à 27 p. 100 d'argile et en moyenne 22.7. Ils contiennent de 8.7 à 11.9 milliards de grains par gramme et la surface de ces grains est de 2,154 à 2,921 centimètres carrés. Ce sont à peu près les mêmes chiffres que ceux que M. Milton Whitney avait trouvés pour les bonnes terres à blé du Maryland. D'après cet auteur, il faut, pour les sols à prairies, au moins 30 p. 100 d'argile et environ 12 milliards de grains par gramme.

M. Garola a déterminé sur place, à Mignières, le poids de terre sèche contenu dans un litre de limon sur un champ sortant de céréales. Il a trouvé 1,041 grammes jusqu'à une profondeur de 12 centimètres. Le même limon, entre 12 et 20 centimètres, donnait 1,363 grammes. Par contre, dans un limon qui portait des pommes de terre et qui était très meuble par suite des binages qu'on lui avait donnés, le litre ne pesait que 900 grammes. On peut donc admettre que le poids moyen du limon rassis de 20 centimètres est de 1,170 grammes par litre. Il résulte de là que l'espace vide existant entre les particules du sol est de 50 à 60 p. 100 du volume de la terre sur une profondeur de 20 centimètres et, par conséquent, la quantité maxima d'eau retenue par 100 grammes de terre sèche varie de 45 à 38 p. 100[1].

Sur les pentes, il y a du limon qui y est amené chaque jour par le lavage et le ruissellement des eaux pluviales. C'est un mélange de tous les éléments qui constituent les coteaux.

M. Ladrière a cherché à établir qu'il y a eu dans la formation de ces dépôts limoneux trois périodes distinctes auxquelles correspondent trois assises à caractères pétrographiques tout particuliers : assise supérieure assise moyenne et assise inférieure.

Dans le canton de Bavay (*département du Nord*), dont M. Ladrière a fait une étude aussi intéressante au point de vue agricole qu'au point de vue géologique, ces assises sont ainsi composées :

Assise supérieure .	Limon supérieur, brun rougeâtre (*terre à briques*); Limon fin, jaune d'ocre (*ergeron*) contenant parfois des succinées; Gravier supérieur; ordinairement c'est un simple lit de très petits éclats de silex, avec galets tertiaires et quelquefois instruments moustériens.

1. Garola, *Les Céréales*.

Assise moyenne. .	Limon gris cendré ou blanchâtre, avec manganèse ou avec succinées et débris végétaux ; Limon fendillé, nettement divisé en petits fragments schistoïdes, coloré par de l'ocre brun rougeâtre ; Limon doux, jaunâtre, avec points noirs charbonneux ; Limon panaché, argileux, grisâtre, avec veines jaunes ; très sableux à la base, contenant souvent de nombreuses concrétions ferrugineuses filiformes ; Gravier moyen, formé de galets tertiaires, de silex éclatés et usés et d'autres assez volumineux, peu roulés. On y voit, à l'état remanié, des débris d'*Elephas primigenius*, d'*Hyæna spelæa*, etc.
	Limon noirâtre, tourbeux, ou tourbe, avec succinées ;
Assise inférieure. .	Glaise gris verdâtre ou bleue, argileuse ou sablo-argileuse, contenant quelques rares concrétions ferrugineuses, des débris végétaux, quelques rares éclats de silex et parfois des succinées ; Sable grossier, argileux, verdâtre, renfermant quelques éclats de silex ; Diluvium ou gravier inférieur, formé de sable grossier avec blocs assez volumineux de roches provenant des bassins hydrographiques des cours d'eau et des galets de même nature.

Ces assises, plus ou moins sableuses ou argileuses, viennent affleurer successivement et constituent les différents sols que M. Ladrière décrit ainsi :

1° *Sol formé par le limon supérieur. Terres fortes.*

Dans toutes les communes du canton de Bavay, sur les hauteurs qui séparent les différents cours d'eau et vallonnements de terrain, le sol, c'est-à-dire la première couche minérale que l'on rencontre en creusant une excavation, est un limon argilo-sableux remarquable par sa composition homogène. il est plastique et pourtant assez perméable. On l'appelle vulgairement *terre à briques ;* M. Ladrière l'appelle *limon supérieur,* quelquefois *limon des plateaux,* quoiqu'il s'avance parfois assez loin dans les vallées. Le sable y prédomine ;

il est d'une finesse extrême. La couleur jaunâtre de ce limon est due à du peroxyde de fer ; le dépôt est, pour ainsi dire, rouillé. Il ne contient presque pas de calcaire, parce que ce calcaire, ainsi qu'une partie des sels de fer, a été dissous par les eaux de pluie chargées d'acide carbonique. On les retrouve presque toujours, l'un et l'autre, dans la couche sous-jacente, à l'état de concrétions. On constate facilement l'action des eaux sur le limon supérieur, car elles y ont percé une multitude de trous formant une sorte de réseau capillaire.

A côté de ces perforations naturelles, il y en a d'artificielles, creusées par les lombricides; chose remarquable, ces animaux ne s'enfoncent presque jamais dans le sous-sol, sans doute parce qu'ils n'y trouvent pas l'humidité et l'air qui leur sont nécessaires. Les parois de leurs galeries sont tapissées d'un enduit brunâtre, attestant qu'elles servent de passage non seulement aux eaux, mais aux engrais. En outre, beaucoup de racines profitent de ces conduits pour s'enfoncer à des profondeurs considérables ; on peut y suivre des racines de blé et de seigle jusqu'à 2 mètres.

Supporté par une couche perméable, telle que l'*ergeron*, le limon supérieur constitue le meilleur des sols, ce que l'on appelle *terre forte* ou *rougeon*. C'est lui qui fait surtout la richesse agricole de cette région.

Le limon supérieur forme également un très bon sol, lorsqu'il repose sur les conglomérats à silex ou même sur le sable d'Ostricourt (sables landéniens), mais, dans ce dernier cas, il faut pourtant que la couche de limon soit assez épaisse.

Dans ces conditions, le limon est facile à labourer, tout en conservant toujours une certaine humidité. Les betteraves y deviennent très longues et rarement fourchues. Le blé y fournit un grain lourd et abondant, quoique relativement peu de paille. Les prairies naturelles y donnent des fourrages, sinon très abondants, du moins d'excellente qualité. Les arbres s'y plaisent.

Mais, lorsque le limon a pour sous-sol une glaise quelconque, il forme une terre froide et humide et, dans ce cas, il est nécessaire de le drainer.

Il faut aussi le chauler ; pour cela, on trouve dans toutes les communes la *marlette* ou marne à *Terebratula gracilis* qui se délite peu à peu et fournit, outre la chaux, un peu d'acide phosphorique.

On employait autrefois ce limon à faire du pisé, en le mélangeant avec de la paille hachée. Aujourd'hui, on en fait des briques qui servent à construire les maisons.

2° *Sol formé par le limon sableux à concrétions calcaires ou par le limon sableux à taches noires. Terres blanches.*

Sous l'action des eaux pluviales et d'autres agents physiques, le limon supérieur se laisse facilement entraîner. C'est pourquoi, fort souvent, lorsqu'on descend d'une hauteur en suivant la pente du terrain, on s'aperçoit que la nature du sol change. Le limon supérieur diminue peu à peu et disparaît bientôt complètement. On voit apparaître un limon plus sableux, de couleur gris blanchâtre et contenant des concrétions calcaires : ce sont les *terres blanches.*

Lorsque ces terres blanches reposent sur un sous-sol imperméable, comme le limon panaché ou la glaise, elles sont humides ; il faut les drainer et les chauler. Si leur sous-sol est perméable, par exemple du sable, elles s'égouttent assez facilement.

Le sous-sol qui leur convient le mieux et que l'on trouve assez souvent dans le canton de Bavay, ce sont les *marlettes* ou marnes à *Terebratula gracilis* qui peuvent servir à les amender.

Les mauvaises herbes et les insectes y foisonnent.

Les betteraves y deviennent fourchues. Le blé y donne beaucoup de paille, mais peu de grains. Elles conviennent aux pommes de terre, aux fèves, au seigle, au trèfle.

Les terres blanches sont à jour sur d'assez grandes surfaces.

3° *Sol formé par le limon fendillé. Terres fortes. Seconds rougeons.*

Le limon fendillé est pour ainsi dire le limon supérieur de l'assise moyenne du quaternaire.

Il est plus répandu que lui et forme aussi des terres excellentes, surtout lorsqu'elles ont un sous-sol perméable.

4° *Sol formé par le limon panaché. Terres ferrugineuses.*

Plus bas, vers le point où prennent naissance les ruisseaux (niveau d'eau en suintements irréguliers), on rencontre une nouvelle sorte de terrain formé par le limon panaché, limon très sableux, très fin, compact, riche en fer à l'état de *limonite,* rempli de veinules irrégulières ou de concrétions filiformes disposées verticalement.

Ces concrétions sont formées par une série de couches concentriques de couleurs différentes. On les appelle *yeux de crapauds* ou *clous rouillés.*

5° *Sols formés par la glaise.*

La glaise, composée de sable très fin et argileux, compact, forme des terres froides, humides et souvent marécageuses.

Quand elles reposent sur la craie (et non sur la marlette) ou sur le conglomérat à silex, on peut les drainer au moyen de puits verticaux.

6° Enfin, le *limon de lavage* forme sur toutes les pentes des dépôts de composition et d'épaisseur variables (de $0^m,20$ à $1^m,50$). On les appelle aussi *terres blanches.*

D'après M. Ladrière, l'assise supérieure des limons atteint presque toujours son plus grand développement sur le bord des vallées et aux confluents ; mais les assises moyennes ou inférieures sont réduites ou absentes. Sur les hauteurs, au contraire, c'est l'assise inférieure qui est la plus développée, puis l'assise moyenne ; l'assise supérieure est faiblement développée ; sans doute, le ruissellement ou les vents l'ont enlevée et fait descendre dans les vallées.

M. Ladrière a bien voulu nous montrer lui-même les caractères de ces trois assises de limons dans quelques carrières situées entre la porte d'Italie et Villejuif, près de Paris.

Les échantillons que nous avons recueillis avec lui ont été examinés par M. Hitier qui y a trouvé :

Sable ou gravier inférieur. — Le sable très pulvérulent, de couleur blanc grisâtre, passe presque tout entier au tamis de 1 millimètre sans même qu'on ait besoin de le délayer dans l'eau. Il est composé presque uniquement de débris de quartz et de calcaire. Il ne renfermait que 0gr,320 de gros sable dans 1 kilogr. soumis à l'analyse. Sur ces 0gr,320, 0gr,190 étaient composés de débris de coquilles et aussi de quelques débris organiques, feuilles, etc., 0gr,130 de grains très fins de quartz blanc ayant 1 millimètre de diamètre; enfin, on y observait 3 ou 4 petits grains blanc mat arrondis de carbonate de chaux.

Glaise. — Cette glaise, de couleur grisâtre sale avec bandes couleur rouille, est en blocs plus ou moins gros; il faut la délayer dans l'eau pour recueillir les parties fines.

Le gros sable (16gr,060 sur 1 kilogr. analysé) était formé pour la plus grande partie, 15gr,530, par une sorte de marne ou glaise dure de couleur blanc jaunâtre; il y avait encore 0gr,530 de petits grains de quartz blanc roulé, 1 ou 2 éclats de silex, avec 2 ou 3 grains couleur rouille ferrugineux et, enfin, quelques débris de coquilles.

Limon panaché. — Le limon dit panaché se présente sous forme de marne, de glaise, avec grandes bandes ferrugineuses, se délitant en petits prismes; il faut le délayer dans l'eau pour séparer les parties fines du gros sable. Ce gros sable (7gr,010 sur 1 kilogr.) est formé en majeure partie (5gr,092) d'une sorte de débris de grès ferrugineux couleur rouille en morceaux de dimensions variables, grains de 1 à 2 millimètres.

On trouve encore dans ce gros sable :

1gr,918 de grains de quartz blanc roulés de 3 ou 4 millimètres au plus de diamètre;

1 ou 2 éclats de silex;

Quelques petits débris de meulières;

Des concrétions calcaires en très petites quantités (filiformes);

Et, enfin, quelques débris de coquilles.

Limon à points noirs (limon pris dans une carrière de Villejuif; carrière dite de la veuve Soutin). — Ce limon, de couleur jaunâtre, présente l'aspect d'une bonne terre végétale; il s'effrite facilement entre les doigts et se pulvérise à la main pour séparer le gros sable des parties fines.

1 kilogr. pris comme échantillon renfermait 4gr,544 de gros sable.

Le lot le plus important de ce gros sable (3gr,730) était formé de débris calcaires se présentant sous la forme de concrétions couleur de limon, concrétions ramifiées ayant toujours à l'intérieur de petits trous (probablement ces concrétions se sont formées autour des racines), et, à cause de ce trou d'aiguille, nous les désignons sous le nom de concrétions filiformes.

Ces petites concrétions, rappelant des débris de polypiers, se dissolvent complètement dans les acides, ne laissant qu'un très faible résidu siliceux.

Ces mêmes concrétions forment un second lot du gros sable : 0gr,430 ; mais ces concrétions ayant absolument la même forme ne sont plus calcaires ; elles sont de couleur noirâtre, rouille et elles ne se dissolvent point dans l'acide étendu à froid. Ce sont des dépôts ferrugineux cimentés par une matière organique et qui paraissent s'être formés également autour des radicelles.

Enfin, 0gr,352 sont formés de très petits grains de quartz blanc ou légèrement rosés, dont quelques-uns très arrondis, de 3 à 4 millimètres au plus de diamètre ;

Et 0gr,032 de petits cailloux débris de meulières.

Limon fendillé. — Ce limon, de couleur jaunâtre, se pulvérise facilement. Le gros sable y est relativement abondant dans l'échantillon que nous avons rapporté : 81gr,340 sur 1 kilogr.

Le lot le plus important de ce gros sable (73gr,440) est formé d'une sorte de gravier très fin : grains de quartz blanc de la grosseur d'une tête d'épingle ; quelques-uns plus gros, en général à contours arrondis très nets ; on y observe aussi des éclats de silex. Tout ce gros sable siliceux est de couleur claire : blanc, rose ; quelques grains légèrement bleu vert.

Il y a, de plus, 2gr,095 de débris de grès ferrugineux, de petits grains noir rouille, et enfin de petites concrétions noirâtres, comme carbonisées.

Et, enfin, 5gr,810 de concrétions calcaires couleur du limon, rappelant celles que nous avons décrites dans le limon à points noirs, concrétions filiformes.

Limon noir. (Couche 7 de l'assise moyenne; échantillon pris à Villejuif, rue de Mons.) — Ce limon, couleur brun foncé, se pulvérise facilement à la main; l'échantillon de 1 kilogr. renfermait 22gr,895 de gros sable.

La majeure partie de ce gros sable (18gr,870, soit 82 p. 100) se compose de concrétions (*filiformes*) couleur du limon, concrétions calcaires; ces concrétions sont entièrement analogues à celles que nous avons décrites dans le limon à points noirs et le limon fendillé.

Comme gros sable également calcaire, il y a de petits grains blancs ressemblant à des grains de millet, de couleur blanc opaque, non plus transparents comme des grains de quartz; ces grains sont: les uns sphéroïdes, les autres ovales, très légers: 101 de ces grains pesaient 0gr,225; ils se dissolvent entièrement dans les acides avec effervescence.

Il y a, de plus, 1gr,635 de grains de quartz débris de meulières et 1gr,940 de grains arrondis couleur noirâtre rouille foncée, la plupart de la grosseur d'une tête d'épingle, quelques-uns plus gros, sorte de débris de grès ferrugineux.

Ergeron. — Il est de couleur jaune brun clair, se pulvérisant très facilement et donnant alors un lot de parties fines ressemblant assez au lœss d'Alsace.

1 kilogr. renfermait 6gr,305 de gros sable, gros sable de petites dimensions, du reste, formé presque exclusivement comme poids de:

1° Concrétions calcaires filiformes analogues à celles décrites précédemment dans les limons fendillés et à points noirs, noirâtres: 5gr,350;

2° Quelques grains ferrugineux, débris de grès ayant absolument, à la loupe, l'aspect de grès ferrugineux : 0gr,025;

3° Des grains blanc opaque ressemblant à des grains de millet à surface un peu rugueuse, analogues à ceux décrits dans le limon noirâtre : 0gr,080;

4° Des petits éclats de silex à arêtes vives : 0gr,875;

5° De quelques débris de coquilles.

Limon supérieur. — C'est une terre couleur brun foncé, en mottes assez dures; il faut, pour avoir la partie fine, la délayer dans de l'eau.

Le gros sable est relativement très peu abondant : 3gr,200 dans 1 kilogr.

Ces 3gr,200 se répartissent de la façon suivante :

1° 1gr,900 de débris de meulières et de graviers;

2° 0gr,250 de grains de grès ferrugineux couleur rouille;

3° 0gr,850 de grains de quartz blanc sale, couleur pâle, roulé;

4° Et, enfin, de petits débris blanchâtres ressemblant à une agglomération de petits cristaux, solubles dans les acides, mais sans effervescence; ce sont de petits débris de gypse (dosage effectué qualitativement), dont, du reste, la présence dans ce limon, pris à une faible profondeur, est sans doute accidentelle.

Voici, en résumé, la composition minéralogique des échantillons que nous avons pris, avec M. Ladrière, près de Villejuif. Ils contenaient pour 1,000 :

	CARBONATE de chaux dans la partie fine.	GROS SABLE ou parties ne passant pas au tamis de 10 fils par centimètre.	QUARTZ ou débris de roches siliceuses.	GRAINS de fer couleur de rouille.	CONCRÉTIONS calcaires filiformes.	GRAINS blancs de matière calcaire.
Limon supérieur. . . .	14.55	3.200 =	1.900 +	0.250 +	»	»
Ergeron.	198.80	6.305 =	0.875 +	0.025 +	5.350 +	0.080
Limon noir	36.00	22.895 =	1.635 +	1.940 +	18.870 +	0.225
Limon fendillé.	13.30	81.340 =	73.440 +	2.095 +	5.800	»
Limon à points noirs . .	10.45	4.544 =	0.384 +	traces. +	3.730	»
Limon panaché.	60.00	7.010 =	1.918 +	5.092 +	traces.	»
Glaise.	623.50	16.060 =	0.530 +	traces.	»	»
Sable inférieur.	101.30	0.320 =	0.130 +	»	»	traces.

Ces limons sont composés de 20 à 25 p. 100 d'argile et de 80 à 85 p. 100 de sable très fin ; ils ne contiennent que très peu de gros sable ou du moins des particules trop grosses pour traverser un tamis de 10 fils par centimètre. Mais l'examen minéralogique de ces particules peut nous éclairer sur leur origine. Elles se composent de grains de quartz la plupart roulés et de concrétions calcaires ou ferrugineuses. Ces concrétions paraissent être la plupart des débris des canaux cylindroïdes formés autour de racines, comme M. Daubrée l'a constaté il y a longtemps dans le lœss d'Alsace. Par conséquent, les diverses assises signalées par M. Ladrière ont dû être toutes, sauf la glaise, couvertes de végétation. Les matières noires qu'ils contiennent sont des restes de cette végétation. Il semble que cette végétation a eu des phases successives variables avec l'état physique des assises dans lesquels elle s'établissait et qu'elle a été ensuite ensevelie sous de nouveaux dépôts amenés, soit par les eaux, soit par les vents, dépôts dans lesquels elle a laissé, comme trace de son existence, ces amas de matières organiques et ces concrétions calcaires ou ferrugineuses. Il semble même que ces assises proviennent du remaniement d'un dépôt primitif qui avait sans doute un caractère plus uniforme et qui s'étendait sur les plateaux les plus élevés, tandis que c'est principalement sur leurs pentes et dans les vallées que M. Ladrière a pu retrouver leurs trois termes superposés.

Nous avons donné dans le tome II les résultats d'un certain nombre d'analyses de limons des départements de Seine-et-Oise, Seine-et-Marne, etc. En voici d'autres.

TABLEAUX.

DÉPARTEMENT DE SEINE-ET-MARNE.

Analyses de M. Joulie (p. 1,000).

COMMUNES.	NATURE de la terre.	AZOTE.	CHAUX.	MAGNÉSIE.	POTASSE.	ACIDE phosphorique.
Chaumes. . . .	Terre *a*. Entre 0m,00 et 0m,20.	0.60	8.44	1.41	1.47	0.41
—	— — 0 ,20 0 ,40.	0.30	4.10	2.01	1.43	0.35
—	— — 0 ,40 0 ,60.	0.30	4.34	3.69	2.68	traces.
—	— *b*. — 0 ,00 0 ,20.	0.45	7.97	0.67	1.49	0.06
—	— — 0 ,20 0 ,40.	0.15	0.96	2.01	1.26	0.06
—	— — 0 ,40 0 ,60.	traces.	1.58	2.95	2.31	traces.
Mainpincien . .	Terre à blé *a*.	1.20	4.89	2.17	1.65	0.71
— . .	— *b*.	1.25	3.75	2.27	2.27	0.74
— . .	— *c*.	1.09	3.60	2.22	2.10	1.00
— . .	— *d*.	1.36	4.09	2.61	1.96	0.86
— . .	— *e*.	1.01	5.00	2.22	1.56	0.86
— . .	— *f*.	1.22	10.46	2.97	2.12	0.71
Emerainville. .	Sol *a*.	1.02	5.76	2.87	2.57	0.40
— . .	Sous-sol *a*.	0.73	13.01	4.90	3.84	traces.
— . .	Sol *b*.	0.91	5.99	3.24	2.91	0.47
— . .	Sous-sol *b*.	0.76	10.82	4.26	3.68	0.49
Montolivet. . .	Terre de labour.	0.97	8.64	2.31	2.02	0.42
— . . .	—	0.97	14.32	2.49	2.41	0.31
— . . .	—	0.90	4.77	2.78	2.00	0.42
Touquin. . . .	Sol.	0.86	5.07	1.19	1.15	0.09
—	Sous-sol.	0.72	4.39	2.79	2.41	0.08

DÉPARTEMENT DE LA SEINE-INFÉRIEURE.

Analyses de M. Aubin.

LOCALITÉS.	ANALYSE PHYSIQUE P. 100.						
	Terre fine.	Eau.	Sable siliceux.	Argile.	Calcaire.	Matières organiques.	Acide humique.
Filières, par Saint-Romain. 1.	97.05	1.55	81.95	10.35	0.50	1.57	1.13
— — 2.	97.29	1.02	84.25	9.52	0.47	1.03	1.00
Criquetot-Lesneval. 1. . . .	99.25	0.32	87	10.14	0.50	1.24	0.30
— 2. . . .	99.5	0.81	86.75	10.49	0.52	0.75	0.18
— 3. . . .	99.5	0.45	86.98	10.63	0.48	0.65	0.29
— 4. . . .	99.5	0.92	86.26	10.93	0.46	0.77	0.16

Localités.	Analyse chimique de la terre fine p. 100.						
	Azote.	Acide phosphorique.	Potasse.	Chaux.	Magnésie.	Fer.	Acide sulfurique.
Filières	0.15	0.166	0.131	0.28	0.115	?	?
—	0.156	0.133	0.144	0.266	0.055	?	?
Criquetot-Lesneval	0.140	0.152	0.170	0.28	0.19	1.41	0.40
—	0.127	0.146	0.166	0.29	0.20	1.42	traces.
—	0.140	0.138	0.153	0.27	0.18	1.53	—
—	0.086	0.125	0.143	0.25	0.24	1.27	—

	Analyses de M. Houzeau, p. 100 de la terre fine.			
	Azote.	Acide phosphorique.	Potasse.	Carbonate de chaux.
Foucart	0.14	0.14	0.08	1 00
Envermeu	0.13	0.08	0.13	1.00
Tourville-sur-Fécamp	0.15	0.11	0.09	0.69

DÉPARTEMENT DE L'AISNE.

(Analyses de M. Jean Risler en 1884.)

Les échantillons de limon analysés proviennent de la célèbre ferme de Moufflaye, cultivée par Mme veuve Vallerand. Voici la culture à laquelle il avait été soumis :

En 1879, *betteraves* fumées à 50,000 kilogr. de fumier par hectare et 400 kilogr. d'un engrais chimique contenant 4 à 5 p. 100 d'azote, 4 à 5 p. 100 de potasse et 10 à 11 p. 100 d'acide phosphorique.

En 1880, *blé,* sans nouvel engrais.

En 1881, *trèfle,* avec 15,000 kilogr. à l'hectare de plâtre cru.

En 1882, *blé,* sans autre engrais que la seconde coupe du trèfle enfoui en vert.

En 1883, *betteraves,* après labour à 30 centimètres et même engrais qu'en 1879.

En 1884, *blé de printemps.*

Analyse physique (Méthode de M. Schlœsing).

	SOL.	SOUS-SOL à $0^m,40$.	TERRE BLANCHE.
	p. 100.	p. 100.	p. 100.
Gros sable	39.4	27.55	37.1
Sable fin	51.0	59.77	59.6
Argile	8.0	11.62	1.9
Débris organiques.	0.626	0.415	0.47
Totaux	99.026	99.355	99.07

Analyse chimique de la terre fine.

	SOL.	SOUS-SOL.	TERRE BLANCHE.
	p. 1,000.	p. 1,000.	p. 1,000.
Potasse.	3.60	4.52	2.08
Acide phosphorique	0.765	0.463	0.535
Chaux	12.30	5.66	2.40
Magnésie	0.74	0.39	0.10
Fer.	19.40	22.50	14.20
Azote total	1.28	1.22	0.926

Le 3e échantillon, qualifié de *terre blanche* dans le pays, provient d'un champ enclavé dans les terres de Mme Vallerand. Elle n'a été ni labourée aussi profond, ni aussi bien fumée que celle de Mme Vallerand. Elle se bat par les pluies.

Terres de limon de la commune de Leuilly, analysées par M. Gaillot.

	TERRE de la Grande-Pièce.		TERRE de la Glane.	
	Sol.	Sous-sol.	Sol.	Sous-sol.
Analyse physique p. 100.				
Cailloux calcaires	0.1	0.1	0.1	0.0
Cailloux siliceux	0.0	0.0	0.1	0.1
Graviers calcaires	0.0	0.1	0.0	0.0
Graviers siliceux	0.1	0.2	0.1	0.0
Terre fine	99.8	99.6	99.7	99.9
Analyse chimique de la terre fine p. 1,000.				
Azote	0.8	0.6	0.9	0.6
Carbonate de chaux	5.2	6.4	3.7	4.8
Magnésie	0.05	0.03	0.03	0.1
Alumine et oxyde de fer	73.00	97.50	40.00	61.5
Acide phosphorique	0.6	0.6	0.50	0.5
Potasse	2.6	3.6	2.30	2.4
Matières organiques et eau combinées	49.0	49.0	35.80	22.0
Silice et matières insolubles dans les acides	869.0	842.9	917.0	908.7

Département de l'Oise.

Analyses de M. Joulie (p. 1,000).

COMMUNES.	NATURE de la terre.	AZOTE.	CHAUX.	MAGNÉSIE.	POTASSE.	ACIDE phosphorique.
Ravenel, par Saint-Just.	1.	0.82	6.37	1.88	1.46	0.76
— —	2.	0.71	9.82	3.35	1.71	0.95
— —	3.	0.71	8.33	3.15	1.70	0.62
— —	4.	0.71	8.33	3.15	1.36	0.93
Rouvillers	1.	0.94	11.74	2.64	2.42	0.65
—	2.	1.07	11.24	2.27	2.31	0.60
—	3.	0.94	12.49	2.73	1.97	0.19
Grand-Mesnil	Terre de culture. 1.	1.35	7.63	3.38	1.60	0.79
—	— 2.	1.09	11.02	1.24	1.25	0.73
Silly-le-Long	1.	0.99	5.30	2.61	1.50	0.67
—	2.	1.49	6.14	4.26	2.60	0.75
—	3.	1.20	3.92	3.22	1.85	0.52
Baugy	Terre de plateau.	1.04	17.35	3.39	2.70	0.85
Beaupuits	Terre de culture. 1.	1.55	16.85	2.98	2.70	1.26
—	— 2.	1.25	9.66	3.98	1.96	0.70
Plailly	— 1.	1.38	3.68	3.54	2.56	0.55
—	— 2.	1.10	2.73	2.41	1.76	0.45
—	— 3.	1.24	3.95	3.02	2.18	0.50
Auteuil	Terre de 1re classe.	1.00	6.73	4.61	3.18	0.89
—	— 2e —	1.05	6.73	5.22	4.57	0.86

Département du Pas-de-Calais.

Analyses de M. Pagnoul (p. 100).

LOCALITÉS.	GRAVIER	TERRE fine.	DEGRÉ argileux.	DEGRÉ humique.	CARBONATE de chaux.	ACIDE phosphorique.	POTASSE.	AZOTE.
Erquières	1.8	98.5	47	15	0.405	0.119	0.268	0.121
Bertonval.	0.8	99.5	50	24	1.170	0.100	0.260	0.124
—	2.4	99.0	50	20	1.510	0.140	0.330	0.135
—	0.4	99.0	51	15	0.200	0.115	0.300	0.107
Souastre.	2.0	99.1	47	17	1.840	0.092	0.268	0.100
—	0.9	98.8	48	18	1.470	0.091	0.241	0.107
—	0.7	98.9	46	24	0.518	0.110	0.277	0.116
Croisilles	0.8	99.0	46	17	2.061	0.109	0.334	0.129
—	1.0	99.2	45	16	0.591	0.108	0.286	0.124
—	0.9	99.2	47	15	0.992	0.114	0.308	0.124
Ablainzeville . . .	0.7	99.2	49	17	0.603	0.102	0.316	0.143
— . . .	0.3	99.4	49	18	0.590	0.114	0.162	0.138
— . . .	1.0	99.5	51	18	0.359	0.092	0.304	0.137
Boiry-Notre-Dame .	0.8	98.9	46	21	0.715	0.092	0.306	0.121

Tous ces échantillons ont été pris dans la couche arable à une profondeur qui ne dépasse pas 20 à 30 centimètres.

Ce que M. Pagnoul appelle le degré argileux 45 à 51 correspond à 4,5 à 5,1 pour cent d'argile. Les terres analysées sont des terres bien cultivées, comme on peut le voir par la quantité d'azote qu'elles contiennent. Elles sont toutes naturellement assez riches en potasse, quelques-unes très riches. La quantité de carbonate de chaux qu'elles renferment est faible ; elle augmente un peu quand la charrue ramène dans la couche arable la craie du sous-sol et quand on a marné abondamment au moyen de cette craie. Comme les couches de craie contiennent de l'acide phosphorique, quelquefois jusqu'à 3 et 4 p. 1,000, le marnage fournit à la terre non seulement la chaux, mais l'acide phosphorique qui y faisaient défaut à l'origine.

Caractères agricoles des limons. — Le limon quaternaire, tel que les phénomènes géologiques nous l'ont livré, est défectueux comme composition chimique ; c'est une terre incomplète. Il est pauvre en chaux et en acide phosphorique, presque aussi pauvre que les terres formées par la décomposition des granites, terres que nous avons vues couvertes de landes dans les pays où l'on ne peut pas transporter facilement les amendements calcaires. Mais, dans le nord-ouest de la France, les cultivateurs ont le grand avantage de trouver au-dessous du limon et de pouvoir l'extraire à peu de frais soit la craie, soit les marnes des formations tertiaires.

La fertilité du limon provient principalement de sa constitution physique. C'est une *terre franche* dans laquelle l'air et l'eau peuvent facilement circuler et qui cependant, grâce à la finesse du sable qui en forme la plus grande partie et à la proportion d'argile qu'elle renferme, conserve presque toujours assez d'humidité pour les besoins de la végétation. Les plantes y risquent d'autant moins de souffrir de la sécheresse qu'elles peuvent enfoncer leurs racines à de grandes profondeurs dans ce sol meuble et bien aéré. En même temps elles ont pour se nourrir un cube de terre beaucoup plus grand, et la perfection des qualités physiques du sol corrige, en quelque sorte, ce qu'il paraît avoir d'incomplet au point de vue chimique.

On a pris l'habitude de dire : la couche arable d'un champ ayant 25 centimètres de profondeur pèse environ 4 millions de kilogrammes par hectare ; par conséquent, si la terre de ce champ contient 1 p. 1,000 d'acide phosphorique, il y en a en tout 4,000 kilogrammes plus ou moins solubles à la disposition des récoltes qu'on voudra faire venir dans ce champ et l'expérience a montré qu'en général cela suffit pour obtenir des récoltes moyennes. Mais ce raisonnement suppose que les racines de ces plantes ne se nourriront que dans la couche superficielle de 25 centimètres de profondeur ameublie par les labours ; et cela n'est pas vrai pour le limon. Les racines y descendent beaucoup plus bas, surtout celles de la betterave et de la luzerne ; elles peuvent y utiliser un cube de terre 2 fois, 3 fois, souvent 4 fois plus grand que si elles ne pénétraient qu'à 25 centimètres et, par conséquent, il suffit que cette terre contienne 1/2 p. 1,000 d'acide phosphorique ou moins encore pour qu'elles en trouvent 4,000 kilogrammes par hectare.

Cela est d'autant plus vrai que cette terre est assez fine pour passer presque tout entière au tamis de 10 fils par centimètre et que, par suite, ses particules offrent une énorme surface à l'action des racines et des dissolvants au moyen desquels elles réussissent à absorber leurs matières nutritives.

De plus, comme il n'y a pas de pierres dans le limon, c'est la terre par excellence de la betterave à sucre ; les racines ne s'y bifurquent pas aussi facilement que dans l'argile à silex. L'argile à silex ou *bief* se trouve souvent dans les départements du Pas-de-Calais et de la Somme au-dessous du limon et l'on peut comparer, l'un à côté de l'autre, un champ de limon et un champ de *terre bieffeuse*. Cette dernière donne à l'analyse à peu près les mêmes dosages en chaux, acide phosphorique et potasse, mais elle est très argileuse, compacte et remplie de cailloux de silex. Il faut la défoncer, l'épierrer et même souvent la drainer pour que l'air et l'eau puissent y circuler et pour que les racines puissent s'y développer jusqu'à 30 ou 40 centimètres de profondeur.

Aussi les terres de limon sont-elles toutes rangées dans la première classe du cadastre et elles valent 800 à 1,500 fr. par hectare de plus que les terres de bief qui sont de la 2e ou de la 3e classe. On peut y obtenir facilement des récoltes de 50,000 kilogrammes de betteraves à sucre, 35 à 40 hectolitres de blé, 50 à 60 hectolitres d'avoine et 10,000 kilogrammes de foin ou de luzerne ou de trèfle, tandis que de telles récoltes sont fort difficiles, sinon impossibles à atteindre dans les argiles à silex, malgré tous les défoncements, drainages et engrais chimiques que l'on y emploierait.

Tous ces avantages des limons sont d'autant plus sensibles qu'ils ont une plus grande épaisseur. En certains endroits, par exemple, dans le Santerre, cette épaisseur va jusqu'à 8 ou 10 mètres. Mais ailleurs elle se réduit à un mètre ou moins encore. Dans ce dernier cas, les qualités physiques des limons sont beaucoup influencées par la nature des couches géologiques sur lesquelles ils reposent.

Quand c'est la craie qui se trouve au-dessous du limon, elle lui sert de drainage naturel et toutes ses propriétés s'accentuent dans le sens de la perméabilité. Ce sont les meilleures terres à betteraves et à luzerne. Il en est de même du calcaire grossier, par exemple, sur les plateaux du Soissonnais, mais les fermes ont beaucoup de peine à s'y procurer de l'eau : il ne peut pas être question d'y

Géologie agricole. IV. Berger-Levrault et Cie, Éditeurs.

LIMON DES PLATEAUX A REVELLES (SOMME).

D'après une photographie de M. Hitier.

trouver des sources dans cette superposition de terrains perméables. Pour faire des puits, il faut creuser à de grandes profondeurs, soit à travers le calcaire grossier jusqu'à l'argile plastique, soit à travers la craie jusqu'aux bancs marneux de sa base.

Par contre, si le limon repose sur l'argile à silex, comme dans le pays de Caux, il faut renoncer à la culture de la betterave à sucre et à celle de la luzerne, mais on peut faire des herbages dans les *masures,* clos qui entourent les fermes.

Ces herbages, plantés de pommiers, existaient de tout temps, mais dans ces dernières années, on les a augmentés et, quoique inférieurs à ceux de la Basse-Normandie, ils conservent pendant la plus grande partie de l'année assez de fraîcheur pour fournir une nourriture régulière au bétail.

Pour abreuver ce bétail, les fermiers ont la ressource des mares où les eaux de pluie se rassemblent et se maintiennent, grâce à l'imperméabilité de l'argile à silex.

Sur les plateaux de la Brie, le limon a pour base l'argile à meulières également imperméable; depuis 40 à 50 ans on y a fait de vastes drainages qui ont beaucoup contribué à changer l'aspect de la contrée et à augmenter sa fertilité.

Sur la rive gauche de la Seine, entre Fontainebleau et Paris, ainsi que dans une partie de la Beauce, le limon repose souvent sur les sables de Fontainebleau. Il en est ainsi sur le plateau de Villejuif qui commence aux portes de la capitale et s'étend jusqu'à la vallée de l'Orge et entre autres à la ferme de Champagne qui a obtenu la prime d'honneur du département de Seine-et-Oise en 1891 et que nous allons décrire comme type de la culture de ces terres[1].

Le limon y a une épaisseur d'un mètre à un mètre cinquante. En dessous on trouve environ 8 mètres de sables de Fontainebleau, d'abord mélangés d'argile ferrugineuse, puis plus bas on rencontre les marnes de la Brie qui ont environ 6 mètres de puissance, et enfin les glaises vertes.

---

1. Dans le tome II, nous avons donné les descriptions d'un certain nombre de fermes en terres de limons sur argile à silex ou sur craie.

Pour se procurer de l'eau en quantité suffisante, il a fallu creuser un puits jusqu'à ces glaises. C'est une eau calcaire sans être dure, qui donne, par litre, 0gr,924 de résidu formé de

Matières organiques	0gr,212
Sulfate de chaux	0 ,233
Carbonate de chaux	0 ,308
Chlorures alcalins	0 ,152
Non dosé	0 ,019
	0gr,924

La ferme de Champagne a été cultivée depuis 1744, de père en fils, par une de ces dynasties de grands agriculteurs dont s'honorent la Brie et la Beauce, celle des Petit. Autrefois ils étaient en même temps propriétaires de la poste aux chevaux de Fromenteau, mais depuis que les chemins de fer d'Orléans et de Lyon-Méditerranée sont entrés en exploitation, ils ont consacré tous leurs efforts à l'amélioration de la ferme de Champagne. En 1854, M. Charles Petit, ancien élève de Mathieu de Dombasle et père du fermier actuel, y installa une distillerie agricole d'après le système que M. Champonnois venait d'inventer, et cette distillerie devint le pivot principal de sa culture. Sur ses 223 hectares, M. Henri Petit, le lauréat de la prime d'honneur, fait de 70 à 84 hectares de betteraves dont le rendement moyen est de 51,000 kilogr. à l'hectare, avec une densité de 6°,34 au moment de l'arrachage. Ces betteraves ont produit, dans la période de 1885 à 1889, en moyenne 2,778 litres d'alcool, vendus 1,096 fr. En même temps, elles rendent en moyenne par hectare 30,000 kilogr. de pulpes qui servent à l'entretien des bœufs de travail pendant toute l'année et à l'engraissement des bœufs, vaches et moutons pendant l'hiver. Au sortir des macérateurs, ces pulpes sont mélangées avec 1/15 de leur poids de balles de blé et portées, soit au silo pour celles qui doivent être conservées, soit dans des caves spéciales pour celles qui servent à la consommation courante. La ration journalière d'un bœuf doit être évaluée à 75 kilogr. Un bœuf soumis à l'engraissement par la pulpe peut acquérir en moyenne 750 grammes de viande par jour. La pulpe formant les 2/3 de son alimentation, on peut estimer à 500 grammes l'accroissement dû à la pulpe et, en comptant la viande à 1 fr. 50 c. le kilogramme, la pulpe se trouve payée à raison de 10 fr. par 1,000 kilogrammes.

De 1870 à 1890, l'écart entre le prix d'achat et le prix de vente des animaux engraissés a été en moyenne de 10,069 fr. 45 c. par an.

Les animaux fournissent, en outre, 1,500,000 kilogr. de fumier auquel on ajoute une quantité égale de fumier acheté à Paris au prix de 10 fr. les 1,000 kilogr. Avec ces 3,000,000 de kilogr. de fumier, M. Petit fume chaque année 66 hectares à raison de 45,000 kilogr. à l'hectare.

De plus, il emploie des engrais chimiques comme engrais complémentaires ; toutes les récoltes, sauf les luzernes, en reçoivent. Ainsi on donne aux betteraves, en sus des 45,000 kilogr. de fumier par hectare, 250 kilogr. de nitrate de soude et 300 kilogr. de superphosphate de chaux ; et aux blés, en automne, 125 kilogr. de sulfate d'ammoniaque et 325 kilogr. de superphosphate de chaux, et au printemps, 55 kilogr. de nitrate de soude et 55 kilogr. de superphosphate de chaux.

En établissant pour l'année 1888 la comptabilité chimique de ses terres, c'est-à-dire en déduisant les éléments emportés par les récoltes vendues des éléments importés par les engrais, M. Henri Petit a trouvé qu'il y avait pour l'azote un gain de 9,582 kilogr. ; pour l'acide phosphorique, 13,656 kilogr. ; pour la potasse, 661 kilogr., et pour la chaux, 28,017 kilogr. et ces résultats concordent bien avec les analyses chimiques des terres qui ont été faites à vingt ans d'intervalle et qui ont donné :

	AZOTE.	ACIDE phosphorique.	POTASSE.	CHAUX.
	kilogr.	kilogr.	kilogr.	kilogr.
En 1869, à l'hectare . .	3,600	3,200	11,500	13,000
1889, — . .	4,800	4,550	11,500	15,000

Dans l'assolement libre de la ferme de Champagne, les betteraves alternent ordinairement avec le blé qui a rendu en moyenne, de 1885 à 1889, $39^{hl},29$ à l'hectare.

Il y a, en outre, une certaine proportion de luzernes, environ 30 hectares. L'ensemencement de ces luzernes se fait dans une avoine et une récolte d'avoine succède également au défrichement de la luzerne qui occupe la terre pendant trois années. En 1890, les avoines ont donné 63 hectolitres, et les luzernes 9,000 kilogr. de fourrage sec à l'hectare.

§ 3. — *Alluvions anciennes ou diluvium des vallées.*

La plupart de nos cours d'eau furent autrefois beaucoup plus considérables qu'aujourd'hui. Nous pouvons en juger par la largeur des vallées qu'ils s'étaient creusées et par les *anciennes alluvions* qu'ils y ont déposées. Ces alluvions anciennes forment sur les flancs de ces vallées des nappes en étages ou *terrasses* correspondant aux divers niveaux que les eaux ont successivement atteints. Elles sont composées de cailloux roulés, de sables en lits plus ou moins réguliers et, exceptionnellement, de couches limoneuses qui indiquent les points où la vitesse des eaux se ralentissait.

Tous ces matériaux proviennent évidemment des terrains que les cours d'eau ont traversés en amont. Dans la vallée de la Seine, par exemple, ce sont des fragments de granites du Morvan, des calcaires jurassiques de la Bourgogne, des silex de la craie de Champagne, des meulières de la Brie, etc.

Mais les débris des roches siliceuses, plus dures que les calcaires, ont mieux résisté que ces dernières au frottement et elles prédominent dans les dépôts tels que nous les trouvons aujourd'hui.

« C'est, dit M. Gustave Dollfus dans la notice très intéressante qui accompagne sa nouvelle carte géologique des environs de Paris, un sable blanchâtre, gris ou jaunâtre, qui est normalement grossier, calcaréo-siliceux, formé de grains de grosseur variable, blancs, roses ou foncés et de cailloux provenant de roches diverses, granitiques, jurassiques, crétacées, tertiaires. Les silex de la craie et les débris meuliers dominent beaucoup. Le sable diluvien existe à la fois dans la vallée de la Seine et dans celles de ses affluents; dans la vallée de la Seine, les éléments granitiques viennent du Morvan par le cours supérieur de l'Yonne; ils remontent dans la boucle de la Marne jusqu'à Champigny et s'éparpillent, de moins en moins nombreux, en descendant vers Courbevoie et vers Poissy.

« Dans la vallée de la Marne, l'élément calcaire domine beaucoup; le diluvium se transforme même en certains points, à divers niveaux, en un véritable poudingue assez solide pour qu'on puisse l'exploiter comme pierre de construction d'ordre inférieur; il est agglutiné par des infiltrations d'eaux très calcaires venues des nappes latérales. »

Le diluvium de la vallée de l'Oise est plus spécialement sableux; il renferme en abondance des silex de la craie.

La partie inférieure du diluvium est la plus caillouteuse et renferme les plus gros blocs; le sable y est plus grossier et plus fossilifère que dans le reste de la formation; cette partie, que Belgrand a nommée *graviers de fond*, est aussi, en général, la plus puissante.

Au centre, on rencontre des sables fins, des lits marneux, argileux, même ligniteux en quelques endroits, par exemple à Champigny, qui témoignent d'une période d'arrêt dans le transport, de ralentissement dans la course des eaux. Cette partie moyenne a été nommée *sables gras* par Belgrand, nom qu'il a emprunté aux ouvriers. Elle a parfois l'aspect d'un pur limon. Ces sables gras sont encore un niveau humide, souvent même imperméable. Leur épaisseur n'est pas considérable.

Enfin, au-dessus des sables gras réapparaît une zone sableuse avec cailloux roulés que Belgrand a nommée *sables de débordement*. Ce sont des sables demi-fins, moins grossiers et souvent plus calcaires que ceux de la base; les ossements et coquilles y sont plus rares.

Tous ces dépôts forment, les uns au-dessous des autres, des couches en cuvettes concentriques dont les graviers de fond occupent la périphérie.

Les plus élevés sont les plus anciens, car ils ont été ravinés par les plus jeunes qui sont aussi les plus bas, tandis que le diluvium des plateaux est toujours de 52 à 60 mètres au-dessus de la Seine, le diluvium des vallées se maintient, d'après M. G. Dollfus, à la hauteur maxima de 30 mètres au-dessus des fonds actuels. Au-dessous de ce maximum, le diluvium des vallées occupe ordinairement des bandes de hauteurs relativement constantes ; ces bandes forment des *terrasses* assez régulières le long de la vallée ; mais, par suite des sinuosités que décrit la Seine, elles se trouvent, alternativement, tantôt sur la rive droite, comme au bois de Boulogne, etc., tantôt sur la rive gauche, comme à Gennevilliers, etc.

L'épaisseur de ces alluvions anciennes varie de 5 mètres à 15 mètres.

Les *graviers de fond* paraissent correspondre à la première période glaciaire, les *sables gras* à la période interglaciaire et les *sables de débordement* à la seconde période glaciaire.

C'est dans les alluvions anciennes de la vallée de la Somme, à Saint-Acheul, près d'Amiens, que Boucher de Perthes a découvert les plus anciens vestiges de la présence de l'homme sur la terre, sous forme de haches en silex grossièrement taillées par éclats sur les deux faces (*type acheuléen*).

On a trouvé des haches du même type en grande abondance dans les graviers de fond, à Chelles, dans la vallée de la Marne, près de Paris, d'où le nom de *type chelléen* qu'on lui donne aussi.

Autrefois, on admettait qu'il y avait deux sortes de diluvium : le *diluvium gris* et le *diluvium rouge*. Mais M. van den Brœck a montré que le diluvium rouge n'est pas autre chose que le diluvium gris oxydé par l'air et décalcifié par le passage des eaux de pluie chargées d'acide carbonique, comme la terre à briques que nous avons vue à la surface des plateaux est de l'ergeron décalcifié. « Considéré au point de vue de ses allures générales, dit M. van den Brœck, le diluvium rouge diffère essentiellement du diluvium gris par l'altitude supérieure des niveaux où il s'observe et surtout par l'étendue plus grande des espaces qu'il recouvre. »

Toutefois, le diluvium rouge se retrouve aussi dans les parties basses des vallées ; il repose alors sur le diluvium gris et, si l'on examine une coupe montrant cette superposition, on voit que la ligne de contact simule des poches d'érosion et des ravinements profonds qui paraissent avoir affecté le dépôt sous-jacent. L'influence de l'air et des eaux a pénétré plus ou moins profond dans le diluvium gris et, ce qui prouve bien que le diluvium rouge n'est que le résidu oxydé et décalcifié du diluvium gris, c'est que les lits de cailloux de silex qui existent dans ce dernier se continuent régulièrement dans les poches de diluvium rouge qui les pénètrent.

La figure ci-jointe le montre bien :

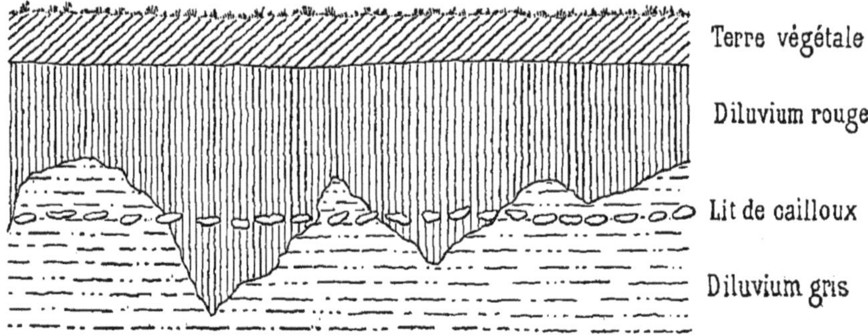

M. G. Dollfus observe que, hors de la vallée de la Seine, le diluvium des hauts niveaux devient un sable fin, rougeâtre, bien calibré, qui s'accroît en finesse, à mesure que l'on s'éloigne des points où passait le chenal au courant le plus violent.

Sur certains points, il prend tous les caractères du limon. Quelquefois aussi, les couches de sables et de graviers sont entremêlées de lits plus ou moins épais d'argile limoneuse. Dans ces cas, sa valeur agricole augmente. Mais, en général, les alluvions anciennes formentdes terres pauvres, souvent même très pauvres.

Voici, par exemple, les résultats des analyses que M. Grandeau a faites de la terre de son nouveau champ d'expériences qu'il a établi au parc des Princes, près du bois de Boulogne, dans les alluvions anciennes de la vallée de la Seine.

I. — *Analyse mécanique.*

Terre fine	85.0
Cailloux siliceux.	15.0
	100.0

II. — *Analyse physico-chimique*[1].

Eau	1.08
Sable	93.40
Argile	3.20
Calcaire	1.64
Matière noire	0.10
Matières solubles non dosées	0.58
	100.00

III. — *Analyse chimique*[1].

Eau	1.080
Matières organiques[2]	1.620
Acide phosphorique	0.045
Acide sulfurique	0.082
Chlore	0.002
Chaux	0.920
Magnésie	0.080
Potasse	0.019
Alumine et oxyde de fer	1.245
Silicates insolubles	94.400
Acide carbonique et matière non dosés	0.507
	100.000

Poids du mètre cube : 1,550 kilogr.

Il est vrai que cette pauvreté du sol diluvien est compensée jusqu'à un certain point par la facilité avec laquelle les racines des plantes cultivées peuvent y descendre à de grandes profondeurs ; la quantité de terre dont elles disposent pour se nourrir remplace dans une certaine mesure sa qualité. Mais ce n'est pas toujours le cas ; sur certains points, les graviers du sous-sol ont été réunis par un ciment de carbonate de chaux que les eaux de pluie, chargées d'acide carbonique, y ont amené des couches superficielles ou voisines ; ils sont transformés en poudingue impénétrable qu'il faut rompre par des défoncements énergiques avant de pouvoir y établir une culture quelconque. Sur ces poudingues, les arbres forestiers eux-mêmes

1. Les analyses II et III se rapportent à 100 parties de terre fine séchée à l'air.
2. Contenant azote : 0.068 p. 100 du sol.

restent chétifs et rabougris ; ce sont des landes misérables où il ne pousse que des broussailles, des genêts, etc.

Partout ailleurs, le sous-sol de ces terrasses caillouteuses est très perméable, tellement perméable que les récoltes y souffrent souvent de la sécheresse. C'est un crible dans lequel les eaux de pluie descendent jusqu'à ce qu'elles rencontrent le niveau des infiltrations de la rivière. Elles ne peuvent remonter par capillarité que si ce niveau n'est pas trop bas.

Il faut des fumures abondantes et souvent répétées pour améliorer ces pauvres terrains et y établir une culture rémunératrice. Dans les environs des grandes villes où ils trouvent à acheter des fumiers et des gadoues à bon marché, les petits propriétaires ne reculent pas devant ces difficultés. Mais, quand on s'éloigne des centres de population, on n'y trouve souvent que des friches. — Dans le voisinage des grandes villes, le meilleur moyen de fertiliser ces alluvions anciennes est d'y amener les eaux d'égout. Leur perméabilité en fait des appareils merveilleux pour épurer ces eaux et les rendre ensuite pures et salubres aux rivières sur les bords desquelles elles semblent avoir été placées exprès pour cela.

C'est ce que des ingénieurs éminents, Mille et Alfred Durand-Claye, ont essayé de faire pour les eaux d'égout de Paris dans les alluvions anciennes de la presqu'île de Gennevilliers, et le succès le plus complet a couronné ces premiers essais. D'après un rapport de M. Hardy, le regretté directeur de l'école d'horticulture de Versailles, les rendements se sont élevés à Gennevilliers aux chiffres suivants :

Choux.	73,000	kilogr. à l'hectare.
Betteraves	120,000	—
Carottes	50,000	—
Haricots	15,000	—

Ces chiffres sont loin de représenter le maximum de rendement qui peut être obtenu en un an sur un hectare de terre arrosée avec les eaux d'égout ; car beaucoup de ces cultures n'occupent la terre que quelques mois et laissent le temps et la place de faire une autre récolte dans l'année, sans préjudice des cultures intercalaires; plus ou moins importantes qui peuvent occuper le terrain en même temps que les récoltes principales.

D'autres constatations ont donné les chiffres suivants :

Artichauts, de 36,000 à 50,000 et même 80,000 têtes par hectare.

Choux-fleurs, de 20,000 à 30,000 têtes, pesant jusqu'à 35,000 et 40,000 kilogr.

Ail, 37,000 kilogr.

Carottes, 60,000, 80,000 et jusqu'à 132,000 kilogr.

Céleri et céleri-rave, au-delà de 100,000 kilogr.

Choux, jusqu'à 140,000 kilogr.

Oignons, 60,000 à 80,000 kilogr.

Poireaux, 60,000 kilogr.

Pommes de terre, 30,000, 35,000 et 40,000 kilogr.

Potirons, 120,000 à 140,000 kilogr.

Salsifis, 10,000 à 12,000 bottes, pesant jusqu'à 25,000 kilogr.

Si l'on compare ces rendements à ceux de la culture légumière faite en plein champ et sans irrigation, on trouve une différence du simple au double, au triple et même au quintuple, en faveur des cultures arrosées à l'eau d'égout. L'usage de ces eaux d'égout permet d'obtenir, dans des terres jadis stériles, des rendements qui se rapprochent de ceux des jardins maraîchers proprement dits, où l'eau et le fumier sont employés à profusion et à grands frais, et d'où la culture des gros légumes est généralement exclue comme trop peu rémunératrice ; et non seulement les rendements sont très considérables, mais encore la beauté des produits ne laisse rien à désirer.

Des essais de culture d'arbres fruitiers et de pépinières ont été faits dans les terres arrosées, et le succès en a été des plus satisfaisants, surtout au point de vue de la rapidité du développement des arbres. Des amandes plantées au printemps ont donné des plants qui, greffés en août, avaient déjà, à la fin de l'année suivante, une hauteur de $1^m,80$ et 6 centimètres de circonférence à la base. Des pêchers, greffés sur prunier, développaient, à la seconde année de greffe, trois branches de $1^m,80$ chacune, avec une circonférence de 7 centimètres à la base.

Les peupliers suisses réussissent d'une façon surprenante, et acquièrent en fort peu de temps des dimensions considérables ; les arbustes à feuilles persistantes, fusains et troènes, y végètent aussi avec une vigueur remarquable, et s'y forment avec une extrême rapidité ; enfin, la culture de l'osier est une de celles qui donnent les meilleurs résultats dans les terres arrosées. Quant aux plantes industrielles à odeur ou saveur prononcée, produites en vue de la parfumerie ou de la distillation des liqueurs, ce genre spécial de culture a été essayé à Gennevilliers ; le succès en a été complet et indiscuté, au point de vue de l'abondance des produits obtenus ; les rendements ont atteint et parfois même dépassé les chiffres ci-après :

Menthe, 40,000 à 50,000 kilogr. en deux coupes.
Absinthe, 110,000 à 120,000 kilogr.
Angélique, 28,000 kilogr. par hectare à la seconde année.

Ces chiffres se passent de commentaires. Il est bien évident que l'apport d'eau chargée de substances fertilisantes a pu seul entretenir la végétation vigoureuse et soutenue nécessaire pour donner lieu à une production semblable.

La grande culture disparaît d'elle-même dans la plaine de Gennevilliers, à mesure que les irrigations se développent. Le voisinage et l'énorme consommation des halles et des établissements publics de Paris conduisent les cultivateurs de la plaine, suivant les principes économiques les plus simples, à faire produire au sol les plantes dont le débouché est assuré et la vente rémunératrice, c'est-à-dire les légumes en pleine terre. On constatait du reste en moyenne, sur terrains irrigués ou colmatés, 25 à 30 hectolitres de blé, 30 à 40 hectolitres d'avoine, 70,000 à 100,000 kilogrammes de betteraves à bestiaux, 5 coupes de luzernes, etc. 22 nourrisseurs d'Asnières, Levallois-Perret, Clichy, etc., nourrissent environ 250 vaches avec l'herbe des prairies de la plaine.

Les produits obtenus étant abondants, de bonne qualité et se plaçant avantageusement sur le marché, on ne saurait douter que l'emploi agricole des eaux d'égout, tout en étant le couronnement du meilleur procédé pratique d'épuration, l'absorption et la filtration par le sol, n'offre en même temps les éléments d'une opération fructueuse. M. de Vilmorin s'exprime là-dessus en ces termes : « Les chiffres suivants représentent la valeur moyenne des diverses récoltes sur pied ; il ne faut pas perdre de vue que le même terrain peut porter deux et parfois trois récoltes dans la même année :

Choux	de 3 à	4,000 fr.
Choux-fleurs	de 5 à	10,000
Carottes		3,000
Menthe	de 4 à	5,000
Artichauts	de 5 à	6,000
Oignons		3,500
Absinthe	de 4 à	5,000

« C'est, en moyenne, un produit brut d'au moins 4,000 fr. à l'hectare ou 0 fr. 40 c. par mètre carré, produit précisément égal à celui qui s'obtient couramment aux environs de Saint-Denis et d'Aubervilliers, dans la plaine des Vertus, restée le principal centre jusqu'ici de la production des légumes en plein champ. »

Aussi ces forts rendements se traduisent-ils par une augmentation marquée de la valeur locative des terrains irrigués.

Un réseau de conduites en maçonnerie de béton amène les eaux d'égout sur les terrains à irriguer, où la répartition se fait par une série de petites rigoles en terre de 20 à 40 centimètres de profondeur, suivant leur importance. La longueur de ces rigoles doit être telle, en général, que l'absorption de l'eau soit complète dans le parcours d'une extrémité à l'autre. Sur un terrain naturellement perméable, comme à Gennevilliers, l'absorption est complète après 40 à 50 mètres. Sur les terrains argileux, l'absorption est plus lente, et l'eau peut, dans certains cas, être reprise une fois ou deux sur des pièces différentes. L'eau d'égout doit circuler, autant que possible, dans les raies, sans toucher les plantes. Celles-ci poussent sur les planches que séparent les raies. Les planches ont une largeur de 1 mètre à 3 ou 4 mètres, suivant les espèces cultivées. Les planches de 1 mètre conviennent aux plantes maraîchères ou industrielles ; les larges planches suffisent souvent pour les prairies et les céréales.

D'après un rapport fort intéressant que M. Paul Vincey, professeur d'agriculture du département de la Seine, a fait à la Société nationale d'agriculture, l'étendue cultivée de la presqu'île de Gennevilliers, soumise à l'irrigation par l'eau d'égout, a été de 776 hectares pendant l'année 1892. La quantité totale d'eau utilisée pendant cette année a été de 33,601,120 mètres cubes, ce qui fait ressortir la moyenne à 43,865 mètres par hectare et par an.

Les prairies permanentes et les bois qui peuvent recevoir de l'eau à peu près toute l'année sont, comme dit M. Vincey, les cultures les plus fortement épuratrices; elles peuvent épurer de 170 à 175,000 mètres cubes d'eau d'égout par hectare et par an, presque autant que la terre sans culture. Puis vient la luzerne, qui est d'ailleurs rapidement envahie et remplacée par les graminées. La plupart des gros légumes n'utilisent que 20 à 30,000 mètres cubes d'eaux d'égout par an, mais, comme leurs produits ont plus de valeur que ceux des fourrages et des bois, on peut dire qu'ils utilisent mieux les matières fertilisantes contenues dans ces eaux et elles abaissent ainsi le prix de revient de leur épuration.

En admettant 40,000 mètres cubes comme moyenne de la quantité d'eau d'égout qu'un hectare peut épurer, il faudrait 4,000 hectares pour absorber les 160 millions de mètres cubes qui passent actuellement dans les collecteurs de la capitale. Quand le système du *tout à l'égout* y sera complètement appliqué, il en faudra 7,000 à 8,000 hectares, probablement même davantage.

Où trouver ces 8,000 hectares à une distance et à une altitude assez faible pour qu'on puisse y amener les eaux d'égouts sans dépenses trop considérables? La réponse à cette question a été donnée par M. Adolphe Carnot, membre de l'Institut, dans une étude très complète qu'il a faite sur les environs de Paris et, parmi les terrains les plus propres à recevoir ces eaux, il indique les alluvions anciennes qui sont situées dans la vallée de la Seine au delà de celles de Gennevilliers, sur lesquelles il n'y a que de mauvais bois, des broussailles ou de maigres cultures. Si l'on allait jusqu'au point de jonction de l'Eure et de la Seine, on trouverait même plus de 10,000 hectares de ces terres graveleuses, et, pour tout homme de bon sens, il est évident que les départements de Seine-et-Oise et de l'Eure gagneraient beaucoup comme production agricole, comme beauté et même comme salubrité, si ces landes et ces broussailles étaient transformées en sols fertiles et si la Seine redevenait limpide comme du cristal, au lieu de rouler les eaux noires et fétides que lui verse notre capitale.

Depuis 1895, les eaux d'égouts de la ville de Paris peuvent arriver jusqu'à la presqu'île d'Achères où elles serviront à fertiliser 1,300 hectares qui faisaient partie de la forêt de Saint-Germain, mais où il n'y avait guère que de pauvres broussailles. De là, elles seront conduites sur la rive gauche de la Seine, à Méry et à Triel, où elles auront encore des champs d'épandage de 2,400 hectares. Cela fera le total de 4,500 hectares que la loi du 10 juillet 1894 oblige la ville de Paris à employer, dans un délai de 5 ans, à la purification de ses eaux d'égout.

M. P. Vincey a fait analyser au laboratoire de la Société des agriculteurs de France des échantillons de terres des alluvions modernes et anciennes de Gennevilliers, prélevés, les uns dans des champs qui n'ont jamais été irrigués et les autres dans ceux qui sont employés depuis longtemps à l'épuration des eaux d'égouts. Voici les résultats de ces analyses :

	COMMUNES.	ÉTAGE géologique.	NATURE des cultures.	ÉTAT au point de vue de l'irrigation.	ÉLÉMENTS EN GRAMMES contenus dans un kilogramme de terre. Analyse physico-chimique.							
					Terre fine.	Cailloux.	Sables siliceux.	Argile.	Calcaire.	Débris organiques.	Humus.	Eau.
1.	Gennevilliers.	Alluvions modernes.	Asperges.	Non irriguée.	960	40.0	253.4	228.2	443.0	13.9	2.7	18.8
2.	—	Alluvions modernes.	Prairies.	Irriguée.	970	30.0	339.2	323.6	278.0	18.8	2.8	7.6
3.	—	Alluvions anciennes.	Pomme de terre.	Non irriguée.	930	70.0	335.4	233.7	321.0	20.2	2.3	17.4
4.	—	Alluvions anciennes.	Jachères.	Non irriguée.	870	130.0	647.8	117.7	81.0	20.5	3.5	»
5.	—	Alluvions anciennes.	Choux.	Irriguée.	850	150.0	663.5	114.4	55.7	13.1	3.2	»
6.	—	Alluvions anciennes.	Pomme de terre.	—	960	40.0	654.5	88.9	144.0	59.2	5.2	8.2

	Éléments en grammes contenus dans un kilogramme de terre. Analyse chimique.									
	Azote.	Acide phosphorique.		Chaux.	Magnésie.	Potasse.		Soude.	Oxyde de fer.	Acide sulfurique.
		Total.	Soluble au citrate.			Totale.	Soluble au citrate.			
1.	1.920	1.922	0.049	248.08	1.100	2.847	0.162	0.311	10.075	0.840
2.	2.280	2.046	0.075	155.68	1.700	3.644	0.162	0.161	12.715	0.651
3.	2.160	2.609	0,150	179.700	11.200	2.864	0.135	0.204	13.640	0,819
4.	1.260	2.299	0.432	52.080	1.00	2.474	0.169	0.201	14.880	0,483
5.	1.680	2.757	0.975	32.48	0.900	2.644	0.257	0.118	12.245	0.420
6.	3.660	6.622	1.308	80.640	2.000	2.596	0.237	0.376	14.725	1,785

On voit que, par suite de l'irrigation, la quantité de débris organiques contenus dans le sol n'a augmenté que d'un tiers. Il n'y a donc pas lieu de craindre que peu à peu le terrain devienne impropre à l'épuration par suite d'une accumulation exagérée de substances organiques, d'une sorte de feutrage. « Au contraire, dit M. P. Vincey, plus un sol épure longtemps l'eau d'égout, plus il est devenu apte à en épurer encore. L'analyse chimique et microbiologique des eaux de drainage montre aussi que l'épuration est moins parfaite dans un champ nouvellement irrigué à l'eau vanne que dans celui où l'arrosage habituel dure déjà depuis un certain nombre d'années. Cela tient à ce que l'irrigation épuratrice a fait multiplier dans la terre les colonies de ferments minéralisateurs. Plus il y a de ces ferments, plus la combustion et la nitrification des matières végétales sont actives. La proportion d'azote n'a augmenté que d'environ un quart dans les terres irriguées depuis longtemps ; le reste de l'azote apporté par les égouts de la ville a été emmené par les eaux de drainage à l'état de nitrates. L'acide phosphorique et la potasse ne s'accumulent pas beaucoup plus que l'azote dans les terres irriguées. Par contre, la chaux y est en très notable diminution. »

§ 4. — *Le lœss.* — On donne spécialement le nom de *lœss* à un limon calcaire et non stratifié que l'on trouve entre autres en Alsace et dans toute la vallée du Rhin jusqu'à Mayence. C'est un limon très fin, de couleur grise ou jaunâtre. Très doux au toucher, il se réduit sous les doigts en poudre presque impalpable.

Le lœss est beaucoup plus riche en calcaire que la plupart des autres limons et une partie de ce calcaire, dissous dans les couches supérieures par les eaux de pluie chargées d'acide carbonique, forme le long des racines en décomposition des canaux cylindroïdes en carbonate de chaux et, dans les parties inférieures du dépôt, des concrétions ou rognons de formes irrégulières et quelquefois très bizarres que les agriculteurs alsaciens appellent *lœssmännchen* ou *lœsskinder* (enfants du lœss). M. le Dr Hoffmann, chimiste de l'association alsacienne pour l'avancement des études agronomiques, a fait l'analyse d'un certain nombre d'échantillons de lœss ; ils contenaient pour 100 :

LOCALITÉ.	ANALYSE CHIMIQUE.					ANALYSE PHYSIQUE.						TERRE FINE.
	Chaux.	Magnésie.	Potasse.	Acide phosphorique.	Azote.	Perte par calcination.	Sable de 0m,001. 3 à 1.	1 à $\frac{1}{2}$.	$\frac{1}{2}$ à $\frac{1}{4}$.	$-\frac{1}{4}$.	Cailloux de plus de 0m,003.	
Niedermorschwiller	23.61	2.26	0.10	0.20	0.12	1.51	1.62	0.52	0.35	0,81	»	95.18
Rouffach.	15.36	0.82	0,32	0.19	0.15	3.10	2.44	1.89	3.50	6,95	»	82.12
Rixheim.	8.72	1.74	0,11	0.24	0,16	3.11	»	»	»	»	»	93.07
—	17.44	1.88	0,11	0.20	0.11	2.09	»	»	»	»	»	95.46
—	7.83	1.28	0.10	0 23	0.13	2.21	»	»	»	»	»	95.47
Kolbsheim. . . .	7.06	1.78	0.15	0.10	0.07	5.46	»	»	»	»	11.0	61.72
—	17.52	1.27	0.13	0.16	0.09	6.04	1.86	2.03	2.33	10.0	»	77.74
Riedisheim. Sol .	13.60	5.01	0,13	0.22	0.17	4.03	0.98	0.69	1.27	2.99	»	90.01
— Sous-sol	7.84	1.58	0.12	0,10	0.13	2.98	0.59	0.59	0.70	4.83	3.50	90.31

Ce qui est indiqué comme cailloux de plus de 3 millimètres de diamètre se compose de concrétions calcaires ou de grains de sable fin entourés de dépôts calcaires.

Comme on le voit, le lœss est une terre qu'on peut considérer comme *complète* au point de vue chimique. La potasse seule s'y trouve en proportion un peu trop faible et peut-être y aurait-il lieu d'en employer comme engrais complémentaire du fumier de ferme, surtout pour la vigne, les pommes de terre, la luzerne, etc. Le seul reproche que l'on fasse au lœss, c'est qu'il *dévore le fumier* (c'est un *Dünger-* ou *Mistfresser*). Cela provient sans doute de ce que la nitrification y est très active; mais les récoltes augmentent en raison de cette nitrification et, si le fumier de la ferme ne suffit pas, il serait facile de l'appuyer au moyen d'engrais verts.

Si le lœss est bon comme composition chimique, on peut dire qu'il est l'idéal du sol comme propriétés physiques. On peut le labourer en toutes saisons avec deux chevaux. Les plantes y souffrent rarement de l'humidité, car il se draine naturellement, ni de la sécheresse, car leurs racines y pénètrent à une si grande profondeur qu'elles trouvent presque toujours assez d'humidité pour leurs besoins.

Toutes les récoltes y prospèrent: la vigne, les arbres fruitiers, particulièrement les noyers, la luzerne et le trèfle, les plantes industrielles, entre autres le tabac, les céréales, tout y réussit et, comme le travail et l'intelligence des cultivateurs ne valent pas moins que leurs terres, on peut dire que les districts de lœss en Alsace, par exemple le Kochersberg, près de Strasbourg, ont une des plus belles agricultures de l'Europe.

Les fragments très petits de roches siliceuses qui se trouvent dans le lœss ont, en général, des angles aigus et ne paraissent pas avoir été roulés par les eaux. « Des coquilles, dit M. Daubrée, y sont très abondamment disséminées, d'où est venu à ce terrain la dénomination de *Schneckenhäuselboden* (sol des escargots). Dans un seul décimètre cube de lœss pris à Schiltigheim, j'en ai compté plus de 100 individus. Ces coquilles ont été très bien étudiées par MM. les professeurs Alexandre Braun et Walchner. »

Quoique les individus soient prodigieusement nombreux sur certaines places, ils appartiennent à un petit nombre d'espèces qui, jusqu'à présent, ne dépassent pas 22. Ces espèces sont presque exclusivement terrestres.

La plupart des espèces de coquilles du lœss sont tout à fait identiques à celles qui vivent aujourd'hui; les autres s'en éloignent si peu qu'elles ne peuvent être considérées que comme des variétés ou au plus des sous-espèces de celles qui sont contemporaines. Il est aussi à remarquer que presque toutes ces espèces vivent aujourd'hui dans des régions froides et humides, et quelques-unes même dans les Alpes jusqu'à la limite des neiges éternelles. Les espèces qui, à l'époque actuelle, habitent les collines et les plaines chaudes de la vallée du Rhin manquent dans le lœss.

Le test des coquilles du lœss est blanc, très friable et comme calciné ; quelquefois il est recouvert d'un enduit d'oxyde de fer ou d'oxyde de maganèse.

On a trouvé aussi dans le lœss des ossements de mammifères, principalement d'éléphant (*Elephas primigenius*), de rhinocéros, de bœuf, de cheval, de cerf. En général, les ossements se trouvent à la partie inférieure du dépôt où ils reposent sur des couches sableuses ou sur le gravier.

Une matière brune, qui ne paraît être que du ligneux en décomposition, se rencontre souvent aussi dans le même dépôt.

De nombreux canaux cylindroïdes, d'un diamètre de $0^{mm},2$ à 2 ou 3 millimètres, traversent fréquemment la masse du lœss en tous sens, en se ramifiant les uns dans les autres ; ils sont en partie creux ; d'autres sont tapissés d'un enduit de chaux carbonatée terreuse. Tous ces tubes se dirigent de la surface vers le bas, suivant des positions voisines de la verticale ; leur disposition ramifiée annonce qu'ils ont été ouverts par des racines de plantes qui se sont décomposées et ont, pour la plupart, disparu. Sur quelques points, comme à Ernolsheim, ces canaux sont si nombreux qu'il n'y a pas un décimètre cube du terrain qui n'en soit traversé [1].

Le lœss forme une série de collines que séparent des vallées et des vallons. Les pentes de ces collines sont en général douces et inférieures à 6 ou 7 degrés, si ce n'est sur les points où elles ont été corrodées par les cours d'eau actuels.

Dans les collines de lœss on rencontre des chemins creux, à parois verticales, dont la hauteur atteint quelquefois une dizaine de mètres. Des infiltrations d'eau pluviale dans les fissures voisines de ces parois y déterminent de temps à autre des éboulements.

Aux environs de Mulhouse, l'épaisseur du lœss ne paraît pas dépasser 10 à 12 mètres, mais dans le Bas-Rhin M. Daubrée l'a trouvé sur certains points avec une épaisseur de 60 à 80 mètres.

1. Daubrée. *Description géologique du département du Bas-Rhin.*

Entre Schlestadt et Obernai, il n'occupe qu'une largeur de 4 à 5 kilomètres, mais entre la Bruche et la Zorn, comme entre le Sauerbach et la Lauter, le même dépôt, mesuré de l'ouest à l'est, a une largeur de 25 kilomètres. Il est dépourvu de tout indice de stratification.

Il forme, le long des montagnes des Vosges et de la Forêt-Noire, une bordure interrompue par les sillons que les cours d'eau y ont creusés et s'étend, mais en s'amincissant progressivement, sur les alluvions anciennes du Rhin. Ces alluvions anciennes sont composées de graviers, la plupart siliceux (quartzites, granites, porphyres, etc.), qui proviennent en partie des Alpes, en partie des Vosges et de la Forêt-Noire ; leur fertilité dépend de l'épaisseur de la couche de lœss qui les couvre ; quand cette couche est absente, on n'a rien de mieux à faire qu'à les laisser en bois ; la grande forêt de la Hardt est sur ces graviers anciens. A Hombourg, M. Kœchlin a cherché à y faire des prés en les irriguant avec les eaux du canal du Rhône-au-Rhin. Mais ces eaux qui proviennent du Rhin sont souvent troubles et chargées de sable fin qui salit les fourrages. Avant de les employer à l'irrigation, on les fait séjourner dans des bassins où la plus grande partie de ce sable se dépose.

D'après MM. A. Penck et L. Du Pasquier, une grande nappe de lœss préalpin s'étend tout le long du versant nord des Alpes, recouvrant les moraines externes (de l'avant-dernière glaciation) et les terrasses hautes qui leur sont connexes. Ce lœss fait complètement défaut à la surface des moraines internes (de la dernière glaciation) et peut donc être considéré comme un dépôt formé entre les deux dernières extensions glaciaires, comme un dépôt interglaciaire. Ce lœss, quelquefois décalcifié et ainsi transformé en *lehm* ou limon ordinaire, couvre de vastes surfaces aux environs de Lyon, mais il disparaît à la latitude de Vienne (Isère), et les moraines terminales externes de la vallée de la Bièvre, situées peu à l'est de Beaurepaire, en sont, ainsi que les terrasses auxquelles elles donnent naissance, presque tout à fait dépourvues. Au sud de Vienne, le lœss fait place aux argiles d'altération rubéfiées, auxquelles on a donné, en Italie, le nom de *terra rossa*, de *ferreto*, etc.

La limite de ces deux formations du lœss et des argiles rouges d'altération se confond, chose importante, avec la limite de deux régions climatologiques distinctes : la région méditerranéenne subtropicale, à pluies abondantes d'automne et sécheresses d'été, et la région de l'Europe centrale, continentale, à précipitations atmosphériques moins abondantes, mais réparties sur toute l'année[1].

D'après MM. A. Penck et L. Du Pasquier, les conditions stratigraphiques des dépôts de lœss préalpins non remaniés qu'ils ont observés parlent nettement contre l'hypothèse d'une genèse directement glaciaire.

Quelques géologues sont disposés à voir en lui une sorte d'alluvionnement atmosphérique, dépôt de poussières amenées par les vents.

Il est probable qu'il y a diverses sortes de lœss.

Sans essayer de résoudre complètement cette question souvent discutée de leur origine, je crois devoir reproduire une partie de la description que M. de Richthoffen a donnée des immenses dépôts de lœss qui se trouvent dans le nord de la Chine et qui jouent un rôle très important dans son agriculture[2].

Le lœss de la Chine est, comme celui du Rhin, une terre de couleur jaune-brun, si friable qu'on peut facilement la réduire en poudre avec les doigts, et cependant assez compacte pour former des parois de plusieurs centaines de pieds de hauteur dans les endroits où des agents d'érosion, par exemple des eaux courantes, ont rompu leurs masses.

Le lœss est composé de particules de terre excessivement fines ; après qu'on a réduit ces particules en poussière, il ne reste que quelques grains de sable dont la quantité est toujours la même et, ce qui est tout à fait caractéristique, ces grains de sable ont une forme anguleuse ; ils n'ont pas été roulés. Par des lévigations successives, on peut séparer ce sable de la partie argileuse qui est colorée en jaune-brun par de l'oxyde de fer. Comme troisième partie constituante, on y trouve du carbonate de chaux que l'on peut, en

1. A. Penck et L. Du Pasquier, *Sur le lœss préalpin*. 1895.
2. *La Chine*, par le baron Fr. de Richthoffen. Berlin, 1877.

partie, distinguer à l'œil nu et que l'on peut, dans tous les cas, dissoudre au moyen d'acides.

Les fleuves opèrent cette lévigation en grand lorsqu'ils traversent une région de lœss. Ils déposent le sable dans leur propre lit; c'est pour cela qu'ils ont, en général, peu de profondeur, se divisent en bras séparés par des bancs de sable qui se déplacent souvent et sont peu commodes pour la navigation. Les matières argileuses qu'ils tiennent en suspension donnent aux eaux une couleur jaune et de là le nom de *fleuve Jaune* ou *Hwang-ho,* attribué au plus considérable des fleuves qui, en Chine, traversent des régions de lœss. Pendant ses crues périodiques, les matières argileuses se répandent sur les terres qu'il inonde et augmentent leur fertilité. Le reste est emmené par les eaux vers la mer qui porte également le nom de *mer Jaune.*

Sur chaque morceau de lœss, même sur le plus petit, on peut reconnaître sa structure caractéristique. Elle consiste en ceci que la terre est traversée par des vides en forme de tubes allongés dont les uns sont extrêmement fins et les autres plus gros, qui se ramifient comme les racines des plantes et sont la plupart revêtus d'une écorce blanchâtre de carbonate de chaux. Si l'on étudie le lœss en place, on voit que la plupart de ces petits canaux sont à peu près verticaux, que leurs ramifications ne se forment que par en bas et toujours sous un angle aigu, ce qui leur conserve une structure parallèle, un parallélisme imparfait. Si le morceau que l'on a devant soi n'a pas été détaché du reste suivant ce parallélisme, on y aperçoit les bouts des tubes qui y produisent l'effet de fines piqûres. Mais aussi, entre ces canaux capillaires bien déterminés, la terre a partout une texture poreuse, légère, et n'est pas compacte comme la plupart des argiles ou glaises. Or, ces propriétés ont des conséquences assez considérables. Par suite de cette structure capillaire, le lœss absorbe l'eau comme une éponge. Les pluies les plus considérables ne laissent que peu d'eau à sa surface. Jamais il n'y a sur le vrai lœss de lacs. Je n'ai jamais vu de sources en sortir ; elles ne se produisent qu'au point de contact du lœss avec la roche sur laquelle il repose ou, comme on le verra plus loin, au niveau des incrustations calcaires qui y forment des sortes d'étages.

Mais, sur les routes qui traversent le lœss, les pluies produisent des effets complètement différents. Elles y forment une boue si profonde et si tenace que souvent elles empêchent les chars d'y circuler. Cela provient de ce que le passage des roues a depuis longtemps fait disparaître la structure capillaire et a transformé le lœss en une sorte de glaise calcaire. Cette glaise se laisse pétrir, imparfaitement il est vrai, et, quand elle a été séchée, l'eau y pénètre moins facilement qu'auparavant et la traverse aussi plus lentement.

Ainsi le lœss n'est autre chose qu'une glaise qui a une structure capillaire et qui se distingue toujours par la grande quantité de calcaire qu'il contient et par la forme angulaire des grains de quartz que l'on y trouve. Suivant que cette structure capillaire manque ou non, la terre joue un rôle tout différent dans l'agriculture et dans toute l'économie du pays.

Sur les bords du fleuve Jaune, on trouve souvent le lœss en parois verticales de 500 pieds de hauteur ou plus. Il ne montre aucune trace de sédimentation. Mais cependant on y remarque une tendance à la formation de bancs ; cela provient de ce que les concrétions calcaires y sont souvent en couches à peu près horizontales et interrompent ainsi la continuité des dépôts. La distance entre les couches de concrétions varie beaucoup ; quelquefois elle n'est que de quelques pieds, quelquefois de 50 ou de plusieurs centaines de pieds.

On trouve le lœss dans le nord de la Chine, mais pas plus au sud que Nanking. On le trouve à toutes sortes de hauteurs au-dessus du niveau de la mer, jusqu'à 2,400 mètres, et cependant le relief du pays ne s'est guère modifié depuis son dépôt. Il est particulièrement épais dans la province de Shan-si et autour de la ville de Ping-vang-fu. Ce sont d'immenses plaines avec des ondulations peu prononcées ; on dirait, quand on les aperçoit des montagnes voisines, qu'on peut les traverser aisément, mais elles sont découpées par des cours d'eau en *cañons* (*Klüfte*), au milieu desquelles il est fort difficile de tracer des routes.

Tandis que dans le sud de la Chine l'agriculture ne dépasse pas des altitudes de 600 mètres, on la trouve dans la province de Shan-si jusqu'à 2,000 mètres et quelquefois plus, grâce au lœss qui atteint ces hauteurs. Dans le sud de la Chine, l'agriculture produit beaucoup, parce qu'on y emploie beaucoup d'engrais, mais, dans la région du lœss, on obtient des récoltes avec des fumures très rares et quelquefois sans en employer aucune. Le sol n'est pas épuisé par cette culture, et cependant la province de Shan-si est probablement la partie la plus anciennement cultivée de la Chine. Dans la vallée du fleuve Wei, aux environs de la ville de Sin-gan-fu, il y eut, il y a 4,000 ans, un état florissant où l'agriculture avait déjà pris un grand développement.

Ce qu'il y a d'essentiel, dans cette région du lœss, pour que les récoltes soient bonnes, c'est qu'il tombe assez de pluie.

Dans le nord de la Chine, des millions d'hommes ont creusé leurs habitations dans les parois du lœss, soit à leur base sur les bords des vallées qui les traversent, soit sur les planchers de concrétions calcaires qui y forment, comme nous l'avons dit, des terrasses.

« Aussi longtemps que le dépôt de lœss s'est formé, ajoute M. de Richthoffen, aussi longtemps sa surface a été couverte de végétation. Ce qui le prouve, c'est que, sur toute son épaisseur, on trouve les canaux capillaires qui marquent la place où se trouvaient des racines et que les coquilles et ossements des animaux sont répartis dans toute cette masse et ont dû y trouver, pendant tout le temps qu'elle a mis à se former, les moyens de vivre, c'est-à-dire les herbes et l'humidité nécessaires à leur existence[1]. »

Pour voir cette formation encore en train de se faire, M. de Richthoffen a été visiter la Mongolie qui se trouve immédiatement au nord de la région du lœss de la Chine. Il y a trouvé des bassins sans écoulement avec des lacs qui en occupent le milieu et où les eaux, en s'évaporant, laissent des dépôts de sels.

Dans le Turkestan, il y a peu de pluies. D'après les *Annales de l'Observatoire physique central de Saint-Pétersbourg*, il est tombé, en 1891, à Tachkent, 173^{mm},3 d'eau ; à Samarkande, 297^{mm},8 ; à Khodjent, 173^{mm},3. Il y en a eu encore moins dans les stations voisines du lac d'Aral et du désert : 83^{mm},3 à Petro-Alexandrovsk ;

1. *La Chine*, par le baron Fr. de Richthoffen. Berlin, 1877.

62mm,2 à Kazalinsk. D'un autre côté, l'évaporation est très forte. Les vents prédominants dans le bassin aralo-caspien sont les vents du nord et du nord-est, vents très secs.

A l'ouest des monts Hindou-Kouch, Thian-Chou et des Pamirs, on trouve jusque sur les rivages de la mer Caspienne, dans la dépression touranienne, des terrains qui ressemblent à ceux de la Mongolie et du nord de la Chine, situés de l'autre côté des Pamirs. Ces terrains sont post-tertiaires. Ce sont des déserts ou des steppes.

Tantôt les déserts sont absolument nus de toute végétation, terres argileuses et imperméables, quelquefois chargées de sel, que les indigènes appellent *Takirs*.

Tantôt on y trouve des *Halimodendron*, notamment l'*Halimodendron ammodendron* (*saksaoul*), plante arborescente qui aime les sables, qui atteint quelquefois jusqu'à 4 mètres de hauteur et dont les racines, très longues, vont chercher l'humidité dans les couches profondes, un certain nombre de légumineuses ou d'ombellifères, et souvent le *Stipa pennata*.

Quant aux steppes, elles sont toujours couvertes de végétation, mais elles passent, par une transition insensible, aux déserts ou réciproquement.

« La présence ou l'absence du lœss sur le sol de l'Asie centrale, dit M. Henri Moser, sont en relation très intime avec le développement des antiques centres de civilisation. Un proverbe indigène dit : Où il y a du *tourpak* (lœss ou boue) et du *son* (eau), on trouve un *sarte*, c'est-à-dire un sédentaire, un travailleur de la terre. Le proverbe pourrait ajouter « une maison », car le sarte habite dans des maisons, et ces maisons sont construites avec du lœss. On peut, à bon droit, appliquer aux villes de l'Asie centrale le nom de « cités de lœss ». L'indigène construit tous ses édifices : maisons, écuries, mosquées, minarets, tombeaux, murs d'enceinte, fourneaux et fours, etc., avec cette terre argileuse qu'il malaxe avec de l'eau et à laquelle il ajoute, ou non, un liant sous la forme de hachis de paille, de crottin sec, d'herbes sèches, etc. Ses briques, de la même matière, sont ou simplement séchées à l'air ou cuites au four. Ces dernières résistent admirablement aux ravages du temps et des intempéries, ainsi que les médresséhs et les tombeaux architecturaux de l'époque du grand Frédéric en font foi. »

Ces dépôts de lœss forment des oasis très fertiles, lorsqu'ils sont irrigués, comme l'oasis de Khiva. Mais, au milieu de ces oasis exubérantes de végétation, on rencontre des taches d'une aridité absolue, taches qui proviennent de l'invasion des sables mouvants, sortes de dunes marchantes, auxquelles les indigènes donnent le nom de *barkhanes*.

La construction du chemin de fer de Tchardjoui à Bokhara a obligé les Russes à garantir la ligne contre l'envahissement des *barkhanes* ou dunes de sables micacés qui, poussés par les vents du sud-ouest et du nord-ouest, envahissent les oasis, couvrent leurs cultures, chassent les habitants. Ces sables sont formés par la désagrégation de roches gréseuses sous-jacentes ou par les dépôts du fleuve que le soleil dessèche. Ils coulent comme de l'eau et l'on y enfonce jusqu'au-dessus du genou.

Les dunes ont la forme d'un fer à cheval, les deux pinces fuyant devant le vent. Quelques herbes, du *Peganum Harmala,* des holophytes, des touffes de *Tamarix* peuvent consolider le sable par le chevelu de leurs racines.

CHAPITRE XVIII

TERRAINS DE FORMATION MODERNE.

Quand nous avons décrit les roches de formations diverses qui ont constitué la croûte solide de notre globe, nous avons montré comment leurs parties extérieures se fissurent plus ou moins profondément sous l'influence des agents atmosphériques, puis comment elles se désagrègent en fragments de plus en plus petits : pierres, sable et terre fine, et se couvrent ainsi d'une couche meuble qui devient la *terre végétale,* lorsque les plantes s'y développent et y mélangent leurs détritus, et la *terre arable,* lorsque le cultivateur la laboure avec sa charrue.

Si la surface où elle s'est formée est peu inclinée, cette couche meuble reste en place : c'est ce que Scipion Gras a nommé un *sol autochtone.*

Mais ailleurs, sur tous les points élevés et sur toutes les pentes où elle n'est pas couverte de végétation, elle est entraînée par la pesanteur, par les eaux ou les glaces, souvent même par les vents, et va former plus bas et plus loin des dépôts que l'on appelle *terrains de transport.*

Nous avons déjà donné la description des terrains de transport qui datent de l'époque quaternaire.

Nous allons maintenant nous occuper de ceux qui se sont formés depuis l'apparition de l'homme sur la terre et qui continuent à se former encore de nos jours sous l'influence de la pesanteur, des vents, des eaux et des glaces. L'action de la pesanteur dans ces transports a peu d'importance comparativement à celle des autres agents dynamiques. Cependant il ne faut pas l'oublier, et nous commencerons par en dire quelques mots.

§ 1. — *Action de la pesanteur. Talus d'éboulement. Dépôts meubles des pentes. Rideaux.*

Sur les fortes pentes, la pesanteur suffit, même quand les autres agents de transport n'interviennent pas, pour déplacer les matières meubles qui s'y forment par la décomposition des roches.

Dans les pays de montagnes, les éboulis de rochers sont fréquents; ils parsèment les pâturages de leurs débris et souvent ils sont dangereux pour le bétail. Les pierrailles détachées des rochers calcaires qui entourent les vallées jurassiques s'accumulent en *talus d'éboulement* qui se couvrent peu à peu de végétation et les rochers blancs qui dominent ces talus ressemblent à des forteresses; c'est un des caractères distinctifs des paysages jurassiques.

Quand certaines couches redressées dans les montagnes sont plus facilement décomposées les unes que les autres par les agents atmosphériques, il s'y forme des dentelures dont les parties saillantes, les *pics,* correspondent aux bancs les plus durs, tandis que les débris détachés des autres lits vont rouler à travers les *couloirs* ou *dévaloirs* pour former en quelque sorte des cascades de pierres et s'entasser sur les bords des vallées en *cônes d'éboulement.* Ces cônes d'éboulement se distinguent des *cônes de déjection* en ce que ces derniers sont formés par les matériaux que les torrents charrient, mais les torrents sont quelquefois à sec et alors la distinction disparaît.

Lorsque les *combes* et parois de rochers qui ont fourni les matériaux meubles accumulés à leur base ont pu se boiser ou se gazonner, ou lorsqu'elles ont pris une forme telle que les matériaux ne peuvent plus rouler dans la même direction, les cônes ou talus d'éboulement se couvrent aussi de végétation. Peu à peu il s'y établit des cultures et même des villages. Dans certains pays de montagnes, une grande partie des surfaces cultivées se compose d'anciens cônes de déjection dont les matériaux, en se décomposant de plus en plus, se sont convertis en sols très fertiles.

Mais quelquefois la sécurité des paisibles habitants qui se sont fixés sur ces cônes de déjection est menacée par des avalanches de pierres ou de rochers qui recommencent, après de longues années de calme, à tomber, parce qu'un changement s'est produit dans les combes supérieures de la vallée, ordinairement par suite du déboisement ou de la destruction des gazons qui les garnissaient.

Notre administration forestière a fait dans les Alpes et dans les Pyrénées des travaux très remarquables pour conjurer ces dangers. Le plus admirable à tous égards, par la méthode simple et économique qui a été adoptée ainsi que par l'audace, le dévouement et l'habileté des agents chargés de l'exécution des travaux sous la direction de M. Loze, inspecteur des forêts, est la restauration de la combe de Péguère, près de Cauterets, dans les Hautes-Pyrénées. Nous croyons devoir donner quelques détails sur ces travaux d'après M. Demontzey, qui en avait tracé le plan.

La station thermale de Cauterets, l'une des plus importantes des Pyrénées, est située dans une vallée secondaire du gave de Pau, à une altitude de 924 mètres au-dessus de la mer, au fond d'une gorge d'aspect étrangement sauvage, enserrée par des montagnes abruptes qui s'élèvent par escarpements successifs avec intervalles garnis de bois ou de gazon. Les principaux établissements et les habitations sont bâtis au pied du versant nord du pic de Péguère dont le sommet (2,200 mètres) les domine d'une hauteur d'environ 1,300 mètres.

A une distance de deux kilomètres en amont, dans la direction nord-sud, on rencontre, le long du versant est du pic de Péguère, le groupe des thermes les plus fréquentés de Cauterets : la source si renommée de la Raillère, puis celles du Mauhourat, du Petit-Saint-Sauveur, du Pré et du Bois.

Entre les deux premières se dresse un vaste cône d'éboulis, d'une hauteur de 177 mètres, formé par une agglomération de blocs, dont les dimensions, gigantesques à sa base, vont en diminuant graduellement à mesure que l'on approche de son sommet, où elles se réduisent à celles de petits moellons mêlés aux pierrailles et aux sables. Ce cône est dominé par un escarpement rocheux, d'une hauteur de 292 mètres, dont l'arête supérieure (altitude : 1,400 mètres) forme le débouché d'un vaste couloir, véritable canal d'écoulement des blocs, d'une largeur moyenne de 150 mètres, à fond rocheux, le plus souvent sans berges et à profil en travers généralement plat et parfois même convexe vers le ciel ; la différence de niveau des points extrêmes est de 266 mètres pour une longueur de 367 mètres, ce qui détermine une pente moyenne de 72 p. 100.

A partir de la cote 1,780 mètres, le couloir fait place à une combe creusée dans la roche vive, dont le point culminant atteint 2,023 mètres. Son profil en long va se redressant de plus en plus vers l'amont et présente une pente moyenne de 98 p. 100 ; la hauteur des berges varie de 10 à 50 mètres et la surface totale de la plaie vive et apparente ne dépasse pas trois hectares en projection horizontale.

Le pic de Péguère, composé de roche granitique, présente cette particularité, commune d'ailleurs à toutes les montagnes voisines du même massif, que, sur les crêtes, la roche est disloquée en tous sens, parfois à d'assez grandes profondeurs.

Les berges vives de la combe en donnent une preuve frappante ; elles sont formées de blocs de toutes dimensions et à arêtes nettes, produits par la dislocation de la roche primitive, présentant entre eux des vides plus ou moins grands garnis de terre sablonneuse et placés dans un état d'instabilité des plus menaçants. La moindre commotion, le plus léger effort, l'action seule de la pesanteur peuvent déterminer un éboulement dans ces berges, mais c'est surtout à l'eau qu'on doit attribuer les fortes débâcles.

En hiver, elle s'infiltre en abondance dans les innombrables fissures de la roche, s'y congèle et la fait éclater en tous sens ; au printemps, au moment d'une fonte subite de neige ou de grosses pluies persistantes, les sables terreux qui garnissent les intervalles des blocs sont entraînés par les eaux et, l'équilibre instable une fois rompu, la débâcle se produit avec tous les caractères du transport en masse. Les blocs, mis en mouvement, se précipitent, par immenses bonds, sur ces pentes rocheuses et presque lisses de 80 à 100 p. 100, se brisent dans leur course désordonnée et mitraillent parfois de leurs débris l'établissement de la Raillère ou celui de Mauhourat. Cette plaie hideuse tendait à s'étendre de plus en plus et n'aurait pas tardé à compromettre la sécurité même de la ville de

Cauterets, si des mesures promptes et énergiques n'avaient pas été prises pour conjurer un pareil danger.

La combe de Péguère n'est évidemment pas de formation récente. Dans toute cette région montagneuse, on trouve de vieux cônes d'éboulis entièrement semblables, surmontés d'anciennes combes, à pentes tout aussi fortes, creusées dans des sols tout à fait identiques et cependant absolument inoffensives aujourd'hui. L'observation indique immédiatement que cette innocuité tient exclusivement à la présence de la végétation ligneuse et herbacée dans toute l'étendue du bassin de réception.

La montagne de Péguère, elle-même, fournit un précieux sujet d'observation de ce genre. Sur son versant est, en effet, entre la Raillère et Cauterets, on rencontre la combe de la Glacière, aujourd'hui dans une période d'absolu repos. Semblable en tous points à la combe de Péguère, mêmes dimensions, cône analogue, profils identiques, elle a dû fonctionner jadis de la même manière; mais, aujourd'hui, elle est admirablement gazonnée, embroussaillée et boisée de la base au sommet; les gelées et les pluies n'y ont plus la moindre puissance d'affouillement sur les parties terreuses, et ces dernières assurent la stabilité des blocs qui occupent le bassin de réception.

Sous les débris granitiques à cassure fraîche et blanchâtre qui recouvrent le cône de la combe de Péguère, on rencontre, à une assez faible profondeur, les anciens éboulis qui démontrent qu'après une longue période d'accalmie les phénomènes torrentiels avaient repris récemment une nouvelle activité due à une seule et unique cause : l'imprudence et l'insouciance de l'homme. Il y a peu d'années, en effet, que cette combe, gazonnée comme ses voisines, peut-être même plus accessible alors, était la route journellement suivie par les troupeaux de moutons et de chèvres passant de la vallée de Cambasque dans celle de Mercadau. Le piétinement des animaux joint à l'abus du parcours n'a pas tardé à excorier le sol; les gazons entamés, déchirés, ont été entraînés, la terre a suivi et, la roche une fois mise à nu, l'érosion a développé progressivement ses effets destructeurs sous l'action puissante des agents atmosphériques.

Par les temps secs, le sable coulait dans le thalweg de la combe comme dans un sablier, le vent le soulevait en nuages; en temps de pluie, il était entraîné par les eaux. Jamais de repos dans cette combe; à tout instant, quelques débris, entrant en mouvement, déchaussaient de plus gros blocs qui descendaient avec un fracas épouvantable, rebondissant en mille éclats au milieu d'un nuage de poussière, brisant les roches qu'ils frappaient, déchirant les arbres et la terre et s'élevant parfois jusqu'à vingt mètres de hauteur dans leurs bonds de quarante à cinquante mètres d'amplitude. L'instabilité était telle, qu'on se gardait de toucher au moindre débris, et les chutes de blocs étaient si fréquentes que les plus intrépides montagnards ne se risquaient à travers le bas de la combe qu'au pas de course, sans oser jamais pénétrer dans son sein.

Dans de pareilles conditions, impossible de songer à travailler pendant la saison balnéaire et l'on se trouvait réduit à n'opérer annuellement qu'aux premiers jours de printemps et aux derniers de l'automne.

De plus, la correction de la combe ne pouvait dès lors être entreprise par les moyens jusqu'alors adoptés; on devait renoncer à la construction d'un système de barrages qui, en pareille pente, auraient entraîné à des dépenses excessives imposées par leur multiplicité et leurs dimensions.

Le problème consistait, en dernière analyse, à empêcher le départ des sables plus ou moins terreux qui maintenaient les blocs dans un équilibre précaire qu'il s'agissait de rendre définitif. L'observation du climat local, jointe à celle de la nature minéralogique du sol, fournit pour la solution un programme bien simple, et surtout fort économique, se résumant ainsi :

1° Nettoyer les berges de tous blocs instables dont le départ était jugé imminent;

2° Revêtir autant que possible tous les sables plus ou moins pierreux d'une cuirasse végétale formée de plaques de gazon et calfater pour ainsi dire tous les intervalles des blocs maintenus comme provisoirement stables;

3° Construire des murs de revêtement en pierre sèche sur tous les points où les blocs agglomérés présentaient des méats sur lesquels le gazon n'aurait pas chance de végéter et de se maintenir.

C'est ce qu'on a fait ; et, depuis la fin des travaux, les seules traces qui en sont visibles sont les murs de revêtement, le reste étant transformé en un gazon de montagne d'où émergent seulement par places les têtes des blocs conservés ; et les baigneurs de Cauterets peuvent désormais se promener en toute sécurité sous la combe de Péguère.

La carte géologique détaillée de la France indique les *éboulis* ou *dépôts meubles des pentes,* composés de matériaux que la pesanteur et les eaux ont fait descendre peu à peu des hauteurs voisines. Mais elle n'indique ces dépôts meubles que lorsqu'ils ont une certaine épaisseur et une certaine surface, c'est-à-dire lorsqu'ils sont devenus de véritables terrains de transport, en couvrant des terrains d'une autre nature. Or, il y a presque partout des dépôts meubles des pentes; pour qu'ils se forment, il suffit qu'il y ait des pentes. Dans les terrains granitiques, par exemple, les sables grossiers restent au sommet des collines et plateaux, quelquefois le roc s'y montre à nu, tandis que les parties fines, isolées par la décomposition, dégringolent peu à peu et vont s'accumuler sur les points où la pente s'affaiblit ou finissent par former au fond des vallons des couches épaisses d'argiles.

Presque toujours l'action des eaux se réunit à celle de la pesanteur pour produire cette dénudation des hauteurs au profit des parties basses, ce nivellement progressif des reliefs de plus en plus adoucis de nos campagnes.

Le degré de l'inclinaison de ces dépôts meubles des pentes varie suivant la cohésion des matériaux qui les composent et suivant le frottement qu'ils ont à vaincre pour dégringoler.

Ainsi, du sable fin et sec commence à descendre dès que l'inclinaison de la surface sur laquelle il repose atteint 31°, du sable grossier supporte une pente un peu plus forte, 32° ; quand il est anguleux et que, par suite, le frottement des particules les unes sur les autres est plus grand, la pente peut aller à 36° ou 38°. Quand le sable est mêlé d'argile ou d'humus, il peut se maintenir sur une pente de 38° à 40° et l'argile pure sur une pente de 55°. Un peu d'humidité augmente la cohésion de ces matériaux et leur permet de supporter une inclinaison d'environ 4° plus forte que s'ils sont secs.

Mais, tout au contraire, beaucoup d'eau diminue le frottement que les particules exercent les unes sur les autres; et les grains de sable coulent en quelque sorte, même quand la pente n'atteint pas 20°[1].

D'après MM. Canon, Moseley et Ch. Davison, les pierres et la terre placées sur une pente même très faible tendent à descendre, quand elles sont soumises à de fréquents changements de température. Lorsqu'elles s'échauffent, toutes ces particules minérales se dilatent plus par en bas que par en haut, et, lorsqu'elles se refroidissent, elles se rétrécissent plus en bas qu'en haut, de sorte qu'elles descendent progressivement[2].

Suivant M. Kerr, la gelée exerce une influence analogue. La terre humide augmente de volume, lorsqu'elle se congèle; mais, quand le dégel survient, les parties qui ont été poussées en bas conservent leur position, tandis que celles qui ont été soulevées retombent[3].

Le gazonnement et surtout le boisement consolident ces talus; le défrichement et la culture tendent, au contraire, à les détruire; la terre meuble suit les lois de la pesanteur et, sur les fortes pentes, elle s'en va avec les eaux vers les torrents et les rivières, pendant que son malheureux propriétaire cherche à la féconder et à en tirer des récoltes.

Pour la retenir, on construit parfois des murs de soutènement avec les pierres que l'on extrait en défonçant le sol et on accumule la terre derrière ces murs, formant ainsi une série de terrasses, comme on l'a fait pour les vignes de la Provence, du pays de Vaud, des bords du Rhin, etc.

Les instruments de labour contribuent à faire descendre la terre qu'ils remuent. Ainsi, le vigneron vaudois qui emploie un fossoir la tire en bas; à chaque labour, elle descend de 20 à 25 centimètres; cela fait 50 centimètres environ par an pour deux fossoyages et un ratissage. Pendant que le haut de la vigne se dégarnit et que le roc sous-jacent commence à apparaître, la terre s'accumule dans le bas et s'en irait chez le voisin, si le vigneron ne la rapportait pas au

---

1. Lorenz de Liburneau, *Die geologischen Verhältnisse von Grund und Boden*. Vienne, 1883.
2. *Quaterly Journal of the Geological Society of London*. 1888.
3. *American Journal of Geology*. 1881.

sommet. C'est un travail qui se fait en hiver, quand il ne gèle pas trop ; le vigneron enlève à la limite inférieure de sa pièce une bande d'environ 50 centimètres de largeur, la charge dans une hotte d'osier qu'il porte sur son dos et va la décharger en haut. Si sa vigne a 20 mètres de longueur dans le sens de la pente, le propriétaire peut, dans le courant de ses 40 ans de travail, en avoir porté la terre végétale tout entière sur son dos.

Pour contrebalancer l'influence de la pente et empêcher autant que possible la descente progressive de la terre, beaucoup de cultivateurs labourent en travers de cette pente, à peu près suivant les courbes du niveau, au moyen d'une charrue tourne-oreille, c'est-à-dire d'une charrue à versoir ou oreille mobile que l'on déplace au bout de chaque raie de façon à rejeter toujours la terre meuble en amont.

Lorsqu'on se sert d'une araire à versoir fixe et qu'on dirige les raies en travers de la pente, on retourne la bande vers le bas sur la moitié de chaque planche et vers le haut sur l'autre moitié ; mais les dérayures arrêtent jusqu'à un certain point la terre fine qui tend à dévaler. Si, au contraire, le labour est fait dans la direction de la plus grande pente, la terre meuble n'est plus arrêtée par aucun obstacle ; elle descend peu à peu et va s'accumuler à la partie inférieure de la pièce, si cette pièce est limitée par une haie ou par un bois. La surface de chaque champ tend donc à se niveler, en baissant à sa partie supérieure et s'élevant à sa partie inférieure, et, si plusieurs champs se suivent les uns au-dessus des autres, la pente qu'ils occupent tend à se découper en marches d'escalier. Cette disposition se maintient quand les haies ont été arrachées et les bois défrichés et ainsi se sont formés, comme l'a très bien expliqué M. A. de Lapparent, ces ressauts de terrain que l'on observe souvent sur les flancs des vallées et que l'on appelle *rideaux* en Picardie.

Qui sait si le vent n'a pas eu sa part dans la formation de ces ressauts, en soulevant la terre, lorsqu'elle a été ameublie par les labours et séchée par le soleil, et la déposant autour des *rideaux* d'arbres qui l'arrêtaient de loin en loin ?

§ 2. — *Action des vents sur le transport et la répartition de la terre fine.*

En effet, les masses d'air en mouvement, c'est-à-dire les vents, sont des agents de transport beaucoup plus puissants et plus actifs qu'on le croyait jusqu'à présent, pour les matériaux meubles formés par la décomposition des roches et particulièrement pour leurs parties les plus fines et les plus légères, celles qui constituent les terres végétales.

Mon attention a été attirée sur cette influence des vents par une observation que j'ai faite il y a une trentaine d'années, alors que je cultivais mon domaine de Calèves, situé sur les bords du lac de Genève, dans des terrains d'argile glaciaire. Mes terres avaient été couvertes de neiges, puis une bise (vent du nord-est) très violente, comme il y en a souvent dans la vallée du Rhône, avait enlevé ces neiges de tous les plateaux élevés pour les accumuler dans les vallons abrités et y former des couches très épaisses que l'on appelle dans le pays des *gonfles*. Ces gonfles ne se composaient d'abord que de neige très pure et très blanche; mais après quelques jours, pendant lesquels la bise avait continué à souffler avec persistance, je trouvai à leur surface une couche de terre jaune de 2 à 3 centimètres de hauteur.

D'où pouvait venir cette terre? — Évidemment elle devait avoir été enlevée par la bise des mêmes places d'où elle avait commencé par balayer la neige, entre autres d'un champ de blé exposé au nord-est, et où j'avais vu la neige disparaître les jours précédents. J'allai visiter ce champ; les racines du blé y étaient en partie déchaussées; la bise était en train d'enlever la terre fine qui les couvrait. Cela m'expliqua pourquoi ce champ s'était montré rebelle à toute amélioration; je l'avais drainé, défoncé, fumé abondamment à plusieurs reprises; mais il était toujours resté un mauvais champ; la bise en enlevait la terre meuble à mesure que je cherchais à la créer. Ce qu'il y a de mieux à faire pour des champs aussi mal exposés, c'est de renoncer à les labourer et de les *fermer*, c'est-à-dire de les engazonner. On pourrait également essayer de les protéger contre la bise en plantant un rideau d'arbres du côté du nord, ou mieux encore, mettre en bois le terrain tout entier.

Par contre, les endroits où il se forme presque tous les hivers des gonfles sont les meilleurs de ma propriété. On y trouve des couches très épaisses de terre franche, dépôts éoliens formés peu à peu aux dépens des argiles qui couvrent les plateaux voisins.

Un banc en ciment, que j'ai fait placer il y a 25 ans dans un de ces endroits sur une base de béton et dont le niveau était alors, je me le rappelle parfaitement, à ras de la surface du sol, m'a permis de constater que depuis cette époque le dépôt de terre amené par le vent du nord-est avait été de plus de 15 centimètres. Ce terrain se trouve dans un vallon très bien abrité et il est resté en prairie pendant ces 25 ans ; on n'a jamais mis de fumier ou de compost à la place où j'ai fait le mesurage et les eaux de pluie ne peuvent pas y amener de dépôt alluvial. L'accumulation des restes de graminées peut avoir une petite part dans l'exhaussement du sol. Sous la table du banc, entre les deux pieds de ciment, où il est impossible de couper l'herbe à la fenaison, le niveau est de quelques centimètres encore plus élevé qu'autour du banc.

Non loin de là, sur un point qui est aussi abrité contre la bise, mais moins bien que le pré dont je viens de parler, j'avais mis en tas, il y a environ 20 ans, les pierres extraites pendant le défoncement fait pour établir une vigne. Ces pierres sont, à peu d'exceptions près, des granites, gneiss, euphotides, etc., très pauvres en chaux et très peu décomposables.

Aujourd'hui ce tas de pierres, ce *murger*, comme on l'appellerait de l'autre côté du Jura, est couvert de terre et de gazon, et cette terre est assez riche en calcaire. Elle ne peut donc pas provenir de la décomposition des roches avec lesquelles a été formé le monticule ; évidemment c'est encore un apport du vent.

Je cite ces faits parce que ce sont des faits essentiellement agricoles, que tous les cultivateurs peuvent avoir l'occasion d'observer chez eux et dont ils doivent tenir compte pour expliquer les différences souvent très grandes qu'il y a dans des terrains qui eurent jadis la même origine géologique, mais qui ont été remaniés sur certains points par les agents de transport modernes.

Mes petits tas de pierres me rappelaient les monuments et les villes de l'antiquité, comme Babylone, Ninive, etc., qui sont aujourd'hui ensevelis sous des amas immenses de terres amenées peu à peu à l'état de poussières par les vents.

Sur son domaine de Villeneuvette (Hérault), M. Jules Maistre a remarqué que des mûriers plantés dans une terre sablonneuse se déchaussaient à la suite des labours, lorsque le vent était très violent. Dans l'espace de quelques années, ces arbres avaient été déchaussés de plus de 25 centimètres.

Sur certains plateaux élevés de calcaire jurassique, par exemple, sur l'Alb du Wurtemberg, les champs sont jonchés de pierres. A quoi bon les enlever? disent les paysans, elles repoussent. En effet, les vents qui balaient ces plateaux auraient bientôt mis d'autres pierres à nu, en enlevant la terre fine qui les recouvrait. Les pierres servent, au contraire, à la terre fine de protection contre les vents.

Dans les principautés danubiennes et la Turquie d'Europe, la stérilité des plateaux du *Karst* est, dit-on, causée par des vents d'une grande violence appelés *Bora,* qui les balaient et enlèvent la terre meuble, quand elle n'est plus protégée par des forêts.

Le *mistral* produit les mêmes effets dans les montagnes de la Provence et, dans la vallée du Rhône, il emporte la terre fine vers la Méditerranée, laissant à nu les cailloux des plaines arides, comme celle de la Crau. Le limon ne reste en place que dans les endroits protégés contre les vents du nord.

M. Maiffredy, propriétaire du mas de Vert, près d'Arles, a eu l'idée ingénieuse de se servir du mistral pour niveler ses terres. Il en écroûte les parties les plus élevées, les *montilles* comme on les appelle en Camargue, et les fait herser chaque fois que le mistral souffle avec violence. Il produit ainsi des sortes d'alluvions aériennes qui se déposent dans les bas-fonds.

Dans les régions où les pluies sont abondantes, l'érosion et l'accumulation des terres par les eaux prédominent, mais dans les régions où ces pluies sont rares, où l'évaporation enlève plus d'eau qu'elle n'en amène et où, par conséquent, les rivières sont souvent à sec, c'est l'action des vents qui est prépondérante à la fois dans les érosions qui abaissent certains points, et dans les dépôts qui en élèvent d'autres. D'après M. C. Rohrbach, le domaine des vents dans ce nivellement de la surface de notre globe est beaucoup plus vaste qu'on le croit généralement ; il équivaut à peu près à celui des eaux ; il est même plus fort, il embrasse 34 p. 100 de la surface des continents, dont 6 p. 100 pour l'érosion et 28 p. 100 pour l'accumulation (dunes, déserts, etc.), tandis que pour les eaux l'aire de l'érosion est égale à 28 p. 100 et celle des alluvions à 5 p. 100. La plus grande partie des limons charriés par les fleuves s'en va dans les mers. Les dépôts glaciaires se font, d'après M. C. Rohrbach, sur 13 p. 100 de la surface de la terre, et les produits de la décomposition des roches sous-jacentes s'accumulent, sans être déplacées, sur 22 p. 100 de cette surface. Il y aurait donc seulement 22 p. 100 de terrains autochtones et 78 p. 100 de terrains de transport[1].

« On est de plus en plus unanime à considérer l'atmosphère comme un véhicule non moins actif que l'eau, relativement aux dépôts sédimentaires. » Ainsi s'exprimait Daubrée, notre éminent géologue, dans une analyse du beau travail publié par MM. John Murray et Renard sur les sédiments pélagiques, d'après les échantillons rapportés par l'expédition du *Challenger*. (*Journal des savants*, décembre 1892-janvier 1893.)

« Chacun a remarqué, ajoute-t-il, l'abondance des poussières contenues dans l'atmosphère et qu'un rayon de soleil, traversant une pièce obscure, suffit pour révéler. Ces poussières se rencontrent encore dans la couche qui recouvre tous les objets dans un local non habité, et même en pleine campagne, où l'air est relativement tranquille.

« De nombreux observateurs se sont appliqués à dresser le catalogue des matériaux renfermés dans les poussières atmosphériques. Outre des corpuscules organiques et organisés, au nombre desquels, comme l'ont montré M. Pasteur et ses élèves, les microbes occupent une place si prépondérante, il y a dans ces poussières des grains minéraux prodigieusement abondants et de diverses origines. »

Ainsi :

1° Dans sa deuxième expédition au Groenland, M. Nordenskiöld a

---

1. *Berghaus Physikalischer Atlas*. Gotha, 1892. Tableau 4.

reconnu l'abondance des poussières provenant du frottement des glaciers sur leur lit. Lorsque cette argile très fine a été séchée par le soleil, elle est mise en mouvement par la moindre brise, et l'air se remplit au loin de nuages de poussière, de telle sorte que les rochers et les plantes sont couverts par une sorte de farine grisâtre, qui donne un aspect triste à tout le pays. M. Nordenskiöld[1], comme M. de Richthofen, a vu dans des transports de ce genre l'origine probable du *lœss*, et en même temps celle des limons (*oose*) qui s'étendent sur tout le fond de l'Atlantique septentrional jusqu'au 30° degré de latitude. On a constaté la présence de dépôts de ce genre le long de la côte de l'Amérique du Nord et dans l'hémisphère sud jusqu'au 40° environ.

2° *Les poussières volcaniques*. Les matériaux très légers connus sous le nom impropre de cendres, et les petites pierrailles appelées *lapilli* à cause de leur ténuité, sont souvent emportés par les courants atmosphériques jusqu'à des distances considérables et se déposent soit sur les continents, soit dans les mers.

Les substances d'origine volcanique occupent une place considérable dans les grandes profondeurs de la mer. Les unes proviennent des volcans situés sur les continents et ont été transportés par les grands courants de l'atmosphère ou vents, les autres proviennent de volcans sous-marins. Leur décomposition, surtout celle des silicates basiques représentés par des ponces et des verres volcaniques, fournit une *argile rouge* qui occupe de vastes régions du Pacifique, de l'Atlantique et de l'Océan indien.

3° *Des poussières cosmiques*, corpuscules de forme sphérique analogues aux globules creux ou vésicules d'oxyde auxquels donne lieu la combustion vive du fer métallique, par exemple, lorsqu'on se sert de l'ancien briquet, ou quand le fer des chevaux étincelle sur le pavé.

Évidemment tous ces dépôts de poussières doivent se faire sur les

---

1. *La seconde expédition au Groenland*. Traduit par Ch. Rabot. 1888, p. 247 et 248.

continents comme à la surface des mers. Tantôt elles sont abattues par les pluies et se mêlent aux terres sur lesquelles elles tombent, mais elles y arrivent en petites quantités et on ne s'en est guère occupé, quoiqu'elles puissent avoir une certaine influence sur la végétation qui couvre ces terres. Tantôt elles se déposent dans les endroits où la vitesse des vents qui les transportent se ralentit et elles y forment des couches plus ou moins épaisses.

Dans son *Hydrologie du Mexique*, M. Henri de Saussure donne des détails fort intéressants sur les trombes de poussière (*remolinos de polvo*) qui sont si fréquentes sur les plateaux de ce pays et qui forment, en se déposant, un terrain que Virlet d'Aoust a le premier signalé et appelé *terrain météorique*. « Dans la contrée de Puebla, dit M. Henri de Saussure, ce terrain encroûte la surface des montagnes. Quoique nues ou revêtues seulement d'une végétation misérable, presque toutes les crêtes calcaires qui percent la mer de sable sont tapissées d'une couche grisâtre ou blanchâtre d'assez faible épaisseur, qui offre souvent une certaine consistance tuffeuse. Supposer que cette couche ait été soulevée avec les calcaires est inadmissible, car elle suit partout exactement la surface de la montagne, dont elle encroûte les rugosités, et il est d'autant moins possible d'y voir une formation des eaux que bon nombre des éminences auxquelles je fais allusion ne sont que des collines isolées, en sorte que leurs flancs ne reçoivent aucun courant de plus haut. D'ailleurs, c'est souvent au sommet que la couche est la plus épaisse, tandis que la dénudation est presque complète au pied, ce qui montre bien que le dépôt est dû à une pluie aérienne de matière terreuse et que les eaux, loin de l'augmenter, ne font que le ronger. Il est, de plus, évident que depuis longtemps les montagnes auraient été dénudées, si de nouvelles couches ne venaient sans cesse reformer celles qui se détruisent. Comme la poussière du sol se compose en grande partie de cinérites ou, ce qui est à peu près la même chose, de débris pulvérisés de roches volcaniques, la couche *météorique* est composée de la même substance, et ne peut guère se distinguer des dépôts de cendres provenant des éruptions des volcans que par son extrême ténuité.

« La pluie a sur ces éléments une action chimique très marquée, comme le prouve l'alcalinité de tous les ruisseaux du plateau. Les eaux d'écoulement transforment donc peu à peu ces dépôts, tantôt en leur donnant une nature de plus en plus argileuse, par la décomposition des terres et l'ablation des portions légères, tantôt en les pénétrant de substances agglutinatives qui donnent au tout une certaine cohérence. Presque tous les dépôts meubles qui sont maintenant ensevelis à une certaine profondeur sont ainsi devenus durs et tuffeux. »

« En suivant la route qui, de Maltrata conduit sur le plateau de Cholchicomula, ajoute M. de Saussure, au sommet de la montée, je fis une observation qui commença à m'expliquer la cause de ce phénomène. On trouve ici un calcaire feuilleté noir, très tourmenté, dont les strates de deux ou trois pouces d'épaisseur, très contournées et disloquées, sont partout séparées par des intervalles. Tous ces vides étaient remplis d'une poudre impalpable, qui pénétrait aussi loin que ma canne pouvait les fouiller, et jusque dans les moindres replis. Il était donc évident que ce dépôt provenait d'une poudre répandue dans l'air, qui avait pénétré jusqu'au fond des crevasses, comme la poussière s'introduit dans les boîtes les mieux fermées, et qui avait fini par remplir les moindres interstices.

« En parcourant le plateau, la grande influence des vents sur la géologie du Mexique me parut de plus en plus évidente. Elle explique l'encroûtement extérieur et intérieur de plusieurs roches, le remplissage des fentes, etc. Sur le sol de la plaine, le dépôt se fait comme autre part, mais il ne se fixe que dans les régions humides ; partout ailleurs les vents du lendemain remanient les dépôts de la veille qui ne sont pas protégés par les anfractuosités des rochers, la direction des collines ou la végétation herbacée. Grâce à cette action incessante, les lieux bas tendent de plus en plus à se combler, les lacunes à s'obstruer et la plaine à se niveler. »

La formation continue de dépôts aériens paraît être un fait très général sur presque toute l'étendue du Mexique.

Il se représente dans le Durango, dans le Nouveau-Mexique et dans les prairies des Montagnes-Rocheuses. M. W. Blake a décrit des effets très singuliers de cette espèce au col du Bernardino en Californie, dont la hauteur est de 2,800 pieds.

Ce col forme comme un canal qui conduit au désert, et le vent de l'ouest, en s'y engouffrant, y charrie sans cesse du sable qu'il enlève aux pentes occidentales et qu'il transporte vers le désert, situé à l'est. On peut se faire une idée de ce transport par le fait que les rochers de granite sont partout labourés comme par des glaciers, polis, creusés en gouttières, et découpés sur les crètes par le seul effet du frottement des sables.

Quelque petits que soient les effets d'un jour ou d'une saison, ils finissent par produire des résultats imposants quand ils se renouvellent pendant les périodes incommensurables des temps géologiques.

§ 3. — *Formation et fixation des dunes.*

La distance et la hauteur à laquelle le vent emporte les fragments de roches en décomposition dépend à la fois de la force de ce vent et du volume de ces fragments. Quand les grains de sable ont 1 à 2 millimètres de diamètre et que le vent n'est pas assez fort pour les soulever à une certaine hauteur, il se borne à les faire rouler les uns sur les autres; mais, quand ils rencontrent un obstacle quelconque, un pli de terrain ou simplement quelques touffes de plantes, ils s'y arrêtent et y forment un entassement qui, augmentant peu à peu, finit par constituer ce que l'on appelle une *dune*.

Partout où il y a de grands dépôts de sable, sur le bord des rivières et des lacs, les vents tendent à le déplacer pour le porter des points où ils soufflent avec le plus de force sur ceux où leur vitesse se ralentit. Ainsi, M. Cazalis de Fondouse a décrit ce qu'il nomme les *sables voyageurs* de la vallée du Gardon, près de Nîmes.

« Au débouché du détroit de Saint-Privat, dit-il, la vallée du Gardon s'élargit soudain; et, au delà du Pont-du-Gard, sa direction, un moment détournée du nord au sud, revient à l'est-ouest.

« Pendant les grandes crues, les eaux qui sortent du détroit de Saint-Privat animées d'une grande vitesse, déposent, dans l'anse formée par le coude de la rivière, des quantités considérables de sables. Ceux-ci, s'accumulant depuis des siècles, ont formé sous l'action du vent, entre le lit du Gardon et les collines néocomiennes, des séries de monticules qui sont de véritables dunes.

« La direction de ces monticules est, comme celle du Gardon en ce point, est-ouest, quelques degrés sud. Les gros vents du nord-ouest, qui soufflent en Provence avec une telle vigueur que leur nom de *mistral* est devenu légendaire, frappant sur ces dunes perpendiculairement à leur direction, les poussent sans cesse vers les collines néocomiennes, et accumulent leurs sables dans les combes dont elles sont sillonnées du sud au nord. Ils entraînent ces particules sableuses jusque sur le plateau, où on les retrouve à plus de 150 mètres d'altitude, et, leur faisant même franchir complètement cette barrière, les précipitent et les abandonnent finalement au pied des escarpements de Saint-Bonnet. »

En général, le sable qui constitue ces dunes continentales est composé presque exclusivement de quartz. Cela provient de ce que les autres minéraux moins durs sont réduits en poussière par l'action mécanique des vents et emportés par eux dans l'air au lieu d'être entassés dans les dunes.

C'est ce qui se produit aussi dans le désert du Sahara, suivant M. G. Rolland. La principale source d'alimentation des dunes du Sahara, dit-il, se place dans les alluvions qui proviennent du quaternaire ancien et qui sont sableuses, souvent à peine cimentées par du calcaire et du gypse. Le vent fait le triage des éléments désagrégés, enlève les parties ténues, argile, gypse et calcaire, et débarrasse ainsi le quartz de sa gangue. Il fait ensuite un classement parmi les grains de quartz qui restent, laisse les gros en place et charrie les fins, ceux qui n'ont pas plus d'un millimètre de diamètre, les roulant à la surface du désert. Il les transporte ainsi à de grandes distances et, sur certains points déterminés par le relief du sol, les amoncelle en dunes. Ces sables, légèrement colorés en jaune rougeâtre par des traces ferrugineuses, prennent en masse une teinte d'or mat, magnifique au soleil du Sahara [1].

Dunes des bords de la Méditerranée. — Dans la Méditerranée, les marées sont presque insensibles. Sur les côtes plates qui s'étendent depuis l'embouchure de l'Aude jusqu'à celle du Rhône, l'action des

1. G. Rolland, *Les grandes dunes de sable du Sahara. La Nature.* 1882.

vagues et de la houle, frappant toujours les mêmes fonds au même niveau, tend à former des *cordons littoraux*, composés de sables, graviers ou galets, suivant la nature des fonds. Comme il n'existe pas d'estran sablonneux, découvert à marée basse et livré à l'action des vents, il ne peut se former de dunes que si le cordon littoral est lui-même composé de sables. C'est pour ce motif qu'il y a peu de dunes sur les bords de la Méditerranée et leur hauteur ne dépasse guère 6 à 7 mètres. Cependant les sables des cordons littoraux sont quelquefois portés par le vent jusqu'à 2 ou 3 kilomètres dans l'intérieur des terres et s'y déposent en couches plus ou moins épaisses qui sont souvent très nuisibles aux cultures[1].

Dunes de la Gascogne. — Sur les bords de l'Océan, entre l'embouchure de l'Adour et celle de la Loire, sur quelques-unes des côtes du Cotentin et du Calvados, et puis au nord, depuis l'embouchure de la Somme jusqu'au delà des frontières de la Belgique, toutes les conditions les plus favorables à la formation des dunes se trouvent réunies.

Il y a là de longues plages peu inclinées sur lesquelles le jeu des marées découvre deux fois par jour le sable, en sorte que le soleil et les vents peuvent le dessécher et le mettre en mouvement dans la direction moyenne de ces derniers, c'est-à-dire à peu près perpendiculairement à celle des côtes. Les grains de sable n'étant pas assez légers pour être soulevés à une certaine hauteur roulent les uns sur les autres et remontent le long de la plage jusqu'à ce qu'ils rencontrent un obstacle quelconque, obstacle qui devient l'origine d'une *dune*. Peu à peu ils forment, en s'accumulant de plus en plus, du côté de la mer un plan légèrement incliné, tandis que de l'autre côté de la crête ils retombent en talus beaucoup plus abrupt.

« Les dunes une fois formées, dit Élie de Beaumont, le vent ne les laisse pas en repos. En faisant ébouler leurs sommets et en élevant le sable sur leur plan incliné, il les chasse sans cesse devant lui, puis il en fait naître d'autres, à la place qu'elles abandonnent, au

1. Dans le § 7, nous parlerons avec plus de détails des sables des cordons littoraux de la Méditerranée et des vignobles qu'on y a créés.

moyen des sables de la plage. La masse des dunes avance vers l'intérieur, à peu près comme les vagues de la mer, couvrant les terres cultivées et même les villages. »

Sur le littoral du golfe de Gascogne, dans les départements des Landes et de la Gironde, il y a une surface de plus de 85,000 hectares de dunes. Elles s'étendent sur une longueur d'environ 240 kilomètres avec une largeur moyenne de 8 kilomètres en collines parallèles à la côte, séparées par des vallons herbeux et humides que l'on appelle *lettes*.

D'après les calculs de Brémontier, la mer rejette chaque année 5 à 6 millions de mètres cubes de sables sur la plage des Landes entre l'embouchure de l'Adour et celle de la Gironde. Ces sables forment des dunes dont la hauteur atteint souvent plus de 50 mètres, quelquefois près de 100. A la fin du siècle dernier, avant qu'elles eussent été fixées par les plantations de pins, ces dunes, poussées par les vents de la mer, progressaient en moyenne, au milieu de la chaîne, de 20 mètres par an, vers l'intérieur des terres, et c'est d'après ces évaluations que l'on avait prédit leur arrivée à Bordeaux dans moins de 2,000 ans. A chaque tempête, les crêtes des monticules, au-dessus desquels la poussière tourbillonnait comme une brume, s'avançaient vers l'est; les talus de sable croulant gagnaient sur les plaines de l'intérieur, et dans leur marche recouvraient landes et marais, villages et cultures. C'est ainsi qu'ont disparu les bourgades de Lillan, de Lélos, de Sart, de Contis et d'Anchise dont on ignore même jusqu'à l'ancien emplacement; le village de Lège a fui deux fois devant les sables, de 4 kilomètres en 1480, et de 3 kilomètres en 1660. Le bourg de Mimizan, qui fut un des plus importants des Landes, a dû reculer également[1]. Au XVIe siècle, Soulac, à l'extrémité du Médoc, a été enseveli sous les sables; et un historien bordelais de cette époque, Élie Vinet, nous a laissé une description de ce qu'il y a observé :

« Je vis donques, dit-il, une forest desia la plus part couverte de sable, de sorte que nos chevaus montoient sans grande peine, aussi bien que les lièvres du Médouc, jusques à la cime des plus hauts

1. Élisée Reclus, *La France*.

chesnes. Et vismes aussi près de la mer, au milieu de ces grandes montaignes de sable, des maisons que les gens du pays n'avoient onques vues, que depuis peu de jour, ni ouï parler d'eles : lesquelles se découvraient peu à peu, ainsi que ce sable marche avant, et gagne pays. Et approchant plus près pour mieux reconnoître ces choses, arrivasmes au sommet d'un mont, que de loin nous découvroit quelque clocher, là où nous trouvasmes un temple, devant lequel il nous fut aisé d'entrer par là où avait été autrefois le toit[1]. »

Aujourd'hui cette invasion des dunes est arrêtée et c'est à l'ingénieur Brémontier que l'on doit de les avoir fixées et d'avoir remplacé ces déserts de sables par de belles forêts de pins maritimes et de chênes-lièges.

Déjà, dans le courant du XVIIIe siècle, quelques essais de fixation des dunes au moyen de semis de pins avaient été tentés avec plus ou moins de succès, entre autres par les frères Desbiey.

Mais Brémontier indiqua dans un mémoire publié en 1780 les travaux à l'aide desquels on devait arriver définitivement à résoudre le problème et il commença ces travaux en 1787. Puis le décret du 14 décembre 1810 donna à l'administration le droit de s'emparer des terrains dont la fixation était considérée comme d'utilité publique. L'administration devait planter ces terrains aux frais de l'État, en conserver la jouissance jusqu'au recouvrement des dépenses effectuées et remettre ensuite les plantations aux propriétaires à la condition qu'ils les entretinssent convenablement.

Avant de décrire ces travaux, nous allons donner, d'après M. Vassillière, professeur départemental d'agriculture de la Gironde, quelques détails sur la composition minéralogique des sables des dunes :

« Examiné au microscope, dit M. Vassillière, le sable des dunes se montre constitué par des fragments de quartz hyalin, sans arêtes saillantes, plus ou moins coloré par des sels de fer. Leur plus grand diamètre excède rarement 1 millimètre ; il est généralement compris entre 6 et 8 dixièmes de millimètre. Dans le sable du rivage, on rencontre quelques débris calcaires de coquilles et un plus

1. Élie Vinet, *L'Antiquité de Bordeaux et de Bourg.*

petit nombre encore de débris de végétaux marins; dans celui des dunes et des lettes, il faut recourir à l'analyse chimique pour retrouver l'élément calcaire; on le décèle à peine dans certaines lettes dont les acides provenant de la décomposition des plantes qu'elles ont portées ont dissous le carbonate de chaux; la matière organique y est plus abondante, bien qu'elle ne devienne réellement appréciable que dans le sable des anciennes lettes marécageuses actuellement assainies.

« Cette constitution minéralogique donne au terrain une extrême mobilité ; les grains de sable n'ont entre eux aucune adhérence ; en l'absence de particules terreuses et de matières organiques, c'est à peine si, lorsqu'ils sont humides, ils présentent quelque cohésion.

« La couleur blanc-jaunâtre de ces sables leur donne, d'autre part, une tenue toute spéciale vis-à-vis de la lumière et de la chaleur ; ils reflètent celle-là avec une intensité telle que la vue en est incommodée lorsqu'aucune végétation ne les recouvre, tandis que leur température propre reste presque stationnaire entre 10 et 15 degrés à 30 centimètres de profondeur, alors qu'elle en dépasse 60, à la surface, au gros de l'été.

« La façon dont ils se comportent par rapport à l'eau est la conséquence normale de leurs propriétés caloriques et de leur manque de cohésion. Les rosées sont sans action sur eux ; le moindre vent, le premier rayon solaire les dissipe ; elles n'ont ni le temps, ni la possibilité de pénétrer au-dessous de la surface comme il arrive dans les autres natures de terres. Quant à la pluie, elle les traverse sans s'y arrêter jusqu'à ce qu'elle ait rejoint la nappe aquifère sous-jacente. Dans la dune ou la lette nues, celle-ci est peu profonde : on la rencontre à $1^{m},50$ ou 2 mètres. Le défaut de capillarité de matériaux aussi discontinus et aussi imperméables que les grains de sable l'empêche d'être appelée à la surface, par simple évaporation, d'une façon un peu importante, et elle reste stationnaire au niveau qui représente l'équilibre entre les apports qui lui sont faits par l'atmosphère et les causes naturelles de déperdition auxquelles elle est soumise : évaporation, dans une très petite mesure, et pente du terrain. »

Composition p. 1,000 des sables de la région des dunes de Gascogne.

NATURE des échantillons.	HUMIDITÉ p. 1,000 à 110°.	MATIÈRE organique		AZOTE		SILICE et sable		ACIDE phosphorique		POTASSE et soude		CHAUX		MAGNÉSIE		OXYDE DE FER et alumine		NOMS des analystes.
		p. 1,000.	à l'hectare.	p. 1,000.	à l'hectare.	p. 1,000.	à l'hectare.	p. 1,000.	à l'hectare.	p. 1,000.	à l'hectare.	p. 1,000.	à l'hectare.	p. 1,000.	à l'hectare.	p. 1,000.	à l'hectare.	
1	2	3	4	5	6	7	8	9	10	11	12	13	14	15	16	17	18	19
			kilogr.															
Sable de mer (Soulac) .	11.600	14.000	56,000	0.092	368	954.600	»	0.147	588	0.065	260	14.970	59.880	»	»	4.480	»	Salles.
Sable du monastère (Soulac	11.637	12.000	48,000	0.280	1.120	971.960	»	0.353	1.412	0.110	440	2.180	8.720	»	»	11.480	»	—
Sable de lette (Soulac) .	0.710	4.750	19,000	traces	traces	984.000	»	0.130	520	0.160	640	0.560	2.240	»	»	9.250	»	—
— — sèche (Lacanau).	21.521	34.199	176,796	1.726	6.904	930.200	»	0.236	944	0.080	320	traces	traces	»	»	12.040	»	—
Sable de lette fraîche (Lacanau).	20.100	43.400	173,600	1.866	7.464	918.000	»	0.324	1.296	0.032	128	traces	traces	»	»	16.240	»	—
Sable dune à Lege . . .	2.500	traces	traces	0.140	560	995.315	»	0.165	660	0.110	440	1.350	5.400	0.420	1 600	»	»	Alekan.
— lette — . . .	1.700	traces	traces	0.210	840	995.900	»	0.100	400	0.210	840	1.610	6.440	00.580	2.300	»	»	—
Terre végétale sol (La Teste).	67.500	67.500	270,000	3.200	12.800	856.970	»	0.800	3.200	0.470	1.880	2.650	10.600	0.910	3.640	»	»	—
Terre végétale sol (La Teste).	5.000	11.800	47,200	0.700	2.800	979.540	»	0.130	520	0.480	1.920	1.770	6.080	0.580	2.320	»	»	—

Paul de Gasparin a fait l'analyse du sable des dunes d'Arcachon et il y a trouvé :

Partie inattaquable à l'eau régale, calcinée	925.80
Carbonate de chaux	1.30
Potasse	0.20
Soude	1.15
Magnésie	1.15
Sesquioxyde de fer	3.10
Alumine	0.00
Acide phosphorique	0.55
Matières organiques	60.10
Non déterminé	6.65
	1000.00

Pour que la germination des graines de pins pût se faire dans ce terrain, il fallait empêcher que sa surface fût sans cesse agitée par les vents. Pour cela, Brémontier eut l'idée de faire des semis avec couverture.

On sème par hectare un mélange de 30 kilogr. de pin maritime, 6 kilogr. d'ajonc, 6 kilogr. de genêt et 3 kilogr. de *gourbet* (*Calamagrostis* ou *Arundo arenaria*). Puis on couvre le semis avec des ajoncs, des genêts, des bruyères, des branches de pins et des herbes qui sont maintenus en place au moyen de petits crochets de bois ou par des pelletées de sable que l'on jette de loin en loin sur eux. Pendant les premières années, les genêts et ajoncs qui se développent plus vite que les pins protègent ces derniers contre les vents ; mais bientôt les pins prennent le dessus et, après un nettoyage, restent seuls maîtres du terrain.

Jusqu'à présent, le principal produit de ces forêts de pins a été la résine, mais la construction d'un chemin de fer portatif à traction animale sur la ligne de faîte des dunes, avec embranchements volants donnant accès à la ligne des chemins de fer économiques, ne tardera pas, nous l'espérons, à leur permettre de fournir, comme les autres forêts des Landes, des poteaux de mines, de télégraphe et des traverses de chemins de fer pour lesquels les frais de transport jusqu'à Bordeaux sont aujourd'hui encore trop considérables.

Mais le pin ne réussit guère sur le bord immédiat de la mer, soit que le sable se colle aux stomates de ses aiguilles et les empêche de fonctionner, soit qu'il les blesse et les déchire. Il y a une zone littorale de 200 à 700 mètres de largeur sur laquelle il faut fixer le sable au moyen du gourbet (*Calamagrostis arenaria*), plante merveilleuse pour cet usage, car, loin de souffrir par les apports incessants de sable fraîchement remué, elle semble au contraire en avoir besoin. Pour mieux protéger les jeunes plantations de pins contre l'envahissement des sables, on a construit sur cette zone une *dune littorale*, bourrelet de sable, parallèle à l'Océan, qui présente à peu près l'aspect d'un talus de chemin de fer à rampe douce du côté de la mer et en pente plus ou moins rapide du côté des terres, et sur cette dune on plante ou sème du gourbet. En général, on le plante sur le plan incliné qui descend à l'ouest vers la mer et on le sème sur le talus intérieur. Bientôt plusieurs autres graminées qui se plaisent dans les sables maritimes viennent se joindre au gourbet ; ce sont, d'après A. Boitel, deux agropyres (*A. junceum* et *A. acutum*), une fétuque (*Festuca sabulicola*) et le chiendent pied de poule (*Cynodon dactylon*).

M. Grangean, inspecteur adjoint des forêts à Dax, qui a pris une grande part à la construction de ces dunes littorales, en a donné une description excellente dans la *Revue des eaux et forêts* :

« La dune littorale, dit-il, a été obtenue en plantant une palissade parallèle au rivage, à 100 à 200 mètres de la laisse des hautes mers. Les planches employées étaient en bois de pin maritime. Elles avaient 1^{m},60 de longueur, 0^{m},03 d'épaisseur et 0^{m},15 à 0^{m},20 de largeur. On en mettait cinq par mètre courant, ayant entre elles un intervalle de 0^{m},02 à 0^{m},03 pour permettre au sable de s'écouler. Pour les planter, on creusait une rigole de 0^{m},40 de profondeur, et on y enfonçait encore, à 0^{m},20, les planches qui, à cet effet, étaient taillées en biseau ou en fer de lance à la partie inférieure.

« Après le comblement des rigoles, les planches dépassaient de 1 mètre le niveau du sol.

« Le sable, arrêté par la palissade, monte en présentant du côté de la mer une pente assez douce. Celui qui filtre entre les planches forme le talus de l'autre côté. Ce talus est, en général, plus raide que l'autre, au moins dans les premiers temps de la formation de la dune. Quand la palissade est couronnée, on déchausse les planches sur $0^m,20$ à $0^m,25$ et on les exhausse au moyen d'un levier à bascule et à pince ou d'un cric.

« On exhausse les planches d'un mètre ; on les laisse recouvrir par le sable et puis on les exhausse de nouveau jusqu'à ce qu'on ait obtenu la hauteur de dune désirée : 10 mètres au maximum.

« Souvent on établit, en arrière de la palissade, un cordon formé de piquets de $2^m,50$ plantés dans le sable à $0^m,50$ de profondeur avec un espacement de $0^m,50$. On les entrelace de branchages flexibles, de manière à former un clayonnage d'un mètre de hauteur que l'on élève ensuite au fur et à mesure de la montée du sable. Quand les piquets sont couronnés, on fait un nouveau cordon.

« Puis, le profil désiré obtenu, on le fixe au moyen de semis ou de plantations de gourbet. Les racines de cette herbe sont très longues et forment un réseau qui maintient parfaitement le sable. »

Les résiniers établis dans de petites métairies au milieu des bois de pins cultivent sur le revers oriental des dunes un peu de seigle, de maïs, de millet, de pommes de terre et de légumes pour leur consommation. Dans quelques endroits, on a fait plus en grand des cultures de petits pois qui peuvent être vendus comme primeurs en mars ou avril. Ailleurs on a essayé des plantations de vignes; celles du Cap Breton donnent un vin excellent et le phylloxéra ne peut pas les menacer dans ces sables mobiles.

Mais ces cultures ne peuvent être que des exceptions. Ce qu'il faut avant tout, c'est conserver tous les bois de pins qui ont permis de fixer les dunes de Gascogne.

Dunes de la Saintonge. — Passons sur la rive droite de la Gironde, en Saintonge. Nous y trouvons, à partir de Méchers, des dunes en massifs isolés, placés au fond des anses ou *conches* de la côte ; toutes les parties intermédiaires saillantes sont des falaises rocheuses de craie. L'étendue et la hauteur de ces massifs de dunes sont en rapport avec les dimensions des conches. Aux environs de Royan ils ne sont pas très considérables. Mais ils prennent beaucoup plus de développement et de hauteur à partir de la pointe de la Coubre. Il y a là une plage unie et sableuse de plus d'un kilomètre de large à marée basse. Le sable, poussé par les vents d'ouest, va former les dunes ou *puechs* d'Arvert ; l'une d'elles, près de la Tremblade, a une hauteur de 65 mètres. L'ensemble des dunes du département de la Charente-Inférieure, y compris celles qu'on trouve sur les îles de Ré et d'Oléron, couvre une surface d'environ 35,000 hectares. *Les montagnes marchent en Arvert,* dit un ancien proverbe. Mais leur marche a été arrêtée, comme celle des dunes de la Gascogne, par des plantations de pins maritimes, qui ont encore mieux réussi que celles des Landes, parce que les sables, au lieu d'être presque exclusivement quartzeux, contiennent une assez forte proportion de calcaire.

Voici, d'après les analyses de M. Gaston Malet, la composition chimique d'un certain nombre d'échantillons de sables recueillis dans les dunes de la Coubre, les uns dans les bois de pins, les autres dans les pépinières de vignes américaines que l'administration des forêts y a établies :

N° 1. — Sable de la surface, A.

N° 2. — Sable à $0^m,80$ de profondeur, A.

N° 3. — Sable de la surface, B.

N° 4. — Sable à $0^m,80$ de profondeur, B.

N° 5. — Sable de la surface, pris dans une pépinière où la vigne pousse très bien.

N° 6. — Sable à $0^m,80$ de profondeur, pris dans une pépinière où la vigne pousse très bien.

N° 7. — Sable de la surface, pris dans une pépinière où la vigne pousse assez bien.

N° 8. — Sable à $0^m,80$ de profondeur, pris dans une pépinière où la vigne pousse assez bien.

N° 9. — Sable de la surface, pris dans la partie proposée pour la culture.

N° 10. — Sable à $0^m,80$ de profondeur, pris dans la partie proposée pour la culture.

NUMÉROS.	ANALYSE PHYSIQUE.					ANALYSE CHIMIQUE P. 1,000 DE TERRE FINE.						
	Poids de l'échantillon.	Partie fine.	Gros sable, cailloux.	Débris organiques.	Terre fine p. 1,000.	Azote.	Chaux.	Acide phosphorique.	Magnésie.	Potasse.	Acide sulfurique.	Fer.
	gr.	gr.	gr.	gr.	gr.							
1.	1,560	1,518	»	12	992	0.210	21.416	0.383	0.500	0.850	traces	6.229
2.	1,482	1,482	»	»	1,000	0.139	12.040	0.282	0.200	1.051	—	3.871
3.	1,232	1,211	21	»	982	0.290	31.410	0.265	0.600	1.700	0,425	13.226
4.	1,676	1,671	6	»	998	0.112	32.701	0.089	0.400	1.088	0,201	6.290
5.	1,388	1,376	5	7	991	0,948	29.232	0.076	0.200	1.156	traces	6.774
6.	1,650	1,650	»	»	1,000	0.091	32.368	0.418	0.600	1.088	—	7.581
7.	988	962	26	»	973	0.764	23.800	0.374	0.300	1.190	0.408	10.000
8.	1,113	1,107	3	1	990	0.078	26.880	0.262	0.100	0.816	traces	4.077
9.	944	939	»	5	1,000	1.311	25.592	0.617	0.500	1.394	0.170	9.355
10.	1,065	1,064	1	1	999	0.111	28.776	0.427	0.200	0.986	traces	6.200

L'administration des forêts, pour venir en aide aux propriétaires des vignes détruites par le phylloxéra, a établi une pépinière de plants des diverses variétés américaines et françaises dans les sables des dunes de la Coubre, sables qui ont, comme on le sait, l'heureuse propriété d'être indemnes du phylloxéra. La contenance totale des plantations est, d'après le rapport adressé en 1887 au comité central d'études du département de la Charente-Inférieure, de 5 hectares 63 ares, répartie en une dizaine de parcelles inégales et éloignées les unes des autres. Ces plantations sont établies dans les bas-fonds des dunes, ce qui les expose aux gelées printanières. Souvent, par suite de la trop grande humidité du sol, le bois est spongieux, mal aoûté et par conséquent médiocre au bouturage.

D'un autre côté, la couche supérieure du sol des plantations est constituée par du sable très fin, que le moindre vent déplace ; et, pour empêcher les racines d'être mises à nu, on est obligé de paillassonner la surface, ce qui coûte environ 180 fr. par hectare. Il faut encore faire des frais de clôture considérables pour soustraire les pousses à la dent des lapins, très nombreux dans les dunes.

Enfin, comme le terrain est des plus pauvres, la végétation exige beaucoup d'engrais. On fume à raison de 60 mètres cubes de fumier par hectare tous les trois ans. Par suite de l'éloignement, ce fumier revient à 10 fr. le mètre cube, ce qui fait 200 fr. par hectare et par an.

La main-d'œuvre est également très onéreuse par la même cause, les ouvriers ayant chaque jour à parcourir un trajet de 20 kilomètres dans des chemins de sable mouvant.

La base de l'île de Ré est un rocher de calcaire jurassique comme la partie voisine de la Saintonge, à laquelle elle était sans doute autrefois réunie. Mais, depuis qu'elle a été isolée, il s'est formé à la surface de ces calcaires des dépôts de diverses natures : les uns, alluvions argileuses amenées par les courants de la mer, ont donné naissance à des marais salants du côté du continent ; les autres, sables amoncelés à l'ouest, du côté de ce que l'on appelle la *mer Sauvage,* ont formé des dunes et ont recouvert plus de la moitié de l'île.

« Le sable le plus gros, dit M. Bailleau, ingénieur agronome, s'est tout d'abord déposé sur le rivage, tandis que le plus fin est venu, suivant sa grosseur, former une couche de moins en moins épaisse et de plus en plus fine, jusqu'à une distance d'au moins trois kilomètres dans l'intérieur des terres. On conçoit facilement que, grâce à cet apport constant de sable, les terres de l'île n'aient pas du tout la même consistance et le même aspect que sur le continent.

« Cet apport continu de sable qui, pour bien des contrées, serait une ruine, est un bien pour l'île.

« Ses courageux habitants ne laissent point la nature recouvrir leurs champs de sable sans en profiter. Constamment ils remuent le sol. Hommes et femmes, tout le monde s'y adonne avec une ardeur vraiment peu commune. Aussi, quel n'est pas l'étonnement d'un observateur qui, croyant reconnaître dans l'île les terres du continent, en y voyant une multitude de petites pierres blanches calcaires, et qui, après avoir gratté le sol à la surface, s'aperçoit que de calcaire qu'il était primitivement, il est devenu, par l'action de la nature et le travail des habitants, presque entièrement siliceux.

« Si l'on veut se rendre compte exactement de la nature des terres de l'île de Ré, on peut tirer une ligne partant du fort de Sablonceaux et allant à la commune de la Couarde, puis suivant la route qui conduit de la Couarde à Saint-Clément-des-Baleines, de là à la commune des Portes, puis de la commune des Portes allant à la pointe du Fier ; toutes les terres qui sont situées sur la gauche de cette ligne sont silico-calcaires, tandis que celles situées sur la droite, jusqu'à la Couarde, sont calcaires, et, au delà, recouvertes de marais salants.

« Cette ligne imaginaire n'est pas, cependant, absolument exacte, attendu que la commune de Loix, par exemple, présente bien des terres silico-calcaires et que tout .un tènement situé au nord-ouest de la Couarde est composé presque exclusivement par des sables de dunes.

« Parmi les terrains situés à gauche de cette ligne, on peut encore établir une division. A mesure qu'on s'éloigne de la mer Sauvage et qu'on se rapproche de cette ligne, les terrains diminuent de profondeur et deviennent de moins en moins sableux. Les moins sableux sont appelés, dans le pays, varennes, tandis que les autres portent le nom de sables, bons sables, et sables de dunes.

« Dans les sables, la vigne a généralement une belle végétation; elle n'a guère à redouter que les vents et l'effet de ce qu'on appelle dans l'île, le cinglage dû au choc du sable entraîné sur ses pampres. Pour diminuer l'action du vent elle-même, les habitants de La Noue et de Sainte-Marie construisent de petits murs en pierres sèches ramassées à la côte. Ces murs sont très rapprochés, et je n'exagère pas en disant qu'il en existe des centaines de kilomètres. De cette façon, le vent est presque nul le long de ces murs : aussi les pampres sont toujours plus beaux sous leur abri. Le sable se dépose entre eux et les couvre souvent à une hauteur de 50 ou 60 centimètres.

« L'édification de ces murs représente un travail immense, surtout lorsqu'on connaît les difficultés qui existent à remuer une charge dans ce sable mouvant. En suivant le littoral, les défenses ne sont plus les mêmes. Au Bois, par exemple, les murs sont remplacés par des haies de tamarins. Il faut dire que, presque partout, sauf à la Couarde, les dunes ne sont pas plantées de pins maritimes.

« Les vignes, dans le sable, sont attaquées dans certains endroits par une maladie spéciale que les vignerons appellent le *ladrie* ou les *bois dans sol*. Toutes les vignes atteintes ont des bois rampant, ne donnant que très peu et coulant beaucoup chaque année; les racines de ces vignes sont traçantes. L'âge auquel elles se ressentent de cette affection est vers 18 à 25 ans. Presque partout où les vignes sont ainsi atteintes, le sous-sol est formé par un sable blanc jaunâtre qui semble complètement dépourvu de matières fertilisantes. Indépendamment des murs et des haies de tamarins, chaque année les vignerons recouvrent le sol, de place en place, de paquets de *sarre ou goëmon ou varech,* qui s'opposent à l'enlèvement du sable, et, par suite, au cinglage. Le sarre, outre son effet physique, qui est d'arrêter le sable, sert de fumure à la vigne.

« Dans les terres de varennes, il n'en est plus de même; les effets du vent seul sont considérables. Mais si la vigne n'a pas à lutter contre l'envahissement du sable, elle a à lutter contre le phylloxéra.

« Les effets de l'insecte ne sont pas les mêmes partout; plus les varennes sont sablonneuses, moins ses ravages sont considérables. On voit des vignes sur lesquelles on reconnaît la présence du phylloxéra et où les progrès du fléau sont nuls, pour ainsi dire. Il y a, en effet, des vignes qui sont atteintes depuis six et huit ans, sans que la tache se soit bien agrandie. Quand les varennes sont plus compactes, les progrès deviennent plus rapides, et il y a des places où la vigne a disparu. Dans certains endroits à sous-sol compact, les racines profondes ont disparu et le système radiculaire de la plante est absolument cantonné dans la partie sableuse de la superficie. Grâce à cette particularité, la vigne a conservé une certaine vigueur.

« Dans les terrains calcaires elle a disparu presque partout, et le moment n'est pas encore arrivé où les hybrides américains, résistant au calcaire, permettront une reconstitution pécuniairement possible.

« Les terrains de marais ne sont que rarement recouverts de vignes. Dans certains endroits, cependant, on en trouve, surtout lorsque le sol est recouvert d'une couche sablonneuse. Là, comme dans ceux qui nous occupaient tout à l'heure, les racines profondes ont disparu et le système radiculaire reformé est relativement faible, vu le peu de profondeur de la couche sableuse.

« La culture des marais salants est surtout formée par l'orge sur les bosses; c'est une des plus grandes ressources de l'île, car ces orges sont très bien vendues pour la brasserie.

« La vigne n'est pas tout à fait cultivée dans l'île comme sur le continent; ses plants sont placés en quinconces à 90 centimètres environ, ce qui donne un total de 12,000 pieds par hectare. Il y en a même de plus rapprochés. Les cépages cultivés sont surtout la folle blanche et la folle noire ou dégoûtant, et, dans certains endroits, le colombar ou *sans-couteau*, ainsi nommé par les vignerons de l'île à cause de cette particularité que l'on peut vendanger les raisins sans avoir besoin d'un couteau pour les détacher du sarment.

« Dans toute l'île, la culture se fait à bras d'homme, vu le morcellement de la propriété. Des surfaces d'un demi-hectare au même propriétaire sont l'exception. Le labourage est fait au moyen d'une pioche très recourbée, que l'on appelle une *boëlle*. Les hommes et les femmes s'emploient à cette culture avec une ardeur qu'il est difficile de rencontrer ailleurs que dans l'île, et qui est toute à la louange de ses habitants.

« La fumure est faite principalement de goëmon ou de varech, que l'on récolte à la côte, surtout sur le littoral compris entre le fort du Martray et le phare des Baleines.

« La pêche au sarre n'est pas, certes, une des moindres curiosités de l'île. Lorsque la mer est forte, que, par conséquent, elle amène à la côte une grande quantité de goëmon, en hiver comme en été, hommes et femmes, armés de longs crocs, se précipitent dans le remous de la lame pour attirer à eux le sarre. C'est une opération très pénible, surtout quand elle se pratique en hiver et si l'on songe que la moitié au moins de ces pêcheurs et pêcheuses de sarre viennent de faire, la nuit quelquefois, 18 ou 20 kilomètres pour se livrer à ce travail. Une fois pêché, il est chargé sur des charrettes et conduit en dépôt sur le bord des vignes. On le mélange alors en tas avec le fumier ou on l'emploie seul. Dans tous les cas, il faut le recharger sur des crochets fixés au bât des animaux pour le conduire, par des sentiers étroits, au petit coin de vigne que l'on veut fumer. Indépendamment du varech ou sarre, on emploie également le fumier de ferme, mais en petite quantité, vu le petit nombre d'animaux que possède l'île.

« La taille employée varie un peu suivant les cépages ; mais c'est toujours la taille à longs bois dont on laisse un plus ou moins grand nombre, c'est-à-dire que l'on enlève tout, sauf un ou deux sarments beaux et bien placés. Tant que les gelées ne sont pas passées, on laisse le sarment droit, puis on enlève les yeux de l'extrémité et on le recourbe en le piquant dans le sol. Ce genre de taille est destiné à parer aux inconvénients du vent de mer. »

Les côtes qui entourent le Pertuis Breton et l'anse d'Aiguillon sont couvertes d'alluvions argileuses, fertiles *terres de Bri*, comme les marais du Poitou qui y aboutissent.

Dunes de la Vendée. — Mais les dunes reparaissent après la pointe du Grouin du Cou autour des Sables-d'Olonne.

M. L. Grandeau a fait l'analyse de trois échantillons recueillis dans les dunes fixées de Longeville, près des Sables-d'Olonne. Voici les résultats qu'il a obtenus :

	SABLE DE DUNE mobile.	SABLE DE DUNE fixée, pris à la surface.	SABLE DE DUNE fixée, pris à 1m,30 de profondeur.
Analyse mécanique.			
Eau	0.170	0.350	0.210
Sable	93.465	94.350	95.695
Argile	traces	0.210	traces
Calcaire	0.105	4.420	3.485
Matière combustible	0.130	1.070	0.270
Analyse chimique.			
Eau	0.170	0.350	0.210
Matière combustible	0.130	1.070	0.270
Sesquioxyde de fer	0.427	0.405	0.355
Chaux	3.425	2.457	1.915
Magnésie	0.107	0.188	0.214
Potasse	0.010	0.020	0.020
Soude	0.020	0.045	0.025
Acide sulfurique	0.025	traces	traces
Acide phosphorique	0.080	0.068	0.055
Résidu insoluble	92.750	93.450	95.590
Acide carbonique	2.680	1.950	1.570
	99.824	100.093	100.134

Au nord des Sables-d'Olonne, on trouve encore, de Saint-Gilles à Fromentine, quelques grèves sablonneuses et des dunes, entrecoupées de roches granitiques.

Sur les côtes abruptes de la presqu'île de Bretagne, les conditions ne sont pas favorables à la formation des dunes. Il n'y en a qu'au fond des rades d'Escoublac et du Croisic, près de l'embouchure de la Loire, et quelques-unes à l'extrémité du Finistère, près de Saint-Pol.

Dunes du département de la Manche. — Mais, au nord-est de la baie de Cancale, le flot pousse vers la côte du Cotentin des sables qui sont souvent riches en calcaire.

Quand ces sables ne sont pas assez fins pour être soulevés par les vents, ils forment des grèves stables, à surfaces planes, horizontales ou légèrement inclinées, que l'on désigne sous le nom de *mielles*. La plupart de ces mielles sont gazonnées et servent de pâturages aux moutons de *Prés salés* si renommés par leur fine qualité. D'autres sont cultivés et produisent surtout des légumes.

Mais, quand les sables amenés sur le littoral sont moins grossiers, le vent les soulève et en forme des dunes ou *houques*, comme les appellent les gens du pays. Ces dunes sont très nombreuses entre le cap Carteret et Avranches ; la hauteur de celles d'Hattainville dépasse 60 mètres.

Ces dunes, dit M. Bénardeau, conservateur des forêts, se présentent sous les aspects les plus variés ; elles n'offrent aucune trace de régularité dans leur forme et leur disposition ; leur surface ondulée peut être comparée à celle d'une mer en fureur dont les flots auraient été solidifiés au plus fort de la tempête.

Comme les mielles, elles présentent des parties cultivées et des parties incultes, mais ici les portions incultes occupent une superficie considérable. Jusque vers 1830, presque toutes les dunes appartenaient à des communes ou à des grands propriétaires qui n'y exécutaient aucun travail d'appropriation et n'en tiraient parti qu'en les affermant à bas prix pour sécher le varech ou pour faire paître des moutons. De nombreuses aliénations ont eu lieu à cette époque et elles se continuent chaque année. Les parcelles à vendre sont généralement partagées en surfaces de vingt ares qu'on désigne dans le pays sous le nom de vergées. Le plus modeste cultivateur peut ainsi devenir propriétaire d'un terrain qu'il s'agit de mettre en valeur. On commence par niveler le sol ; puis, pour soustraire le sable fraîchement remué à l'action du vent et aussi à l'invasion du bétail, on clôt la propriété d'une levée de sable plantée à son sommet d'ajoncs, de saules ou de peupliers et dont les talus sont fixés par des mottes de terre gazonnée. Un simple labour suit et, dès la première année, on obtient une récolte de pommes de terre.

Les années suivantes, ce sol neuf s'améliore peu à peu grâce aux fumures faites avec la tangue ou le varech que la mer fournit à profusion, de telle sorte que bientôt la culture des céréales et de la luzerne succède à celle des pommes de terre. C'est ainsi que de vastes terrains qui semblaient voués à une stérilité perpétuelle ont été progressivement conquis par l'agriculture sur les dunes et sont devenus aujourd'hui très productifs.

Quant à la zone qui sépare ces cultures nouvelles de la mer, on conçoit facilement qu'elle aille sans cesse en diminuant au point de se réduire parfois à un ruban de 30 à 50 mètres de largeur qui est utilisé pour le séchage du varech. Les dunes cultivées dont je viens de parler rentrent évidemment dans le cas des mielles : pas plus qu'elles, elles ne sont mobiles et, par suite, elles échappent à l'application du décret de 1810.

Il reste à examiner les dunes incultes. D'après l'aspect qu'elles présentent, les habitants du littoral distinguent dans les dunes incultes trois catégories, qui correspondent précisément à leur degré de fixation. Ils appellent dunes noires celles dont la surface est recouverte d'un épais gazon ; dunes grises, celles que surmonte un gazon moins abondant au travers duquel on aperçoit le sable de la dune, ou bien encore celles où l'on trouve installé le gourbet, que l'on appelle ici *milgreux,* et, enfin, dunes blanches celles qui sont à peu près nues.

Les *dunes noires,* malgré leur épais gazon, constituent de maigres pâturages. La mousse y domine et s'y associe à une herbe fine et clairsemée, que les bestiaux mangent volontiers. Il faut plusieurs hectares pour nourrir un mouton ; néanmoins, la viande de cet animal y acquiert des qualités recherchées. Les vents les plus violents n'exercent aucune action sur ces dunes.

Les *dunes grises* ne diffèrent des précédentes que par la moindre densité du tapis végétal. Elles constituent par conséquent un pâturage plus maigre encore. Nous avons dit qu'on appelle aussi dunes grises celles qui sont recouvertes de milgreux. Cette plante a des racines extrêmement développées qui se ramifient à l'infini et s'enfoncent profondément dans le sol. Elle contribue puissamment à la fixation des sables et sa conservation est sous ce rapport du plus haut intérêt; mais, en dépit de l'article 6 du décret du 14 décembre 1810 et des arrêtés préfectoraux, la coupe en est tolérée dans beaucoup de communes où les habitants s'en servent pour chauffer le four et faire des balais. Heureusement, le vent n'a pas beaucoup plus d'effet sur les dunes grises que sur les noires. Il s'y produit parfois un léger volage de sable comparable au mouvement de la poussière sur une grande route. Le corps et même la surface de la dune n'en éprouvent aucune altération.

Les *dunes blanches* n'offrent que peu ou point de végétation. On n'y rencontre guère que le milgreux et encore à l'état de touffes isolées. En beaucoup d'endroits, il fait même complètement défaut. Aussi ces dunes qui se présentent sous forme de grosses masses de sable mouvant donnent beaucoup de prise au vent qui en modifie constamment la silhouette.

L'ordre qu'affectent ces dunes est presque toujours le même quand elles existent sur un même point du littoral. Sur le rivage, les dunes blanches, puis viennent les dunes grises et les dunes noires auxquelles succède la mielle. C'est précisément dans les dépressions qui séparent les chaînes de dunes que se trouvent les parties cultivées dont nous avons parlé plus haut, parties dont l'étendue et le nombre vont toujours en diminuant quand on passe des dunes noires aux grises et surtout de ces dernières aux dunes blanches.

Nous venons de voir que les conquêtes réalisées par l'agriculture sur les dunes augmentent chaque année. Doit-on conclure de là que toutes les dunes de la Manche pourront être un jour mises en valeur par la culture agricole? Nous ne le croyons pas. D'abord, il existe à peu près tout le long du rivage un cordon de 30 à 100 mètres de largeur, rebelle à toute autre végétation qu'à celle du milgreux, parce qu'il est exposé à la fureur des vents de mer et au volage des sables de la grève. En second lieu, dans les dunes blanches, il faut distinguer les grosses masses de sable mobile dont il a été question tout à l'heure, des dépressions plus ou moins considérables qui les séparent et qui, seules, peuvent être cultivées si elles ne sont point envahies par les premières. Enfin, certaines dunes, même parmi les mieux gazonnées, sont si arides, si difficiles à aplanir, ou tellement éloignées des tanguières et des grèves qui fournissent le varech, que les dépenses à faire pour les cultiver excéderaient le prix d'achat des meilleures terres. Il en résulte qu'une notable partie de ces dunes échappera par la force des choses à l'agriculture ; mais cela sans que la proximité de ces parties soit un danger pour leurs voisines cultivées. Et cette assertion se justifie si l'on compare l'état actuel du littoral à ce qu'il était au moment de la confection du cadastre. Non seulement les cultures de cette époque existent encore, mais elles se sont accrues de plusieurs milliers d'hectares par l'effet des conquêtes réalisées sur les sables. Les quelques clos envahis par ces derniers avaient été établis dans la région des dunes blanches et sans abri préalable.

Donc les dunes de la Manche ne s'avancent pas vers les terres. Même dans les plus meubles, le sable se contente de se mouvoir sur place, à l'intérieur d'une zone qu'il n'a jamais pu franchir. Il en résulte que les dispositions du décret du 14 décembre 1810 ne peuvent être invoquées pour rendre obligatoire la fixation des dunes par le boisement, puisque ce décret vise uniquement la plantation des dunes à marche envahissante et dont la progression doit être enrayée au nom de l'intérêt général.

Mais le boisement, qu'il est impossible de décréter d'utilité publique, est néanmoins le meilleur moyen de tirer parti de tous ces sables inutilisables au point de vue agricole. Malheureusement, jusqu'ici les communes et les particuliers directement intéressés ont hésité à consentir quelques sacrifices qui leur vaudraient le concours de l'État ; et voilà pourquoi il reste encore plus de deux mille hectares de dunes blanches dans le département de la Manche. Puissent le conseil général et les municipalités se décider enfin à boiser par voie de semis de graines de pin maritime sous couverture cette partie improductive du sol national. Le gouvernement de la République est tout prêt à les aider de ses conseils et de ses subventions[1].

---

1. Bénardeau, *Agriculture nouvelle*.

Dunes du Calvados. — Dans le département du Calvados, il y avait, entre l'embouchure de l'Orne et celle de la Dives, sur une longueur de 15 kilomètres, un estuaire de 8 kilomètres de largeur qui a été comblé par les alluvions des deux rivières et bordé par un bourrelet de dunes. Ces dunes s'étendent du côté de l'ouest jusqu'à Saint-Aubin, où elles ont été aplaties, abondamment fumées avec des varechs, des moules, des tourteaux, du fumier de ferme et du nitrate de soude et cultivées en luzerne, colza, orge, pommes de terre et surtout en carottes et en oignons. Ces derniers sont renommés par leur excellente qualité et sont vendus pour les marchés du Havre, de Paris et de l'Angleterre.

A l'est de l'embouchure de la Dives, on retrouve des dunes à Cabourg, mais les riverains ont déjà su les fixer et elles sont en grande partie couvertes de villas et de riches plantations. On en retrouve également de Villers à Deauville où elles tendent à augmenter de plus en plus.

Dunes du Pas-de-Calais et des Flandres. — De l'autre côté de l'embouchure de la Seine, sur les côtes du département de la Seine-Inférieure, les conditions ne sont pas favorables à la formation des dunes. Mais les falaises de craie qui, depuis le cap de la Hève, bordent le littoral de la Manche, s'arrêtent près d'Ault, sur la rive gauche de l'embouchure de la Somme et, de là, jusqu'au Boulonnais, la côte s'étend du sud au nord, plate et encombrée par les sables que les courants de la mer viennent y déposer.

Ces sables siliceux ont formé des estrans de 1,200 à 2,000 mètres à marée basse avec des inclinaisons de $0^m,007$ à $0^m,008$ et, soulevés par les vents d'ouest après avoir été desséchés au soleil, ils alimentent la formation d'un cordon de dunes toutes les fois que les plages ne sont pas rendues limoneuses par les cours d'eau. Dans ce dernier cas, les sables mêlés aux limons obstruent les thalwegs des rivières qui débouchent dans la mer. C'est ainsi que les embouchures de l'Authie et de la Canche ont été ensablées et rendues inaccessibles aux navires.

Étaples, situé à 7 kilomètres de l'entrée de la Canche, a été autrefois un port d'une assez grande importance. Aujourd'hui c'est un delta sablonneux, où ne peuvent pénétrer que les bateaux de pêche et dont les abords présentent des *basses* d'autant plus dangereuses pour les grands navires que les vents et les courants se réunissent pour les y pousser[1].

Après les falaises calcaires du cap Blanc-Nez et de Sangatte, la côte tourne à l'ouest-est et l'on n'y trouve plus depuis les environs de Calais jusqu'à Dunkerque que des plages sablonneuses et uniformes et une zone de dunes, large de 500 à 1,500 mètres, qui s'élève de 10 à 20 mètres au-dessus de la mer et derrière laquelle s'étendent les *walteringues* et les *moëres,* aujourd'hui desséchés par un réseau de canaux et colmatés par les eaux courantes qui les traversent.

Les dunes forment une succession de collines mamelonnées (*rocs*) et de vallons que l'on appelle *lettes,* comme en Gascogne. Le gourbet y croît aussi naturellement, mais les Flamands lui donnent le nom d'*oyat* et, depuis longtemps, ils ont su le propager, par boutures ou quelquefois par semis, pour fixer les sables.

Ils appellent *sables gris* ceux dans lesquels l'oyat est abondant et *sables blancs* ceux des *rocs* ou plateaux qui sont encore mobiles et souvent remués par les vents. Les *sables morts* sont ceux qui sont couverts de mousses et de lichens.

Pour compléter la fixation des *rocs* et y obtenir des produits qui aient quelque valeur, on y a fait, comme en Gascogne, des plantations de pin maritime.

Quant aux lettes ou sables frais, on y a planté des saules, des bouleaux, des aulnes et des peupliers du Canada. En quelques endroits, on y cultive du seigle, des pommes de terre et des asperges. Ces dernières, surtout celles d'Étaples, sont très renommées.

Delesse a remarqué que le littoral sud-nord de la Manche, depuis Ault jusqu'au Boulonnais, reçoit des sables de composition notablement différente de celle des sables de la côte ouest-est. Ceux de la côte sud-nord ont pour élément presque exclusif le quartz hyalin. La proportion de quartz hyalin est déjà de 66 p. 100 dans les sables d'Ault contre 20 p. 100 de calcaire et de coquilles brisées et

1. Amédée Burat, *Voyages sur les côtes de France.* Paris, 1880.

12 p. 100 de silex. Au cap Gris-Nez, les sables contiennent 86 à 93 p. 100 de quartz hyalin avec des traces de silex, et 3 à 6 p. 100 de calcaire et de coquilles brisées.

La diminution du silex, du calcaire et de la glauconie sur la côte sud-nord s'explique par l'amoindrissement des courants de l'ouest qui viennent s'anéantir et qui, remontant lentement vers le nord, abandonnent plus facilement les éléments tenus en suspension ou traînés sur les fonds. Or, ces éléments proviennent des côtes de la Bretagne et du nord du Cotentin, et le quartz hyalin est seul assez dur pour résister à un aussi long trajet.

§ 4. — *Transport des terres par les eaux. Alluvions modernes.*

Les eaux, évaporées par la chaleur solaire et condensées sur les montagnes, représentent à la fois des forces mécaniques qui devraient être utilisées pour l'industrie et des éléments de fertilité qui pourraient augmenter la production agricole, si elles étaient bien aménagées. Malheureusement cet aménagement rationnel n'existe que dans les Vosges, le Morvan et les montagnes du Jura. Le Plateau central, les Alpes du Dauphiné et les Pyrénées sont en grande partie déboisées. Il aurait fallu non seulement y conserver les forêts, ces régulateurs naturels de l'hydraulique, mais compléter leur action par des bassins de retenue qui auraient emmagasiné les eaux de pluie dans tous les vallons, et ces eaux ne devraient revenir à la mer qu'après avoir mis en mouvement des usines et arrosé des prairies à chaque échelon de leur descente.

Dans les Vosges presque tous les ruisseaux arrosent des prairies et mettent en mouvement des tissages ou des féculeries. Dans le Morvan ils servent à flotter les bois. Les torrents des Alpes ont fourni la force au moyen de laquelle les ingénieurs ont percé les tunnels du Mont-Cenis et du Saint-Gothard.

A Genève et à Lyon des dynamos puissantes établies sur le Rhône mettent en mouvement les ateliers d'horlogerie et les métiers à tisser la soie.

Au XXe siècle, on verra tous les cours d'eau qui descendent des montagnes employés à produire des forces électriques qui éclaireront les villes et qui, transportées à distance, serviront de moteurs non seulement pour les usines, mais pour les tramways et peut-être quelquefois pour les travaux des champs. Espérons que, par un juste retour, les richesses créées par les eaux pourront fournir les moyens de conserver et de restaurer leurs régulateurs naturels, les forêts.

En attendant, toutes ces forces hydrauliques sont constamment à l'œuvre pour niveler la surface du globe et dénuder les montagnes au profit des plaines. A l'état de torrents impétueux, elles arrachent et transportent des blocs de rochers, pêle-mêle avec des débris qu'elles broient, usent et arrondissent, et des sables ou limons qui restent plus ou moins longtemps en suspension dans la masse des eaux. Puis, à mesure que leur vitesse se ralentit, ces eaux déposent d'abord les cailloux, puis les sables et les limons qui forment sur leurs rives des alluvions, formations modernes que l'agriculture peut utiliser, ou qui sont entraînés jusqu'au fond des mers et deviendront peut-être des formations futures, quand un nouvel exhaussement aura remplacé ces mers par des continents.

A pentes égales, la dénudation des terrains perméables par les eaux de pluie est beaucoup moins considérable que celle des terrains imperméables. Les terrains perméables absorbent une partie des eaux, plus ou moins grande suivant que cette perméabilité est elle-même plus ou moins prononcée, suivant que l'inclinaison de leur surface est plus ou moins faible et suivant que la pluie tombe plus ou moins lentement et plus ou moins régulièrement. Ces eaux s'infiltrent dans les bancs de sable ou de gravier du sous-sol, descendent dans les fentes et les crevasses des roches qu'elles rencontrent sur leur passage et circulent ainsi souterrainement jusqu'à ce qu'elles soient arrêtées par des couches imperméables qui les amènent à jour et en font des sources sur les points où elles affleurent.

Quant aux terrains imperméables, toutes les eaux de pluie qui tombent sur eux doivent ou s'évaporer, ou s'écouler suivant la pente qu'elles trouvent à leur surface et, en s'écoulant, elles entraînent avec elles la terre fine et les sables ou graviers qui, sans cela, seraient restés sur place.

Lorsque la pluie tombe avec une certaine violence sur les champs labourés, sa chute suffit souvent pour défaire les mottes que la sécheresse avait durcies ; elle sépare les particules de terre les unes des autres ; la motte se fuse à la grande joie du cultivateur qui attendait avec impatience le moment de faire ses semailles. Mais, si la quantité de pluie qui tombe dépasse celle que le sol peut immédiatement absorber, l'excédent s'écoule suivant les interstices des mottes vers les dérayures des champs et vers toutes les dépressions ou rigoles naturelles qu'elle trouve au-dessous d'elle. L'eau *ruisselle,* trouble et limoneuse, entraînant avec elle une partie de la terre qu'elle a délayée dans les labours. Elle forme à la surface des champs un réseau de petits filets qui se réunissent suivant les lignes où la pente est la plus forte et y forment des rigoles qu'elle tend à approfondir et à élargir de plus en plus, et cela d'autant plus qu'elles sont creusées au milieu de matériaux plus meubles. Et, ainsi de suite, les petits ruisseaux font les grandes rivières et leur amènent des masses de plus en plus grandes de limons et de sables.

Comme l'a dit Hutton depuis longtemps, la couche meuble qui se trouve à la surface du sol descend constamment, quoique lentement, vers la mer. Cette progression est insensible dans les vallées et les plaines basses ; les alluvions qui en exhaussent le niveau montrent qu'elles gagnent beaucoup plus de limon qu'elles n'en perdent. Mais, sur les plateaux élevés et sur les chaînes de montagnes déboisées, l'ablation est rapide. A mesure que les eaux enlèvent la couche meuble formée par la décomposition des roches, cette décomposition pénètre à une plus grande profondeur et il y a des situations dans lesquelles les pertes faites par l'ablation de la couche superficielle se compensent par la formation d'une terre nouvelle au moyen des débris du sous-sol. Tel cultivateur achète un hectare de terre et le lègue à ses descendants ; au bout d'une centaine, ou peut-être de quelques centaines d'années, c'est toujours le même hectare comme superficie au soleil ; c'est peut-être une terre de même composition minéralogique si les agents qui, d'un côté, la détruisent et, de l'autre côté, la renouvellent constamment, sont restés les mêmes, mais les particules d'argile, de sable ou de calcaire ne sont plus du tout celles qui se trouvaient dans le champ acheté par le premier propriétaire. Peut-être ne tient-on pas assez compte de ce fait lorsqu'on cherche à apprécier les variations de la fertilité des sols : outre l'épuisement qu'amène la culture et l'enrichissemen qu'apportent les engrais, il y a d'autres facteurs qui ont une certaine influence sur la statique chimique des terres arables.

Il en est de même des alluvions que forment dans les vallées les débris de la *chair* enlevée par les eaux aux montagnes. Mais on sait bien que les colmatages les enrichissent et que, parfois, ces apports continuels d'éléments de fertilité suffisent pour y permettre, comme dans les *mottes* de la Gironde ou les *terres de Bri* du Poitou, une culture sans engrais.

Dans tous les cas, une terre d'alluvion ne peut contenir que les éléments empruntés aux roches du bassin de la rivière ou du fleuve qui a transporté et déposé cette alluvion. Elle peut ne pas contenir tous ces éléments, parce qu'une partie d'entre eux a été entraînée plus loin, soit à l'état de suspension, soit à l'état de dissolution dans les eaux, mais, comme les substances qui vont le plus loin sont celles qui se désagrègent ou qui se dissolvent le plus facilement, on peut tenir compte de leur déficit et, par conséquent, on peut prévoir jusqu'à un certain point les résultats que donnera l'analyse d'une terre d'alluvion d'après la composition minéralogique des roches qui entourent son bassin d'origine.

Ainsi, les *alluvions de la Saône* couvrent environ 200,000 hectares dans les départements de la Haute-Saône, de Saône-et-Loire, de la Côte-d'Or et du Rhône, et, partout, ces alluvions sont très fertiles.

Voici, entre autres, d'après M. Magnien, professeur départemental de la Côte-d'Or, les résultats de l'analyse des sol et sous-sol du champ de démonstration de Beire-le-Fort, canton de Genlis :

TABLEAU.

DÉSIGNATION.	COMPOSITION PAR KILOGRAMME			
	de la terre fine passant au tamis à mailles de 1mm.		de la terre normale séchée à l'air.	
	Sol.	Sous-sol.	Sol.	Sous-sol.
	gr.	gr.	gr.	gr.
Analyse physique.				
Gravier	»	»	0 000	0 000
Sable siliceux	611 850	604 150	611 850	604 150
Argile	356 300	353 550	356 300	353 550
Calcaire, humidité, etc. (par différence).	31 850	42 300	31 850	42 300
	1,000 »	1,000 »	1,000 »	1,000 »
Analyse chimique.				
Azote	1 680	1 200	1 680	1 200
Acide phosphorique	1 340	1 360	1 340	1 360
Potasse	4 420	2 810	4 420	2 810
Chaux	2 370	2 770	2 370	2 770

Or, il suffit d'examiner la carte géologique pour s'expliquer cette fertilité. On y voit que le bassin de la Saône et de ses confluents, particulièrement de l'Ognon, comprend beaucoup de marnes du lias, terres très riches qui ont fourni à ces alluvions la plus grande partie de leurs éléments et qui continuent à les leur fournir avec le limon que les inondations périodiques de ces rivières répandent dans leurs vallées. Ces inondations ont amené les propriétaires riverains à laisser la plupart de ces alluvions en prairies naturelles qui ne reçoivent jamais d'autres engrais que le colmatage et qui donnent cependant de 3,000 à 4,000 kilogr. par hectare d'un foin d'excellente qualité. La deuxième coupe est tantôt fauchée, tantôt pâturée, souvent même pâturée avec excès, parce que ces prairies sont soumises à la vaine pâture et que l'on y met trois fois plus d'animaux qu'elles ne pourraient en nourrir.

Au-dessous de Lyon, la vallée du Rhône est très étroite et son cours est trop rapide pour qu'il puisse déposer d'autres alluvions que des graviers et des sables d'origine jurassique ou granitique.

Il en est de même de la plupart des rivières qui viennent lui apporter leurs eaux des Cévennes ou des Alpes. Mais, entre Montmélian et Saint-Gervais, la vallée de l'Isère est couverte de limons fertiles et, comme cette région, que l'on nomme le *Graisivaudan*, est une des plus riches et des mieux cultivées de la France, nous devons-nous en occuper avec plus de détails.

§ 5. — *Le Graisivaudan.*

Le Graisivaudan se divise naturellement en deux parties, le Haut-Graisivaudan, entre Montmélian et Grenoble, et le Bas-Graisivaudan, entre Voreppe et Saint-Gervais. La zone intermédiaire qui les sépare, entre Grenoble et Voreppe, est plus caillouteuse et moins riche que les précédentes. Autrefois le Drac se réunissait à l'Isère au-dessus de Grenoble et, comme on le disait : « le Dragon mettait souvent Grenoble en savon. » Aujourd'hui, son cours a été corrigé et endigué ; il entre dans l'Isère au-dessous de la ville, mais il a couvert ses anciens lits et tout leur voisinage de graviers que l'on trouve en amas irréguliers au milieu du limon de la vallée.

Au nord du Haut-Graisivaudan s'élèvent les massifs calcaires de la Grande-Chartreuse ; au sud, ceux de la Belledone, formés de roches cristallines et de lias.

Les torrents venus de ces deux massifs ont laissé, des deux côtés de la vallée, des cônes de déjection qui sont couverts de villages, de maisons de campagne, de vignes et de vergers, et l'intervalle, jadis occupé par un lac, a été comblé peu à peu par la *terre de sablon,* marne argileuse de couleur foncée, mêlée de 35 à 40 p. 100 de sable siliceux plus ou moins fin, qui paraît provenir principalement du lias de la Belledone ; dans tous les cas, il s'est déposé sur la rive gauche de l'Isère en couches plus épaisses que sur la rive droite.

L'Isère n'a été endiguée que depuis le commencement du XIXe siècle et, près de Montmélian, on a fait des colmatages qui ont été décrits par Scipion Gras, mais il reste encore par-ci par-là des flaques d'eau que l'on appelle des *délaissés*.

Les parties les plus rapprochées de l'Isère, étant facilement submersibles, sont occupées principalement par des bois et des prairies.

Les arbres fruitiers et les vignes sont à un niveau un peu plus élevé.

Il est à remarquer que les eaux de filtration sont abondantes dans toute cette contrée ; elles forment, à une petite profondeur au-dessous de la surface du sol, une nappe permanente qui s'élève ou s'abaisse, suivant que les pluies ou la fonte des neiges des hautes sommités environnantes l'alimentent plus ou moins. Cette nappe d'eau entretient dans le sous-sol une fraîcheur qui se communique en partie à la terre végétale et contribue certainement à la vigueur de la végétation. Les arbres à longues racines, dans la plaine, sont toujours à l'abri des atteintes de la sécheresse.

Sur les bords de l'Isère, dans les endroits bas et habituellement humides, on récolte ordinairement des plantes marécageuses, nommées dans le pays *bauche ;* elles sont très recherchées pour litière. Les espèces végétales qui les composent sont principalement des *carex* à haute tige et à longues feuilles, comme les *Carex maxima, C. paludosa, C. riparia, C. stricta* et quelques autres[1]. Les marais à bauche, ou *bauchères,* donnent quelquefois un revenu supérieur à celui des terres à blé. Elles fournissent environ 10,000 kilogr. par hectare de litière excellente qui se vend ordinairement 4 fr. les 100 kilogr. La bauche sert aussi à faire des objets tressés.

Un échantillon de terre du Haut-Graisivaudan, que j'ai pris près de la route de Grenoble à Uriage, dans un champ récemment labouré, contenait, d'après l'analyse de M. Hitier :

Carbonate de chaux.	99.31
Potasse	1.90
Acide phosphorique.	2.35
Magnésie	1.26
Azote.	2.00

Cette richesse s'explique, non seulement par l'origine de la terre, mais par les engrais qu'on y emploie, entre autres par les déjections humaines qui sont tout spécialement recherchées pour la culture du chanvre. On se sert non seulement des vidanges de la ville de

1. Scipion Gras, *Géologie agricole.*

Géologie agricole. IV. *Berger-Levrault et Cie, Editeurs.*

L'ÉCOBUAGE DANS LE GRAISIVAUDAN.

D'après une photographie de M. Jourdan-Laforte.

Grenoble, mais de celles de tous les villages épars dans la vallée. On peut ainsi suivre des assolements très intensifs, par exemple celui-ci qui est un des plus répandus :

1re année. — Chanvre, avec engrais humain.
2e — Chanvre, même fumure, mais en dose plus faible.
3e — Blé poulard, dit gros blé.
4e — Trèfle.
5e — Blé ordinaire d'automne.

ou encore :

1° Chanvre, avec forte fumure ;
2° Blé ;
3° Trèfle ;
4° Blé ;
5° Maïs.

ou encore, comme à Villars-Bonnot :

1° Pommes de terre avec fumure ;
2° Blé poulard ;
3° Trèfle ;
4° Blé ordinaire ;
5° Maïs.

Puis, après un écobuage, on revient aux pommes de terre fumées. L'écobuage est souvent pratiqué par les cultivateurs du Graisivaudan ; ils écroûtent la partie superficielle du sol, lorsqu'il est plus ou moins enherbé ; ils disposent les mottes en tas auxquelles ils mettent le feu et répandent ensuite les cendres avec la terre calcinée sur toute la surface du champ.

Il y a plusieurs autres formules d'assolement dans la vallée de l'Isère. On y fait entrer le seigle, l'avoine, l'orge, les racines, le colza et la luzerne. Mais nulle part il n'y a de jachère improductive. Près de Grenoble on trouve de belles cultures maraîchères.

Le Bas-Graisivaudan, qui s'étend de Voreppe à Saint-Gervais, forme un bassin elliptique un peu arqué qui a près de 20 kilomètres de longueur et environ 5 kilomètres dans sa plus grande largeur. « Ce bassin, dit Scipion Gras, est occupé dans toute son étendue par des prairies, des arbres fruitiers et des vignes. Son aspect est celui d'un riche et vaste verger. » Il est limité au sud par les montagnes de Royans et, au nord, par des collines de mollasse ou de poudingues quaternaires. C'est sur une de ces collines que se trouvent situés le village de Tullins et la magnifique propriété de M. Michel Perret, membre de la Société nationale d'agriculture, mais deux des fermes de notre éminent collègue se trouvent dans les alluvions de la vallée et s'étendent jusqu'aux bords de l'Isère. Dans les parties les plus basses de la plaine, il y a des *bauchères* qui donnent pour environ 400 fr. de litière par hectare et par an.

Puis viennent des prairies qui sont quelquefois inondées par la rivière. M. Perret y met par hectare 1,500 kilogr. de superphosphate et 1,500 kilogr. de chaux qui, dit-il, forment ensemble du phosphate bibasique de chaux que les eaux ne peuvent pas enlever. Puis, au printemps, il y ajoute 200 kilogr. de nitrate de soude. Les prairies de la plaine donnent 7,000 à 8,000 kilogr. de foin à l'hectare en trois coupes.

Dans le reste de ses terres, M. Michel Perret fait, la *1re année*, des cultures de printemps : pommes de terre, maïs, tabac, orge ou avoine, avec fumier et engrais chimiques appropriés à ces diverses cultures; puis, pour la *2e année*, il sème du blé d'automne en lignes espacées de 30 centimètres, fumé avec du superphosphate ou du phosphate précipité, mêlé à du sulfate de chaux, soit 80 kilogr. par hectare d'acide phosphorique enterrés au premier labour. Il a été amené à donner à ses lignes de blé un écartement aussi considérable parce que les mauvaises herbes pullulent dans ses terres et, pour les détruire, il fait dans ces blés deux sarclages, l'un avant l'hiver, l'autre au printemps. Avant ce sarclage du printemps, il répand encore du nitrate de soude et du sulfate de potasse, soit par hectare 25 kilogr. d'azote et 30 kilogr. de potasse.

La 3e année il revient avec ses cultures de printemps et, la 4e année, avec son blé d'hiver, auxquels il donne toujours les mêmes façons et engrais. Puis il fait, avec des engrais phosphatés et potassiques, des luzernes ou des esparcettes qui durent aussi 4 ans, en sorte qu'en définitive son assolement est, au total, de 8 ans.

D'après une analyse de M. Hitier, un échantillon de la terre cultivée par M. Perret contenait pour mille :

Carbonate de chaux	79.96
Potasse	2.88
Acide phosphorique	2.13
Magnésie	14.15
Azote	1.43

Les champs de M. Perret sont, comme tous ceux de la plaine de Tullins, complantés de vignes de Gamay en hautains espacés de 8 mètres. Ces vignes sont généralement disposées sur des treillages grossiers en bois soutenus par des noyers ou par d'énormes pieux de 3 à 4 mètres de hauteur. On peut estimer le produit brut annuel des trois récoltes que l'on obtient ainsi sur un même hectare de terre :

Pour la vigne à 50 hectolitres valant 30 fr., soit	1,500 fr.
Pour le blé à 35 hectolitres valant 15 fr., soit	525 fr.
Pour les noyers	125 fr.
Total	2,150 fr.

Une des particularités du Bas-Graisivaudan, c'est qu'on y trouve aussi la culture exclusive du noyer en vergers où ils sont très serrés. On en obtient de fort beaux produits à la condition de ne rien cultiver sous leur ombrage et, par contre, de fumer, labourer et sarcler le sol comme pour toute autre culture.

§ 6. — *La Camargue.*

Des tamaris, des prêles,
Des salicornes, des arroches, des soudes,
Amères prairies des plages marines,
Où errent les taureaux noirs
Et les chevaux blancs; joyeux,
Ils peuvent librement suivre
La brise de mer tout imprégnée d'embrun.

(*Mireille*, chant X.)

On évalue à 21 millions de mètres cubes le volume des limons que le Rhône emporte chaque année, mais ces limons ne commencent à se déposer que dans la partie inférieure de la vallée, aux environs d'Orange et d'Avignon, quand cette vallée s'élargit et que la vitesse du courant diminue avec la pente. Depuis longtemps les inondations du Rhône et de la Durance réunies ont couvert les graviers quaternaires qui entourent leur point de jonction de limons qui les ont en quelque sorte colmatés et transformés en terrains fertiles. De nos jours encore les inondations viennent leur apporter souvent de nouvelles alluvions, tout en effrayant les populations riveraines par leur brusque invasion et en les empêchant parfois de mettre en sûreté les récoltes de l'année. Mais la plus grande partie de ces limons, de cette *chair de montagne,* suivant l'expression des agriculteurs du Midi, s'est déposée dans la zone où les eaux du Rhône rencontrent celles de la Méditerranée et peu à peu elle y a formé un immense delta, *la Camargue.*

La Camargue se compose d'une île triangulaire de 75,000 hectares, enserrée entre deux bras qu'on appelle le grand Rhône et le petit Rhône; le premier passe à Arles et débouche à 8 kilomètres en aval de la tour Saint-Louis ; le second passe à Saint-Gilles et débouche aux Saintes-Maries. A la base de ce triangle se trouve un étang central, le *Vaccarès*[1] ou *Valcarès,* dont la superficie est de 4,000 hectares, et dont la profondeur varie de 1 mètre à 2 mètres.

Tout autour de cet étang et le long de la plage, un nombre considérable de lagunes et de marais, de formes et de dimensions différentes et variables, occupent encore une surface de près de 8,000 hectares. Cette région de la Basse-Camargue est à peine séparée du domaine maritime par le cordon littoral, plage étroite, qui se réduit sur certains points à une mince crête de sable, et que les vagues franchiraient à chaque instant, si on n'avait fortifié cette fragile clôture par une digue artificielle, qui met ainsi l'île à l'abri des coups de la mer[2].

Telle est la Camargue aujourd'hui. De plus, il y a, sur la rive gau-

1. Dans *Mireille,* Mistral écrit *Vaccarès* (*lou Vacarès*) et il le définit ainsi : « Un vaste ensemble de marécages, d'étangs salés et de lagunes. *Vacarès* est formé du mot *vaco* et de la désinence provençale *arès* qui indique la réunion, la généralité. Il signifie un lieu où il y a de nombreuses vaches. » (Notes du chant IV.)

2. Lenthéric, *Les Villes mortes du golfe de Lyon.*

che du grand Rhône, entre ce fleuve, la mer et le canal de navigation d'Arles à Bouc, un triangle d'environ 10,000 hectares que l'on appelle le grand plan de Bourg et dont les terrains d'alluvion ressemblent tout à fait à ceux du delta. Enfin, sur la rive droite du petit Rhône, on trouve des alluvions analogues dans la Petite-Camargue et dans les lits atterris des *Rhônes morts*, anciens bras du Rhône qui s'étaient étendus autrefois jusque du côté d'Aigues-Mortes et de l'étang de Mauguio.

Pendant longtemps le delta lui-même était sillonné par un grand nombre de bras dont les derniers ne sont fermés que depuis le commencement du XVIIIe siècle. On a profité de la plupart des lits de ces anciens bras pour en faire des *roubines*, canaux qui amènent l'eau du Rhône à l'intérieur de la Camargue.

Depuis longtemps, on s'est efforcé d'endiguer les terres émergées; de simples particuliers d'abord, et des associations de plusieurs propriétaires ensuite, établissaient autour de leurs domaines des digues pour les protéger contre les invasions du fleuve. Dans les archives de la ville d'Arles, on trouve des documents qui constatent que depuis le XIIe siècle se formaient des syndicats pour établir des digues le long des principaux bras du Rhône et pour fortifier les rives à l'effet de fixer le cours toujours changeant du fleuve. Les intérêts de ces syndicats différaient quelquefois, se contrariaient souvent, et les inondations étaient assez fréquentes; ce n'est que depuis 1849 que tous ces syndicats ont été réunis en un seul : le syndicat général de la Camargue.

Aujourd'hui, la Camargue est entourée de hautes digues qui la mettent à peu près complètement à l'abri des inondations, et, pour compléter cette ceinture, on a établi, en 1857, une digue au bord de la mer, qui empêche le flot salé d'entrer dans les étangs situés à l'intérieur de l'île; cette digue a eu, en outre, pour effet d'abaisser le niveau général des eaux dans la Camargue.

Les roches calcaires prédominent dans les bassins hydrographiques du Rhône, de la Saône et de la Durance, surtout celles du lias, mais ces bassins comprennent aussi des régions granitiques, comme les Alpes centrales et les Cévennes, et des régions volcaniques, comme l'Ardèche et le Vivarais; et, d'après la composition minéralogique de cette grande variété de roches, on peut prévoir que le sol de la Camargue doit contenir en quantités à peu près suffisantes tous les éléments : chaux, potasse, acide phosphorique, etc., qui font les terres fertiles. En effet, M. Joulie a trouvé dans les échantillons qu'il a analysés (pour mille) :

	CHLORE.	AZOTE.	CHAUX.	MAGNÉSIE.	POTASSE.	ACIDE phosphorique.
Le Crau-de-Comtesse. .	16.40	0.77	147.32	18,09	2,68	1.16
Mas de Roy	0.90	0.89	192.42	9.97	0.97	0.87
Mas de la Tour-Damphoux.	0.20	1,16	149.94	9.20	1.56	1.14
Saint-Bertrand.	0.70	1.15	182,42	10.60	2.13	0.94
Mas de Vert	1.20	1.67	152.43	7.21	1.50	1.36
Domaine de Giraud . .	1,73	1.180	184.82	6.49	2.58	1.120
Terres de M. Hardon, au grand Plan-de-Bourg .	3.70	2.22	192,42	10.74	2.16	0,78
Idem	10.00	0.72	167.48	9.48	2.49	1,01
Idem	0.40	0.19	142.44	8,05	1.05	0.84
Idem	2.70	0.13	124.95	6.47	0.48	1.26
Idem	1.10	1.83	212.40	11,53	1.30	1,03
Idem	1.65	0.74	187.42	11.45	1.80	1.37
Idem	6.90	1,71	177.42	9.95	1.58	1.34
Idem	6.80	0.69	189.92	11.69	2.36	1.03
Idem	0,90	0.89	192.42	9.97	0.97	0.87
Idem	1.20	1.69	152.43	7,21	1,50	1.36
Idem	0.20 —	1.17 —	149.91 —	9.20 —	1.56 —	1.14

Presque toutes ces terres contiennent les matières nécessaires pour obtenir de belles récoltes des céréales, des fourrages et de la vigne. Mais en même temps beaucoup de ces terres renferment des doses de sel marin que ces plantes ne pourraient pas supporter. Leur aptitude à être cultivées et, comme nous le verrons tout à l'heure, les procédés de culture que l'on doit y employer, dépendent à la fois de leur degré de salure et de la hauteur de leur surface au-dessus du niveau de la mer.

Sous ce rapport, il faut distinguer dans la Camargue :

1° Les terres dont la surface se trouve à moins de $0^m,50$ au-dessus du niveau de la mer ; ce sont des marais plus ou moins salés ;

2° Celles de hauteur moyenne ($0^m,50$ à $1^m,50$), couvertes de pâturages ou de prés palustres ;

3° Celles qui sont à plus de $1^m,50$ de hauteur, c'est la zone cultivée.

Examinons successivement ces trois sortes de terres :

1° Les premières se trouvent surtout dans la Basse-Camargue, autour de l'étang de Valcarès et dans les *baisses*, dépressions qui correspondent à d'anciennes embouchures des Rhônes morts ou restes d'anciennes lagunes qui sont à peu près au niveau de la mer. Le sol y demeure constamment humide, pénétré à la fois de sel et d'eau ; pendant la saison sèche le sel y forme croûte à la surface. Çà et là, il y a des espaces plus ou moins considérables de *sansouires* qui sont complètement stérilisés par cet excès de sel ou couverts de salicornes. Les Provençaux appellent *engane* l'ensemble de cette végétation de salicornes auxquelles se mêlent toujours, comme espèce dominante, l'*Atriplex portulacoides* (*Fraumo* en provençal).

M. Gaston Gautier, qui est à la fois un botaniste distingué et un viticulteur de premier ordre, a publié en 1876 dans la *Revue scientifique* un travail très intéressant sur la flore et la culture des terrains salés. « L'étude botanique, dit-il, des plantes qui croissent à l'état naturel dans les terrains salés des bords de la Méditerranée, et de la Camargue en particulier, nous fournit des notions très nettes sur le degré de salure propre au sol qui les porte ; de telle sorte qu'on peut dire que la connaissance des plantes nourries par ces terrains peut suppléer à l'analyse chimique. Nous allons classer ces diverses espèces végétales suivant leur degré de résistance aux sols salants :

1° Les plaques les plus salées, encore envahies de temps à autre par les coups de mer et contenant de 2.5 à 3 p. 100 environ de sel, ne peuvent guère nourrir que quelques robustes représentants de la famille des Salsolacées ; comme les :

Salsola soda et *Kali, Salicornia herbacea, fruticosa* et *macrostachya*, espèces connues dans le Midi sous le nom de *Sansouires; Kochia prostrata, Sueda maritima, Atriplex halimus, crassifolia* et *rosea; Obione portulacoides*. Les *Tamarix gallica* et *africana* peuvent aussi végéter sur ces terres très salées ;

2° Au second rang se classent les terres à statice, contenant de 1.5 à 2.5 p. 100 de sel marin. L'île de Sainte-Lucie, dans les environs de Narbonne, de même formation que la Camargue, est une localité typique, bien connue des botanistes qui viennent y récolter un grand nombre d'espèces de la famille que nous venons de nommer.

Les terres les plus compactes de cette catégorie nourrissent surtout : les *Limoniastrum monopetalum* (Sainte-Lucie), *Statice serotina* (toute la côte), *bellidifolia* (toute la côte), les *lycnidifolia* (toute la côte), *diffusa* (Sainte-Lucie), *limonium* (toute la côte), ainsi que d'assez nombreux représentants d'autres familles végétales, savoir : *Frankenia lævis, pulverulenta; Crithmum maritimum, Inula chrithmoides, Beta maritima, Hordeum maritimum, Spergularia media, Sagina maritima, Plantago coronopus maritima, crassifolia, Agropyrum junceum.*

Dans les alluvions un peu sablonneux, au moins à la surface, ou ameublis par les dépôts de *Zostera marina*, croissent abondamment les : *Mathiola sinuata, Malcolmia littoralis, Alyssum maritimum, Cakile maritima, Reseda suffruticulosa, Trifolium maritimum, Ononis ramosissima* (Sainte-Lucie), *Medicago littoralis, marina; Lupinus reticulatus* (Leucate), *Alkauna tinctoria, Heliotropium curassavicum* (Sainte-Lucie), *Sonchus maritimus, Arthemisia gallica, Crepis bulbosa, Statice echioides, ferulacea* (Sainte-Lucie), *Ephedra distachya, Pinus pinea, Poa maritima, Æluropus littoralis, Psamma arenaria, Triticum loliaceum, Lepturus incurvatus, filiformis; Belis annua.*

3° Enfin dans les terrains plus perméables, contenant de 1 à 2 p. 100 de sels, où l'action des pluies a déjà produit une certaine amélioration, ou bien sur ceux de ces sols, qui reçoivent des infiltrations d'eaux douces, on peut rencontrer les plantes suivantes :

Lepidium draba, ruderale; Lotus corniculatus, decumbens, tenuis; Medicago maculata, Dorychnium gracile, Tetragonolobus maritimus, Apium graveolens, Samolus valerandi, Erythræa pulchella, Alisma plantago, Triglochin maritimum, barrelieri; Lolium multiflorum, Agrostis maritima, Alopecurus bulbosus, Phragmites arundo, Aster tripolium, Thypha maxima, media, etc., etc., ainsi que bon nombre de *Carex* et de *Scirpes.*

On remarquera que le nombre des légumineuses et des graminées croît à mesure que dans ces terres décroît le sel, et qu'au contraire les Salsolacées et les Statice, familles éminemment maritimes, augmentent avec la salure du sol.

Dans les marais où les *roubines*, canaux dérivés du Rhône, amènent assez d'eau douce, il se développe une splendide végétation de roseaux (*rollets*), de joncs (*sagnes*), etc... C'est dans ces marais que paissent les *manades*, troupeaux de bêtes à cornes et de chevaux que l'on appelle ainsi parce qu'ils ne transhument pas comme les bêtes à laine (de *manere*, rester). C'est là qu'on trouve encore des restes de cette vie demi-sauvage de la Camargue avec ses taureaux noirs, ses chevaux blancs et ses *guardians* que Mistral a si bien décrits dans *Mireille* et Jean Aicard dans le *Roi de Camargue*.

Mais le nombre des manades a beaucoup diminué, soit parce qu'on fauche une partie des *roselières* (marais à roseaux) pour en vendre le produit comme litière, pour en couvrir les champs labourés, pour en faire des toitures, etc., soit parce que ces vieilles races ne répondent plus aux besoins de notre époque. Les taureaux noirs ne sont bons que pour les courses. Leurs guardians à cheval, armés de leurs lances à trident, traversent avec eux le Rhône à la nage et les conduisent dans les villes du Languedoc où ces courses ont lieu. A la fin de leur carrière ils servent à faire des salaisons pour la marine.

Quant aux petits chevaux blancs qui, d'après les uns, sont d'origine arabe et, d'après les autres, se rattachent aux chevaux préhistoriques dont on a retrouvé beaucoup d'ossements à Solutré, on les employait autrefois au dépiquage des céréales dans tous les pays voisins de la Camargue. Les batteuses mécaniques les remplacent aujourd'hui avantageusement. Pour leur trouver d'autres emplois, il faudrait augmenter leur taille et, pour cela, leur croisement avec d'autres races ne suffirait pas. L'essentiel serait de mieux les nourrir et, par conséquent, de produire pour eux des fourrages plus riches que les roseaux et les enganes.

2° Les pâturages les moins humides, terres vagues qui couvrent à peu près les 2/5 du delta, servent à entretenir pendant l'hiver des troupeaux de moutons qui vont, comme ceux de la Crau, passer la belle saison (de la fin de mai au 15 novembre) dans les Alpes. Ces moutons appartiennent à une race indigène très commune qui a été améliorée au commencement de notre siècle par un croisement avec des mérinos de Rambouillet.

Il y a beaucoup à faire pour améliorer ces pâturages, soit en desséchant les parties humides, soit en les arrosant avec des eaux douces pour les dessaler, et en y semant des plantes fourragères, comme le trèfle blanc et le raygrass d'Italie, après les avoir débarrassés de l'engane. Du reste, quand ces travaux d'ensemble auront été faits, on pourra en défricher une partie et les rattacher ainsi au 3e groupe de terrains, ceux qui sont cultivés.

3° Il y a une trentaine d'années il y avait environ 15,000 hectares de terres cultivées dans les parties de la Camargue qui ont 1m,50 à 3 mètres de hauteur au-dessus du niveau de la mer, principalement dans la Haute-Camargue, dans le voisinage d'Arles et le long des deux bras du Rhône. Ces 15,000 hectares étaient divisés en grandes fermes qui avaient en moyenne 200 hectares de labours, outre une certaine quantité de pâturages et de marais. Généralement on y suivait un assolement biennal : jachère morte qui servait à la dépaissance des troupeaux et puis blé qui rendait de 3 à 7 p. 1 de semence suivant les terres, en moyenne 14 hectolitres par hectare, quelquefois un peu d'avoine et d'orge. On fumait rarement ; on réservait la plupart des engrais dont on disposait pour faire quelques hectares de luzerne. Mais depuis 30 ans on a fait beaucoup de progrès en Camargue et, non seulement on y a augmenté la surface des terres cultivées, surtout celles des vignobles, mais on y a fait de grandes améliorations dans les procédés de culture.

Ce qui est essentiel dans ces terres, c'est d'empêcher le sel dont leur sous-sol est imprégné de remonter par capillarité à la surface avec les eaux qui l'ont dissout et de s'y concentrer à mesure que les eaux s'évaporent.

Il faut donc chercher à diminuer l'évaporation et la capillarité.

Pour diminuer l'évaporation, les agriculteurs de la Camargue ont depuis longtemps l'habitude de couvrir les jeunes blés avec un *embolage* ou *empaillage*, c'est-à-dire avec une épaisse couche de roseaux.

Pour diminuer la capillarité, on peut avoir recours aux labours profonds, mais à la condition de les répéter pendant plusieurs années de suite. Ainsi M. E. Vautier a réussi sur une partie de son domaine de l'Armeillère à faire descendre le degré de salure de 8,790 à 1,648 p. 1,000 au moyen de labours de 35 à 40 centimètres de profondeur, continués pendant 5 ans.

La meilleure manière de dessaler un terrain consiste dans sa submersion au moyen d'eau douce. Pour cela il faut que, non seulement cette eau puisse y arriver, mais qu'elle puisse ensuite s'en aller en emportant le sel qu'elle a dissout ; de plus, il faut faire des cultures qui supportent bien ces submersions.

M. Hardon a fait analyser des échantillons de terre pris à 1 mètre de profondeur dans son domaine de l'Eysselle, l'un avant la submersion, l'autre après une submersion de 4 mois : on y a trouvé p. 1,000 :

	APRÈS submersion.	AVANT submersion.
Acide phosphorique	1.206	1.178
Potasse	1.620	3.740
Soude	0.500	17.490
Chaux	171.360	188.490
Magnésie	10.400	12.100
Azote total	1.270	0.666
Chlore	0.410	26.780

Il ressort d'une façon nette que l'opération au point de vue du chlorure de sodium peut être considérée comme complète ; cependant on voit aussi que le chlorure de potassium qui, à l'origine, se trouvait dans ces terres en grande quantité, a été dissout en même temps que le chlorure de sodium. Cela semblerait devoir être un écueil au point de vue de la richesse du sol en potasse, mais la quantité de potasse restant après l'opération est encore largement suffisante pour la végétation de la vigne.

Un fait des plus remarquables est l'augmentation considérable de l'azote après la submersion par les eaux limoneuses du Rhône.

Quant aux cultures auxquelles ces submersions peuvent convenir, la première à laquelle on a eu recours a été celle du riz qui s'est maintenue dans certains endroits. Puis est venue la culture de la luzerne ; bien arrosée, et en même temps convenablement fumée, elle donne jusqu'à 12,000 kilogr. par hectare de foin qui se vendait très bien dans les pays à vignes du Languedoc à l'époque où le phylloxéra n'y avait pas encore exercé ses ravages.

La prime d'honneur de 1862 correspond à cette période des prairies et luzernes irriguées ; elle fut attribuée à M. François Maiffredy, propriétaire du mas de Vert, situé à quelques kilomètres d'Arles, au sommet du delta de la Camargue. Voici, sur les améliorations qu'il y avait faites, quelques détails empruntés au rapport de M. de Labaume, président de la Société d'agriculture du Gard :

« Ce domaine se composait en 1847, quand M. Maiffredy en fit l'acquisition au prix de 560,000 fr., de 380 hectares, dont 216 en terres labourables, 20 en prairies, et le reste en pâturages, vignes, oscraies. 100 hectares de marais, et 78 en pâturages, achetés depuis lors au prix de 86,000 fr., ont porté sa contenance totale à 560 hectares.

« Le sol du mas de Vert, généralement formé de terres d'alluvions profondes, argileuses, est bien loin d'être partout uniforme. Il offrait sur beaucoup de points une surface onduleuse, tourmentée, hérissée de tamaris, de salicornes, de soudes frutescentes et de staticées, plantes qui caractérisent les terrains salés.

« Pour niveler un espace aussi vaste par les moyens ordinaires, il eût fallu d'énormes dépenses, probablement disproportionnées avec les améliorations qu'elles devaient produire ; M. Maiffredy y parvient par un procédé très économique et fort ingénieux. Il commence par *écroûter,* c'est-à-dire soulever à l'aide de la charrue la couche limoneuse de $0^{m},20$ à $0^{m},25$ d'épaisseur qui recouvre et fixe le sable mouvant sur ces nombreuses élévations, ces buttes appelées *montilles* dans le pays ; et il attend qu'il plaise au mistral (vent du nord-ouest) de souffler avec une certaine violence, ce qui n'est que trop fréquent dans cette localité. Alors il fait chaque fois attaquer à la herse ce sable dénudé que le vent saisit, et se charge, sans autres frais, de voiturer dans les bas-fonds, où M. Maiffredy le mêle avec le sol, et l'y retient par un fort coup de charrue. C'est une espèce de colmatage aérien accompli à l'aide de cet affreux mistral que l'on parvient ainsi à rendre utile et, par conséquent, moins odieux.

« La stagnation des eaux formait, sur certaines parties du domaine, une plaie qu'il était urgent de guérir. Pour y parvenir, M. Maiffredy n'a pas craint d'entreprendre une grande opération, aujourd'hui terminée, et qui avait aussi un autre objet à remplir.

« Il s'agissait en même temps de rendre la viabilité de sa vaste exploitation plus commode, et sa culture plus facile. Il a commencé par disposer toutes ses pièces de terre, jusque-là fort irrégulières, en grands carrés qu'il a entourés de fossés; et, sur cette surface, il a construit près de 4 kilomètres de beaux chemins de 7 à 8 mètres de largeur, bombés sur le milieu, presque des routes nationales, dirigés en droite ligne d'un bout à l'autre du domaine, se coupant à angle droit et bordés de fossés qui, comme ceux entourant les terres, ont tous de $1^m,40$ à $1^m,60$ de largeur.

« C'est ainsi qu'aux 7,853 mètres de vieux fossés qu'il a fallu combler, il a dû substituer 6,938 mètres de fossés nouveaux, et est parvenu à former des canaux d'écoulement se déversant les uns dans les autres, et assainissant, comme un drainage, toutes les parties submergées de son domaine.

« La présence intérieure du sel au fond de cette terre se trahit au dehors par de nombreuses efflorescences. Pour combattre l'action qui tend sans cesse à le faire remonter à la surface et à la rendre dès lors complètement infertile, M. Maiffredy retourne son terrain à une profondeur de $0^m,60$ et met ainsi à la place de la couche arable le sous-sol toujours moins salé.

« Après une année de jachère indispensable, pendant laquelle cette terre, si fortement remuée, a reçu la bienfaisante influence de tous les agents atmosphériques et le lavage des pluies d'automne et d'hiver qui ont dissout et entraîné le sel dont elles ont pu s'emparer, on sème une avoine pour première récolte.

« Lorsque le sel résiste à cette première attaque, lorsque de larges taches viennent encore révéler son voisinage trop rapproché, on se hâte de couvrir la semence avec une mince couche de roseaux (*Arundo phragmites*) fournis par les marais du domaine. Ce léger écran abrite la surface labourée contre les rayons du soleil, et empêche le sel de monter, jusqu'à ce qu'une végétation vigoureuse se charge de l'étouffer sous son épais matelas, ou de le forcer à redescendre dans les profondeurs du terrain.

« Si le sel, vainqueur de ces procédés, s'opiniâtre encore à reparaître à la surface, il reste une dernière ressource qui a toujours réussi à M. Maiffredy. Il défonce à $0^{m},70$ et enterre au fond du sillon un lit de roseau qui, rompant l'action capillaire par une large solution de continuité, forme un obstacle invincible à l'ascension de cet agent destructeur de toute fertilité. 100 fr. par hectare couvrent cette utile dépense.

« Au mas de Vert l'assolement est libre, comme il doit l'être dans tout domaine en cours de grandes améliorations. D'ailleurs, un formulaire traçant d'une manière invariable la rotation, de laquelle il ne doit jamais s'écarter, ne peut être accepté comme article de foi par un véritable agriculteur. Son œil exercé ne se trompe guère sur l'état de fertilité de chacune de ses pièces de terre et sur la semence qu'on doit lui confier.

« Tous les blés que nous avons vus étaient d'une grande beauté, même ceux qui revenaient pour la troisième fois sur le même sol ; quelques-uns d'entre eux allaient jusqu'à nous indiquer, par leur vigueur et leur netteté, qu'il ne serait pas déraisonnable de les faire suivre par un quatrième.

« C'est contraire à toutes les règles, sans doute, mais la dévotion pour elles n'irait-elle pas jusqu'au fanatisme si elle nous forçait à proscrire le retour immédiat, sur le même terrain, de blés à larges feuilles, d'un vert intense, fortement tallés, parfaitement propres, et versés sur quelques points par la grosseur exubérante de leurs épis.

« C'est aussi par la supériorité de ses cultures fourragères que M. Maiffredy se distingue de ses concurrents. Nous avons vu chez lui 20 hectares de barjalade (vesce et avoine), d'une grande beauté, 10 hectares de jarosse, 8 hectares de beaux sainfoins, et 65 hectares de luzerne donnant cinq coupes et quelquefois six, et dignes, par leur netteté et leur vigueur, de rivaliser avec celles de notre fertile plaine du Vistre, si justement renommées.

« Une visite en été aux marais du mas de Vert est un des plus intéressants pèlerinages agricoles que puisse accomplir un ami des progrès sérieux, décidé, par l'amour de l'art, à braver une chaleur tropicale et l'irritante piqûre des moucherons. Ces 146 hectares présentent le spécimen parfaitement caractérisé des trois périodes que doit parcourir, avec le temps et les efforts d'hommes courageux et dévoués comme M. Maiffredy, la plus grande partie des propriétés de cette nature dans la Camargue. On y voit d'abord le marais dans son état primitif, donnant un éclatant démenti aux doctrines de ceux qui prétendent que tout est bien sortant des mains de la nature. Ces vastes surfaces, envahies par de larges efflorescences salines et quelques touffes éparpillées de tristes tamaris, offrent partout la désolante image de la stérilité et de la misère.

« Pour arriver à la seconde période, on commence par diviser en parcelles régulières les parties les plus susceptibles d'être améliorées; on les entoure par un fossé d'un mètre au plus de profondeur, dont on rejette toute la terre sur le bord intérieur, afin de former le bourrelet qui doit les encaisser. On profite ensuite de toutes les élévations du niveau du Rhône pour les couvrir de ses eaux limoneuses. Dès qu'elles sont devenues limpides, on les fait écouler par une simple martellière, et on les remplace à chaque nouvelle crue.

« La couche arable, dessalée par ces lavages successifs et augmentée par ce continuel colmatage, ne tarde pas à présenter le consolant aspect d'une verdoyante oasis au milieu de ces vastes et arides déserts.

« Elle produit une masse de plantes herbacées, d'autant plus considérable que les submersions ont été plus fréquentes. Elle est devenue ce que dans le pays on appelle un pré *palustre,* et donne, en énorme quantité, un fourrage un peu grossier, dans lequel les bestiaux de la ferme trouvent leur litière, après avoir choisi eux-mêmes tout ce qui pouvait servir à leur nourriture.

« Il reste alors à se débarrasser des nombreux tamaris qui gênent le travail de la faux et s'opposent à l'introduction de la charrue. Les arracher serait une opération trop coûteuse; on se contente de les faire couper ras-terre, quand les journées ne se paient pas trop cher ; et une longue inondation, pratiquée au moment où la végétation se réveille, parvient à les asphyxier au point qu'après un ou deux ans de ce régime, à peine peut-on trouver en terre la trace de leurs racines.

« C'est alors que les parties les plus améliorées de ce sol, profondément charruées en été, tournées et retournées aussi souvent que les ressources de la ferme le permettent, sortent de la deuxième période, où sont déjà parvenus les 5/6 des marais du mas de Vert, et se trouvent livrés à la culture des céréales. Dans les 16 hectares 1/2 arrivés à ce degré d'amélioration, la commission a vu quelques pièces de terre portant un beau froment qui, s'il n'est pas contrarié dans sa grenaison, doit donner au moins 30 hectolitres à l'hectare.

« La comptabilité de M. Maiffredy, tenue en partie double, sans confusion, sans mystère, et vérifiée dans ses détails les plus intimes, nous a clairement établi tous les avantages de ses opérations agricoles. Le revenu net du mas de Vert, pendant l'année 1859, s'est élevé à 40,343 fr. 50 c., distraction faite de la dépense, qui a été de 67,419 fr. 24 c. ; le revenu net de 1860 a été de 43,016 fr. 58 c., et, tout cela, même en laissant figurer dans les dépenses d'exploitation annuelle des frais considérables avancés pour l'augmentation du mobilier agricole et pour les plantations de vignes qui ne sont pas encore en rapport.

« Augmenter sa fortune et assainir une vaste contrée, tel doit être le résultat incontestable de cette bienfaisante agriculture. Honneur et reconnaissance à celui dont la courageuse initiative s'est chargée de prouver pratiquement la certitude du succès aux propriétaires de ces milliers d'hectares de marais en Camargue, qui, dans leur état actuel, ne peuvent guère donner d'autre produit que la fièvre !

« M. Maiffredy a planté une vigne de 32 hectares qu'il se propose, avec raison, de porter jusqu'à 80 hectares. Sa belle végétation et sa propreté étaient irréprochables.

« Les deux bras du Rhône fournissent seuls à la Camargue, qu'ils bordent, l'eau douce nécessaire à ses habitants et à ses bestiaux. De nombreuses dérivations, appelées *roubines*, servent même à l'arrosage des terres, quand le niveau du fleuve le permet ; mais ces heureuses occasions sont trop rares et trop courtes pendant les ardeurs de l'été pour préserver les cultures fourragères de la soif qui les dévore.

« Afin de parvenir à arroser, au moins une fois par mois, ses belles luzernes, M. Maiffredy a établi sur l'une de ses principales prises d'eau quatre pompes aspirantes et foulantes qui sont mises en mouvement par une locomobile de la force de six chevaux et fournissent 200 litres d'eau par seconde. Il leur faut vingt-six heures de travail continu pour imbiber suffisamment 4 hectares 1/2 à $0^{m},30$ de profondeur.

« Dix-neuf chevaux ou mulets de races diverses, grands et bien étoffés, et vingt-huit bœufs de la robuste race d'Aubrac, tous en parfait état d'entretien, garnissaient les écuries de M. Maiffredy au jour de notre visite.

« Le labourage à l'aide des bœufs est encore une des innovations utiles, introduites dans le pays qu'il a adopté, par cet agronome si judicieux et si zélé ; on ne croyait pas que ces animaux pussent résister à nos rudes travaux, rendus beaucoup plus pénibles par les brûlantes chaleurs de l'été. Un régime bien choisi et des soins assidus et intelligents sont venus à bout de cette première difficulté.

« Depuis le commencement de juin jusqu'à la fin d'octobre on leur donne de la barjelade (vesce et avoine) coupée à mi-grain, fourrage très nourrissant et bien moins échauffant que la luzerne. Pendant les fortes chaleurs on ajoute pour chaque bœuf une ration de maïs ou de sorgho. Cette alimentation et le repos qu'on a le soin de leur ménager chaque jour, de midi à quatre heures du soir, ont éloigné la mortalité à tel point que, dans l'espace de douze ans, M. Maiffredy n'a perdu que trois bœufs.

« Mais un second obstacle qui parut d'abord insurmontable et auquel on ne devait guère s'attendre, fut la résistance obstinée des laboureurs du pays. Leur dignité ne subit, selon eux, aucune atteinte quand ils conduisent des chevaux ou des mulets, mais ces vaniteux enfants de Cérès, méprisant les nobles travaux qui ont illustré leur mère, croient déroger, s'amoindrir, en labourant avec des bœufs ! Tous les efforts persuasifs de M. Maiffredy sont venus échouer contre ce ridicule entêtement. Il lui a fallu, avec une persévérance qui l'honore, faire venir de l'Aveyron, du Dauphiné et de l'Auvergne les hommes nécessaires à ce genre de travail.

« Les bêtes ovines constituent une des principales richesses de la Camargue, mais leur entretien entraîne des risques et des dépenses considérables. Dès le commencement de juin, les pâturages que le soleil va dessécher et la crainte de la cachexie aqueuse, ce redoutable fléau qui désorganise et quelquefois détruit presque en entier les plus beaux troupeaux, obligent les propriétaires des 250,000 moutons ou brebis qui peuplent la commune d'Arles et ses environs à les faire partir pour les Alpes, où ils séjournent jusqu'à la fin d'octobre.

« On évalue à 2 fr. 25 c. par bête les frais de route et de séjour de cette transhumance, pendant laquelle, grâce à l'incurie et à l'improbité de quelques bergers qui abusent de leur éloignement de toute surveillance, on doit estimer à 5 p. 100 au moins les pertes à subir ; mais si, comme cela arrive quelquefois, la clavelée ou le piétain se déclare dans ces troupeaux que ne peut suivre l'œil du maître, on ne sait plus où s'arrête la mortalité et l'on est réduit à ne plus compter avec elle.

« Obvier à ces graves inconvénients a été une des plus constantes préoccupations de M. Maiffredy. Pour pouvoir garder chez lui son troupeau toute l'année, il a dû commencer par le réduire à 1,000 bêtes au lieu de 2,000 ou 2,500 qu'il pourrait entretenir par la méthode ordinaire. Il a dû chercher ensuite à remplacer ses métis-mérinos par des animaux moins délicats et plus capables de résister à la chaleur et aux maladies. Il y est parvenu, après plusieurs essais, en croisant ses béliers avec des brebis de la basse Provence, appelées *Puyricardes*.

« Cette race robuste a le lainage long et un peu grossier ; mais nous avons vu les produits du deuxième croisement parfaitement acclimatés et présentant une laine qui, sans perdre de son poids, s'était adoucie au point qu'il a été possible de la vendre aussi cher que la laine des métis-mérinos. Leur toison pesait 2^{kg},500 au lieu de 2 kilogr. au plus que donnait chaque bête du troupeau primitif.

« Ce bétail va maintenant toute l'année chercher sa nourriture aux pâturages et ne reçoit une ration de luzerne à la bergerie que lorsque la pluie l'empêche d'en sortir. Le lait des brebis, dont on a vendu les agneaux, vient se transformer chaque jour dans une fromagerie bien établie et dont les produits sont fort appréciés.

« Vingt-trois porcs de la race hampshire croisée complètent les animaux de rente de cette ferme si bien meublée. »

Quand le phylloxéra eut détruit les vignes du Languedoc, celles-ci furent remplacées momentanément par des cultures de fourrages et de céréales. Leurs propriétaires n'achetèrent plus de litières et de foins en Camargue. Mais alors la Camargue se mit elle-même à faire des vignobles; elle avait, pour les protéger contre le phylloxéra, la méthode que venait de trouver M. Faucon, la submersion hivernale, et, en même temps, cette submersion dessalait les terres beaucoup mieux encore que les irrigations temporaires de luzernes. Ainsi, le phylloxéra, qui ruinait les propriétaires du Languedoc, fit la fortune de ceux de la Camargue.

Pendant cette période de transition de la culture de la luzerne à celle de la vigne, un des propriétaires qui donnèrent l'exemple du progrès agricole en Camargue fut M. E. Vautier, de Lyon. C'était un ingénieur fort distingué, habitué à diriger de grandes affaires industrielles, et il fut secondé par un agriculteur également habile, M. Louis Reich, qu'il prit comme gérant de son domaine de l'Armeillère, situé à 18 kilomètres d'Arles, sur les bords du grand Rhône.

Aujourd'hui la Camargue a près de 6,000 hectares de vignes. La prime d'honneur de 1886 qui fut accordée à M. Sylvain Espitalier, correspond à cette période de création des vignobles.

Sur les bords du petit Rhône, dit le rapporteur du jury de cette prime d'honneur, au sommet de la courbe est-ouest, que fait le fleuve avant de descendre dans le sud, est, à 9 kilomètres d'Arles, le domaine du Mas-du-Roy, à M. Sylvain Espitalier.

Avant 1863, M. Espitalier, négociant à Cette, n'avait guère songé à devenir agriculteur. La Camargue ne l'avait attiré jusque-là que comme pays de chasse. Frappé cependant de la différence de valeur du sol dans l'Hérault, où l'hectare de vigne se vendait 15,000 et 20,000 fr., et dans la Camargue, où la terre ne dépassait pas le prix de 1,200 à 1,500 fr., M. Espitalier vit là le meilleur de tous les placements pour les bénéfices de son négoce, comme une affaire de spéculation. La passion de la terre pour la terre, nous dit-il, ne devait lui venir que plus tard.

Le Mas-du-Roy, d'une contenance de 150 hectares, fut donc acheté. Ce domaine, en majeure partie de terres légères et de dunes, méprisé des fermiers qui basaient leur système de culture sur les céréales, devait plaire au contraire au négociant, futur vigneron. M. Espitalier montrait en même temps dans ce choix la plus heureuse inspiration et la plus rationnelle, puisqu'il allait trouver, dans le sable des dunes à niveler, un amendement parfait pour les taches salées qui déshonoraient ses plus belles terres. Il devait faire plus tard de cette opération une des bases de sa culture. Le phylloxéra n'était pas encore connu, et l'on était alors loin de supposer que la vigne et l'eau, mariées ensemble, viendraient un jour à bout des deux plus redoutables ennemis de la terre en Camargue, le phylloxéra et le sel marin.

Doué d'une activité rare, le propriétaire improvisé ne devait pas perdre de temps. Dès la première année de jouissance, 1864, les défrichements et parallèlement les plantations étaient entrepris, et 2 ans après, en 1866, 40 hectares de beaux plantiers, en aramons, carignans et alicantes, établis.

En 1867, M. Espitalier abandonna définitivement son commerce de vins pour venir vivre au Mas-du-Roy. L'agriculture était désormais la passion de sa vie.

Un mal, dont la science n'avait pas encore fait connaître la cause, et dont la conséquence était le dépérissement de nombreuses parcelles de vignes, s'imposait alors à l'attention du propriétaire du Mas-du-Roy. Celui-ci crut voir là les effets ordinaires de la remonte du sel, et s'empressa de les combattre par l'excellent amendement qu'il avait sous la main, le sable à haute dose. Les effets furent assez remarquables pour que M. Espitalier en généralisât bientôt l'emploi.

Quelques années plus tard, de 1870 à 1874, alors que le puceron de la vigne était bien connu, l'ensablement devint au Mas-du-Roy un système parfaitement raisonné et établi de défense contre le phylloxéra; et c'est justice à rendre à M. Espitalier de lui faire l'honneur d'une découverte qui a ressuscité et enrichi des centres agricoles importants, et a rendu à la culture les milliers d'hectares sableux et déserts des bords de la Méditerranée. Le système convenait d'autant mieux à la nature des terres du Mas-de-Roy, que l'ensablement des vignes déjà en production comportait le défrichement et le nivellement des dunes, dont 40 hectares étaient ainsi plantés en 1872, ce qui portait la surface totale du vignoble à 80 hectares.

Cependant, en 1875, il ne fallait plus s'illusionner, et un esprit aussi net et aussi alerte que celui de M. Espitalier devait faire vite bon marché de son amour-propre d'inventeur de la culture de la vigne dans les sables, si tout autre moyen lui paraissait meilleur pour défendre sa création. En agriculture, il est rare qu'être têtu et systématique ne mène à la ruine ; ce n'était pas le cas de M. Espitalier. Si, dans les sables profonds, le phylloxéra ne pouvait s'établir, il n'était que ralenti par les ensablements dans les terres mêlées d'argile, quoiqu'ils y fussent faits à la dose de 80 à 100 litres par souche. En 1875, M. Espitalier rencontrait l'insecte un peu partout ; il fut donc amené à la submersion, surtout par la nécessité de défendre la portion la plus productive du vignoble établie dans les terres les moins légères du domaine.

Il faut ajouter, du reste, pour finir d'expliquer cet abandon d'un moyen qui avait fait pendant quelques années l'honneur de sa culture, que le prix de revient de l'ensablement, 350 à 400 fr., comparé à celui de la submersion, était très élevé.

Déjà, en 1876, une puissante installation à vapeur était créée, adossée contre la digue de défense du petit Rhône, et 4 kilomètres de canaux creusés pour la distribution des eaux ; en même temps, 16 hectares de vignes, plantées, cette fois, dans les terres les plus fortes du domaine, portaient à 90 hectares sur 106 la surface à submerger ; tant était grande, dès lors, la confiance que l'eau, comme moyen insecticide, inspirait à M. Espitalier.

Le champ de l'agriculture est, grâce à Dieu, assez vaste pour que chacun puisse s'y mouvoir à l'aise. Nous serons donc respectueux de tous les droits en disant que, si M. Faucon a été le maître et l'inventeur incontesté de la submersion, il faut reconnaître à M. Espitalier le mérite d'avoir été bon élève, et celui d'avoir pratiqué le premier la submersion sur d'aussi vastes surfaces, dans les terres qui s'y prêtaient mal par leur perméabilité, et surtout en y appliquant les moyens mécaniques, machines à vapeur et siphons.

Le moteur consista en une machine fixe, de la force de 25 chevaux, construite par MM. Bergeron. La vapeur est fournie par une chaudière Farcot, de 30 mètres carrés de surface de chauffe. Ce moteur active une pompe-siphon de Dumont, de $0^m,30$ de diamètre. La disposition du siphon, de 56 mètres de longueur, qui va prendre les eaux au petit Rhône en franchissant la chaussée de 8 mètres d'élévation, donne la facilité de recevoir les eaux par simple siphonnement, alors que le niveau du Rhône se trouve à un étiage suffisant. Dans ce cas, le prix de revient de la submersion, qui, d'ordinaire, est de 30 fr., tombe à 8 et 10 fr. par hectare.

A la même époque, M. Espitalier terminait la série de tous ses grands travaux par la construction d'un large et commode cellier, dans lequel 34 foudres de 300 hectolitres pouvaient recevoir 10,000 hectolitres de vin.

Les bénéfices de l'entreprise avaient suffi à toutes les dépenses.

Rien de plus riche à voir que le vignoble du Mas-du-Roy, distribué en 8 magnifiques planches de 7 à 30 hectares de superficie, présentant la végétation la plus vigoureuse, faisant contraste avec les vignobles que nous avons parcourus entre le domaine et Arles, aujourd'hui en grande partie détruits. C'est dans ce milieu que les doutes, s'il en existe, tombent devant la démonstration de l'efficacité de la submersion ; c'est là surtout qu'il faut voir ce que l'on peut faire du désert salé de la Camargue avec de l'eau, des capitaux et le travail obstiné.

Si, d'autre part, c'est dans les chiffres que nous cherchons nos démonstrations, ceux que nous allons présenter ont leur éloquence ; voici, en effet, le tableau des récoltes exportées du domaine pendant les 5 dernières années :

En 1880-81	la récolte a été de	2,709 hect.	vendus	80,056 fr.
1881-82	—	5,045	—	136,474
1882-83	—	7,760	—	230,948
1883-84	—	9,420	—	228,118
1884-85	—	8,200	—	172,605
Total des recettes pour les cinq récoltes. . .				848,201 fr.
Moyenne des cinq années. . .				169,640

Les dépenses ont été pour la même période :

En 1880-81	39,495 fr.
1881-82.	57,547
1882-83.	58,406
1883-84.	84,606
1884-85.	68,037
Total pour cinq années.	308,091 fr.
Moyenne des cinq années.	61,618

Sur un domaine affermé 6,000 fr. au moment de l'achat, arriver à un produit net de plus de 108,000 fr. (comme moyenne d'une longue période) c'est un succès ; et que c'est surtout en agriculture que le succès est le meilleur des exemples.

La taille de la vigne n'a pas été négligée ; ne trouvant pas à sa portée la main-d'œuvre habile qu'il souhaitait, M. Espitalier ne recula pas devant la dépense onéreuse d'appeler des environs de Montpellier et de fixer en Camargue un certain nombre de vignerons, qui ont servi de moniteurs aux ouvriers du pays. Ils ont introduit en Camargue une taille large et bien équilibrée, devant correspondre à une culture généreuse, qui seule permet d'atteindre aux rendements de 150 et 200 hectolitres, tels que ceux que nous avons pu constater au Mas-du-Roy.

Des terres assez perméables, soumises au régime appauvrissant de la submersion, sont extrêmement exigeantes ; aussi M. Espitalier donne-t-il l'exemple des fumures le plus largement pratiquées. Le vignoble absorbe bisannuellement, en outre de 350 voyages de fumier de ferme produit sur le domaine et de 1,000 quintaux de fumier de mouton, 36,000 kilogr. d'engrais chimiques et commerciaux, tels que noirs de raffineries, sulfate de potasse, chiffons.

Parmi les hommes qui ont le plus contribué au développement de la viticulture dans la Camargue, il faut aussi citer M. d'Andigné, qui possède, à côté de l'Armeillère, un beau domaine de 700 hectares, le Mas-de-Giraud, et M. de Chevigné, propriétaire du Mas-de-Cabane et fondateur d'un syndicat qui compte plusieurs milliers d'hectares auxquels la roubine de la Petite-Montlong fournit de l'eau pour la submersion des vignes. Mais souvent cette roubine n'avait pas assez d'eau pour toutes les vignes comprises dans son périmètre. Le syndicat a fait construire un bateau-pompe qui est amarré dans le Rhône en tête de la roubine; ce bateau porte 3 machines à vapeur et 2 pompes rotatives qui peuvent aspirer dans le fleuve 1,500 litres d'eau par seconde et les élever dans un réservoir qui alimente la roubine[1].

Au sud-est du delta se trouve le vaste domaine de Faraman qui appartient à la Compagnie des produits chimiques d'Alais et de la Camargue et que M. Louis Reich, l'ancien régisseur de l'Armeillière, a dirigé pendant une dizaine d'années. C'est une terre de 2,600 hectares, mais son niveau moyen au-dessus des eaux ordinaires de la Méditerranée n'atteint pas 1 mètre et, en 1882, quand elle a été achetée par la Compagnie, elle était abandonnée depuis 10 à 12 ans. Son seul revenu était la vente de quelques taureaux de courses, la location de la chasse et une rente que la Société des salins Giraud payait pour la concession d'un passage d'eau d'alimentation. Il n'y existait ni un hectare de terre cultivée, ni un chemin, ni un fossé pour l'écoulement des eaux, ni une maison d'exploitation.

Pour mettre en culture ces plages et ces marais abandonnés, on a commencé par créer un écoulement artificiel au moyen d'une roue hollandaise à aubes inclinées, mue par une machine à vapeur de 40 chevaux, qui peut élever 1,500 litres à la seconde. Tout son réseau de canaux draine les eaux saumâtres du domaine, en maintenant leur niveau à $1^{m},50$ au-dessous du sol, et les conduit au coursier de la roue élévatoire, où elles sont évacuées dans l'étang de Faraman par un canal de décharge spécial.

D'un autre côté, un canal d'irrigation complètement atterri par les limons du Rhône a été remis à neuf et prolongé de 1,000 mètres. C'est lui qui fournit les eaux douces pour le dessalage des terres, ainsi que pour la submersion des 250 hectares de vignes et l'arrosage des magnifiques prairies que l'on a créées. Les luzernes donnent, en 6 coupes, environ 12,000 kilogr. de foin par hectare. On les arrose pour chaque coupe 3 fois avec 170 mètres cubes d'eau du Rhône par hectare, ce qui fait pour les 6 coupes un total d'environ 3,000 mètres cubes.

1. Sagnier, *Journal de l'agriculture*. 1882.

Nous voyons ainsi se réaliser ce que M. Doniol, membre de l'Institut, avait prévu, lorsqu'il était, en 1870, préfet du département du Rhône et qu'il disait dans son rapport au conseil général : « Pas un département de France ne possède une aussi grande richesse latente que celle qui est enfouie dans le sol de la Camargue. Après 50 années de recherches sur les moyens de rendre cette richesse réalisable, les agronomes, les ingénieurs, les économistes sont aujourd'hui fixés et sur les moyens en soi et sur l'ordre dans lequel il faut y pourvoir. Des rigoles d'égouttement qui permettent le dessalement et l'assainissement des terres, des canaux qui leur apportent l'eau d'arrosage, des chemins empierrés qui rendent les transports en tout temps prompts, faciles, moins onéreux ; voilà les travaux à faire. Dans les détails, il y a plus ou moins d'urgence là ou là, plus ou moins de facilités ou d'obstacles, plus ou moins de dépenses ou de temps à perdre ; mais il n'y a pas d'autres mesures à poursuivre. A mesure que ces œuvres s'effectueront, et ces œuvres-là et non d'autres, on verra l'agriculture grandir, l'utilisation du sol se former et s'accroître et une richesse foncière considérable sortir de l'état d'aujourd'hui. »

Les routes empierrées sont difficiles à faire en Camargue, car on n'y trouve pas de pierres ; mais elle a mieux que cela aujourd'hui : elle a deux lignes de chemins de fer qui se dirigent d'Arles, l'une vers les Saintes-Maries et l'autre vers les salins de Giraud ; et ces voies ferrées permettront elles-mêmes d'amener des matériaux pour l'empierrement des chemins qui aboutissent à leurs stations.

On a déjà créé des milliers d'hectares de vignes, de luzernes et de prairies et leurs magnifiques récoltes ont bien montré la richesse des terres d'alluvion de la Camargue. Pour utiliser le reste de sa surface, il faudrait abaisser le niveau des eaux du Valcarès et des étangs inférieurs, en les coupant par un grand canal colateur et rejetant ces eaux dans la mer au moyen de puissantes machines d'exhaustion. C'est ce que propose la Société lyonnaise d'études pour la transformation agricole de l'île de Camargue qui vient de se former. D'un autre côté, le dessalement des terrains et l'irrigation seraient assurés par un réseau de canaux qui, partant de la tête de l'île et se divisant en deux branches, arroseraient non seulement les terrains dont la

Société concessionnaire viendrait à faire l'acquisition, mais encore pourraient suffire aux besoins de l'île entière. Ces canaux seraient alimentés par des machines élévatoires et pourvues de chapes imperméables, afin d'éviter toute infiltration. Les propriétaires ou syndicats pourraient dériver des canaux principaux du réseau de la Société, et à tel niveau que ces canaux l'amèneraient, tel volume d'eau qui conviendrait aux intéressés, à charge par eux de payer la redevance fixée par l'acte de concession. Ce plan nous semble bien conçu et nous souhaitons bon succès à la Société lyonnaise pour la transformation agricole de l'île de Camargue.

Mais, outre les alluvions plus ou moins argileuses amenées par le Rhône, il y a dans cette île des zones de terrains plus sableux : ce sont de petites dunes, restes des cordons littoraux qui ont successivement servi de bases au delta, à mesure qu'il augmentait et empiétait sur la mer. Leur ensemble est parallèle au rivage de la Méditerranée, mais elles ont été rompues par les anciens bras du Rhône qui ont formé entre elles des baisses, et il n'en reste que des montilles ou radeaux de 2 mètres au plus de hauteur, comme ceux de Rièges, sur les bords du Valcarès. On les distingue aisément à cause de la flore spéciale qui les couvre et dont MM. Flahault et Combres ont donné une description très intéressante. Sur les radeaux de Rièges, c'est un maquis presque partout impénétrable de genévriers de Phénicie, de lentisques, d'alaternes et de tamaris. Dans la petite Camargue, les dunes de la Sylve-Réal sont plus hautes que celles de Rièges et elles sont en grande partie garnies de pins pignon[1].

Dans les environs des Saintes-Maries en Camargue, comme autour d'Aigues-Mortes, on a profité de l'action insecticide ou du moins préservatrice que ces sables marins exercent contre le phylloxéra pour y établir des vignes de cépages français qui ont parfaitement réussi, entre autres celles de M. Paul Peyron, maire des Saintes-Maries.

Nous allons nous occuper tout à l'heure avec plus de détails de

1. Flahault et Combres, *Sur la flore de la Camargue et les alluvions du Rhône*. 1894.

ces créations de vignes dans les sables des cordons littoraux de la Méditerranée.

§ 7. — *Les sables des cordons littoraux de la Méditerranée.*

Dans le Bas-Languedoc, comme dans la Camargue, on retrouve les anciens cordons littoraux de la Méditerranée sous forme de collines de sables parallèles au rivage actuel et séparés par les étangs et les marais plus ou moins saumâtres qu'ils ont successivement détachés du domaine maritime. « Le premier cordon littoral, dit M. Lenthéric, situé au nord de la ville d'Aigues-Mortes, forme le massif de la Sylve-Godesque et marque d'une manière fort nette la limite la plus ancienne du rivage. C'est ce cordon originaire qui commence aux plages de Mauguio et de Pérols, traverse toute la Camargue et vient se terminer à la montagne de Fos. Il est formé d'une suite presque ininterrompue de collines de sable couronnées encore par une assez riche végétation ; le peuplier blanc, le pin d'Alep et surtout le pin parasol dessinent cette grande ligne au pied de laquelle se trouvait l'ancien rivage. Dès qu'on a franchi ce premier cordon, on entre pour ainsi dire dans la mer préhistorique ; le sol devient horizontal et, malgré des défrichements récents, on reconnaît sans peine que l'on foule aux pieds une zone anciennement occupée par les eaux, où alternent aujourd'hui des mares couvertes de joncs et des alluvions tout à fait récentes. C'est le Grand-Palus ou étang de Leyran, qui, dans quelques années, sera presque entièrement envahi par la culture.

« Si l'on continue à se diriger du côté de la mer, on franchit bientôt un second cordon littoral, moins nettement dessiné que le premier, mais cependant très reconnaissable à la ligne de montilles sablonneuses recouvertes d'une végétation souffreteuse et rabougrie. C'est la deuxième station du rivage de la mer.

« Puis vient un troisième cordon qui présente exactement la même physionomie et isole le groupe des étangs de la Marette, des Caïtives, de la Ville et du Roi.

« Un quatrième et dernier cordon, qui n'est autre que la plage actuelle, complète l'appareil littoral et a donné naissance aux étangs du Repausset et du Repos.

« Les lignes de dunes et les bas-fonds qui les séparent sont caractérisés par des flores tout à fait distinctes. Les pins, les ailantes et les peupliers blancs demandent que leurs racines plongent dans un terrain imprégné d'eau douce ; et l'eau de pluie, qui filtre à travers les sables, se retrouve en effet à très peu de profondeur au-dessous du sol. — L'eau des bas-fonds est, au contraire, très saumâtre, quelquefois salée ; et la flore très pauvre de ces anciens lits desséchés de la lagune ne se compose que de joncs, de soudes et de salicornes au feuillage terne et aux fleurs indécises.

« La campagne d'Aigues-Mortes est d'une tristesse incomparable. Tout est mort autour de cette ville morte. »

M. Lenthéric écrivait ces lignes en 1876 dans son beau livre sur les *Villes mortes du golfe de Lyon*.

Mais aujourd'hui cette campagne a été rendue à la vie ; les sables de ses cordons littoraux se couvrent de superbes vignobles. Tandis que le phylloxéra a détruit presque toutes les anciennes vignes du Languedoc, il épargne complètement les nouvelles plantations faites dans les sables. Les sables, ou du moins certains sables, sont réfractaires au phylloxéra.

« On ne peut compter, dit M. G. Foëx, sur une absolue indemnité, par rapport au phylloxéra, que dans les sables contenant plus de 60 p. 100 de silice. Les sables calcaires ne préservent pas la vigne aussi bien que les sables siliceux. L'indemnité croît, jusqu'à une certaine limite, avec l'état de division du sol ; les sables les plus fins sont ceux qui se pénètrent le mieux d'eau. »

De plus, il y a dans les sables des cordons littoraux, au-dessus de l'eau salée qui se trouve au fond, une couche d'eau douce qui paraît jouer un rôle très important dans le succès des plantations de vignes que l'on y a faites.

Des sondages répétés dans les sables des environs d'Aigues-Mortes ont fait voir à Barral qu'après trois mois de sécheresse, ils renfermaient moins de 1 p. 100 d'eau à $0^m,20$ de profondeur ; de 6 à 12 p. 100, selon les lieux, à 1 mètre de profondeur ; de 18 à 21 p. 100 entre 2 mètres et $2^m,25$.

A cette profondeur de 2 mètres, le sable est si mouillé qu'il est fluide comme l'eau elle-même et il est probable, d'après les expériences de M. Vanuccini, que le phylloxéra ne peut pas y vivre, parce qu'il ne trouve aucune trace d'air au milieu de cette masse coulante. Le pouvoir insecticide des sables ressemblerait donc plus qu'on le croirait au premier abord à celui de la submersion.

Pour établir les vignobles dans les sables des environs d'Aigues-Mortes, on a soin de commencer par bien niveler le terrain, afin que sa surface ait partout à peu près la même hauteur au-dessus du niveau de l'eau salée. Si l'on avait laissé subsister les *montilles* (hauteurs) et les *baisses* (bas-fonds) qu'il y avait sur les cordons littoraux, les racines des souches plantées dans ces baisses auraient atteint trop vite la terre amère et se seraient arrêtées dans leur développement. De plus, ces souches auraient été peu à peu ensevelies sous le sable enlevé par le vent aux crêtes des montilles, tandis que les racines des ceps de vigne placés sur ces dernières auraient été mises à nu.

Il faut ensuite défoncer le sol à environ $0^m,50$ de profondeur; mais, une fois que la plantation des vignes est faite, on les laboure le moins souvent possible, afin d'éviter que le vent emporte au loin le meilleur de la terre et déchausse les ceps. On se borne ordinairement à donner un seul labour à la fin de l'hiver, quand la terre est encore humide. Puis, afin d'empêcher le sable desséché d'être soulevé et déplacé par le vent, on le couvre d'une couche de paille ou de joncs et de roseaux récoltés dans les marais du voisinage. On enfonce à moitié ces joncs dans la terre, au moyen d'une pelle ou d'une machine spéciale, *l'enjonceuse,* composée d'une série de disques en fer qui sont fixés sur un essieu à environ 30 centimètres de distance les uns des autres.

C'est un modeste cultivateur, nommé Bayle, qui reconnut le premier, en 1873, que les vignes plantées dans les sables des environs d'Aigues-Mortes n'étaient pas attaquées par le phylloxéra.

Il prit à ferme pour 10 ans onze hectares de dunes incultes situés près de la Tour-Carbonnières. Il y planta des vignes d'aramon et de cinsaut et il réussit si bien que son exemple ne tarda pas à être suivi sur une grande échelle. Les sables des environs d'Aigues-

Mortes qui ne valaient pas plus de 100 fr. l'hectare en 1873 montèrent à des prix considérables et, quand Bayle approcha de la fin de son bail, il fut obligé lui-même de s'éloigner d'Aigues-Mortes pour trouver des terrains moins chers. En 1880, il afferma à la Compagnie du canal de Beaucaire 100 hectares, connus sous le nom de Sylve-de-Quatret, pour 14 ans, au prix de 1,400 fr. pendant les six premières années et de 1,700 fr. pendant les huit dernières.

« A la fin de 1886, dit le rapporteur du jury de la prime d'honneur du Gard en 1887, le bénéfice net de M. Bayle était de 67,578 fr. acquis avec une simple avance de fonds de 6,750 fr., le surplus des dépenses ayant été payé au moyen des recettes successives. »

« M. Bayle compte à l'avenir sur un bénéfice net moyen et annuel de 25,000 fr., jusqu'à la fin du bail, soit, pour neuf ans, un bénéfice prévu de 225,000 fr. En ajoutant à cette somme le bénéfice déjà réalisé, plus la valeur du matériel, on arrive à un total de 318,000 fr., chiffre assez éloquent par lui-même pour que nous n'ayons rien à y ajouter sur la valeur de l'entreprise. M. Bayle pense que ses vingt et un métayers réunis gagneront environ autant que lui, et, en dehors de ces bénéfices, il laissera à la fin du bail une propriété qui, estimée de 30,000 à 40,000 fr. au début, ne vaudra pas moins de 4,000 à 5,000 fr. l'hectare, soit plus de 300,000 fr. L'exemple de M. Bayle a eu les suites qu'il était facile de prévoir, et la Compagnie du canal de Beaucaire a loué ensuite, au lieu de 20 fr. l'hectare, de 150 à 300 fr. A part les quelques irrégularités de végétation que l'on rencontre presque généralement dans les sables et qui proviennent de diverses causes, telles que qualité du sable, parties en remblais ou déblais, nivellements insuffisants et action du sel dans les parties en cuvette, le jury a trouvé l'aspect du vignoble de la Sylve-de-Quatret très satisfaisant. »

L'heureux et habile fermier peut, à bon droit, être fier du rôle qu'il a joué dans la transformation du territoire d'Aigues-Mortes, territoire autrefois si pauvre et maintenant si productif. Sans doute, cette transformation se fût opérée sans lui ; mais il est incontestable que, par ses exhortations pressantes au début, par ses conseils pratiques et toujours désintéressés, il a exercé une influence réelle et des plus utiles à Aigues-Mortes.

La Compagnie des salins du Midi avait, à côté des canaux et bassins qu'elle utilisait pour la fabrication du sel, de grandes étendues de sables qui ne lui rapportaient presque rien. Elle y a fait 700 hectares de vignes qui lui donnent aujourd'hui 100,000 à 120,000 hectolitres de vin par an. Celles de Jarras et du Bosquet sont près d'Aigues-Mortes; celles de Villeroy sur l'isthme étroit qui sépare l'étang de Thau de la mer et qui est traversé par le chemin de fer au sud de Cette, et celles de Clavelet près de la station des Onglous.

M. A. Müntz, membre de l'Institut, a fait l'analyse des sables du domaine de Jarras. Des échantillons ont été pris à la surface ainsi que dans les couches sous-jacentes.

Les échantillons n° 1 sol et sous-sol ont été prélevés dans la partie du vignoble qui donne les meilleurs rendements et qui occupe les 4/5 de la surface. La terre amère, c'est-à-dire très salée et dans laquelle les racines de la vigne ne pénètrent pas, se trouve au-dessous de $0^m,60$ de profondeur; un échantillon de cette terre amère a été pris à $0^m,80$ de profondeur.

Échantillons n° 1.

1,000 de terre sèche contiennent :

	TERRE FINE.	CAILLOUX.
Sol	1,000	»
Sous-sol	1,000	»
Terre amère à $0^m,80$	1,000	»

L'analyse de la terre fine a donné les résultats suivants pour 1,000 de terre sèche :

	SOL.	SOUS-SOL.
Azote	0.270	0.270
Acide phosphorique	0.820	0.850
Potasse	0.810	0.910
Carbonate de chaux	212.920	230.460
Magnésie	2.160	1.710
Sesquioxyde de fer	13.470	28.300
Sel marin	0.028	0.024

Ces sables sont tout à fait exempts de cailloux. On y rencontre des débris organiques et des fragments de coquillages. Ils sont très pauvres en azote, moins pauvres en acide phosphorique et en potasse. Le carbonate de chaux forme à peu près le cinquième de leur poids. Le reste est constitué par un sable siliceux. De pareilles terres doivent surtout être considérées comme un support où les racines de la vigne pénètrent facilement, mais dans lequel il faut introduire d'abondantes fumures pour obtenir la végétation vigoureuse à laquelle on peut demander de fortes récoltes.

D'autres échantillons ont été pris dans une partie des vignobles qui donne des rendements plus faibles et qui occupe environ 1/5 de la surface. La terre amère se trouve déjà à partir de $0^m,40$ de profondeur. Les racines de la vigne sont donc forcées de vivre dans le sol superficiel et n'ont à leur disposition qu'un faible cube de terre. L'analyse du sol et du sous-sol, dans lequel les racines de la vigne se développent, a donné les résultats suivants :

Échantillons n° 2.

1,000 de terre sèche contiennent :

	TERRE FINE.	CAILLOUX.
Sol	1,000	»
Sous-sol	1,000	»

Pour 1,000 de terre :

	SOL.	SOUS-SOL.
Azote	0.200	0.100
Acide phosphorique	0.680	0.700
Potasse	0.970	1.030
Carbonate de chaux	188.870	198.200
Magnésie	1.090	1.890
Sesquioxyde de fer	12.830	13.310
Sel marin	0.020	0.032

Cette terre ne diffère pas sensiblement des terres précédentes.

Elle est de même formation et ne s'en distingue que par une moindre élévation au-dessus du plan d'eau salée.

Échantillons n° 3.

Terre dite amère, prélevée à 0m,80 de profondeur et dans laquelle les racines de la vigne ne peuvent pas pénétrer sans périr.

1,000 de terre sèche contiennent :

TERRE FINE.	CAILLOUX.
1,000	»

L'analyse de la terre fine a donné les résultats suivants pour 1,000 de terre sèche :

Azote	0.180
Acide phosphorique	0.890
Potasse	1.270
Carbonate de chaux	255.250
Magnésie	1.140
Sesquioxyde de fer	13.880
Sel marin	0.053

« La terre amère, dit M. Müntz, ne diffère des terres où la vigne peut vivre que par une plus forte proportion de sel marin. Encore celui-ci est-il en si minime proportion qu'on a peine à s'expliquer comment il peut exercer une influence si nuisible.

« Quant aux éléments fertilisants, ils sont en quantités sensiblement égales dans les divers échantillons ; en proportion peu élevée dans la terre, ils n'offrent à la vigne que de faibles ressources, à cause de l'épaisseur si limitée qui est à la disposition des racines. Nous voyons d'ailleurs que la fertilité est moindre dans les parties où la nappe d'eau salée, qui oppose une barrière infranchissable au système radiculaire, est plus rapprochée de la surface. »

M. A. Müntz a déterminé les quantités d'azote, d'acide phosphorique, etc., qu'une production moyenne de 120 hectolitres de vin et des sarments, feuilles, marcs, etc., correspondants absorbe par hectare et les a comparées avec celles qui sont apportées par la fumure composée de 500 grammes par souche ou 2,222 kilogr. par hectare de tourteau de sésame sulfuré et il a trouvé :

	AZOTE.	ACIDE phosphorique.	POTASSE.
	kilogr.	kilogr.	kilogr.
Absorbé par la vigne .	59	17	72
Apporté par la fumure.	151	44	33

« Il y a là, dit M. Müntz, une disproportion qu'il est utile de signaler. L'azote est donné en proportions très élevées et on constate une insuffisance très marquée pour la potasse. Il est probable que, pour la potasse, celle qui se trouve dans l'eau de mer intervient dans une certaine mesure, quoique les racines ne pénètrent pas dans ce milieu[1]. »

Depuis que M. Müntz a écrit ces lignes, la Compagnie des salins a réduit sa fumure à 250 grammes de tourteau de sésame sulfuré par souche; cela suffit en ce qui concerne l'azote et l'acide phosphorique.

Les frais de culture annuels, y compris l'engrais, sont d'environ 800 fr. par hectare. En admettant une production moyenne de 120 hectolitres vendus de 15 à 20 fr., cela fait un produit brut de 1,800 à 2,400 fr. On voit qu'il y a un bénéfice considérable, même si l'on ajoute aux frais de culture les intérêts et l'amortissement du capital employé à l'établissement des vignobles et à la construction des celliers, etc., capital qui est d'environ 5,000 fr. par hectare.

§ 8. — *Terrains d'alluvion du Bas-Languedoc.*

Après avoir pris sa source dans un des premiers contreforts des Cévennes et traversé par une vallée étroite les formations jurassiques et crétacées, le Vidourle débouche dans une vaste plaine qu'il

1. A. Müntz, *Les Vignes. Recherches expérimentales sur leur culture et leur exploitation.* 1895.

a couverte autrefois de ses alluvions. Pendant longtemps toute cette vallée fut très marécageuse ; mais le Vidourle a été endigué ; on lui a creusé un canal d'écoulement vers la mer à travers le cordon littoral ; les terres ont été desséchées et aujourd'hui c'est une des plus fertiles contrées du Bas-Languedoc.

Depuis que le procédé de la submersion a été inventé pour protéger les vignes contre le phylloxéra, il a été appliqué sur des surfaces considérables dans la plaine du Vidourle. Les propriétaires dont les vignobles étaient assez rapprochés de la rivière ont pu y puiser directement les eaux nécessaires à leurs submersions, par exemple, M. de Beauchostes, à Tamariguières, commune de Marsillargues, etc...

Mais comment se procurer de l'eau pour submerger les vignes situées loin de la rivière ? — L'idée vint à un agriculteur de Gallargues, M. Manset, d'employer le procédé de forage des puits instantanés, et, après neuf heures de travail, il atteignit, à une profondeur de 14 mètres, une abondante nappe d'eau qui, remontant en colonne artésienne, vint prendre son niveau à 4 mètres environ au-dessous du sol. Il ne restait plus qu'à l'élever encore de 5 à 6 mètres, au moyen d'une pompe centrifuge mue par une locomobile, pour pouvoir l'employer aux submersions.

Cette heureuse tentative fut bientôt imitée et, dans toute la plaine qui s'étend de Gallargues au canal de la Radelle, les forages de puits artésiens ont parfaitement réussi, mais il a fallu souvent les pousser à des profondeurs plus grandes qu'à Gallargues.

Les eaux fournies par ces puits artésiens proviennent du Vistre et de son affluent le Rhony et elles circulent dans une couche de cailloux de diluvium alpin analogues à ceux de la Costière et de la Crau, couche qui, d'après M. de Brignac, à une pente d'environ $3^m,50$ par kilomètre et repose sur une succession d'argiles bitumineuses et de sables très fins. Près de la ville de Lunel, cette couche affleure, mais, près du cordon littoral, on la trouve à une profondeur de 28 mètres au-dessous du niveau de la mer[1]. Dans son do-

1. De Brignac, *Bulletin de la Société géologique de France*, 3e série, t. XIII. 1885.

maine du Grand-Mazet, qui est situé à l'extrémité sud de la commune de Saint-Laurent-d'Aigouze, M. Paul Castelnau a fait un puits de 25 mètres de profondeur. En 1881, M. Paul Castelnau a eu pour ce domaine de 250 hectares la prime d'honneur du département du Gard et voici ce que M. Aurran, rapporteur du jury, en dit :

« M. Castelnau avait pris en 1866 la direction de cette propriété patrimoniale qui se trouvait alors dans un état déplorable de culture. La production d'un beau vignoble de 50 hectares créé par lui et complanté six septièmes en aramons et un septième en petits-bouschets (espacement de $2^m,20$ sur $1^m,10$, 4,000 pieds à l'hectare), après avoir atteint près de 7,000 hectolitres en 1874, était tombée à 300 hectolitres deux ans après, à la suite de l'invasion phylloxérique. Dès 1872, M. Castelnau a été un des premiers de sa contrée à essayer la submersion avec un matériel insuffisant alors, mais qu'il a établi depuis dans les conditions les plus parfaites. Des parties presque mortes en 1875 ont été complètement relevées, et, en 1880, l'habile concurrent a montré au jury 38 hectares submergés dans un état complet de conservation et de vigueur, ayant produit l'année d'avant 2,800 hectolitres. Les submersions, commencées en octobre, durent de 40 à 45 jours; il faut 8 jours pour faire le plein, et le coût par hectare, intérêt et amortissement compris, est estimé au Grand-Mazet à 60 fr. Les nombreuses prises d'eau directes ou par siphons, établies peu à peu sur le Vidourle, inquiétèrent avec raison M. Castelnau au point de vue de l'insuffisance possible de débit de ce cours d'eau, étant donné surtout un seuil d'entrée plus élevé que celui des autres riverains.

« En 1883, par exemple, l'eau manqua presque complètement, et il en résulta une réinvasion qui vint diminuer de moitié la production de cette année.

Il y avait là évidemment un danger sérieux à prévoir. Aussi M. Castelnau n'a-t-il pas hésité à faire creuser un puits artésien de 25 mètres de profondeur sur $1^m,50$ de diamètre, travail difficile et délicat confié à des scaphandriers et qui a coûté environ 10,000 fr. Une puissante pompe centrifuge doit y être installée. Elle sera mise en mouvement par la machine de 6 à 8 chevaux qui actionne actuellement le rouet élevant les eaux du Vidourle à $1^m,50$ de hauteur. Enfin, les eaux de retour sont utilisées lorsqu'elles sont nécessaires.

« Malgré cette installation très complète aujourd'hui et assurant l'avenir du vignoble, le propriétaire du Grand-Mazet ne compte pas porter à plus de 40 hectares l'étendue de ses vignes submergées; 20 hectares sont déjà plantés en vignes résistantes, jacquez et riparias greffés.

« Nous n'avons vu nulle part des jacquez plus vigoureux que ceux du Grand-Mazet, variant comme âge de 1 à 7 feuilles. Les plus âgés, ceux de 1880, avaient produit, paraît-il, près de 80 hectolitres à l'hectare, rendement très extraordinaire pour ce cépage. Un tiers de raisins de jacquez mélangés à la cuve avec deux tiers d'aramons avaient donné en 1886 un beau vin vendu 35 fr. l'hectolitre et faisant ainsi ressortir le prix du jacquez pur à 50 fr.

« Les riparias greffés sur place ne présentaient pas une grande régularité ; cela tient à la difficulté du buttage dans ces terres exceptionnellement fortes et compactes. Aussi il nous semble que l'emploi des racinés greffés et soudés en pépinière doit s'imposer au Grand-Mazet.

« Grâce à une pente suffisante combinée avec des vannes élevées, les canaux du domaine peuvent servir en même temps de fossés de colature et de canaux d'irrigation. Par le fait enfin de rigoles secondaires habilement distribuées, 40 hectares qui n'étaient autrefois que de pauvres pâtures sont devenus peu à peu des prairies donnant de bonnes coupes. La propriété se termine au sud par 90 hectares de terrains bas et salés, très heureusement transformés grâce à un judicieux emploi des eaux. Un moteur à vent actionnant un rouet, établi au point le plus favorable, élève les eaux qui lui arrivent par les canaux d'irrigation dont nous venons de parler. Un débit considérable à une faible hauteur permet d'irriguer et de dessaler peu à peu les terrains en question qui, de complètement incultes, sont arrivés à produire des fourrages très présentables.

« Il a dû être récolté en 1887 plus de 5,000 quintaux métriques de fourrages, qui, après avoir été entassés dans un vaste hangar nouvellement construit, serviront à nourrir les animaux de travail et de produit dont voici l'importance : 16 chevaux ou mules; 250 brebis race barbarine et métis-mérinos ; 200 à 300 moutons d'engrais achetés en automne et revendus au printemps.

« Les cultures diverses réparties sur 60 hectares comprennent céréales, luzernes, barjelades du printemps (ou fourrages blancs, vesce et avoine), betteraves, maïs-fourrages ensilés après leur passage au hache-paille. Ces cultures perdent de plus en plus d'importance au Grand-Mazet pour deux raisons : la première, c'est que les meilleures terres sont toujours réservées pour les nouvelles plantations de vignes, la production du vin devant toujours rester l'objectif principal ; en second lieu, les cultures diverses faisant suite vers le sud aux terres submergées, les remontées de sel y sont toujours à craindre.

« Sur tous les points où ce salant est à redouter, des enjoncages d'été après les façons nécessaires produisent le meilleur effet.

« En 1880, M. Paul Castelnau indiquait au jury le chiffre de 50,000 fr. comme devant être à l'avenir le revenu net moyen du Grand-Mazet.

« Or, il résulte d'une comptabilité parfaitement tenue que, dans la période de sept années, de 1880 à 1886, ce chiffre a été très sensiblement dépassé. La plus forte année, 1882, a donné revenu net 118,253 fr. 10 c. ; la plus faible, 1883, année de réinvasion à la suite d'une submersion incomplète, 15,825 fr. 95 c. L'année 1886 a donné : recettes, 147,837 fr. 25 c. ; dépenses, 74,289 fr. 70 c. ; différence, 73,548 fr. 05. La moyenne des dépenses annuelles, dans la même période, a été de 73,730 fr. »

M. Trouchaud, qui a été des premiers submersionnistes de Saint-Laurent-d'Aigouze, très expérimenté par conséquent dans toutes les questions qui se rattachent à ce genre de défense, s'est associé avec son beau-frère, M. Louis Causse, pour affermer, sur les bords du Vidourle, le mas de Barbue, dans l'intention d'y créer un important vignoble submersible. Le mas de Barbue, situé à 2 kilomètres de Saint-Laurent-d'Aigouze, est composé de plusieurs parcelles formant ensemble une superficie totale de 44 hectares. La parcelle principale attenant à la maison d'habitation et aux bâtiments de ferme, est de 33 hectares. Le bail a été passé en 1880 pour une durée de quinze années divisées en trois périodes de cinq ans, avec fermage augmentant pour chaque période : première période, 4,400 fr.; deuxième période, 6,600 fr.; troisième période, 8,800 fr. Au moment du bail, une petite portion de 3 hectares seulement était en vignes. Le reste était cultivé en céréales et luzernes donnant de faibles revenus, et les vignes attaquées par le phylloxéra constituaient déjà l'exploitation en perte. 27 hectares furent de suite plantés en vue de la submersion : deux tiers en aramons et un tiers en petits-bouschets, à la distance usitée dans la contrée, 2 mètres sur $1^{m},25$ (4,000 pieds à l'hectare).

La prise d'eau a été établie par les nouveaux fermiers du domaine sur l'ancienne grande roubine mettant en communication le Vidourle et le Vistre, dans le but d'assurer l'écoulement des eaux du Rhône avant que les rives du fleuve n'aient été endiguées, et pour le colmatage des terres par les eaux du Vidourle. Une locomobile de la force de 12 chevaux peut actionner, soit un rouet Bergeron élevant les eaux de la roubine et les eaux de retour de 4 mètres à $4^{m},50$, avec un débit moyen de 117 litres à la seconde, soit une pompe centrifuge prenant l'eau dans un puits artésien pour le cas où les eaux du Vidourle seraient insuffisantes. Les eaux de ce puits creusé jusqu'à la couche de graviers à 17 mètres de profondeur remontent à 1 ou 2 mètres du sol. Par cette double installation, MM. Trouchaud et Causse se trouvent avoir un débit toujours suffisant et assuré, soit pour leurs submersions, soit pour la vente des eaux. Ces ventes, faites au prix usuel de la région, 166 fr. par hectare, ont pour eux les avantages suivants. D'abord elles constituent une recette annuelle de 2,700 fr. environ; de plus, elles leur permettent d'être utiles à leurs voisins en évitant avec eux toutes les difficultés qui sont souvent la conséquence de ce genre de défense.

M. Chauzit, professeur départemental d'agriculture du Gard, a fait l'analyse de la terre du vignoble de M. Trouchaud-Verdier, à Saint-Laurent-d'Aigouze, vignoble qui est soumis à la submersion depuis 1874 et qui a reçu tous les deux ans 20,000 kilogr. de fumier de ferme par hectare. Il y a trouvé p. 100 :

		SOL.	SOUS-SOL.
Analyse mécanique.	Eau à 100°	10 »	14 »
	Pierres	5 »	4 »
	Impalpable	85 »	83 »

		SOL.	SOUS-SOL.
Analyse physique. . .	Sable	23.12	21.63
	Argile	30.62	23.50
	Calcaire	46.26	54.80
Analyse chimique . .	Azote	0.087	0.049
	Potasse	0.182	0.169
	Acide phosphorique	0.326	0.198

M. Chauzit a également montré que l'eau du Vidourle qui sert à la submersion enrichit le terrain plutôt qu'elle ne l'épuise. Le terrain gagne chaque année 7 kilogr. d'azote, 45 kilogr. de potasse et 0^{kg},150 d'acide phosphorique.

« Visitons en hiver, dit M. Antoine de Saporta, au mois de février, l'une des nombreuses exploitations viticoles qui s'étendent au sud de la petite ville de Marsillargues, dans la plaine d'alluvions du Vidourle, à l'extrême limite orientale du département de l'Hérault. Nous avons sous les yeux une sorte de damier dont chaque case figure une nappe d'eau rectangulaire bornée par des chaussées dont le réseau sert de voies de communication. Les cases de damier occupent des étendues assez inégales, suivant les convenances particulières de chaque domaine ; quelques-unes se restreignent à un petit nombre d'hectares ; d'autres, organisées dans des situations plus favorables, couvrent jusqu'à 70 hectares d'un seul tenant. Ce sont de vrais lacs dont les petites vagues, les jours où le mistral souffle, clapotent avec bruit contre la jetée. On garantit les talus au moyen de litières de sarments juxtaposés. Pour que le résultat obtenu soit jugé satisfaisant, il ne faut pas qu'une seule cime d'herbe apparaisse au-dessus de l'eau ; seules les couronnes des souches ont le droit d'émerger.

« Les vignes inondées ne pouvant être cultivées que dans des terrains perméables, la submersion constitue un vrai travail des Danaïdes : à peine l'eau a-t-elle envahi les plantiers à saturation que déjà l'humidité filtre à travers les pores du sol. En moyenne, la déperdition s'élève à un centimètre par jour. Aussi est-on obligé d'y remédier sans cesse.

« Actuellement, dans le cours de chaque hiver, 45 machines élévatoires installées à demeure dans la basse vallée du Vidourle, entre

Sommières et la mer, travaillent durant les quarante jours que la routine raisonnée a fixés comme durée de ce déluge artificiel. Rouets et pompes centrifuges puisent 9, 12 et jusqu'à 24 mètres cubes à la minute par machine et injectent ces flots bienfaisants sur les vignes envahies par l'insecte. Au début de la période, on entretient le feu jour et nuit; nuit et jour, deux mécaniciens, se relayant tour à tour auprès de chaque appareil, veillent au fonctionnement continu. Au bout de dix jours, les pompes ont refoulé sur l'espace qu'elles doivent submerger (cette étendue, variable suivant la capacité de la pompe, n'est guère inférieure à 30 hectares) une couche liquide d'épaisseur convenable. Il est désormais permis de respirer un peu, et, jusqu'à la fin du travail, la vapeur ne fonctionne que de 5 heures du matin à 3 heures du soir et simplement en vue d'empêcher le niveau de submersion de baisser; heureux quand de bonnes averses viennent épargner cette dépense d'entretien. Si ailleurs « pluie en février, c'est du fumier », à Marsillargues la pluie est du charbon. Un homme, généralement un travailleur attaché à l'exploitation, surveille spécialement les progrès ou le recul de l'inondation. Quelquefois enfin le Vidourle, en débordant, submerge sans l'aide des machines; mais une pareille aubaine est chose rare.

« Finalement, le bain ayant été jugé suffisant, les pompes s'arrêtent, l'eau baisse par degrés et le sol se montre de nouveau. On commence par le travailler avec la herse ou le griffon : ce grattage superficiel favorise la dessiccation et empêche la charrue de soulever de trop grosses mottes, lors de son passage subséquent. Jusqu'au milieu de l'été, les « façons » se succèdent sans relâche, tantôt exécutées à la charrue, comme nous venons de le dire, tantôt réalisées simplement par l'outil du travailleur.

« Arrive le début de juillet : à cette époque, les vignes, rapprochées de $1^{m},50$ dans un sens et de 2 mètres suivant la direction perpendiculaire, projettent des sarments si vigoureux que les mules ou chevaux ne peuvent plus pénétrer dans ce fouillis de pampres sans risquer de produire de grands dégâts. On dit alors que les plantiers « se ferment ». Le vignoble, à partir de cette date jusqu'aux vendanges, est travaillé « à la main » et raclé avec toute la minutie désirable. Le travail ne chôme guère, car sur ces riches terres d'alluvion, les mauvaises herbes, même au cœur de l'été, croissent avec une facilité déplorable.

« Pratiquée avec des eaux par trop pures et claires, l'inondation aurait pour effet de laver le sol en lui dérobant, sans compensation, tous ses principes actifs. On n'ignore pas qu'au contraire les flots limoneux de la Garonne, loin d'appauvrir les terres des vignobles submergés près de Bordeaux, déposent chaque hiver une couche alluviale dont l'effet est très utile. D'une nature intermédiaire entre les deux types extrêmes, les eaux du Vidourle n'enlèvent rien aux terrains de Marsillargues, mais ne les enrichissent pas beaucoup. Aussi est-il indispensable, comme corollaire de l'inondation, de fumer copieusement tous les deux ans.

« Choisissons l'exemple d'un domaine comprenant 60 hectares de vignes et 90 hectares environ en prairies naturelles ou dépaissances, dans lequel on ne recourt pas aux engrais chimiques. Le propriétaire emploie exclusivement le fumier de sa ferme, fourni d'abord par l'écurie des mules, au nombre de dix, attachées à l'exploitation, puis par une bergerie comportant un troupeau de 180 brebis, et enfin par une « manade » ou troupe de chevaux camargues. Ces animaux vivent, pendant le jour, en demi-liberté, sans être assujettis à aucun travail de charroi, ni de labour ; leurs forces ne le leur permettraient pas ; la nuit, ils sont parqués dans une étable.

« On voit, d'après les chiffres précédents, qu'à chaque tête de mule correspondent 6 hectares de vignes. Aussi, la propriété de Tamariguière, englobant 180 hectares plantés, n'occupera pas moins de 30 chevaux ou mules, un véritable peloton de cavalerie. Seulement, les terrains de dépaissances y étant médiocres et peu étendus, le domaine ne peut nourrir ni de bêtes à laine, ni de chevaux camargues. L'emploi des chiffons alternés avec les fumiers d'écuries supplée à l'insuffisance de ces derniers[1]. »

MM. Lagatu, professeur de chimie à l'École nationale d'agriculture de Montpellier, et Semichon, directeur de la station œnologique de Narbonne, ont fait l'analyse d'un certain nombre de terres d'alluvion du département de l'Hérault (p. 1,000) :

---

1. Antoine de Saporta, *Revue des Deux-Mondes*. 1891.

ALLUVIONS	DE L'ORB.				DU LIBRON.		DE L'HÉRAULT.		
Commune de	Murviel.	Béziers.	Béziers.	Villeneuve.	Lieuran.	Béziers.	Saint-Thibéry.	Bessan.	Agde.
Domaine de	Mus.	La Canalette.	Hort-del-Gel.	La Rivièrette.	Ribaute.	Clairac.	L'Ile.	Cailhan.	Mermian.
Analyse mécanique.									
Cailloux	11.00	»	»	9.00	18.00	8.00	1.00	»	»
Gravier	8.00	»	»	21.00	17.00	28.00	1.00	1.00	4.00
Sable	716.00	381.00	370.00	393.00	525.00	619.00	527.00	230.00	445.00
Calcaire	31.00	53.00	65.00	69.00	81.00	22.00	129.00	127.00	143.00
Partie argileuse	234.00	566.00	565.00	505.00	359.00	322.00	332.00	642.00	403.00
Analyse chimique.									
Azote	0.72	1.17	2.07	0.96	0.78	0.94	0.46	1.27	0.77
Acide phosphorique	1.29	1.46	1.79	1.45	0.98	0.68	1.55	2.00	1.66
Acide sulfurique	0.40	0.43	0.46	0.42	0.38	0.28	0.41	0.69	0.46
Potasse	1.15	1.39	1.31	1.76	1.29	1.03	1.64	1.68	1.74
Chaux	28.63	56.00	38.16	41.33	66.99	13.25	72.24	71.12	83.44

Le domaine de la Provenquière, qui appartient à M. P. Teissonnière, est situé entre Béziers et Capestang. La majeure partie de ses terres se compose d'alluvions marines très profondes dans lesquelles on trouve beaucoup de débris de coquillages; en quelques endroits seulement on y rencontre des alluvions fluviatiles qui se distinguent généralement des précédentes par une couleur rougeâtre due à l'oxyde de fer.

M. A. Müntz, membre de l'Institut, a fait l'analyse de quelques échantillons de ces terres.

« On a, dit-il dans ses *Études expérimentales sur la culture et l'exploitation des vignes,* prélevé des échantillons de sol dans les parties supérieures jusqu'à une profondeur de $0^m,25$ à $0^m,30$, et, de plus, des échantillons de sous-sol jusqu'à une profondeur de $1^m,50$ et 2 mètres; on a pu constater ainsi que ce sous-sol est à peu près identique au sol superficiel, non seulement comme aspect et comme nature physique, mais encore comme composition. On a donc là affaire à des terres tout à fait privilégiées qui ont une profondeur de sol fertile presque illimitée.

« Aussi la valeur de ces terres est-elle très grande; il n'est pas rare de voir des terres à vignes très négligées et qui sont à reconstituer se vendre à des prix de 10,000 à 12,000 fr. l'hectare, tandis que, en pleine production, elles en valent 15,000 à 18,000 fr.

« Voici la composition des échantillons de terre qui représentent le mieux l'ensemble du domaine :

TABLEAU.

	1,000 de terre brute, sèche, contiennent :			1,000 de terre fine et sèche contiennent :					1,000 de terre naturelle contiennent, dans les éléments fins :				
	Terre fine.	Silic.	Calc.	Az.	PhO^5.	KO.	$CaOCO^2$.	MgO.	Az.	PhO^5.	KO.	$CaOCO^2$.	MgO.
Pièce du Puits.													
Terre de la surface, jusqu'à $0^m,25$ à $0^m,30$ de profondeur. Alluvions marines	921.9	»	78.1	0.54	1.40	1.78	213.50	0.70	0.50	1.29	1.64	196.85	0.64
Pièce dite Moure de Carignane.													
. . . .	935.8	»	64.20	0.60	0.74	1.33	217.50	0.70	0.56	0.69	1.30	203.58	0.65
Pièce de la Fontaine.													
Sol superficiel . . .	903.7	»	96.3	0.59	1.35	1.59	270.00	1.41	0.53	1,22	1.44	252.22	1,27
Sous-sol à $1^m,50$ . .	934.4	»	65.6	1.36	1.69	2.27	224.00	1.80	1.27	1.58	2,12	209.21	1.78
Pièce de Caïrat-Long.													
Sous-sol pris à 2 mètres de profondeur.	860.1	»	139.9	0.38	0.77	1.88	350.5	1.20	0.33	0.66	1.62	301.00	1.03

« Si nous jetons un coup d'œil d'ensemble, ajoute M. Müntz, sur les diverses parcelles à grands rendements, choisies dans le domaine de la Provenquière, nous constatons d'abord une épaisseur de terre considérable qui met à la disposition des vignes de grandes quantités de matières fertilisantes, qui permettent d'espérer que ce vignoble se maintiendra pendant fort longtemps dans un état très prospère et qu'il pourrait fournir des récoltes même avec des fumures très réduites. Des divers éléments dont la vigne a besoin, c'est l'azote qui est le moins abondant. La potasse et surtout l'acide phosphorique existent en notables proportions. Les fumures qui sont les plus indiquées sont donc les fumures azotées et, eu égard à la grande perméabilité de la terre, c'est sous la forme organique, c'est-à-dire sous celle de fumiers et plutôt encore sous celle de chiffons et déchets de laine, de corne, de viande ou sang desséchés, qu'il convient de les appliquer. Ces derniers engrais, en effet, n'apportent avec eux que l'élément le moins abondant dans le sol, l'azote, et sous une forme qui en évite la déperdition rapide. Ils apportent aussi avec eux une certaine proportion d'humus qui, dans de pareils sols, a toujours une influence favorable.

« L'appauvrissement du sol de la Provenquière, par le fait de l'exportation des principes fertilisants, est d'autant moins à craindre que les feuilles, et ensuite les marcs, sont consommés par un troupeau de moutons dont le fumier retourne à la terre. Malgré les belles récoltes que donne cette exploitation, il n'y a donc pas d'inquiétude à avoir pour l'épuisement de ses réserves. »

§ 9. — *Les marais de la Saintonge.*

En certains points, l'Océan attaque et démolit les anciennes côtes ; ailleurs il dépose des alluvions qui forment d'abord des lagunes et des marais, mais qui peu à peu sont desséchées et couvertes d'herbages ou de riches cultures.

Comme nous l'avons déjà dit dans le tome III, la Gironde est, de tous nos fleuves, celui qui charrie le plus de limons. Ces limons ont formé les paluds des environs de Bordeaux et les *mattes* de la Petite-Flandre, près de Lesparre, mais la plus grande partie est entraînée par les courants de la mer vers le nord et va se déposer sur les côtes de la Saintonge. C'est ainsi que les estuaires de la Seudre, du Brouage et de la Charente, ainsi que le fond d'Antioche, au nord de Rochefort, ont été comblés. « Le port de Brouage, dit Jules Girard, est un repère qui constate bien l'avancement progressif du rivage. Ses murs étaient battus par les flots au XVe et au XVIe siècle ; son port recevait directement des navires. Aujourd'hui, il ne communique plus avec la mer que par un canal d'un kilomètre de long qui s'envaserait s'il n'était entretenu. Cette malheureuse petite ville, abandonnée à cause de son insalubrité, était jadis, au temps de Richelieu, un port profond, puisque ses murs portent encore les anneaux auxquels les barques s'amarraient à cette époque ; aujourd'hui on peut attacher à ces mêmes anneaux les chevaux élevés sur les pâturages qui ont remplacé les anciennes grèves. »

Il y a eu pendant longtemps beaucoup de marais salants sur les fonds d'argile déposés par la mer le long des rivages de la Saintonge. On avait creusé dans cette argile ou *terre de Bri*, comme on la nomme, des excavations de 3 à 4 mètres de profondeur, appelées *aires*, dans lesquelles les eaux s'évaporaient et déposaient le sel marin. Les déblais de ces excavations formaient autour d'elles des sortes de digues appelées *bosses*. Les propriétaires des marais salants les faisaient exploiter par des *saulniers*, colons partiaires, qui avaient pour rétribution de leur travail le tiers du produit de la vente du sel et le total des produits de la culture des bosses. Mais peu à peu on a abandonné l'exploitation de la plupart de ces salines. Le prix de revient du sel y était plus élevé que dans les salines de l'Est et sur les bords de la Méditerranée, parce que dans les années pluvieuses la production y est à peu près impossible. Les marais abandonnés s'appellent *marais gats*, ce qui veut dire marais gâtés pour la production du sel, mais en même temps ces marais étaient gâtés pour la santé des habitants du pays. Comme on négligeait le curage des canaux par lesquels ils communiquaient avec la mer, ils étaient devenus très insalubres.

Il y a 75 ans, quand Charles-Esprit Le Terne fut nommé sous-préfet de Marennes, il trouva dans son arrondissement plus de 8,000 hectares de marais qui avaient remplacé les salines ruinées depuis le commencement du XVIIe siècle et qui répandaient la fièvre autour d'eux. Les décès étaient deux fois plus nombreux que les naissances et les communes riveraines des marais ne pouvaient plus fournir les soldats demandés par la conscription.

Le Terne constitua en syndicat les 3,000 propriétaires intéressés; sans le concours d'aucun ingénieur, il suffit à tout : projets, plans, devis, adjudications, et, au moyen de contributions qui n'atteignirent jamais le dixième des bénéfices réalisés annuellement, il parvint à transformer ces milliers d'hectares en belles prairies qui valent aujourd'hui 3,000 fr. l'hectare, tandis qu'avant le desséchement elles se vendaient au plus 600 fr. En même temps, la mortalité baissa de 66 p. 100.

C'est aussi dans les marnes bleues verdâtres ou terres de Bri que l'on a établi sur les deux rives de l'anse de la Seudre les *claires* où l'on fait verdir les huîtres si renommées de Marennes. Ces claires diffèrent des parcs ou viviers, dans lesquels on prépare les huîtres blanches pour la vente et qui communiquent toujours à la mer par un conduit, en ce qu'elles ne sont submergées qu'aux époques des syzygies ou *grandes malines* (pleines et nouvelles lunes) et ne sont pas partout situées sur les rivages immédiats de la mer.

Elles ne sont ni égales, ni régulières; leur étendue varie de 2 à 300 mètres carrés ; elles sont bordées d'une petite digue d'environ 1 mètre de hauteur faite au moyen de gazons, et cette digue est munie d'une vanne servant à retenir ou à lâcher les eaux, selon qu'elles ont besoin d'être nettoyées ou garnies [1].

Pour que la *Navicule huîtrière,* diatomée verte qui, absorbée par les huîtres, amène leur coloration, se développe bien, il faut qu'il y ait dans les claires un mélange d'eau de mer et de *doucin,* comme disent les parqueurs, c'est-à-dire d'eau douce, provenant soit des pluies, soit de sources ou de rivières [2].

La composition chimique des vases ou terres de Bri dans lesquelles sont creusées les claires a-t-elle une certaine influence sur la propriété qu'elles ont de verdir les huîtres ? — C'est fort probable.

D'après les analyses de MM. Berthelot, Chatin et Müntz, elles contiennent beaucoup de fer à l'état de protoxyde et de sulfure. Voici, d'après MM. Müntz et Chatin, la composition pour 1,000 des vases recueillies en février 1893 dans des claires à Marennes (*a*) et à Chantressac-ès-Marennes (*b*) :

	a.	*b.*
Azote	1.76	1.86
Acide phosphorique	1.39	1.82
Acide sulfurique	10.13	13.20
Chlore.	23.12	23.71
Iode	0.002	0.002
Chaux.	45.08	49.28
Sesquioxyde de fer.	67.14	77.79

C'est le protoxyde et le sulfure de fer qui donnent à ces vases

1. Chabot-Karlen, *Encyclopédie de l'Agriculteur,* tome VIII.
2. Bornet, *Bulletin de la Société nationale d'agriculture.* 1895.

leur couleur noir verdâtre. Mais, après le *parage*, qui consiste à mettre les claires à sec de mai à juillet et à leur donner pendant cet intervalle quelques labours ou binages, les vases aérées prennent une teinte ocracée ; le protoxyde et le sulfure de fer sont transformés en peroxyde et en sulfate et, en même temps, l'azote passe à l'état de nitrite ou de nitrate. Ce milieu oxydé paraît assurer le verdissement[1].

§ 10. — *Les marais du Poitou.*

Autrefois, un golfe dont la surface peut être évaluée à plus de 50,000 hectares s'étendait au sud des *plaines* calcaires de la Vendée et du Poitou jusqu'à l'emplacement où se trouve la ville de Niort, mais il était resté au milieu de ce golfe un certain nombre d'îlots : Maillezais, Vix, Vouillé, Chaillé, Triaize, Saint-Michel-en-l'Herm, Marans, etc., témoins dont la constitution géologique rappelle les calcaires jurassiques de la *Plaine* et que les gens du pays nomment des *buttes*.

Puis les alluvions déposées par la mer sont venues se joindre à celles qu'amenaient la Sèvre Niortaise, la Vendée, le Lay et l'Authise pour combler cette vaste déchirure. « Lorsque la mer est soulevée par les vents, dit M. Jules Girard dans ses *Recherches sur l'instabilité des continents,* et que les lames l'agitent à 50 mètres de profondeur, la vase y est remuée comme la poussière dans les rues aux approches de l'orage ; cette vase entre avec le flot dans les pertuis et y trouve un calme relatif. Le dépôt s'y opère ; et comme cette vase est un peu agglutinative, qu'elle se contracte au repos jusqu'à ne tenir, au bout de vingt minutes, que la dix-millième partie de son volume primitif (si la dilution est de 2 grammes de vase sèche par litre d'eau), ce dépôt adhère à celui qui a été précédemment formé. Si le calme se prolonge, le tout acquiert bientôt, sous la pression, la consistance du savon mou.

« A chaque marée, une couche impalpable de cette boue se dé-

1. Chatin et Müntz, *Comptes rendus de l'Académie des sciences.* 1894.

pose sur les couches précédentes ; ces superpositions finissent par atteindre 75 à 80 centimètres sur la laisse de haute mer pendant le cours d'une année ; cette bande de nouvelle formation s'étendant sur le pourtour d'un golfe, il en résulte que tous les ans une surface d'environ 30 hectares s'ajoute aux anciennes bandes limoneuses devenues consistantes. »

C'est ce limon argileux que l'on nomme *Bri*, terre très fertile, mais très compacte et imperméable ; pendant longtemps elle n'a formé que des marais et, avant de pouvoir utiliser sa fertilité, il a fallu la dessécher.

Dès le XIIIe siècle, les Bénédictins commencèrent les travaux destinés à assainir les marais. Ils avaient construit des abbayes sur quelques-unes des buttes de calcaire jurassique qui s'élevaient au milieu des eaux, à Saint-Michel-en-l'Herm, à Moreilles, etc., et sur les anciens rivages du golfe, à Luçon, Jard, etc... Les abbés de Saint-Michel-en-l'Herm, de l'Absie, de Saint-Maixent, de Maillezois et de Nieuil firent creuser un canal pour le dessèchement des marais de Langon et de Vouillé. Ce canal fut appelé le *Canal des Cinq-Abbés*.

En 1270, les abbés de Saint-Michel-en-l'Herm et de Saint-Léonard-des-Chaumes convinrent d'en faire un pour l'asséchement des terres mouillées qu'ils possédaient dans la châtellenie de Marans.

Mais, à la fin du XVIe siècle, Marans était encore, comme l'écrivait Henri IV dans une lettre adressée à la comtesse de Guiche, « une isle entourée de marais bocageux où, de cent pas en cent pas, il y a des canaux pour aller chercher le bois par eaux. L'isle, ajoutait-il, a deux lieues de tour ; ainsy environnée passe une rivière par le pied du chasteau, au milieu du bourg, qui est aussy logeable que Pau. Peu de maisons qui n'entre de sa porte dans son petit bateau. Cette rivière s'estend en deux bras qui portent non seulement de grands bateaux, mais des navires de cinquante tonneaux y viennent. Il n'y a que deux lieues jusqu'à la mer. Certe, c'est un canal, non une rivière : contremont vont les bateaux jusqu'à Niort où il y a douze lieues. »

Par son édit de 1599, Henri II nomma maître des digues du royaume Humfroy Bradley, ingénieur, originaire de la ville de Bergop-Zoom, en Brabant, qui était venu en France avec l'espoir d'appliquer à nos terres mouillées les systèmes de desséchement qui avaient si bien réussi dans son pays natal. Il fut décidé « que tous les paluds et marais, tant dépendant du domaine royal que ceux appartenant aux ecclésiastiques, gens nobles et du Tiers-État, sans exception de personnes, assis et situez le long des mers et rivières ou ailleurs seroient desscichez et essuyés par led. Bradley et ses associez ou les propriétaires et par eux rendus propres en labour, prairie ou herbages, selon que leur situation et naturel le permettra[1] ».

« Les premiers collaborateurs de Bradley sont peu connus, dit M. le comte de Dienne[2], et il est permis de croire qu'une société ne se forma, pour la réalisation de ses desseins, qu'en l'année 1607. Elle se composait de « personnages de qualité, de mérite, d'industrie, de grands moyens » et prit le titre d'*Association pour le desséchement des marais et lacs de France.*

« Les préliminaires de l'édit de 1607 rappellent l'arrivée du maître des digues dans le royaume, ses premiers travaux et les obstacles qui les arrêtèrent : procès, manque d'argent, mauvais vouloir des propriétaires.

« Henri IV, en établissant une législation spéciale aux desséchements des marais, avait lieu d'espérer que les assignations faites aux dessiccateurs seraient moins nombreuses et n'arrêteraient plus leurs entreprises.

« Ces nouveaux associés, dont quelques-uns sont nommés, dans l'édit, les Comans (Coymans), les Vanuffe (Van Uffe), les de la Planche, étaient des industriels fort protégés par le roi, et leurs manufactures de tapisseries, très florissantes, pouvaient fournir au maître des digues des capitaux considérables.

« Jean Hœufft était un banquier originaire de la Hollande. »

Le premier et le plus grand travail qu'ils exécutèrent fut le *canal des Hollandais,* ceinture qui limite les marais du Poitou au nord,

---

1. Édit de 1599. Préliminaires.

2. *Histoire du desséchement des lacs et marais en France,* par M. le comte de Dienne. Paris, 1891.

qui relie les canaux intermédiaires dits de Champagne, de la Grenetière, de la Vienne, du Clain, des Cinq-Abbés, etc..., et qui dessèche toute la zone comprise entre le grand canal de Luçon et le cours inférieur de la Vendée, à la hauteur de Velluire.

Bradley mourut en 1612 et, avec son fondateur, l'association pour le desséchement des lacs et marais de France perdit son unité.

Les associés acceptèrent des concessions particulières, les unes dans la Camargue, les autres à l'embouchure de la Gironde, de la Charente et de la Sèvre Niortaise. Pour ces dernières, dont nous avons à nous occuper en ce moment, leur principal collaborateur fut Pierre Siette, ingénieur-géographe du roi.

« Dès le 10 janvier 1642, par acte passé devant Eustache Corneille et André Guyon, notaires au Châtelet de Paris, Pierre Siette et René Fillastre, sieur de Richemont, obtinrent, tant pour eux que pour leurs associés, de messire Emery de Bragelognes, ancien évêque de Luçon et abbé de Notre-Dame de Moreilles, la cession en pleine propriété des marais et terres inondées qui dépendaient de l'abbaye de Moreilles.

« La superficie de ces marais, qui s'étendaient depuis l'achenal le Roi jusqu'à la rivière de Marans, était évaluée à 14,000 ou 15,000 arpents de 900 toises.

« Cette cession fut faite à la charge par Pierre Siette et ses associés de dessécher ces marais dans le délai de quatre années, et sous la réserve, au profit de l'abbaye de Moreilles, des bois plantés, des prés et pâturages des métairies de Moreilles, la Grenetière, Sainte-Radegonde et Bout-Neuf, qui se trouvaient dans la ceinture du desséchement, et, en outre, de 100 arpents desdits marais pour les religieux de l'abbaye.

« Le surplus des terrains desséchés était abandonné à Pierre Siette et à ses associés, sous la condition qu'ils en feraient labourer et ensemencer les deux tiers, dont le douzième des fruits appartiendrait à l'abbé de Moreilles, pour tous droits de dîme et de terrage, l'autre tiers devant être employé en prairies et pâturages.

« Les dessécheurs étaient tenus, en outre, de payer à l'abbé de Moreilles douze deniers de cens pour chaque journal ou arpent.

« Ceux-ci, du reste, remplirent exactement leurs engagements et achevèrent les travaux d'endiguement dans un délai de quatre ans, fixé par l'acte de cession.

« Les terrains qui furent ainsi soustraits à l'action des eaux reçurent le nom de *Petit-Poitou.*

« La superficie de ces marais, qui comprend tout le territoire de la commune de Chaillé et s'étend sur les communes de Sainte-Radegonde, Puyravault et Champagné, est de 5,470 hectares.

« Elle est traversée du nord au sud par les deux grands canaux de la Vienne et du Clain, qui reçoivent les eaux de six canaux secondaires et se déversent dans la Sèvre.

« Le partage des terrains qui composent le marais du Petit-Poitou fut fait entre les dessécheurs en l'année 1646, et les statuts de l'association furent arrêtés suivant acte de Bonnet et Robert, notaires à Fontenay-le-Comte, en date du 19 octobre de la même année.

« Ces statuts sont encore en vigueur et ont servi de modèle à plusieurs autres sociétés[1]. »

Lorsque les dessiccateurs se furent assurés des fonds, ils s'occupèrent de grouper auprès d'eux des familles d'ouvriers flamands et hollandais. — La population qui habitait les marais de l'Aunis et de la Basse-Vendée était absolument impropre aux travaux nécessités par le dessèchement.

Connus anciennement sous le nom de *colliberts,* les habitants de ces grands espaces vivaient d'une vie toute spéciale et n'avaient aucune idée du travail. Refoulés au loin par les dessèchements successifs, ils ont existé jusqu'à nos jours, et plusieurs de nos contemporains les ont vus, au milieu des marais mouillés de la Sèvre, tels qu'ils étaient jadis dans les terres, aujourd'hui essuyées, du Petit-Poitou, de Champagné, de Villedoux, de Benon, de Chouppeaux, de Maillezais, etc. Ils occupaient, sur les points élevés, des cabanes construites en bois et en roseaux, à moitié fixées dans le sol, à moitié suspendues aux arbres voisins, et dont le rez-de-chaussée n'était habitable que par les sécheresses de l'été ; à l'époque des pluies, une sorte de soupente leur servait de logement. Le foyer se trouvait au milieu de la chambre ; deux bois fourchus, solidement enfoncés,

1. Jules Hurtaud, cité par Clément Prieur, *La Vendée en 1873.*

soutenaient une perche placée horizontalement, à laquelle la crémaillère était attachée. La fumée, ne trouvant pas d'issue, recouvrait les parois de la cabane d'une couche de suie noire et vernie. Les colliberts, appelés déjà *huttiers,* du nom de leurs demeures, élevaient une grande quantité de canards qu'ils vendaient aux marchés de Marans et de Fontenay; ils coupaient aussi des bois qu'ils portaient dans leurs barques jusque sur la terre ferme. Aux époques de trouble, le voisinage des marais était redouté des voyageurs et des marchands; leur asile impénétrable qui, sous la Ligue, servit de repaire à de nombreux malfaiteurs, abrita, pendant les guerres de l'Empire, des centaines de réfractaires.

On ne pouvait songer à aller chercher, au milieu de leurs halliers impénétrables, les huttiers, habitués à une liberté complète et vivant souvent de rapines, pour les mettre à exécuter des travaux qui exigent de la persévérance, de l'énergie et une sorte de discipline. Quoique les premiers statuts n'en parlent pas, il est probable qu'on offrit à ceux qui habitaient dans les dessèchements, de les préposer, comme ils le sont encore dans bien des endroits, à l'entretien des digues, repoussant ceux qui n'y consentaient pas vers les marais mouillés.

Les ouvriers venus des Pays-Bas apportaient, au contraire, avec une bonne volonté parfaite, l'aptitude particulière à un genre de travail qu'ils avaient vu exécuter sous leurs yeux, depuis leur jeune âge, et qu'une longue pratique leur avait rendu familier.

Telle fut la population laborieuse qui établit dans les fermes des marais ou *cabanes* cette propreté et ce soin des meubles que l'on remarque tant en Hollande et qui se sont conservés jusqu'à nos jours. Là, nous avons admiré, dans les fermes les plus pauvres, le carrelage lavé à grande eau, les murs blanchis à la chaux, les meubles de noyer cirés avec soin, les serrures polies et nettes de la plus légère tache de rouille. (Cavoleau.)

Les digues qui ont pour but de préserver le marais contre les eaux provenant des fonds supérieurs ou contre les débordements des rivières, ont conservé le nom de *Bots* dérivé de *Booths* que leur avaient donné les ingénieurs hollandais.

Comme dans les polders de Hollande, les canaux de dessèchement (que l'on appelle aussi *ceintures, écours* ou *étiers*) sont munis, à peu de distance de leur embouchure, d'écluses qui se ferment sous l'influence de la mer montante et s'ouvrent, au contraire, quand le flot se retire.

Sur les innombrables fossés qui s'entre-croisent dans le marais et le font ressembler à un vaste échiquier, il y a d'autres écluses ou des barrages traversés par des conduits en bois (*dalles*) qui sont munis d'un *clapet* et peuvent ainsi s'ouvrir ou se fermer à volonté, suivant que l'on veut écouler les eaux dans les canaux de dessèchement ou que l'on veut les retenir pour conserver, pendant l'été, de la fraîcheur aux prairies.

Ces fossés servent en même temps de clôtures pour les pâturages où l'on met les animaux. Les habitants du pays les franchissent au moyen de grandes perches appelées *pingles* qu'ils enfoncent dans l'eau jusqu'au fond du fossé et sur lesquelles ils s'appuient pour sauter de l'autre côté.

Dans le périmètre du marais du Petit-Poitou se trouvent enclavés deux autres marais, celui des Verdineries et celui du Commandeur qui appartenaient à l'ordre de Malte avant 1789. Ils furent desséchés par Pierre Siette et ses associés à peu près à la même époque, ainsi que le marais de la Vacherie (1,907 hectares) qui comprend une partie de la commune de Luçon et celui de Champagné (2,932 hectares) qui s'étend sur les communes de Champagné, Puyravault et Sainte-Radegonde. Le marais nouveau de Champagné n'a été endigué qu'en 1771.

En 1658, le marais du Petit-Poitou était estimé 75 livres l'arpent, qui représente, selon nos mesures agraires, 125 fr. environ l'hectare; mais il faut, dans ce calcul, tenir compte de la valeur différente de l'argent à deux siècles de distance et aussi du mauvais état où était, à cette époque, le dessèchement « entièrement deschu par l'inondation et la stérilité des dernières années ».

Aujourd'hui, M. Auger, notaire à Chaillé, estime leur valeur moyenne à 2,500 fr. l'hectare, tandis que, dans les mêmes communes, les terrains de groies (calcaire jurassique) ne valent que 1,500 fr. l'hectare. Les marais de Vix, plus fertiles encore que ceux du Petit-Poitou, parce que la couche d'humus qui couvre le *Bri* y est plus épaisse, valent de 3,500 à 4,500 fr. l'hectare.

Ces marais de Vix sont protégés par l'endiguement de la Sèvre Niortaise. On appelle *marais mouillés* l'espace compris entre les digues et le lit de la rivière, et *marais desséchés* tous les terrains situés en dehors des digues et protégés par elles contre les débordements de la rivière.

Les travaux d'endiguement de la Sèvre furent exécutés par François Brisson, président et sénéchal à Fontenay, et ses associés, à qui la plus grande partie des marais fut concédée par Henri de Béthune, évêque de Maillezais, et Framboise de Foix, abbesse de Saintes et dame de Vix. Commencés en 1643, ils furent terminés vers 1663.

Les frais d'endiguement furent supportés par les propriétaires riverains qui devaient recueillir le bénéfice de ces travaux et proportionnellement à l'étendue de leurs possessions

Aujourd'hui ce sont ces propriétaires réunis en sociétés ou syndicats qui entretiennent les desséchements. Il y a un grand nombre de ces sociétés dans les marais du Poitou. Il y en a même beaucoup trop, dit M. Ayraud ; au lieu d'en avoir dix ou douze dans un même bassin, il vaudrait mieux n'en avoir qu'une seule. Souvent ces sociétés se contrarient les unes les autres ; par exemple, l'une d'elles laisse couler à la mer les eaux douces qu'une autre serait disposée à recueillir pour l'arrosement de ses terrains.

Chacune de ces sociétés a ses statuts particuliers et s'administre à sa guise. Elles ont un directeur ou syndic, un caissier, un maître des digues et des commissaires qui sont nommés par les intéressés eux-mêmes dans des réunions annuelles où l'on vote aussi l'impôt et où l'on discute et décide les travaux à exécuter.

Le chiffre de l'impôt ou cotisation varie d'un syndicat à l'autre; en général, il s'élève à 2 ou 3 fr. par hectare. En outre de ces cotisations, certaines sociétés, par exemple celle du Contrebooth de Vix, se font de beaux revenus avec la vente des bois de frênes plantés sur ses digues.

« Les marais du Poitou, dit Jacques Bujault, ont le sol le plus fertile de l'Europe ; la couche végétale est un terreau de vingt pieds de profondeur. Les engrais y sont plus nuisibles qu'utiles : tout le fumier est brûlé. »

Mais l'enthousiasme du laboureur de Chalouc pour les terres des marais du Poitou nous semble fort exagéré et les conclusions qu'il en tire fort contestables.

D'abord, la nature de ces terres varie dans certaines limites, suivant qu'elles se composent uniquement de terre de Bri, limon argileux déposé par la mer, ou que ce limon est mélangé avec une plus ou moins grande quantité d'alluvions amenées par les rivières qui traversent les marais et de matières organiques laissées par les plantes qui ont végété autrefois dans les marais. La couche végétale est loin d'avoir partout 20 pieds d'épaisseur, comme le dit Jacques Bujault ; en certains endroits, elle se réduit à un demi-pied ou moins encore et, suivant qu'elle est plus ou moins épaisse, on peut mettre le marais en culture avec plus ou moins de profit ou il faut le laisser en prairie.

MM. Albert Vauchez et Pol Marchal ont bien voulu me communiquer les résultats des analyses qu'ils ont faites de quelques terres de marais qui dépendent de la ferme de Pétré, près de Luçon :

SOL.	TERRE DE PRAIRIE du marais mouillé. I.	II.	TERRE VÉGÉTALE du marais cultivé.
	P. 1,000.	P. 1,000.	P. 1,000.
Eau	76	76	72.9
Chaux	18	35	104.0
Azote	3.49	3.97	3.9
Acide phosphorique	1.20	1.21	0.766
Potasse	1.70	1.63	2.37

Analyse physique.

SOUS-SOL.	P. 100.	P. 100.
Eau	6.32	5.70
Gros sable non calcaire	18.60	23.93
Gros sable calcaire	1	0.26
Sable fin	33.70	31.85
Sable fin calcaire	2.02	0.60
Argile	36.38	35.90
Humus	1.95	0.78
	99.97	99.02

Ce sont des terres très riches en azote. Mais elles sont pauvres en chaux et quelques-unes en acide phosphorique. Dans certaines parties, les scories de déphosphoration ont fait beaucoup de bien, surtout en développant sur les prés une abondante végétation de légumineuses.

La ferme-école de Puilboreau, dont les bâtiments, les champs et les vignes se trouvent dans des terrains jurassiques, près de La Rochelle, a, dans les marais des environs de Marans, des prairies dont la terre de Bri a été analysée au laboratoire municipal de La Rochelle. Elle contient p. 1,000 :

Humidité.	87.50	
Matières organiques	67.50	dont 15.20 d'azote.
Silice	767.00	
Fer et alumine	68.75	
Chaux.	3.30	
Magnésie.	traces.	
Potasse	3.52	
Acide phosphorique	0.32	
Substances non dosées. . . .	1.85	

Évidemment les engrais phosphatés feraient encore plus de bien dans cette terre que dans celle de Pétré. On ne doit pas dire, avec Jacques Bujault, que les engrais y sont plus nuisibles qu'utiles. Le tout, c'est de lui donner les éléments qui lui manquent. Si le fumier de ferme n'y produit guère d'effet, c'est que, celui du pays, image du sol où il a été fabriqué, manque sans doute lui-même de ces éléments, surtout d'acide phosphorique et de magnésie. Si l'on a conservé, dans une partie des marais du Poitou, l'antique usage de brûler pour les besoins du ménage les *bouses* ramassées dans les pâturages, après les avoir séchées au soleil, c'est que les combustibles sont rares et chers dans le pays. Cavoleau défend cette pratique[1]. « Cette fabrication de *bouzats,* dit-il, est l'ouvrage du pauvre journalier, qui en partage le produit avec le cabanier. S'il était privé de cette ressource, sa pauvreté le forcerait à quitter un pays

---

1. Cavoleau, *Description de l'Agriculture de la Vendée.* 1818.

qui ne produit ni bois, ni tourbe, ni houille ; ou, plutôt, si l'industrie n'avait pas créé cette ressource, le pays serait inhabité. »

Depuis l'époque où Cavoleau écrivait ces lignes, les moyens de transport se sont multipliés et l'on peut partout se procurer de la houille. Dans tous les cas, au lieu de vendre les cendres de ces bouzats aux cultivateurs du Bocage, ceux du Marais feraient mieux de les employer dans leurs propres terres. C'est une erreur de croire que ces terres sont inépuisables.

Certains lais de mer, certaines *prises* récemment conquises sur la mer, peuvent donner sans engrais une série de récoltes de 40 hectolitres de blé, mais les anciens marais, depuis longtemps soumis à cette culture épuisante, sont loin d'atteindre ces rendements et leurs récoltes de céréales faiblissent de plus en plus. Pour arrêter cette décadence, il faut y faire alterner les céréales avec la luzerne et, pour revenir aux anciens rendements, il faut rendre à la terre les éléments qu'elle a perdus, principalement les phosphates.

Ce qu'il faudrait surtout dans ces terres compactes, ce sont des labours plus profonds et plus fréquents. Chaque culture ne reçoit habituellement qu'un labour ; on fait des billons de 2 mètres de largeur et l'on évite avec soin d'entamer la glaise du sous-sol.

Les déchaumages étaient jadis tout à fait inconnus et les sarclages n'étaient jamais pratiqués.

En général, on tend à réduire la proportion de terres consacrées à la production des céréales et à augmenter celle des fourrages. La culture du trèfle et celle de la luzerne se répandent de plus en plus, et souvent les vieilles luzernes s'enherbent et se transforment tout naturellement en pâturages.

Ainsi, à la Commanderie, la moitié des terres est en fourrages et, sur cette moitié, un tiers en luzerne et le reste en prairies naturelles. Tous les ans on sème quelques hectares de luzernes qui durent 10 ans et donnent en moyenne 7,000 kilogr. à l'hectare de foin. L'assolement suivi dans la moitié cultivée est celui qui est généralement usité dans le pays :

Première année : Guéret ou fèves ;

Deuxième année : Froment qui rend 16 hectolitres à l'hectare en moyenne ;

Troisième année : Orge d'hiver ou avoine.

Dans son *Manuel d'agriculture pratique,* Ayraud a conseillé de mettre le quart des terres labourables en luzerne et de diviser le reste en six soles :

1° Guéret ou vesces et trèfle incarnat ;

2° Froment ou orge d'hiver ;

3° Trèfle ;

4° Avoine ;

5° Fèves ;

6° Froment ou orge.

L'école pratique d'agriculture de Pétré, si bien dirigée par M. Vauchez, a une grande influence sur les progrès qui se répandent de plus en plus dans l'agriculture de la Vendée. Elle est située à peu de distance de Luçon, en partie sur les terrains de calcaires jurassiques, en partie sur les alluvions modernes, sur les limites de la *Plaine* et du *Marais,* et, par conséquent, elle peut servir d'exemple à l'une et à l'autre, tout en répandant ses enseignements bien au delà dans l'ensemble du département. Elle se compose de 80 hectares, dont 48 hectares, sur terre de Bri, sont en prairies. Presque tous ses champs représentent, au contraire, le type des terrains de la Plaine, ou un type intermédiaire entre ceux de la Plaine et ceux du Marais, sous-sol de calcaire bathonien avec sol superficiel assez pauvre en chaux. M. Vauchez y suit un assolement triennal intensif composé de :

Première année : Betteraves, pommes de terre ou trèfle incarnat suivi de maïs-fourrage ou trèfle ordinaire ;

Deuxième année : Blé ;

Troisième année : Avoine ou orge. Sur la moitié de la sole, on sème au printemps le trèfle ; sur l'autre moitié, on fait en culture dérobée des choux-fourrages que l'on repique après la moisson. On leur donne un peu d'engrais phosphatés.

Toutes les prairies sont entourées de fossés que l'on a soin de curer tous les 8 ou 10 ans. Une partie de ces prairies est fauchée et donne en première coupe 3,000 à 4,500 kilogr. de foin par hectare. Le reste est pâturé.

M. Vauchez entretient sur sa ferme quelques chevaux de gros

trait, une trentaine de vaches de race cotentine, quelques bœufs de travail, 150 à 160 moutons de la variété poitevine croisée southdown, 1 verrat et 7 truies.

Un certain nombre d'exploitations agricoles ont, comme celle de Pétré, leurs cultures et leurs bâtiments sur les *groies calcaires* des plaines qui bordent les marais ou des buttes qui s'élèvent çà et là au milieu d'eux, tandis que les prairies sont dans ces marais, quelquefois à une distance de plusieurs lieues. On envoie le bétail pâturer pendant l'été dans les marais, comme dans l'Est de la France on l'envoie sur les montagnes des Alpes ou du Jura, et l'on en ramène des provisions de foin pour la nourriture d'hiver.

Beaucoup de ces marais sont, du reste, des propriétés communales ; c'est dans les marais de Saint-Michel-en-l'Herm, de Grues et de Triaise que les fermes ont le plus d'étendue. Dans ceux de Vix et du Petit-Poitou, elles n'ont en moyenne que 50 hectares d'étendue.

La valeur locative des terres s'élève en général et la culture s'améliore en raison inverse de la dimension des fermes. Dans les marais de Doix et de Vix, la terre est d'ailleurs de qualité tout à fait supérieure et l'on y cultive beaucoup de chanvre et de lin.

Les *marais mouillés*, situés entre les digues qui protègent les marais desséchés et la Sèvre Niortaise, sont submergés pendant la plus grande partie de l'année. On y fait tous les transports par eau, comme à Venise et dans les Watteringues du Nord. Il y a quelquefois sur la Sèvre et sur les principaux canaux qui y aboutissent autant de bateaux ou *yoles* qu'il y a de chars ou de voitures sur les routes les plus fréquentées. Les uns sont conduits à l'aide d'une *pelle* dont on se sert comme d'une pagaye, les autres sont remorqués à la corde.

Les parties les plus élevées du bassin sont divisées en petites pièces de 6 à 7 mètres de largeur qui sont séparées par des fossés de 3 mètres de largeur et de 2 mètres de profondeur et que l'on appelle *mottes* ou *terrées*. On exhausse les mottes au moyen de la terre que fournissent les déblais des fossés et l'on y plante des peupliers, des frênes que l'on exploite en têtards et des osiers en lignes distantes de 2 à 3 mètres.

Quelques-unes de ces terrées sont cultivées en chanvre, lin, haricots ou raygrass.

Dans les parties les plus basses, au milieu des plantes marécageuses de toute espèce que la nature y a prodiguées, des espaces considérables se trouvent occupés par le roseau (*Arundo phragmites*). Dans un pays où le bois est très rare et très cher, cette plante sert à cuire le pain, à couvrir les cabanes des huttiers, les granges et les étables des fermes, et à fasciner les digues des marais desséchés. Elle a acquis dans le commerce un prix très élevé, et une bonne roselière rend à son propriétaire plus que la meilleure prairie ou le champ le plus fertile. Il y a tel hectare dont le revenu annuel excède 150 fr., et cela sans autre dépense et sans autre soin que de couper les roseaux. Cette récolte se fait à la fin du mois d'août; mais, pour qu'elle soit avantageuse, il faut « que les bateaux puissent flotter sur le sol des roselières ». Dans les années très rares où la sécheresse s'y oppose, la plante sèche sur pied, et la récolte est perdue non seulement pour l'année, mais encore pour l'année suivante[1].

« La plus grande partie des marais mouillés, écrivait Cavoleau en 1818, est employée en prairies dont l'herbage est de médiocre qualité, mais qui n'en nourrissent pas moins une prodigieuse quantité de bestiaux et de chevaux, dans 50 communes appartenant à trois départements.

« La race des bêtes à cornes, petite dans le Bocage vendéen, de taille moyenne dans la Plaine, grande et forte dans le Marais oriental et méridional, est ici d'une taille gigantesque ; mais elle est un peu efflanquée, et la trop grande saillie des os rend ses formes presque hideuses. Au reste, qu'importe la forme dans des animaux dont la valeur est proportionnée à leur masse? Il n'est pas rare de voir un bœuf gras peser jusqu'à 1,000 kilogr. et se vendre 700 ou 800 fr. Une simple vache grasse se vend quelquefois 400 fr., c'est-à-dire autant que deux bœufs du Bocage.

Les bœufs n'ont pas d'autre nourriture que le foin pendant l'hiver, et l'herbe des prairies pendant la belle saison. Ils sont cepen-

1. Cavoleau, *Description du département de la Vendée*. 1818

dant plus gras que dans les autres marais, parce qu'on les tient à l'engrais, sans les faire travailler, pendant 18 mois à 2 ans. »

Peu à peu cette variété maraîchère s'est transformée et a été remplacée par celle des Parthenais qui travaillent et s'engraissent mieux. On a fait plusieurs autres tentatives d'amélioration par l'introduction d'animaux de race suisse, garonnaise, Durham, mais elles ont toutes échoué, parce qu'elles ne répondaient ni aux conditions économiques du pays, ni aux exigences du climat et du sol des Marais.

Par contre, M. Vauchez a obtenu un succès complet et rendu un grand service à la Vendée en adoptant la race cotentine, et ses jeunes veaux sont très recherchés. Cela provient de ce que, depuis un certain nombre d'années, il s'est formé en Vendée, comme dans la Saintonge, beaucoup de laiteries coopératives qui fabriquent du beurre et permettent ainsi aux agriculteurs d'utiliser leurs fourrages à un prix plus élevé que par l'engraissement. Or, les vaches cotentines sont remarquables non seulement par la quantité de lait qu'elles donnent, mais surtout par la proportion et la qualité du beurre que contient le lait. A Pétré, elles fournissent en moyenne 7 à 8 litres de lait par tête et par jour et il suffit de 18 à 19 litres de ce lait pour faire 1 kilogr. de beurre. Le lait se paie ainsi de 0 fr. 08 c. à 0 fr. 14 c. le litre suivant la saison et le petit-lait s'emploie pour la nourriture des porcs.

Quant à la population chevaline du Marais, elle paraît avoir pour origine des chevaux de gros trait de race frisonne amenés par les Hollandais qui commencèrent les dessèchements. Elle fournit les énormes juments mulassières qui ont une réputation universelle. Mais elle a été croisée avec des étalons normands et aujourd'hui on trouve dans le Marais, et surtout dans les environs de Saint-Gervais, beaucoup plus de carrossiers et de chevaux de cavalerie que de bêtes de gros trait.

En général, les chevaux naissent dans la Plaine et sont élevés dans le Marais.

§ 11. — *Le marais breton et l'île de Noirmoutier.*

Le marais breton se compose de 30,000 à 40,000 hectares d'alluvions que les courants de la mer sont venus déposer sur les côtes de la Vendée et de la Loire-Inférieure, en face de l'île de Noirmoutier. Cette île elle-même est formée en grande partie d'alluvions accumulées autour des rochers de granite et des terrains tertiaires qui la limitent au nord, et peu à peu elle a été reliée à la côte par le passage du *goua (gué)*, qui, d'après M. Jules Girard, continue à s'exhausser d'environ un centimètre par an. C'est seulement depuis un siècle que l'on peut y passer à marée basse pour aller de Beauvoir à Barbâtre et à Noirmoutier. Une carte faite par Pierre Roger en 1579 montre encore l'île de Bouin en pleine mer et place une deuxième île plus à l'est, dans les plaines basses qui s'étendent au pied des coteaux de Châteauneuf. Aujourd'hui la charrue sillonne ces terres que la mer couvrait il y a quatre cents ans.

Ces terres d'alluvion s'étendent jusqu'à Bourgneuf, dans le département de la Loire-Inférieure. Les dépôts sableux, dit Delesse, proviennent des roches granitiques et gneissiques qui entourent la baie de Bourgneuf. Quant aux dépôts vaseux, ils peuvent résulter de la trituration des feldspaths ou bien encore de la destruction de roches argileuses, comme celles qui affleurent dans la baie, près de Pornic. D'un autre côté, l'embouchure de la Loire s'incline vers la baie de Bourgneuf, dans laquelle ses eaux doivent être ramenées, particulièrement lorsque se fait sentir le courant littoral qui descend au sud en longeant la côte de Bretagne. Par suite, les sédiments fins peuvent aussi provenir de la Loire, qui en transporte beaucoup[1].

Le fond de la baie de Bourgneuf se compose de calcaire grossier qui émerge encore dans les rochers de Bouin, de la Vendette et de Noirmoutier; par conséquent, la destruction de ce calcaire a dû fournir aux alluvions une partie de la chaux qu'on y trouve. De plus, ces alluvions contiennent des fragments de coquilles en proportions plus ou moins considérables, suivant leur origine et les points de la côte où elles se sont déposées. Ainsi ces coquilles sont fort abondantes dans le sable fin que l'on trouve sur la côte occidentale de l'île de Noirmoutier, en regard de l'Océan. Dans la baie de Barbâtre, leurs débris représentent à peu près la moitié du dépôt

1. Delesse, *Lithologie du fond des mers.*

littoral ; à la pointe de Devin, il y en a encore 36 p. 100 et 27 p. 100 dans l'anse de l'Herbaudière, au nord de l'île.

Mais au Sableau, à l'est de la ville de Noirmoutier, on trouve un sable graveleux, grossier, formé de quartz hyalin avec orthose rose ou blanc et mica argenté ; il ne contient que 7.6 p. 100 de coquilles. D'après Delesse, le triage fait sur le résidu insoluble dans l'acide chlorhydrique a donné pour ce sable graveleux :

Quartz hyalin gris avec quelques grains opaque coloré	71.1
Débris de gneiss formés de feldspath rose et blanc avec quartz hyalin et micas	19.4
Mica blanc argenté avec quelques lamelles de mica	1.0
Coquilles brisées.	7.6
Partie soluble dans l'acide.	0.9
	100.0

Les parties profondes de la baie reçoivent d'ailleurs un dépôt très ténu, qui est sableux ou vaseux, suivant le degré d'agitation des eaux. A la Nouvelle-Brille, derrière les rochers, c'est une argilite vert foncé, graveleuse, avec grains inégaux de quartz hyalin et paillettes nombreuses de mica. Les coquilles y sont peu abondantes et Delesse n'y a trouvé que 7 p. 100 de carbonate de chaux. Dans le sud de la baie, vers Beauvoir, le dépôt est un sable vaseux brunâtre avec quartz et paillettes de mica ; son carbonate de chaux atteint 22 p. 100. Vers l'est de la baie, à la pointe de la Coupelasse, le dépôt est toujours un sable très fin, qui est argileux et gris verdâtre ; mais il ne contient plus que 16 p. 100 de carbonate de chaux. En remontant au nord, vers Pornic, le dépôt littoral renferme une grande quantité de débris de coquilles ; aussi son carbonate de chaux s'élève-t-il à 26 p. 100, maximum trouvé dans la baie de Bourgneuf[1].

Hervé-Mangon a fait, en 1863, au laboratoire de l'École des ponts et chaussées, l'analyse d'un certain nombre d'échantillons de terres des lais de mer des côtes de la Vendée et des polders que M. Le Cler y avait créés. Nous en donnons les résultats à la page suivante :

1. Delesse, *Lithologie du fond des mers.*

1° Constitution physique.

DÉSIGNATIONS.	1.	2.	3.	4.	5.	6.	7.	8.	9.	10.	11.	12.	13.	14.	15.	16.
Débris végétaux	»	0.13	0.05	0.10	0.05	»	0.02	0.28	0.10	0.26	0.17	0.47	0.17	0 20	0.03	0.02
Cailloux	0.05	»	»	»	»	»	»	»	0.90	1.85	1.05	0.65	0.56	»	0.86	7.45
Sable gros	0.02	0.11	0.12	0.11	0.09	0.06	0.13	0.16	0.44	0.33	8.40	5.80	2.53	0.20	1.78	12.14
Sable fin	0.60	0.38	1.10	1.40	0.60	0.25	1.10	3.60	29.10	8.43	42.43	27.68	17.85	2.50	69.96	70.94
Matières entraînées par l'eau	99.33	99.38	98.73	98.39	99.26	99.69	98.75	95.96	69.46	89.13	47.95	65.40	78.89	97.10	27.37	9.45
	100.00	100.00	100.00	100.00	100.00	100.00	100.00	100.00	100.00	100.00	100.00	100.00	100.00	100.00	100.00	100.00

2° Composition chimique.

DÉSIGNATIONS.	EAU et matières combustibles non compris l'azote.	AZOTE.	RÉSIDU insoluble dans les acides.	ALUMINE et peroxyde de fer.	CARBONATE de chaux.	CARBONATE de magnésie.	CHLORURE de sodium.	AUTRES SELS solubles dans l'eau et matières non dosées.
N° 1. Lais de mer de la Coupelasse (non encore endigué, baigné par la mer dans les vives eaux)	11.45	0.15	60.99	9.72	6.51	1.86	2.65	6.67
2. Polder Saint-Céran, en culture depuis 25 ans	11 25	0.15	73.54	4.43	4.75	traces.	traces.	5.88
3. Polder Saint-Céran, en culture depuis environ 40 ans.	10.45	0.15	75.10	6.26	4.79	»	traces.	3.25
4. Polder Luminais, plus ancien	10.80	0.12	73.94	6 24	4,77	faibles traces.	traces.	4,13
5. Autre polder ancien	10.85	0.11	73.90	6.23	4.77	»	faibles traces.	4.14
6. Sous-sol du polder précédent à 0m,60 au-dessous du sol.	15.22	0.10	67.74	7,62	4.54	traces.	traces.	4.78
7. Très ancien polder	9.11	0.09	73.55	9.08	3.24	traces.	traces.	4.93
8. Polder Phelippe, partie haute	10.60	0.12	64.28	9.82	7.96	3.75	traces.	3.47
9. Polder Phelippe, partie basse	6.48	0.08	65.41	8.41	13.35	3.92	traces.	2.35
10. Polder qui précède le polder Phelippe	9.69	0.11	67.65	9.82	4.83	1.89	faibles traces.	6.01
11. Terre de la commune de Barbâtre, réputée très bonne.	5.78	0.10	66.83	6.59	15.13	1.98	traces.	3.59
12. Terre de la commune de Barbâtre, terre moyenne	8.36	0.12	69.56	8.24	9.80	1.92	traces.	2.00
13. Terre de la commune de Barbâtre, terre mauvaise	9.04	0.12	72.64	8.18	4.87	1.91	faibles traces.	3.24
14. Polder de Barbâtre, partie de Cailla (renclos en 1855).	8.99	0.17	65.40	10.90	8.10	1.91	faibles traces.	4.53
15. Polder de Barbâtre, partie de Gâtine	2.52	0.04	77.95	4.87	10.44	4.09	traces.	0.09
16. Polder de Barbâtre, partie de la Bassolière	0.38	0.02	77.69	0.99	17.79	2.09	traces.	1.01

Hervé-Mangon signale la présence de traces d'acide phosphorique dans tous ces échantillons, mais il ne l'a pas dosé.

M. L. Grandeau a fait récemment des analyses plus complètes de deux échantillons de terres des polders de Beauvoir et de Coupelasse :

100 de terre renfermaient :

	BEAUVOIR.	COUPELASSE.
Azote total	0.214	0.188
Azote nitrique	0.0007	0.00064
Acide phosphorique	0.171	0.165
Potasse	0.471	0.451
Chaux	4.400	5.090
Magnésie	0.320	0.400
Acide sulfurique	0.096	0.150
Chlorure de sodium	0.005	0.008

Les premiers polders ont été établis sur les côtes de Noirmoutier peu de temps après les guerres de Vendée, par un Hollandais, M. Jacobsen, d'après les procédés usités dans son pays. Puis d'autres propriétaires les ont imités, entre autres M. Carré sur les plages du détroit de Fromentine et principalement la *Société des polders de Bouin,* qui a été fondée en 1852 et qui est dirigée depuis 1855 par un ingénieur très distingué, M. Achille Le Cler, aujourd'hui membre de la Société nationale d'agriculture. Cette société a endigué et mis en culture successivement 700 hectares de polders ou lais de mer, situés, l'un (celui de Barbâtre) sur la côte de l'île de Noirmoutier et les autres (les polders des Champs, du Dain, de la Coupelasse et de Beauvoir), vis-à-vis du premier, près de Bouin, sur la côte du département de la Vendée et dans la baie de Bourgneuf qui sépare cette côte de Noirmoutier. Ces cinq polders présentent un développement de digues de 18 kilomètres et demi. Nous allons donner quelques détails sur l'exécution de ces travaux, d'après l'éminent ingénieur qui les a dirigés.

La ligne d'endiguement se trouve à peu près à la limite de la baisse des mortes-eaux, de sorte que les terrains des polders étaient, avant leur enclôture, couverts par la mer dans toutes les marées des vives-eaux. Les marées d'équinoxe donnent une hauteur d'eau de

2m,50 au pied des digues. Dans ces conditions, les digues de 4m,50 de hauteur totale en moyenne, c'est-à-dire de 2 mètres au-dessus du niveau de ces marées d'équinoxe, ont suffi pour le polder de Barbâtre, au sud de l'île de Noirmoutier. Mais, pour les autres polders, les digues, exposées aux vents d'ouest, qui soufflent souvent avec violence dans la baie de Bourgneuf, ont leur sommet élevé de 2m,50 au-dessus du niveau des plus grandes marées, ce qui donne 5 mètres en moyenne pour leur hauteur totale, avec 21 mètres de largeur à la base et 1 mètre au sommet.

Les surfaces endiguées ont été :

Polder de Barbâtre . .	117 hectares	(terminé en	1855).
— des Champs . .	100 —	(—	1860).
— du Dain. . . .	140 —	(—	1863).
— de la Coupelasse.	183 —	(—	1867).
— de Beauvoir . .	160 —		

Les travaux de ce dernier, qui avaient été interrompus en 1875, ont été repris depuis quelques années, mais par parties de 30 à 40 hectares, ce qui permet de ne donner aux digues que 3m,50 de hauteur, tout en assurant encore davantage leur résistance aux plus violentes tempêtes.

Voici comment M. Le Cler procède, lorsque la terre du polder, accumulée derrière les chaînes de pierre qui en tracent le périmètre, est prête pour l'endiguement.

Il fait construire les aqueducs et mettre en place les conduites en bois appelées *coëfs* qui seront établis sous les digues et munis de clapets se fermant d'eux-mêmes quand la mer s'élève.

Ces aqueducs en maçonnerie ou en bois sont destinés, après l'endiguement, à l'écoulement des eaux du polder. Comme cet écoulement ne peut avoir lieu qu'à mer basse, il faut que le nombre des coëfs et aqueducs et leurs dimensions soient déterminés de manière à satisfaire à une prompte évacuation et à un complet assainissement du polder, ce qui en constitue le drainage et est, par suite, extrêmement important.

Il y a encore une opération préliminaire qui doit précéder le commencement des terrassements, et qu'on appelle l'*ouverture des vides*.

On donne ce nom à des ouvertures que l'on réserve dans la chaîne de pierres, et par lesquelles la mer pourra entrer et sortir facilement à chaque marée jusqu'au jour où les digues se trouveront élevées, sur toute la ligne de l'endiguement, à une hauteur suffisante pour tenir la mer en dehors du polder. Ces ouvertures permettent à la mer de remplir facilement le polder à chaque marée et de se mettre de niveau de chaque côté du remblai en construction. L'emplacement, les dimensions et le nombre des vides sont donnés à la fois par l'expérience et par le calcul. Pour la première partie du polder du Dain, deux vides de 80 mètres de longueur chacun se sont trouvés dans d'excellentes conditions.

Il faut paver les vides avec les pierres de la chaîne, car, à chaque marée, c'est-à-dire deux fois en vingt-quatre heures, l'eau entre et sort avec une vitesse dépendant de la surface du polder, de la hauteur de la marée et de la longueur des vides. Cette vitesse s'augmente au fur et à mesure de l'avancement des digues. Si la surface des vides n'était pas pavée, il se produirait aisément des affouillements dans le sol. Des musoirs en pierre sont établis sur les parties latérales des vides pour retenir les extrémités du terrassement jusqu'au moment de la fermeture.

On cherche ainsi à gagner une hauteur de 50 centimètres au moins au-dessus du niveau des plus hautes marées. C'est à partir du moment où l'on est arrivé à cette hauteur sur toute l'étendue de l'endiguement qu'on peut songer à la fermeture des vides. Les travaux que nous venons de décrire pour cette première partie de l'opération doivent être poussés avec vigueur, autant que peut le permettre la nature vaseuse du remblai ; et il faut faire en sorte d'arriver à ce degré d'avancement dans le mois de juin.

C'est vers la fin de ce mois que se présentent les plus petites marées de l'année, dites *marées de la Saint-Jean*, il faut en profiter pour la *fermeture des vides*. Les vides peuvent être fermés l'un après l'autre ou le même jour. Il est cependant préférable de les fermer en même temps. Cette opération doit avoir lieu le jour de la plus basse mer de la morte-eau. Comme les digues sont établies à peu près à la ligne des mortes-eaux, il n'entre, ce jour-là, que peu d'eau dans le polder.

Dans les deux ou trois jours qui précèdent la fermeture, on enlève le pavage des vides et on rétablit les chaînes de pierre. Les musoirs qui retenaient les extrémités du terrassement sont retirés avec soin. On ne doit pas laisser, sous la base de la digue, des pierres ou chaînes transversales qui pourraient amener plus tard des filtrations dans le corps du terrassement.

Les deux chaînes longitudinales sont donc rétablies avec les pierres du pavage, et on installe des ponts de roulage, de manière à placer un grand nombre de terrassiers pour chaque vide. On en met ordinairement une centaine pour un vide de 100 mètres d'ouverture. Il faut faire le plus de remblai possible le jour de la fermeture. Dès ce soir-là, la mer ne doit plus rentrer dans le polder. On continue le lendemain et les jours suivants à l'élever, car la mer gagne chaque jour de la hauteur, de son côté, en s'avançant vers la vive-eau, et il faut continuer à rester au-dessus du niveau des marées. Cette opération de la fermeture est très importante, capitale même pour le succès de l'entreprise. C'est la clef de voûte de l'endiguement d'un polder. On choisit les meilleurs ouvriers pour ce travail et on les encourage par des gratifications et une paie plus élevée pendant les premiers jours de l'opération.

Les ouvriers comprennent d'ailleurs l'importance du succès de la fermeture. Ils y mettent de l'ardeur et de la bonne volonté. Le jour de la fermeture est une fête dans le pays. La fermeture du polder de Barbâtre (île de Noirmoutier), par suite de la disposition particulière des heures de marée et de la morte-eau, dut avoir lieu obligatoirement un dimanche, bien que le chantier fût fermé ordinairement les jours de fête. M. le curé de Barbâtre se prêta de bonne grâce à engager en chaire ses paroissiens à se rendre au chantier. Les heures des offices furent changées et M. le curé vint assister à l'opération avec la plus grande partie des habitants de la commune.

Après la fermeture des vides, le chantier change d'aspect. Le terrain enlevé désormais à la mer s'assèche assez rapidement à l'intérieur du polder et, au bout d'une dizaine de jours, on installe les terrassiers en dedans des digues pour la continuation et l'achèvement du remblai qui les compose. Les ouvriers peuvent maintenant traverser le polder en tout sens pour se rendre à leur travail, tandis que, avant la fermeture, il était impossible de marcher dans cette plaine de vase et de boue liquide, produite par les derniers colmatages.

Le déblai qu'on emprunte parallèlement aux digues pour leur achèvement permet de faire un large fossé intérieur destiné à recevoir les eaux du polder. Il est utile que ce fossé ne soit établi qu'à une assez grande distance, de 7 à 8 mètres, du pied du remblai, pour éviter les éboulements et les tapements dans la digue. Il est même préférable de laisser une largeur d'une vingtaine de mètres entre le pied des digues et le fossé qui sert de collecteur aux rigoles. Ce fossé a une largeur moyenne de 10 mètres et une profondeur de 1^{m},50.

L'achèvement des digues suit une marche régulière et assez rapide dans la dernière période de la construction. Les ouvriers ne sont plus assujettis aux heures variables de la basse mer ; ils travaillent toute la journée et dans de meilleures conditions.

Quand les digues sont terminées, en terrassement et en perré, on en plante la partie supérieure d'arbustes particuliers aux terrains salés des bords de la mer. Les arbrisseaux qui couronnent les digues sont connus dans les marais de la Vendée sous le nom de « sart » et d'« arroche de mer » ; ce sont l'ansérine ligneuse (*Sueda fruticosa*) et l'ansérine maritime (*Sueda maritima*). Un troisième arbuste, le tamarix, vient bien sur les digues sablonneuses. On plante ces arbrisseaux par boutures, au mois de novembre, entre les joints des pierres du perré, et sur une longueur de 2 mètres, à partir de la crête de la digue sur le talus extérieur et sur le talus intérieur. Au bout de deux à trois ans, ces plantations forment une véritable haie fort épaisse et de 1 mètre de hauteur, qui sert d'excellente défense contre les vagues dans les tempêtes.

Cette haie empêche aussi que les pêcheurs et les promeneurs puissent monter sur la crête des digues et la détériorer par de fréquents passages. Des escaliers en pierre ou des rampes sont ménagés à l'extrémité des chemins qui aboutissent à la mer. Il est important de veiller au bon entretien du sommet des digues, car c'est par la tête que les digues périraient si des écrêtements présentaient une amorce aux vagues dans les violentes tempêtes.

C'est pour obtenir toute sécurité que l'on élève les digues à une grande hauteur au-dessus des plus hautes marées, et que le sommet est perreyé et planté avec soin. Aussitôt que les digues approchent de leur achèvement, et que le sol du polder s'est affermi par l'assèchement, on s'occupe du réseau des fossés.

Les fossés sont établis suivant la pente du terrain, c'est-à-dire qu'ils sont généralement perpendiculaires aux digues nouvelles. Ils vont se jeter dans le large fossé dont nous avons parlé, établi à peu de distance du pied des digues et parallèle à leur direction. Ce large fossé sert de réservoir, à mer haute, pour l'accumulation des eaux des rigoles alors que l'écoulement dans la mer est impossible ; il leur permet de s'évacuer à mer basse par les coëfs et les aqueducs.

Les petits fossés ont une profondeur de 0^{m},80 à 1 mètre et une largeur en tête de 1^{m},50 à 1^{m},70. Ces fossés, avec une distance de 23 mètres d'axe en axe, produisent un excellent assainissement. C'est un drainage à ciel ouvert.

Au surplus, tout agriculteur comprendra combien il est important d'arriver au plus grand abaissement possible de la nappe d'eau, par un système bien combiné de rigoles, de collecteur général et de buses à clapets qui, fermés à mer haute, s'ouvrent d'eux-mêmes à mer basse et permettent le dégorgement des eaux deux fois en vingt-quatre heures, pendant cinq à six heures chaque fois.

M. Le Cler a fait des essais de drainage avec tuyaux dans les polders de Bouin. Mais le drainage ne produit pas dans ces terrains tous les résultats désirables. Il ne peut suppléer qu'imparfaitement aux fossés qui doivent recueillir, à mer haute, c'est-à-dire pendant la période de non-écoulement des eaux, celles qui proviennent des pluies et de quelques infiltrations maritimes.

Après quelques années de culture, quand le sol du polder a été parfaitement dessalé, aéré et assaini, on peut ne conserver qu'un certain nombre de fossés principaux, et les petits fossés se trouvent réduits à une largeur suffisante en tête de 0^{m},80 à 1 mètre.

Après l'endiguement d'un polder, vient son exploitation par la culture.

Les polders de Bouin sont cultivés, suivant l'usage du pays, à *moitié fruits*, par les habitants qui deviennent les colons des terres conquises sur la mer.

Les polders nouvellement endigués sont fort recherchés par les cultivateurs, qui s'inscrivent à l'avance pour obtenir quelques parcelles. Les demandes s'élèvent à deux et trois fois la surface endiguée. On choisit les meilleurs cultivateurs, et comme ils ont déjà à cultiver d'autres terres dans la commune, on ne donne à chaque colon que 3 à 5 hectares de polder.

Dans les conditions ordinaires du marais de la Vendée, les colons sont chargés de tous les frais de la culture: semence, labour, récolte. Après le battage, ils portent, dans le grenier du propriétaire, la moitié du grain récolté, nettoyé et prêt à être vendu.

M. Le Cler a apporté quelques modifications à ces conditions de partage.

La qualité exceptionnelle de ses polders, dont le colmatage est si profond et si fertile, leur donne une plus-value sur les autres terres et, outre la moitié des fruits, il obtient une redevance annuelle en argent de 10 fr. par hectare; c'est donc une sorte de milieu entre le métayage pur et simple et le bail à prix d'argent.

On peut dire d'une manière générale que les terres des polders de Bouin sont cultivées sans engrais au moins pendant un grand nombre d'années, quelquefois même indéfiniment, avec la rotation continuelle de blé et fèves, qui est le seul assolement invariable du pays. Cet état de choses est susceptible de grandes améliorations.

Déjà l'on a introduit la culture du colza, de l'avoine et de la luzerne. L'assolement que l'on se propose d'adopter est semblable à ceux qui ont été appliqués dans les polders du comté de Norfolk et de la Hollande, savoir :

Colza, froment, fèves, froment, avoine, ou bien colza, froment, fèves, avoine, luzerne ou prairies.

On ne met pas d'engrais, d'une manière générale, dans les premières années. Il est vrai de dire que le curage des fossés, qui se remplissent de colmatage, fournit un amendement qui est jeté avec soin sur les parcelles.

Un jour viendra, sans doute, où l'on pourra augmenter la portion cultivée en luzerne, en plantes fourragères, diminuer, par contre, l'étendue cultivée en froment, et se livrer à l'élevage et à l'engraissement du bétail, comme cela se fait du côté de Marans (Charente-Inférieure). Il est infiniment probable que des terres aussi riches, aussi fertiles, pourront produire la viande dans des conditions très avantageuses ; mais il faudrait pour cela transformer radicalement les habitudes des colons, augmenter considérablement l'étendue des étables et les capitaux engagés dans l'acquisition des bestiaux. Une pareille modification ne peut être que l'œuvre du temps.

Quand les travaux d'endiguement sont exécutés dans un état suffisant d'envasement et pour des hauteurs de digues ne dépassant pas 5 mètres, que M. Le Cler a adoptées dans ses polders, on arrive à des résultats satisfaisants de prix de revient.

Dans de telles conditions, on obtient un prix moyen de 3,500 fr. par hectare, qui assure à ces entreprises agricoles des revenus rémunérateurs. La valeur de ces terres est de 4,000 à 4,500 fr. l'hectare.

Le rendement des polders est, en général, relativement assez faible et irrégulier dans les deux ou trois premières années de l'exploitation, surtout si ces années sont accompagnées de sécheresse et de chaleur. Le sel se trouve en excès dans le sol, et il faut que la terre soit délavée et dessalée pas les pluies, égoutée par un système suffisant de rigoles et de fossés, et ameublie et aérée par de fréquents labours et la culture. C'est ainsi que l'on a obtenu, dans les premières années, un rendement qui a été, suivant les emplacements, de 15 à 25 hectolitres de blé ou de colza. C'est un faible rendement pour ces terrains.

Dans la première année, c'est-à-dire immédiatement après l'endiguement, on a l'habitude d'ensemencer le polder en orge. C'est l'ensemencement qui réussit le mieux dans la terre imparfaitement desséchée et dessalée.

Le blé peut être semé dans la deuxième année ainsi que le colza.

Les fèves ne réussissent bien, en général, qu'au bout de trois à quatre ans.

A cette période, leur rendement total est de 10 à 25 hectolitres, d'une valeur moyenne de 13 fr. l'hectolitre.

Il en est de même de la luzerne, qui ne doit être semée que dans la troisième ou la quatrième année après l'endiguement.

Après trois ans de culture, on arrive à des rendements partiels d'une trentaine d'hectolitres pour le blé ; mais un rendement général et uniforme de cette importance ne s'obtient qu'après un nombre double d'années, quand la culture a ameubli et aéré convenablement le sol, et l'a amené à un état uniforme de fertilité. Cet état est très inégal à l'origine de l'endiguement, suivant les parcelles, quoique au premier aspect la terre obtenue, et pour ainsi dire créée par les mêmes causes aidées des mêmes moyens, semble avoir une composition parfaitement régulière.

Des terres de la commune de Bouin, dont le colmatage était moins complet que celui des polders de M. Le Cler, et endiguées depuis 40 ans avec l'assolement continuel, sans engrais, de blé et de fèves, ont donné, comme moyenne des 30 dernières années, 28^{hl},50 par hectare en blé et 24 hectolitres en fèves.

Les essais de luzerne ont donné près de 9,000 kilogr. à l'hectare en 4 coupes pour la deuxième année. On espère arriver à 10,000 kilogr. Dans ces sols profonds, la luzerne pourrait durer de 6 à 8 ans.

M. Le Cler compte arriver aisément à un revenu net de 200 fr. par hectare, pour la moitié qui forme la part de la Société. Il faut ajouter la redevance de 10 fr. par hectare.

Ce qui assurera un tel revenu, ce sont deux cultures plus lucratives que M. Le Cler a essayées depuis quelques années et qui paraissent réussir fort bien : celle de la vigne, qui est établie depuis 1889 sur 35 hectares, et celle des graines de légumes : choux, navets, etc.

L'île de Noirmoutier a près de 8,000 habitants et une superficie de 6,000 hectares, dont 1,200 en marais salants.

Le nord-ouest de l'île, près de l'Herbaudière, est granitique ; le nord-est, près de la ville de Noirmoutier, se compose de grès à *Sabalites,* terrain éocène contemporain du calcaire de Saint-Ouen et des sables de Beauchamp du bassin parisien. C'est sur ces terrains que se trouve le seul bois de l'île, le bois de la Chaise, promenade favorite des habitants de Noirmoutier. Ses massifs de pins et de chênes verts abritent la plage contre les vents du large. Le reste de l'île a pour base le calcaire grossier qui forme le fond de toute la baie de Bourgneuf, mais qui a été couvert par les alluvions marines. Les marais salants se trouvent dans la cuvette centrale, entre l'Herbaudière, la ville de Noirmoutier et Barbâtre ; les meilleures terres sont au sud, dans la plaine de Barbâtre et dans les polders qui ont été établis sur la côte jusqu'aux environs du port.

Dans toute cette zone de limons argileux, on suit, comme dans les polders de Bouin, l'assolement biennal : fèves et blé. Dans les terrains plus sablonneux, on remplace les fèves par les pommes de terre, qui se vendent très avantageusement à Nantes ou en Angleterre, surtout les pommes de terre de Saint-Jean, variété hâtive que l'on plante en décembre ou janvier et que l'on récolte déjà du 15 avril au 15 mai. Après elle, on repique souvent des choux du Poitou, qui servent de nourriture pour le bétail.

La culture de l'asperge prend aussi un développement de plus en plus considérable dans les parties sablonneuses, et particulièrement dans les dunes qui bordent l'île à l'ouest.

Quelques vignes, plantées dans ces dunes et protégées contre les vents d'ouest par des murs en pierres sèches ou par des haies d'arroche, résistent bien au phylloxéra, mais ne donnent qu'un vin de médiocre qualité.

La seule fumure qu'on y emploie, comme pour les autres cultures, c'est le goémon. Quelquefois on y mêle un peu de fumier, mais bien rarement, car il y a fort peu d'animaux domestiques sur l'île. On n'aurait pas de quoi les nourrir. Les labours se font à la bêche et presque toujours par les femmes ; les hommes sont avant tout marins, et les principaux, à peu près les seuls auxiliaires que leurs femmes aient pour les travaux agricoles, ce sont de petits ânes. Ces petits ânes vont chercher au bord de la mer les varechs que l'on emploie comme engrais ; ce sont eux qui transportent le blé et les fèves que l'on récolte dans les champs et le sel que l'on fabrique dans les marais salants.

§ 12. — *Les polders de la baie du Mont-Saint-Michel.*

A une époque très reculée, la baie du Mont-Saint-Michel était occupée par une vaste forêt entrecoupée de marécages et défendue contre les envahissements de la mer par la ligne des rochers de Chausey et un cordon de dunes semblables à celles qui existent encore au nord de Granville, à Agon, Carteret, etc. Selon les historiens, cette barrière de dunes fut détruite par la grande marée de mars de l'an 709, et peu à peu la baie fut couverte par des dépôts d'alluvion, mélange de débris des roches qui entourent cette baie et de coquillages broyés par les eaux.

Au moment des équinoxes, les marées ont, autour du Mont-Saint-Michel, une amplitude de plus de 15 mètres, la plus considérable de tout le littoral européen, et la laisse des basses mers découvre une plage d'environ 20,000 hectares de superficie. Cette plage ou grève du Mont-Saint-Michel se compose d'un sable gris dont les couches supérieures, riches en carbonate de chaux, contiennent aussi passablement d'acide phosphorique et de matières organiques provenant de la décomposition des poissons et des plantes marines. En pénétrant dans la baie, le flot de marée passe au-dessus d'un immense banc de mollusques, qui s'étend de Cancale aux îles Chausey et à Granville, et dont les coquilles sont incessamment broyées pêle-mêle avec les roches arrachées aux falaises de la côte et aux récifs semés sur le pourtour de la baie. Les eaux arrivent chargées de matières en suspension, qu'elles abandonnent à mesure que la profondeur et l'agitation de la mer diminuent, et la plage s'exhausse continuellement par ces apports renouvelés deux fois par jour. Les dépôts, d'abord composés, à la laisse des basses mers, d'un sable grossier, sont de plus en plus ténus et argileux au fur et à mesure qu'ils se rapprochent du rivage et ils contiennent une plus forte proportion de matières fertilisantes. Depuis longtemps les cultivateurs des côtes voisines de la Bretagne et de la Normandie viennent en chercher, comme nous l'avons dit dans le tome Ier (page 81), de grandes quantités sur les points où cette *tangue* est facile à extraire et à transporter, par exemple dans l'anse de Moidrey, près de Pontorson; c'est un engrais ou amendement qui convient fort bien aux terres granitiques et siluriennes, parce qu'il leur fournit la chaux et l'acide phosphorique qui leur manquent et, en outre, une notable proportion d'azote.

Lorsque la *grève blanche*, c'est-à-dire le dépôt de tangue encore dépourvu de végétation a acquis, par les apports successifs des marées, un niveau suffisamment élevé, une première plante apparaît à sa surface : c'est la *criste marine* (*Salicornia herbacea*). La criste est annuelle ; elle se dessèche et meurt sur place, mais après avoir produit des graines qui, répandues par les courants, donnent au printemps suivant une multitude de jeunes plantes qui couvrent une nouvelle étendue de grève. Quand la criste, parfaitement adaptée pour résister aux affouillements des marées, a fixé le terrain, il survient une seconde plante, une graminée organisée non seulement pour s'opposer aux ensablements, mais encore pour en profiter à l'aide de ses racines rampantes, qui s'allongent sans cesse en se bouturant; c'est l'*Agrostis maritima*, qui forme l'*herbue*, c'est-à-dire un gazon où les moutons vont pâturer, les *prés salés*. A ces deux plantes se mêle souvent le *Triticum glaucum*, dont les feuilles coupantes sont refusées par le bétail et qui ne rend de services qu'en enrichissant la grève en humus par la décomposition de ses tissus.

Voici, d'après les analyses de Malaguti, la composition chimique des grèves de Moidrey et de Saint-Broladre à ces trois périodes :

MATIÈRES.	GRÈVES DE MOIDREY. Partie est de la concession.			GRÈVES DE SAINT-BROLADRE. Partie ouest de la concession.		
	Grève blanche.	Grève à criste.	Grève herbue.	Grève blanche.	Grève à criste.	Grève herbue.
Carbonate de chaux	40 41	42.12	42.20	34.67	31.04	32.15
Carbonate de magnésie	0.40	0.43	0.52	0.31	0.39	0.48
Phosphate de chaux	2.06	2 52	2.61	1.47	2.10	2.31
Substances organiques	3.00	3.61	4.20	3.59	4.35	5.61
Azote des substances précédentes	0.13	0.22	0.37	0.11	0.24	0.45
Argile[1]	3.61	4.69	6.29	3.88	8.00	9.69
Oxyde de fer	0.77	1.05	1.51	0.92	1.16	1.13
Sable micacé légèrement argileux	49.59	45.36	42.30	55.05	49.72	48.18
	100.00	100.00	100,00	100.00	100.00	100.00
1. Silice gélatineuse isolée par les alcalis faibles	0.64	0,82	0.95	0.72	0,98	1.32
Alumine et silice isolées par les alcalis forts	3.00	3,87	5.34	3.16	7.02	8.37
TOTAL de l'argile	3.64	4.69	6.29	3.88	8.00	9.69

On voit que la proportion de sable a diminué et, par contre, celle de l'argile a augmenté, en même temps que celle des matières organiques et du phosphate de chaux.

Autrefois le mont Dol était, comme l'est encore aujourd'hui le mont Saint-Michel, une île de granite entourée par les eaux à marée haute. Mais peu à peu les grèves s'exhaussèrent dans ses environs, et en 1024 les riverains purent dessécher tout ce qui dépassait le niveau des marées ordinaires, en construisant une digue de 35 kilomètres de longueur, depuis les collines de Cancale jusqu'à la Chapelle-Sainte-Anne. 14,000 à 15,000 hectares de terres d'une grande fertilité, que l'on appelle les *marais de Dol,* furent répartis entre 23 communes de l'ancien littoral ou de nouvelle formation; on a évalué leur valeur à 50 millions et leur produit annuel à plus de 2 millions.

Mais cette conquête fut plusieurs fois exposée à l'invasion des eaux à la suite des ravages que le Couesnon avait fait dans les digues. Quand les états de Bretagne, chargés de l'entretien de ces digues, furent supprimés en 1789, ces digues restèrent tellement négligées qu'en 1791 elles furent emportées sur une longueur de 8 kilomètres. Ce n'est qu'en l'an VII que fut constitué le syndicat des propriétaires qui existe encore actuellement et dont les travaux ont assuré définitivement la sécurité et la prospérité des marais de Dol.

Le long des digues qui protègent ces marais, au bas des communes de Gréhaigne, de Roz-sur-Couesnon, Saint-Marcan et Saint-Broladre, on pouvait voir encore, en 1850, d'immenses *herbus* où des milliers de moutons et d'oies allaient pâturer, quand ils n'étaient pas couverts par les eaux. A plusieurs reprises, l'administration des Domaines avait tenté de les louer par adjudication publique. Mais les enchères avaient été empêchées par la population riveraine, qui prétendait qu'on n'avait pas le droit de la priver de la pâture de ses oies et de ses moutons. En 1851, il fallut faire venir des troupes pour appuyer la gendarmerie et permettre aux enchères de suivre leur cours.

La location fut faite pour une durée de six ans, dit M. J. Touzard dans une notice très intéressante qu'il a publiée sur les polders de la baie du Mont-Saint-Michel, avec prolongation de trois ans pour ceux qui auraient endigué et présenteraient des digues en bon état à l'expiration de cette période. Les prix furent très bas et, dans bien des cas, inférieurs à 15 fr. l'hectare, avec l'endiguement facultatif, laissé à la charge des amodiateurs. Dans les quelques années qui suivirent, des centaines d'hectares furent endigués par association entre divers groupes de locataires et livrés immédiatement à la charrue.

Malheureusement on abusa de la fertilité de ces alluvions. On fit céréales sur céréales. Les premières récoltes donnèrent 50 et même 60 hectolitres à l'hectare pour l'orge, 40 hectolitres pour le blé, mais elles descendirent bientôt à 10 ou 15. On avait tué la poule aux œufs d'or. Un seul agriculteur, M. le comte de Quincey, qui avait pris en location et endigué 180 hectares du grand enclos des Quatre-Salines, réussissait à maintenir les hauts rendements des premières années, parce que, au lieu de ne faire que des céréales, il avait adopté un assolement où celles-ci alternaient avec le colza et le trèfle, plantes qui réussissent à merveille dans les grèves de la baie. Il faisait :

1re année. — Froment avec semis de trèfle.

2e année. — Trèfle dont la deuxième coupe était enfouie comme engrais vert.

3e année. — Colza.

En consultant les analyses que Malaguti et J. Pierre avaient faites des grèves du Mont-Saint-Michel, M. de Quincey avait reconnu qu'il y avait dans ces grèves beaucoup de calcaire et assez de potasse et d'acide phosphorique, mais que l'élément qui faisait le plus défaut était l'azote et, en employant le trèfle pour combler cette lacune, il avait en quelque sorte deviné, dès 1851, le pouvoir qu'ont les légumineuses de tirer de l'azote de l'air.

Mais les agriculteurs ne pouvaient pas se livrer avec une complète sécurité à leurs travaux à l'abri des anciennes digues et l'on ne pouvait pas songer à faire de nouvelles conquêtes sur les grèves de la baie du Mont-Saint-Michel, tant qu'on ne les avait pas mises à l'abri des ravages du Couesnon. Cette rivière, dont l'embouchure dans la baie du Mont-Saint-Michel se trouve près de Pontorson, forme la limite entre la Bretagne et la Normandie, mais c'est une limite très variable, puisque le Couesnon change constamment son cours à travers la baie. On disait qu'il met trente ans à passer de la Normandie en Bretagne et trente ans à retourner de la Bretagne en Normandie,

Le Couesnon, par sa folie,
A mis le mont en Normandie...

et, dans ses folles divagations, soit en Bretagne, soit en Normandie, il rongeait les *herbus*, attaquait les digues et quelquefois détruisait les enclos avec les récoltes qu'on avait commencé à y produire. Le Couesnon, c'était l'ennemi. Il fallait à tout prix le vaincre.

Aujourd'hui, le Couesnon coule sagement en ligne droite de l'anse de Moidrey vers le Mont-Saint-Michel entre des digues assez larges pour servir de routes et, des deux côtés de ces digues, surtout à l'ouest, s'étendent plus de 2,000 hectares de polders couverts de magnifiques cultures.

Des rigoles sont creusées le long de ces polders dans le sens de la plus grande pente et espacées de 50 mètres. La profondeur de ces rigoles varie de $0^m,75$ à 1 mètre. Elles aboutissent à des canaux collecteurs qui franchissent les digues de séparation des polders au moyen d'aqueducs en maçonnerie, et qui déversent les eaux intérieures dans le Couesnon à l'aide de *nocs* placés dans les digues d'enclôture. Ces nocs sont des conduites en bois de chêne, munies à l'aval d'un clapet automobile qui se ferme à mer haute et qui s'ouvre à mer basse sous la pression de l'eau accumulée dans le collecteur. D'après les observations de M. Touzard, la valeur des terrains des polders peut varier du simple au double et même davantage, suivant qu'ils sont plus ou moins bien égouttés[1].

Le prix de revient des terrains enclos dépend de la proportion qui existe entre la surface conquise et le développement des digues qu'exige leur enclôture. En moyenne, il a été de 700 fr. par hectare, mais il devient plus élevé vers la limite de la concession, où les digues doivent être protégées par des enrochements et coûtent plus

1. On a essayé de remplacer les fossés à ciel ouvert par des tuyaux en terre cuite, mais ces tuyaux s'obstruaient trop facilement. Peut-être réussirait-on mieux si l'on donnait plus de pente aux collecteurs qu'aux petits drains, comme j'ai proposé de le faire avec M. G. Wéry.

cher à établir. De plus, il faudrait ajouter à ce prix de revient une part proportionnelle dans les dépenses faites pour les travaux d'intérêt commun, par exemple la dérivation du Couesnon, qui a coûté près d'un million à la compagnie concessionnaire. Mais la valeur vénale des terrains conquis, basée sur les prix de vente réalisés jusqu'à présent, est en moyenne de 3,000 fr. l'hectare.

Les locations ont atteint 160 à 180 fr. par hectare, quelquefois 200 fr. et même au delà. Une partie de ces locations se sont faites par petits lots de dix à trente hectares à des cultivateurs qui habitent les villages de la côte, quelquefois à 6 ou 8 kilomètres de distance. Mais, pour mettre en culture toutes les terres conquises, il a fallu appeler des fermiers étrangers au pays et leur construire des bâtiments et, à côté de ces grands centres d'exploitation, on a créé des villages d'ouvriers.

En 1860, M. de Quincey devint le principal fermier de la Compagnie. C'est pour lui que fut bâtie la première ferme, dans le grand enclos des Quatre-Salines; il exploitait une étendue de 120 hectares. Il mourut en 1863, âgé de 70 ans, mais il avait formé un élève digne de lui succéder, M. Touzard, ancien répétiteur à l'école d'agriculture de la Saulsaie, qui a fait de la ferme des Quatre-Salines la véritable ferme modèle des polders de la baie du Mont-Saint-Michel, et qui peu à peu groupa autour de lui d'autres jeunes cultivateurs distingués, comme M. Lelasseur, etc... Les grèves qui se trouvent à l'ouest de la concession, du côté de Saint-Broladre, sont plus argileuses et, en même temps, plus riches en matières organiques; elles ont plus de *cœur*, comme disent les gens du pays, que celles des environs de Moidrey. M. Lelasseur a réussi à y faire d'excellents herbages, soit en faisant pâturer des luzernes de 5 ans par de jeunes animaux et les laissant s'enherber, soit en semant un mélange de graminées et de trèfles à la suite de deux blés cultivés immédiatement après l'endiguement.

Mais, en se rapprochant du Couesnon, on trouve des terrains de plus en plus légers, sables calcaires où les herbages réussissent moins bien que la culture des racines, du colza, du blé et des légumineuses : trèfle, luzerne, pois gris qui servent à la nourriture des chevaux, etc. Comme les prix du colza et du blé ne sont pas avantageux, M. Touzard a développé de plus en plus la culture maraîchère. Il a aujourd'hui 50 hectares d'asperges et des surfaces importantes en artichauts, pommes de terre, etc...

§ 13. — *La baie des Veys.*

Les concessions obtenues en 1856 par la Compagnie des polders de l'Ouest comprenaient aussi 1,000 hectares à prendre sur les alluvions déposées dans la baie des Veys, à l'embouchure des rivières d'Aure et de Vire, près d'Isigny, département du Calvados.

A un niveau inférieur à la cote 12, ces alluvions sont, comme celles de la baie du Mont-Saint-Michel, composées de couches superposées de sables et de tangue. Mais elles en diffèrent notablement dans les parties supérieures à ce niveau.

Quand une portion de grèves est parvenue, dans la baie des Veys, aux environs de la cote 12 (2 mètres au-dessous du niveau des plus hautes marées), la mer y dépose une couche de vase argileuse très riche en matières organiques (cadavres de coques, de moules et de poissons décomposés, algues, fucus, varechs et autres plantes marines jetées à la mer par les courants de flot), dont la présence se décèle par une odeur ammoniacale bien caractérisée. Dès lors, on peut les enclore avec profit, même lorsqu'ils sont dépourvus de toute végétation.

Voici, d'après des analyses faites en 1862, à l'École des ponts et chaussées, la constitution physique et la composition chimique des grèves de la baie des Veys.

TABLEAU.

MATIÈRES.	TANGUE du polder de Beuzeville.	VASE du polder de Beuzeville.	HERBU du polder de Beuzeville.	GRÈVE cultivée depuis 2 ans (polder du Vey).
I. — Constitution physique.				
Gros débris de coquilles de plus de 0m,003 de diamètre.	»	»	0.1	»
Gros sable et moyens débris de coquilles de 0m,0005 à 0m,003 de diamètre.	»	0.2	0.4	0.1
Sable fin et petits débris de coquilles de moins de 0m,0005 de diamètre	99.3	1.6	5.1	0.5
Débris organiques	»	»	1.1	0.8
Matières terreuses et sable impalpable entraînés par l'eau	0.7	98.2	93.3	98.6
	100.0	100.0	100.0	100.0
II. — Composition chimique.				
Eau hygrométrique perdue à 104°.	0.10	21.56	24.22	16.12
Matières volatiles ou combustibles, non compris l'azote.	0.14	2.32	8.98	10.07
Azote	traces.	0.16	0.23	0.28
Résidu insoluble dans les acides[1]	74.71	44.52	38.80	42.60
Acide phosphorique	0.09	0.06	0.09	0.17
Alumine, peroxyde de fer et bases unies à l'acide phosphorique	1.10	4.92	5.33	6.81
Carbonate de chaux	22.60	22.71	20.26	21.65
Carbonate de magnésie.	0.80	1.80	1.60	1.70
Matières non dosées	0.46	1.95	0.49	0.60
	100.00	100.00	100.00	100.00
III. — Matières solubles.				
Matières organiques solubles dans l'eau.	0.01	0.11	0.09	0.20
Matières minérales solubles dans l'eau	0.08	0.61	0.10	0.18
TOTAL des matières solubles dans l'eau	0.09	0.72	0.19	0.38
Contenant chlore p. 100	0.02	0.27	0.03	0.02

1. Le résidu insoluble dans les acides faibles est un mélange d'argile et de sable siliceux d'une extrême ténuité.

Dans la baie des Veys, l'amplitude des marées n'est pas aussi forte que dans la baie du Mont-Saint-Michel et la différence de niveau entre les plus hautes et les plus basses mers n'excède pas 8 mètres. Il s'ensuit que les courants de flot et de jusant sont moins violents que dans la baie du Mont-Saint-Michel, que les lames y ont moins de levée et qu'il n'est pas nécessaire de donner aux digues une aussi grande élévation que dans cette dernière baie. Aussi la crête des digues d'enclôture de la baie des Veys est-elle ordinairement arasée à $0^{m},70$ seulement au-dessus du niveau des plus hautes mers, tandis que, dans la baie du Mont-Saint-Michel, elle atteint $1^{m},50$ au-dessus de ce même niveau.

En revanche, les marées de l'intensité la plus faible, dites de mortes-eaux, atteignent dans la baie des Veys un niveau plus élevé que dans la baie du Mont-Saint-Michel; d'où il résulte que, les digues y étant généralement construites sur des plages dont le niveau ne dépasse pas la cote 12, le travail de construction de ces ouvrages est presque continuellement entravé par la présence de la mer.

D'ailleurs, les plages de cette baie, par suite de la cohésion des alluvions, beaucoup plus grande que dans la baie du Mont-Saint-Michel, sont partout sillonnées de criques profondes et relativement étroites par lesquelles s'écoulent, pendant les heures de la basse mer, les eaux qui y ont été emmagasinées par la marée précédente. Le tracé des digues franchit toujours un certain nombre de ces criques, dont la profondeur dépasse quelquefois un mètre, de sorte que, chaque jour et à chaque marée, on a à lutter, sur ces points, contre la mer qui, pour peu qu'elle soit agitée, livre de dangereux assauts aux terrassements en cours d'exécution. Ces difficultés grandissent encore lorsqu'il s'agit de réunir les deux parties d'une digue en construction, parce qu'à ce moment le va-et-vient alternatif des courants de flot et de jusant creuse l'espace qui sépare les deux tronçons et en rend la jonction fort difficile, bien qu'on choisisse, pour cette opération dernière, le moment d'une morte-eau.

La mer montant presque chaque jour sur les talus des digues en construction, on est forcé de revêtir ces digues, à l'intérieur comme à l'extérieur, d'une couche de gazon argileux qu'il faut aller recueillir, au moyen de gabares, sur une plage située à deux ou trois kilomètres de distance des travaux et décharger à pied d'œuvre pendant la marée haute, d'où il suit qu'avant que ces gazons puissent être mis en place, la lame les délave et en enlève une partie plus ou moins considérable, suivant l'état de la mer.

Enfin il faut transporter également par gabares, d'une rive de la

Vire à l'autre, pour les conquêtes de la rive gauche, les matériaux d'enrochement qui forment le second revêtement des digues.

On voit, par tout ce qui précède, que la construction des digues à la mer, dans la baie des Veys, offre de plus sérieuses difficultés que dans la baie du Mont-Saint-Michel, malgré la cohésion plus grande des sables vaseux employés à former le noyau de ces ouvrages. En revanche, cette ténacité des alluvions dispense de l'opération du lisage, sauf dans les parties basses, où les remblais ne sont formés que de sable et de tangue, et au passage des grandes criques où la levée des lames est plus forte et plus menaçante.

Il résulte de l'état de choses qui vient d'être décrit que le prix de revient des conquêtes de la baie des Veys est très élevé et dépasse notablement celui des conquêtes de la baie du Mont-Saint-Michel. Dans cette dernière baie, le prix moyen d'enclôture par hectare, sans bâtiments, ne dépasse pas 700 fr., sauf dans la partie extrême de la concession vers l'ouest où, d'une part, la profondeur, c'est-à-dire la largeur en plan des grèves à conquérir, est hors de proportion avec le développement des digues que leur enclôture exige, et où, d'autre part, l'agitation habituelle de la mer nécessite des travaux défensifs plus importants que dans les autres parties de la baie.

Dans la baie des Veys, le prix moyen de revient par hectare des conquêtes réalisées jusqu'à ce jour dépasse 2,000 fr.

L'écart entre ces deux prix de revient est à peu près compensé par l'excédent de valeur des herbages de la baie des Veys sur les terres arables de la baie du Mont-Saint-Michel, de sorte que le bénéfice brut de la conquête par hectare est sensiblement le même dans les deux baies.

Nous avons dit plus haut que la constitution physique des couches supérieures des alluvions de la baie des Veys diffère essentiellement de celle des grèves de la baie du Mont-Saint-Michel.

Tandis que ces dernières sont composées en majeure partie d'un sable calcaire, friable, léger, perméable à l'eau, à l'air et à la chaleur solaire et constituent un sol éminemment propre à la culture, dans la baie des Veys au contraire, les dépôts vaseux et argileux qui recouvrent presque partout les alluvions de sable et de tangue rendent la terre de cette baie compacte, froide, peu perméable, difficile à cultiver, mais en revanche singulièrement apte à la production de l'herbe pour pâturages.

La création des herbages est donc l'unique destination des conquêtes de la baie des Veys et le but auquel tendent uniformément tous les travaux de la Compagnie dans cette baie.

Voici comment on procède pour réaliser l'appropriation intérieure et la conversion en herbage d'un polder après son enclôture.

Aussitôt que le terrain est mis à l'abri de la mer, au moyen d'une ceinture de digues, on procède au comblement des nombreuses noues ou petits cours d'eau qui sillonnent la plage. Ce travail représente à lui seul une dépense de 400 fr. par hectare en moyenne.

On partage ensuite la superficie du polder en parcelles ou pièces, dont la contenance varie entre trois et cinq hectares, au moyen de rigoles séparatives ayant 2^{m},80 de largeur moyenne au niveau du sol et une profondeur variant de 1 mètre à 1^{m},50 suivant l'altitude et la situation du terrain.

Ces rigoles ont pour but, non seulement de diviser les herbages et d'assurer leur égouttement, mais encore d'opérer le drainage de toute l'eau salée dont est saturé le sol. L'écoulement de ces eaux salées et des eaux pluviales dans le chenal de la Vire se fait au moyen d'un ponceau muni à l'aval d'un clapet automobile à axe horizontal placé sous la digue d'enclôture. Pour prévoir le cas où il surviendrait inopinément une avarie à ce clapet, on a soin d'établir, à quelques mètres en amont, une vanne de sûreté qui se manœuvre à l'aide d'un treuil placé sur le sommet de la digue et au-dessus du niveau des plus hautes marées.

Lorsque quelques mois se sont écoulés après l'ouverture de ces rigolés d'asséchement, on prépare l'emblavage du polder, au moyen de deux ou trois labours successifs. Ce travail ameublit et aère le sol et favorise son dessalement par les eaux pluviales ; on le laisse ensuite reposer pendant deux ou trois mois encore, puis on donne un dernier labour et on sème soit du froment, soit de l'orge, soit de l'avoine, selon la saison et la qualité du terrain. On continue à cultiver ainsi le polder pendant une période variant de deux à quatre années suivant que les circonstances atmosphériques et les résultats de cette culture préparatoire ont été plus ou moins favorables à la division et au dessalement du sol. La dernière année, on sème des graines d'herbe, le plus souvent dans une récolte de blé ou d'orge, et le travail de la conversion du polder en herbage est terminé. Toutefois, la production d'herbe pendant les premières années est très faible, et on compte dix ans au moins, à partir de l'ensemencement, avant qu'un polder ainsi préparé ait acquis la valeur des autres herbages du Cotentin. Dans la baie du Mont-Saint-Michel, au contraire, un terrain acquiert toute sa valeur aussitôt après son enclôture, et la production des trois ou quatre premières années est même notablement supérieure à celle des années suivantes.

La condition indispensable pour la mise en herbage des polders est leur alimentation d'eaux douces et la distribution de ces eaux dans des abreuvoirs établis aux points convenables de chaque pièce, pour que les bestiaux y puissent accéder facilement.

La présence de trois petits cours d'eau permet à la Compagnie d'alimenter d'eaux douces les polders conquis et à conquérir sur les deux rives de la rivière de Vire.

Un centre d'exploitation agricole, composé de maison de garde, écuries, vacheries, gerbières, greniers à grains et à fourrages, existe sur chacune des deux rives de la Vire pour les besoins de la culture temporaire et de la conversion des polders en herbages. Ces corps de ferme sont construits en bois de chêne et de sapin du Nord, et les bois ayant servi à leur édification ont été assemblés au moyen de boulons, de manière que ces bâtiments puissent être facilement démontés et transportés sur l'emplacement des conquêtes ultérieures. Les herbages, une fois créés, n'exigent aucun établissement agricole, lorsqu'ils sont, comme dans la baie des Veys, consacrés à l'élevage et à l'engraissement du bétail.

Des chemins de desserte ont été établis, sur l'une comme sur l'autre rive de la Vire, pour accéder à toutes les pièces d'herbage sans imposer à aucune d'elles la servitude de passage pour l'accès des autres pièces. L'entrée de chaque pièce est fermée par une barrière composée de deux solides poteaux et de deux balises mobiles, le tout en bois de chêne.

Des essais de plantations ont été tentés dans quelques polders et ont donné d'excellents résultats. Les essences employées sont l'épine, le tamaris, le peuplier, le saule. Ces plantations sont faites, soit sur le bord des chemins, soit de préférence sur le sommet et à la base de banquettes élevées de 1^{m},50 à 2 mètres au-dessus du sol, entre les pièces d'herbage, et séparées de celles-ci par un double fossé, afin de mettre les arbustes à l'abri de la dent des animaux. Ces plantations ont pour but d'assainir le sol et de procurer un abri aux bestiaux pendant les chaleurs de l'été.

Pendant la période de dix années que nous avons assignée plus haut à la formation complète de l'herbage, période qui n'a rien d'absolu et dont la durée peut varier en plus ou en moins, suivant le degré de fertilité des terrains, la valeur locative des polders de la baie des Veys, qui est à peine de 100 fr. par hectare pendant la première année après l'ensemencement en herbe, s'accroît d'année en année et atteint généralement, à la fin de cette période de transition, 250 fr. pour les meilleurs herbages, 200 à 225 fr. pour quelques pièces inférieures en qualité ou dont la transformation complète se fait plus longtemps attendre.

Après quinze à vingt années d'existence, la valeur locative moyenne des herbages est de 250 fr. Cette moyenne est même dépassée aujourd'hui dans les polders du Vey et du Fanal, enclos en 1857 et 1858, dont certaines pièces sont louées jusqu'à 275 fr. par hectare.

La valeur foncière des polders de la baie des Veys dépend principalement, comme leur valeur locative, de leur âge, c'est-à-dire du temps écoulé depuis leur enclôture et leur conversion en herbages. La Compagnie a réalisé, dans cette baie, de nombreuses ventes à des prix variant de 4,100 à 5,000 fr. par hectare, soit en moyenne 4,600 fr. Plusieurs polders ont été vendus alors que la mise en herbage en était à peine terminée. On peut affirmer qu'après quinze à vingt années d'enclôture, la valeur de la plus grande partie de ces magnifiques conquêtes n'est pas inférieure à 5,000 fr. par hectare.

Ainsi les polders de la baie des Veys font suite aux herbages renommés du Bessin et sont exploités, comme eux, pour l'élevage du bétail de race cotentine et principalement pour la fabrication du beurre.

§ 14. — *Les Wateringues du Pas-de-Calais et du Nord.*

A Sangatte, près de Calais, commence une plaine d'alluvions, qui s'étend au nord des collines de l'Artois et des terrains tertiaires de la Flandre jusqu'en Belgique. On l'appelle quelquefois *Nordland*, mais on lui donne surtout le nom de *Wateringues*, parce qu'elle est sillonnée d'innombrables canaux (*watergands*), qui ont permis de la dessécher et de la cultiver.

Dans toute cette plaine, l'altitude de la surface ne dépasse pas 4 à 5 mètres au-dessus du niveau de la mer ; elle descend souvent au-dessous. Elle est donc inférieure au niveau moyen des hautes mers et le pays serait inondé à toutes les marées, s'il n'était pas protégé par une zone de dunes et par des digues établies le long des cours d'eau et des canaux qui le traversent. Mais il ne suffisait pas d'empêcher les eaux de la mer de pénétrer dans la plaine, il fallait la débarrasser des eaux de pluie qui, trop abondantes dans certaines saisons, menacent de la submerger et de la transformer en marais.

Pour répondre à ces deux nécessités opposées, on plaça dans les digues des écluses qui se ferment ou s'ouvrent par le jeu naturel du flux et du reflux de la mer. Trois écluses principales se trouvent dans les ports de Calais, de Gravelines et de Dunkerque ; on les ouvre à marée basse et on les ferme avant l'heure du flot, de manière à régler la sortie des eaux et à en empêcher le retour. A ces écluses viennent aboutir les artères principales sur lesquelles s'embranchent des canaux secondaires, et ainsi de suite dans toute l'étendue des wateringues.

Pendant l'été, les mêmes *watergands* servent à l'arrosement des terres et même, sur certains points, à l'alimentation des habitants en eau potable. Les bouches à la mer restent fermées et l'on ouvre celles des prises d'eau sur la rivière de l'Aa. Cette rivière sert de limite entre les départements du Nord et du Pas-de-Calais, et une de ses sections, près de Watten, fait partie de la grande ligne de navigation intérieure qui, de Dunkerque et Calais, se dirige vers Paris. Malheureusement, l'étiage normal de l'Aa est trop faible pour les multiples services qui lui sont imposés, et l'arrosement est insuffisant, sans qu'on y voie de remède possible.

L'institution des wateringues date de plusieurs siècles, mais un décret de 1809 a jeté les bases de l'organisation actuelle, qui a été modifiée en dernier lieu par une ordonnance de 1837.

Leur territoire est délimité — tout au moins en théorie — du côté des coteaux par la trace qu'y laisserait le plus grand flot de mars, si les digues à la mer n'existaient pas. Cette ligne imaginaire subit dans la pratique de nombreuses exceptions, justifiées par la configuration des propriétés ou des cours d'eau.

Les wateringues ont été divisées en un certain nombre de sections autonomes, ayant des intérêts propres et pouvant se réunir au besoin pour discuter les affaires communes.

Sous la réserve d'une enquête préalable et annuelle dans les mairies des chefs-lieux de cantons, les commissions qui administrent ces différentes sections peuvent décider souverainement de l'impôt nécessaire à l'acquittement des charges et celui-ci est recouvré comme en matière de contribution directe. Ces commissions décident aussi les travaux à faire. Les projets de ces travaux sont soumis à l'examen des ingénieurs des ports maritimes et leur exécution est confiée à des agents spéciaux, nommés et payés par les commissions, mais toujours sous le contrôle des ingénieurs qui sont auprès des wateringues les représentants de l'autorité préfectorale.

Le sous-sol de cette plaine maritime, dit M. Gosselet, est essentiellement formé, à une profondeur de 1 à 3 mètres, par du sable vert, très fin, imbibé d'eau, toujours prêt à filtrer par les moindres ouvertures : de là le nom de *sable pissart,* qu'on lui a donné dans le pays. On ne peut y creuser un trou sans qu'il ne soit aussitôt comblé. Son épaisseur est de 20 mètres à Bourbourg, au centre de la plaine. Dans les quelques mètres supérieurs, il contient de l'eau douce qui a sa source dans les pluies et les canaux ; mais, plus bas, l'eau devient saumâtre, parce qu'elle provient des eaux de mer, qui filtrent à travers les sables de la côte.

Le sable pissart forme rarement la surface du sol dans la plaine des wateringues. Il est presque partout recouvert par quelques mètres de couches superficielles, dont la nature est variable.

Au sud, il y a une couche de tourbe épaisse de $0^m,75$ à 1 mètre, qui est séparée du sable pissart sous-jacent par une argile bleue tourbeuse.

Cette tourbe paraît encore avoir été en voie de formation à l'époque romaine. Les marais dans lesquels elle se produisait étaient abrités contre l'invasion de la mer par un cordon littoral. Un banc de galets, que l'on a retrouvé près de Coulogne et qui s'étend vers Calais, représente les restes de ce cordon littoral ; la tourbe n'existe pas au nord de ce banc [1]. Une rupture du cordon littoral a suffi pour recouvrir d'eaux salées toutes ces plaines basses et y amener ensuite des alluvions marines qui forment aujourd'hui les terres arables.

Au sud ce sont des sables gris remplis de coquilles marines, particulièrement de *Cardium edule,* si commun sur nos côtes. Souvent ces sables sont argileux et ils contiennent alors des *Hydrobies* (*Hydrobia ulvæ*), petites coquilles qui pullulent dans les canaux saumâtres du port de Dunkerque. Au nord de la plaine des wateringues, le sable est complètement remplacé par de l'argile sableuse ou de l'argile presque pure, que l'on emploie pour la fabrication des briques. Cette argile contient encore des coquilles marines, soit des *Cardium,* soit des *Hydrobia* [2].

Voici, d'après M. Pagnoul, membre correspondant de l'Institut, la composition chimique pour 100 d'un certain nombre de terres d'alluvions marines des communes de Marck et d'Offekerque, qui appartiennent au département du Pas-de-Calais, mais qui ont la même origine géologique que celle des wateringues du département du Nord et sont soumises au même régime.

---

1. *Carte géologique détaillée de la France,* feuille de Saint-Omer.
2. Gosselet, *Annales de géographie.* 1893.

	CARBONATE de chaux.	ACIDE phosphorique.	POTASSE.	AZOTE.
Marck.				
Argile compacte	18.011	0.116	0.330	0.188
Sable argilo-siliceux facile à cultiver	14.016	0.063	0.256	0.132
Type des terres appelées *salines* dans le pays	25.145	0.129	0.347	0.153
Terre de 1re classe, très facile à travailler	22.086	0.092	0.250	0.114
Argile plus ou moins mélangée de sable	14.974	0.116	0.250	0.124
Offekerque.				
Terre forte, difficile à cultiver	16.412	0.104	0.324	0.120
Bonne terre ordinaire, assez argileuse	14.101	0.101	0.290	0.122
Bonne terre, convient à toutes les cultures	13.834	0.092	0.220	0.136
Terre passable, de culture assez facile	15.806	0.105	0.291	0.301

« Au point de vue chimique, m'écrit mon excellent ami Foissey, agriculteur à Marck, nous réalisons tous les jours des progrès. Ce qui nous manquait le plus, c'était l'acide phosphorique ; nous en faisons une importation annuelle qui égale et même dépasse l'exportation dans les bonnes cultures. Le superphosphate est presque exclusivement employé, mais, dans certains herbages marécageux et par conséquent acides, on le remplace par les scories.

« La potasse est peu employée ; notre sol en a une réserve suffisante.

« L'azote est donné sous la forme nitrique ; on recourt beaucoup moins à l'ammoniaque. De plus, on consomme beaucoup de tourteaux et depuis longtemps, même avant l'introduction des engrais minéraux, ils étaient le complément ordinaire de la fumure en cas d'insuffisance du fumier de ferme.

« Comme cette insuffisance a été de tout temps constatée dans notre rayon de culture intensive, on a eu recours aussi aux autres sources d'engrais, telles que gadoues, boues et vidanges, dont l'usage était jadis très répandu et s'est restreint naturellement par les facilités trouvées à l'emploi des engrais minéraux.

« Quant à la chaux, autre élément indispensable à la fertilité des sols, elle se rencontre sous forme de calcaire en quantités considérables, quoiqu'en apparence on n'en puisse soupçonner la présence. C'est à ce point, qu'il y a une trentaine d'années, avant qu'on eût songé dans les laboratoires départementaux à analyser les terres, on fit ici des essais de marnage et naturellement ils ne donnèrent qu'un résultat absolument négatif. Le limon tenu en suspension par l'eau de la mer et lentement déposé le long de la côte contenait en parcelles très ténues, presque impalpables, le calcaire arraché aux falaises crayeuses qui bordent la Manche; et il a rendu pour ainsi dire inépuisable, dans nos terres d'alluvion, un des principes essentiels de la nourriture des plantes.

« Les conditions économiques où se trouve notre région méritent aussi d'arrêter notre attention.

« Les grands domaines sont à peu près inconnus dans le périmètre des wateringues; on n'y rencontre soit en propriété, soit en location, que de la petite et de la moyenne culture. La petite culture comprend de 1 à 10 hectares; la moyenne, de 10 à 75 hectares; 100 hectares constituent une exploitation importante; 200 hectares sont une exception. Depuis l'ouverture de la crise agricole, la petite culture envahit de plus en plus le marché des terres : c'est la réserve de l'armée agricole et ses éléments sont excellents. La plupart des petits fermiers sont d'anciens ouvriers intelligents, laborieux, économes; ils ont profité de l'abaissement du prix des loyers pour aborder à leur compte l'exploitation des terres où leurs bras avaient jusque-là fourni la main-d'œuvre. Avec leur petit pécule lentement amassé, avec femme et enfants, ils ont entrepris les cultures délaissées par les anciens fermiers que les années prospères avaient amollis et que la crise avait acculés sans défense à la ruine. Ces petits fermiers, entreprenants, actifs, habitant, suivant la mode du pays, loin du village, isolés au milieu des terres qu'ils occupent, sont certainement les plus aptes à lutter contre les difficultés de l'heure présente. Cette démocratie rurale est tout à fait saine et elle sera invulnérable aux séductions du collectivisme, s'il en tente la conquête.

« Suivant la qualité des terres et aussi suivant l'importance du lot, la valeur locative *moyenne* varie entre 50 et 100 fr. l'hectare. Le rapport avec le capital est, également en moyenne, le denier 33.

« La main-d'œuvre laisse généralement à désirer; les prix ne sont pas exagérés, mais la qualité est médiocre si on la compare avec celle de nos voisins et rivaux, les Belges et les Allemands. Un ouvrier de ferme peut gagner, bon an mal an, 800 à 900 fr., et ceux qui ont une spécialité, un peu plus, 1,000 fr. peut-être.

« Les femmes et les enfants sont employés à divers travaux : nettoyage des champs, récolte des céréales, arrachage de betteraves, etc..., pendant sept mois environ ; leur salaire journalier étant 1 fr. 25 c., ils gagnent pour 180 jours ouvrables environ 200 fr. Vous voyez d'ici le budget des recettes d'un ménage ouvrier : sa maison lui appartient, ou il la loue bon marché avec quelques ares qu'il cultive aux heures perdues et qui l'aident à vivre. Si le cabaret n'était pas là avec ses tentations, tout ce monde serait heureux.

« Notre petite Hollande est propre à toutes les cultures : céréales, racines, oléagineux et, en dehors des soins de l'homme, sa fécondité est proportionnelle à la composition physique et chimique des terrains. Mais il y a des récoltes qu'on abandonne par suite des conditions économiques. Tel le colza, chassé par l'emploi des huiles minérales et les graines de l'Inde ; tel le lin, qui lutte encore plutôt comme textile que comme oléagineux, mais dont la vogue décroît, malgré les primes destinées à le ressusciter. Les cultures courantes sont celles des céréales : blé, orge d'hiver, avoine, seigle ; les racines : betteraves à sucre et autres ; les légumineuses : fèves et pois ; les fourrages : surtout le trèfle. Pas de luzerne, en raison de la proximité de l'eau à la surface.

« Voici, en terminant, les rendements que je considère comme moyens pour les plantes suivantes :

	MOYENNES TERRES.	BONNES TERRES.
Blé	20 hectol.	33 hectol.
Orge d'hiver	28 —	48 —
Avoine	33 —	75 —
Seigle	15 —	30 —
Pommes de terre	24 tonnes.	35 tonnes.
Betteraves à sucre	24 —	40 —
— alcool	28 —	48 —
— fourrages	28 —	48 —

L'arrondissement de Dunkerque est divisé en deux contrées très distinctes : le *Pays-au-Bois*, qui se trouve au sud, reposant sur l'argile de Flandre, et qui doit son nom aux nombreuses plantations de bois que l'on y trouve, et les *Wateringues* ou *Nordland*, où les arbres sont, au contraire, très rares et qui a une étendue de 38,880 hectares. Les fermes y sont dispersées dans la campagne, au centre des terres qu'elles cultivent ; dans chaque commune il n'y a qu'un petit nombre d'habitations, celles des commerçants et des industriels groupées autour de l'église, de l'école et de la mairie, et formant ce que l'on appelle la *place*. Ainsi la commune d'Armbouts-Cappel, qui est située à égale distance (6 kilomètres) de Dunkerque et de Bergues, a, sur un territoire de 971 hectares, 30 fermes d'étendues très diverses ; plusieurs n'ont qu'un seul cheval ; une seule a 120 hectares et occupe 12 chevaux. Sur ces 971 hectares, il y a :

	HECTARES.
Terres labourées	647 39
Prés naturels fauchés	42 00
Pâtures	261 28
Jardins	11 80
Avenues	1 19
Superficie couverte de bâtiments	7 26

La plupart des pâtures grasses n'appartiennent pas à des corps de ferme ; elles sont louées à des laitiers ou à des bouchers qui, au printemps, achètent des bêtes maigres pour les tuer dès qu'elles sont grasses ; ces bêtes ne sont pas recensées dans le bétail de la commune. Le reste du bétail se compose de 247 bêtes à cornes, 125 chevaux, 26 mulets ou ânes, 184 moutons, 160 porcs, en tout l'équivalent de 415 têtes de gros bétail, soit 4/10 de tête par hectare. C'est moins que dans la plupart des autres communes de l'arrondissement de Dunkerque, pas assez pour expliquer les belles récoltes qu'on y obtient des terres, mais les cultivateurs d'Armbouts-Cappel achètent beaucoup de vidanges et d'engrais de ville à Dunkerque et même à Calais.

L'assolement que l'on suit est quadriennal.

1re année : blé.

2e année : plantes industrielles : lin, betteraves, pommes de terre ou pois.

3e année : blé ou orge ou avoine.

4e année : trèfle, fèves, haricots ou sainfoin.

Dans son *Agriculture du Nord*, Barral a donné, en 1870, la monographie d'une de ces fermes d'Armbouts-Cappel, ferme qui appartient à M. Vandercolme et qui est cultivée par la famille Pouchel. Sur cette ferme de 38 hectares 62 ares, le blé donnait près de 32 hectolitres, l'avoine 61, les pois et les fèves 27, les pommes de terre 136 hectolitres, les betteraves 38,000 kilogr., le trèfle 7,320 kilogr. à l'hectare, le lin 1,360 fr.

Il y avait 4 chevaux, 1 âne, 9 vaches à lait, 10 jeunes bêtes, un assez grand nombre de porcs et de volailles.

Le fermage était de 3,800 fr.; avec les frais de culture, les dépenses annuelles se montaient à 26,646 fr. Les recettes étaient de 35,099 fr., dont le tiers environ pour les produits des animaux. Les bénéfices du fermier étaient donc de 8,453 fr. par an.

Suivant les conseils et l'exemple que M. Vandércolme avait donnés dans ses autres domaines, le fermier remplaça les fossés à ciel ouvert par des drains, ce qui lui a fait gagner 1 hectare 32 ares sur 38, tout en facilitant ses travaux de culture. Au lieu d'employer comme engrais seulement des vidanges, du fumier et de la marne amenés de Saint-Omer, il y a joint les engrais chimiques et les tourteaux qu'il peut acheter à des prix très modérés aux huileries de Dunkerque. Au lieu de semer du trèfle seul, il y a ajouté du raygrass d'Italie, ce qui lui a permis de nourrir trois fois plus de bétail et a porté le rendement du blé à 45 hectolitres et celui des betteraves à 60,000 kilogr. à l'hectare.

De Dunkerque à Bergues, le sol baisse de 1m,80 et, à l'est de Bergues, sur la limite de la France et de la Belgique, se trouvent deux sortes de cuvettes, restes d'anciennes lagunes, appelées *Moëres,* dont le niveau est inférieur à la cote 4. La *grande Moëre* a une superficie de 3,102 hectares, dont 1,192 appartiennent à la Belgique et 1,910 à la France; la *petite Moëre* a 176 hectares. Elles furent longtemps des terres marécageuses, incultes, couvertes de roseaux, que les eaux pluviales inondaient chaque hiver.

D'après M. Gosselet, le sol des Moëres est le même que celui du reste de la plaine maritime. Sous une couche superficielle de quelques décimètres de limon brun sableux ou argileux, on trouve généralement du sable coquiller, quelquefois de l'argile contenant également des coquilles marines. Dans quelques points, il y a un peu de tourbe superficielle.

En 1619, le baron Venceslas de Cœbergher, ingénieur belge, fit avec les souverains du pays un traité par lequel il s'engagea à dessécher les Moëres dans un délai fixé. Il entoura d'abord les marais d'une digue, puis d'un canal d'enceinte, le *Rincksloot,* et fit construire des moulins à vent qui actionnaient des machines d'épuisement pour verser les eaux du fond des Moëres dans ce canal d'enceinte, et de là dans la mer. Divers autres travaux achevèrent de dessécher les Moëres ; le succès fut complet et, dès 1632, on comptait 140 fermes formant le village des Moëres. Mais les Espagnols, assiégés dans Dunkerque, en inondèrent tout le voisinage et les Moëres rentrèrent sous l'eau.

Pendant plus d'un siècle les Moëres restèrent submergées. En 1746, le comte d'Hérouville, qui en avait obtenu la concession, y fit divers travaux dont on se promettait les plus heureux succès, lorsque, par suite du traité de 1763, il fallut détruire une partie de ces travaux en comblant le port de Dunkerque; une partie seule des Moëres échappa à l'inondation. Les choses en étaient là lorsque, en 1772, la compagnie hollandaise Wandermey entreprit de nouveau le desséchement des Moëres, mais les mesures militaires adoptées en 1793 détruisirent les résultats incomplets qu'elle avait obtenus. Les Moëres restèrent abandonnées jusqu'en 1802.

A cette époque, les propriétaires nommèrent M. de Buyser directeur du desséchement et, en peu d'années, cet habile administrateur répara tous les désastres : grâce à son activité et à sa persévérance, le desséchement fut complet en 1828.

Les Moëres, dit le commandant Roget dans un mémoire publié en 1833[1], sont traversées par les canaux principaux que longent des chaussées élevées, aussi belles que nos meilleures routes. Entre ces canaux principaux, d'autres, plus petits, tous parallèles ou perpendiculaires, découpent le sol en rectangles égaux appelés *cavels,* les-

---

1. *Mémoire de la Société centrale d'agriculture.*

quels sont traversés par des rigoles encore plus petites. Les eaux s'écoulent de ces rigoles dans les canaux secondaires, de ceux-ci dans les grands canaux, et de ces derniers elles sont élevées au moyen d'une machine à vapeur et de 6 moulins à vis dans le Rinck-sloot, d'où elles se rendent à Dunkerque et à la mer par les canaux des Moëres et des Quatre-Écluses. Le *cavel,* de soixante-cinq mesures de terre (28 hectares 60 ares), vaut environ 20,000 fr. et rapporte, nonobstant les mauvaises chances d'inondation, 1,000 fr. environ par an. Les exploitations sont divisées par fermes, dont l'étendue varie de 2 à 68 hectares.

Les 1,945 hectares de la commune des Moëres comprennent :

	HECTARES.
Terres labourables et digues imposées	1,574 31
Jardins	12 74
Pâtures et vergers	281 25
Prés	1 12
Bois	5 66
Oseraies.	0 14
Canaux de desséchement.	15 87
Fossés, viviers et mares	30 39

Voici, d'après les analyses de MM. Dubernard et Hitier, la composition chimique p. 1,000 de quelques terres des Moëres.

NOM de la pièce de terre.	CHAUX.	POTASSE.	ACIDE phosphorique.	AZOTE.	ANALYSÉ PAR
. . . .	32.25	2.30	0.75	1.80	M. Dubernard.
Vinassée	50.60	1.80	0.83	1.50	—
. . . .	43.00	1.96	1.00	1.62	—
Gallia polder.	71.40	2.37	1.51	1.39	M. Hitier.
Saint-Étienne.	50.40	3.08	1.46	1.54	—
Feuille-Haute.	71.40	3.22	6.00	2.14	—

On voit que toutes ces terres sont très riches en azote et assez riches en potasse et en chaux. Mais, comme contenance en acide phosphorique, elles sont très inégales. Les deux premières auraient besoin d'en recevoir, tandis que la dernière, exceptionnellement riche, pourrait leur en fournir.

§ 15. — *Influence des plantes et des animaux sur la formation des terrains. — Tourbes.*

Parmi les agents qui contribuent à la formation des terrains modernes, il ne faut pas oublier les êtres organisés.

« Toute plante, dit M. Duclaux, nous apparaît comme un laboratoire de synthèse organique, consommant la force qui lui vient de l'extérieur sous la forme de chaleur solaire, et l'employant à engager des éléments, primitivement gazeux ou solubles dans l'eau, dans des combinaisons de plus en plus complexes, de plus en plus éloignées de leur forme primitive, de plus en plus combustibles. De sorte que nous pouvons voir dans le tapis de végétation qui couvre le sol un magasin de chaleur solaire, dépensée à donner une forme organique aux éléments de l'air et de l'eau[1]. »

Une partie de ces produits de la végétation sert de combustible ou de nourriture pour les hommes et les animaux; nous la brûlons pour utiliser la chaleur et la force qui s'y trouvaient condensées. Le reste meurt sur place et ses débris, plus ou moins mêlés à la terre, plus ou moins couverts d'eau, se conservent plus ou moins longtemps à l'état de terreau, d'humus ou de tourbe et contribuent ainsi à la formation des terrains qui couvrent notre globe.

Quand les champs que nous cultivons ont un sous-sol assez perméable pour que l'eau et l'air puissent y circuler facilement, et quand ils sont régulièrement labourés une ou plusieurs fois par an, les matières hydrocarbonées et azotées que les récoltes y laissent et celles que les fumiers y rapportent se détruisent assez rapidement pour que leur taux dépasse rarement 4 à 5 p. 100 dans la *couche végétale;* celle où s'accumulent ces matières organiques et qui est colorée en brun par les produits de leur décomposition, a ordinairement la même épaisseur.

L'humus s'y forme par la combustion lente des matières végétales. C'est une substance très complexe dont la composition dépend de celle des plantes et des animaux auxquels elle doit son origine;

1. Duclaux, *Chimie biologique.*

mêlée aux matières minérales de la terre arable, elle subit des transformations qui varient également avec la nature de ces matières minérales, avec les propriétés physiques du sol et du sous-sol, avec les labours et les façons de toutes sortes qu'on leur donne, avec l'humidité et la chaleur plus ou moins grande des saisons. Elle tend à se résoudre finalement en acide carbonique, eau, ammoniaque et acide nitrique, mais, comme les bons cultivateurs empêchent leurs champs de s'*épuiser* en y ajoutant chaque année de nouveaux engrais et de nouveaux résidus de récoltes, la formation de l'humus recommence et il résulte de là un mélange de matières de composition très diverses qu'il est difficile de définir au point de vue chimique, mais qui exercent une influence très utile sur la fertilité des terres.

Dès lors que la décomposition des matières végétales est moins rapide que leur formation par les plantes, il peut y avoir enrichissement du sol en humus. C'est ce qui arrive dans nos champs, lorsque nous y suivons un assolement où les plantes fourragères, telles que le trèfle, la luzerne et l'esparcette occupent une large place. C'est ce qui se produit surtout quand on cesse de labourer les terres pour les *fermer*, c'est-à-dire pour les mettre définitivement en prairie ou en herbage.

Vœlcker a trouvé 10 à 11 p. 100 de matières organiques dans quelques herbages de l'Angleterre. Cette proportion est rarement atteinte sous le climat plus sec et plus chaud du continent. Ainsi dans la terre noire (*tschernosem*) de la Russie, M. L. Grandeau a dosé seulement de 5 à 9 p. 100 de matières volatiles ou destructibles par la chaleur (eau combinée et matières organiques).

D'après M. Kostytcheff, le tschernosem contient de 6 à 11 p. 100 d'humus ; il en a trouvé exceptionnellement 16.34 p. 100 dans un échantillon du gouvernement d'Orenburg. Sa proportion décroît à mesure que la profondeur augmente ; à 1 mètre de profondeur, il y en a encore 1 à 3 p. 100. Cet humus provient de l'accumulation et de la décomposition des tiges et surtout des racines d'herbes, principalement de la stipe pennée et de la fétuque ovine qui abondent dans les steppes de la Russie méridionale.

L'accumulation des matières organiques est aussi considérable dans les forêts. D'après M. Ebermayer, un hectare de forêts produit annuellement et en moyenne 6,200 à 6,300 kilogr. de substance organique, dont la moitié environ constitue le bois et s'exporte avec lui, tandis que l'autre moitié (feuilles, aiguilles, brindilles, etc.) tombe sur le sol et forme la *couverture morte*.

Ces détritus, mêlés aux mousses, champignons, etc., et aux restes des innombrables animaux d'ordre inférieur, lombrics, etc., qui vivent et meurent dans le sol des forêts, se transforment peu à peu en terreau ou humus. Tout forestier sait que la fertilité d'un sol boisé est d'autant plus grande que la couche d'humus est plus épaisse. « C'est dans les grands massifs, dit M. Boppe, loin des champs, à l'abri du vent, que le terreau se forme le mieux ; dans les peuplements d'âge moyen plutôt que dans ceux plus âgés ; sous les essences à couvert épais dont le feuillage est abondant que sous celles à couvert léger se laissant pénétrer par les rayons du soleil ; dans les forêts aménagées en futaie plutôt que dans celles traitées en taillis et, dans ces dernières, d'autant mieux que les révolutions sont plus longues[1]. »

La décomposition de ces matières organiques tend à se ralentir dans les régions où la température est plus basse, soit par suite de leur hauteur au-dessus du niveau de la mer, soit par suite de leur latitude.

Mais, sous notre climat, on peut admettre que dans les terres bien perméables et, par conséquent, bien aérées, la quantité d'humus accumulé surpasse rarement 5 p. 100 dans les champs et 10 à 12 p. 100 dans les herbages et les bois.

Formation de la tourbe. — Mais, sur les terrains imperméables ou dominés par des coteaux qui leur envoient des eaux surabondantes, dans les marais et les paluds, l'accumulation des substances organiques est beaucoup plus considérable et les produits de leur décomposition changent de nature.

« Quand les matières végétales pauvres en azote, dit M. Duclaux, sont couvertes ou imprégnées d'eau, ce qui entrave leur oxydation par les ferments aérobies, les produits de leur destruction sont de

1. Boppe, *Traité de sylviculture*.

l'eau, de l'acide carbonique et de l'hydrogène protocarboné qui, d'après les expériences de Popoff, se dégagent à équivalents à peu près égaux et sont dans leur ensemble moins riches en carbone que les substances organiques dont ils proviennent. Il en résulte que les substances organiques incomplètement transformées qui restent dans le sol s'enrichissent en carbone et finissent par constituer de la tourbe. Le mécanisme de cette transformation est encore incomplètement connu, mais évidemment elle est aussi l'œuvre de ferments qui, d'après les expériences de Boehm, paraissent avoir besoin à l'origine d'un peu d'oxygène, mais qui passent ensuite très facilement à la vie anaérobie pendant laquelle ils dégagent des proportions variables de gaz des marais et d'acide carbonique. »

Dans ces conditions, il se développe une végétation spéciale composée de plantes qui peuvent supporter l'excès d'eau et dont les résidus forment la masse principale de la tourbe.

La nature et la valeur agricole des tourbières dépend des plantes dont elles sont composées et celles-ci dépendent elles-mêmes de la composition chimique des terrains sur lesquels elles se sont établies et des eaux qu'elles reçoivent.

C'est principalement sur la richesse plus ou moins grande des terrains et des eaux où se sont formées les tourbières que repose la division en deux classes adoptée pour elles par les agronomes allemands, MM. Fleischer, etc. D'après ces agronomes, la 1re classe (*Niederungsmoor*) se compose des tourbières formées dans des terres et des eaux assez riches en matières fertilisantes et surtout en calcaire; elles se composent de mousses aquatiques du genre *Hypnum*, de cypéracées du genre de *Carex*, de graminées du genre *Phragmites* (*joncs*), etc. La 2e classe (*Hochmoor*) se trouve, au contraire, sur des terres pauvres, surtout pauvres en chaux et dans des eaux également pauvres en chaux, et ces tourbières sont formées presque exclusivement par des *Sphagnum* et, dans leurs parties supérieures, qui sont moins humides, par des *Erica*, etc....

Cette division ne correspond pas exactement avec la classification en tourbières *infra-aquatiques* ou *immergées* et tourbières *supra-aquatiques* ou *émergées* que certains auteurs ont employée. Elle ne correspond pas non plus tout à fait aux distinctions que fait M. A. de

Lapparent entre les *tourbières des plaines* et *tourbières des pentes*, *tourbières de vallées*, etc.

Il y a dans les contrées basses ou dans les plaines des terrains fertiles, mais on y trouve aussi des sols pauvres sur lesquels les sphaignes et les bruyères forment d'immenses tourbières, comme dans le nord-ouest de l'Allemagne et en Irlande.

En réalité, il est difficile d'établir une classification bien rigoureuse au milieu de la grande variété de tourbières qui existe en Europe.

Si l'on envisage les tourbes comme combustibles, les meilleures sont celles qui contiennent le moins de matières minérales. Si on les envisage, au contraire, comme terrains agricoles, les meilleures sont celles qui contiennent le plus de matières minérales.

En général, les tourbières hautes sont les plus pauvres en matières minérales et les plus difficiles, par conséquent, à transformer en bonnes terres ou bonnes prairies, mais, par contre, les meilleures comme combustibles ou comme litières.

Parmi les tourbières basses, il y en a qui peuvent aussi être exploitées avec avantage comme combustibles ; ce sont celles qui se sont formées dans des eaux lentes et limpides, comme les tourbières de la Somme ; elles ne contiennent souvent que 10 p. 100 de substances minérales. Mais beaucoup de ces tourbières basses ont été, par suite même de leur situation, couvertes périodiquement par des inondations d'eaux limoneuses, dont les dépôts se sont mêlés aux matières végétales en décomposition, et il en est résulté des tourbes impropres à la combustion, ou des alternances de tourbes plus ou moins pures avec des couches de sables et de limons, qui sont d'autant plus faciles à mettre en culture qu'elles contiennent, par suite même de leur formation, les amendements dont elles ont besoin.

Ce sont des *paluds*, des *Bri*, des *tangues*, des terres demi-tourbeuses ou terres humifères, comme celles que nous avons signalées dans le bassin de la Gironde, dans les marais de la Saintonge et du Poitou, etc. Ce ne sont pas de vraies tourbes, suivant la définition qu'en a donnée Belgrand et que la plupart des livres de géologie ont reproduite, mais ce sont les plus intéressantes pour nous. Il suffit souvent de les mettre à sec et de les défendre contre de nouvelles inondations pour en faire des terres d'une grande fertilité, comme celles des polders de la baie des Veys, des wateringues de la Flandre, etc... Ce sont des terres qui contiennent de 20 à 50 p. 100 de matières minérales, mais ces matières sont souvent très inégalement réparties dans les couches successives que la tourbe a formées, et les analyses que l'on en fait donnent des résultats très variables suivant que les échantillons sont pris dans les unes ou les autres de ces couches.

La valeur de ces terres, très riches en matières organiques et cependant trop chargées de matières minérales pour être de véritables tourbes, dépend essentiellement de la nature de ces matières minérales; quand il y a beaucoup de chaux, de potasse et d'acide phosphorique, les terres sont fertiles. Quand les uns ou les autres de ces éléments chimiques manquent, les terres sont pauvres.

Au pied des montagnes de formation jurassique, par exemple dans le département de l'Ain et en Suisse, il y a des marais dans lesquels les substances végétales sont incrustées de *tuf*, carbonate de chaux que leur amènent les eaux. Il est à peu près impossible de les améliorer d'une manière profitable. Ce sont des *bâchères* ou *bauchères*, qui produisent de la litière et il ne faut pas songer à en faire autre chose. Il ne faut surtout pas les dessécher à l'excès, car ils ne produiraient même plus de litière.

Ce qui manque presque toujours aux terrains tourbeux, c'est la potasse. Elle forme avec les matières organiques des combinaisons solubles, qui sont enlevées par les eaux.

Très souvent aussi l'acide phosphorique fait défaut. Dans l'Erdingermoor, en Bavière, on a remarqué que le bétail et surtout les chevaux élevés sur des pâturages tourbeux ont une ossature fragile; ils se cassent facilement les jambes (*Knochenbrüchigkeit*). Cela provient sans doute du fait que ces bêtes n'ont pas trouvé dans leurs aliments assez de phosphate de chaux pour faire des os solides et cela coïncide avec cet autre fait, observé par M. Sendtner, que les graminées y portent rarement des graines. M. Sendtner en a cherché en vain sur les carex qui abondent dans ces pâturages; ces carex se développent et fleurissent bien, mais ne fructifient pas.

Ce sont essentiellement les mousses du genre *Sphagnum* qui forment les *tourbes émergées*.

« Il y a un assez grand nombre de variétés de *Sphagnum*, dit Lesquereux ; tout en ayant entre elles une grande ressemblance, elles varient cependant à l'infini, suivant les conditions d'humidité au milieu desquelles le végétal est appelé à vivre. Elles semblent se ployer à toutes les exigences de l'habitat et se modifier suivant qu'elles plongent dans les eaux profondes, dans les mares vaseuses de la surface, ou qu'elles s'élèvent au-dessus du niveau de l'eau.

« Les sphaignes font germer leurs graines ou étalent leurs tiges et leurs surgeons sur les débris humides d'autres mousses et des végétaux ligneux. Ils croissent en touffes très étendues et très compactes, car les tiges, trop faibles pour se supporter seules, poussent une multitude de jets et finissent par former un tissu si serré qu'on a de la peine à y enfoncer la main. Leur croissance une fois commencée, elle se continue sans interruption, sans distinction de saisons, sans ces alternatives de mort ou de résurrection que nous observons dans la vie des autres plantes. Formées d'un tissu très mince, très délicat, ces mousses sont les seules qui ne contiennent pas de chlorophylle. Suivant les lieux qu'elles habitent, elles se teignent de diverses couleurs. Le plus souvent elles sont d'un jaune verdâtre, parfois rouges ou bigarrées d'une foule de nuances.

« Par la disposition de leurs cellules, les sphaignes sont douées d'une propriété hygroscopique extrêmement remarquable. Si l'on plonge dans l'eau le bout inférieur ou le bout supérieur d'une tige desséchée, on voit en peu d'instants le fluide monter, remplir tous les tubes capillaires du tronc et des rameaux, les cellules des feuilles, jusqu'à ce que la plante soit entièrement saturée. Et quand l'immersion est prolongée, la partie restée hors de l'eau, après saturation de la plante, laisse échapper le liquide en petites gouttelettes et fait ainsi l'office de machine hydraulique ou de siphon. Ce curieux phénomène se produit dans la plante sans égard à son état antérieur : non seulement sur les jeunes pousses de l'année, non seulement sur des tiges ou des portions de rameaux qui ne sont pas entrées en décomposition, mais aussi sur les parties mortes, qui conservent par là même une spongiosité extraordinaire.

« Comme cette faculté absorbante est aussi forte de la partie supérieure vers le bas que du bas vers le haut, il en résulte que les sphaignes peuvent se pénétrer tout autant de l'humidité atmosphérique que de celles qu'elles tirent d'un dépôt d'eau inférieur.

« Cette faculté absorbante nous fournit l'explication de la présence des dépôts tourbeux sur les pentes de certaines montagnes.

« La tourbe peut croître sans les sphaignes, mais la tourbe émergée ne s'élève jamais sans le concours de ces mousses. Partout où elles disparaissent, le marais se couvre de lichens, de quelques autres espèces de mousses, souvent de bruyères, etc..., et, au lieu de tourbe, il ne se forme plus qu'une terre noire et plus ou moins compacte suivant son âge[1]. »

Utilisation des tourbes et terrains tourbeux. — La statistique agricole de la France, publiée par le ministère de l'agriculture en 1882, compte 46,319 hectares de tourbières et 328,297 hectares de terrains marécageux, mais évidemment ces derniers comprennent beaucoup de terrains tourbeux et de tourbes non exploitées comme combustibles.

La production de la tourbe en France a été, en 1895, de 132,000 tonnes qui, au prix moyen de 13 fr. 93 c., représentent une valeur totale de 1,832,000 fr. Là-dessus le département de la Somme, qui est de beaucoup le principal siège de l'exploitation, a fourni 44,000 tonnes. L'Oise et la Loire-Inférieure en ont fourni chacun 18,000 tonnes. Puis viennent l'Aisne et l'Isère avec 10,000 tonnes chacun, le Pas-de-Calais avec 8,000, le Doubs 6,500... Presque toutes ces tourbes sont employées pour le chauffage domestique.

Dans le département de l'Oise, près de 6,000 tonnes de tourbes, et dans la Somme environ 500 tonnes ont été carbonisées en 1895 et ont produit 2,000 et 170 tonnes de charbon qui a été vendu 70 fr. la tonne.

Certaines tourbes, spongieuses et légères, peuvent remplacer avantageusement la paille comme litière pour les animaux. Elles forment un excellent couchage, elles absorbent les urines mieux que la paille. D'après les expériences de M. Hitier, 100 grammes de tourbe séchée à l'air et plongée 24 heures dans l'eau, ont absorbé :

Tourbe de la Somme, 400 à 500 grammes d'eau.

1. Léo Lesquereux, *Quelques recherches sur les marais tourbeux*. Neufchâtel, 1844.

Tourbe du Jura, 600 grammes d'eau.

Tourbes de Bretagne, 530 à 540 grammes d'eau.

La plupart de ces tourbes étant très riches en azote, elles fournissent un engrais dont les résultats surpassent souvent ceux du fumier fabriqué avec une litière de paille, comme l'ont montré les essais de MM. Müntz et Lavalard à la ferme de la Faisanderie, près de Joinville-le-Pont.

La Hollande fait déjà des fournitures importantes en tourbe préparée pour servir de litière. En France, on commence à utiliser de la même manière certaines tourbes de la Somme, du Jura, de la Sarthe et de la Bretagne. Le ministère des travaux publics a publié, en 1893, quelques rapports faits par MM. les ingénieurs des mines sur ces tourbes-litières. Nous en rendrons compte quand nous passerons en revue les tourbières de nos divers départements.

D'après la statistique de l'industrie minérale en France, la quantité de tourbe utilisée comme litière a été, en 1895, de 600 tonnes environ, provenant des départements de l'Ain, de la Somme, de la Marne et de la Haute-Saône.

Évidemment toutes ces statistiques négligent une certaine quantité de petites tourbières qui sont éparses sur des terrains de toutes sortes de formations, qui ne sont connues que de leurs propriétaires et que ces propriétaires peuvent facilement utiliser ou améliorer. Ils font de la litière avec les mousses et les *bauches* ou roseaux qu'ils y recueillent, et, dans les moments où ils n'ont rien d'autre à faire sur leur ferme, ils y font des fossés de drainage, ils y apportent des substances minérales, des sables, des matériaux de démolition, etc., quelquefois même des fumiers, des composts ou du purin, et peu à peu ils les transforment, soit en excellents prés, soit en *plantages* où la culture des légumes, c'est-à-dire la *culture maraîchère* réussit à merveille.

Mais, quand les tourbières et les terrains tourbeux couvrent de vastes surfaces, le problème de leur utilisation et de leur amélioration est beaucoup plus compliqué et plus difficile à résoudre.

La plus ancienne méthode de culture des terrains tourbeux est l'*écobuage*. Elle permet d'obtenir 5 ou 6 récoltes plus ou moins précaires de sarrasin, de pommes de terre, d'avoine ou de seigle, mais il faut ensuite laisser le terrain se refaire pendant 20 ou 30 ans avant de pouvoir lui demander de nouveaux produits. C'est une pauvre culture qui ne peut nourrir que de pauvres populations, comme celles des tourbières de l'Irlande et du nord-ouest de l'Allemagne. Mais c'est encore la seule possible quand des couches épaisses de tourbes couvrent d'immenses surfaces où la pente manque pour emmener les eaux surabondantes et qui se trouvent trop éloignées des dépôts de sable ou de marne pour qu'on puisse y amener les matières minérales dont elles auraient besoin.

Drainage des terrains tourbeux. — Pour mettre réellement en culture les terrains tourbeux, il faut pouvoir supprimer les causes de leur infertilité. Ces causes sont, avant tout, l'excès d'eau et le défaut d'air qui en est la conséquence naturelle. Pour se débarrasser des eaux surabondantes, il faut, par une étude préalable de la structure géologique du pays, voir d'où viennent ces eaux. Souvent elles sortent des coteaux qui entourent le bassin dans lequel la tourbière s'est formée. Dans ce cas, il est essentiel de tracer au pied de ces coteaux un fossé de ceinture qui recueille les eaux et les emmène, vers le point le plus bas possible, dans le canal principal de desséchement.

En général, on préfère, pour le drainage des tourbières, les fossés à ciel ouvert aux tuyaux en terre cuite. Avec ces derniers, on risquerait d'avoir, par suite du tassement irrégulier de la masse tourbeuse, des solutions de continuité qui arrêteraient l'écoulement des eaux ; on ne doit les employer que si l'on peut les placer à 1 mètre et demi ou 2 mètres de profondeur sur une base stable d'argile ou de sable.

Quand le niveau des eaux a été abaissé à environ 1 mètre au-dessous de la surface de la tourbe, le sol se raffermit suffisamment pour que les attelages puissent y passer et y faire les travaux de culture ; les plantes y trouvent une assise plus fixe et un milieu plus sain pour le développement de leurs racines ; les gelées tardives du printemps sont moins fréquentes. Mais ce n'est pas tout : il faut compléter l'amélioration physique du sol par son amélioration chimique.

Amendements et engrais. — Les terrains tourbeux ne contiennent pas assez de matières minérales. Il faut donc les charger avec toutes celles qu'on peut se procurer à peu de frais, sable et gravier qu'on trouve, soit au-dessous des couches tourbeuses, si celles-ci ne sont pas trop épaisses, soit dans les coteaux qui entourent le bassin marécageux. Parmi les matières minérales, celles qui manquent le plus, ce sont la potasse et l'acide phosphorique. Il sera donc utile d'employer de préférence des sables feldspathiques et d'y ajouter de la kaïnite ou des sels de potasse (sulfate ou chlorure). Pour donner aux terres tourbeuses l'acide phosphorique qui y fait défaut, on peut se servir de poudre d'os, de phosphates minéraux, mais ce qui donne les meilleurs résultats, ce sont les scories de déphosphoration, parce qu'elles fournissent en même temps de la chaux qui favorise la nitrification des substances organiques.

Un agriculteur de la Poméranie, qui a une grande expérience de la mise en culture des sols tourbeux, dit que ceux où il a le mieux réussi avaient tous une odeur spéciale de champignon.

Dans certains sols tourbeux, la culture du trèfle des prés échoue malgré les amendements et les engrais minéraux qu'on y a mis. Cet échec provient de l'absence des bactéries des nodosités des légumineuses. On peut les y introduire, comme l'a fait M. Salfeld en 1887, en y répandant 4,000 à 5,000 kilogr. à l'hectare d'une terre prise dans un champ où le trèfle réussit bien ou, suivant MM. Nobbe et Hiltner, en y semant de la *nitragine,* culture pure de bactéries de légumineuses que l'on fabrique aujourd'hui en Allemagne.

Le fumier de ferme, le purin, les vidanges, même en petites quantités, font beaucoup de bien aux terrains tourbeux, sans doute parce qu'ils y amènent, outre les matières fertilisantes qu'ils contiennent, les ferments qui activent la nitrification.

Nous allons maintenant décrire les principaux terrains tourbeux que l'on trouve en France et dans quelques pays voisins, et nous aurons ainsi l'occasion de donner plus de détails sur les méthodes qui y ont été employées avec plus ou moins de succès pour les mettre en culture.

Département de l'Isère. — *Marais de Bourgoin.* — Les tourbières sont très nombreuses dans les vallées des Alpes ; quelques-unes s'élèvent à une altitude considérable, par exemple autour de Chamonix. Dans l'Isère, il faut citer des tourbières aux environs de Morestel, de Bourgoin et de La Verpillière, dans les plaines marécageuses désignées ordinairement sous le nom de *marais de Bourgoin*. Ces marais occupent le fond d'une longue vallée qui s'étend de l'est à l'ouest, depuis Cordon, à l'embouchure du Guiers jusqu'à La Verpillière et tourne ensuite au nord jusqu'au confluent de la Bourbre. Cette vallée est à la limite du plateau calcaire de Morestel et de Crémieux et des collines tertiaires de la Tour-du-Pin et de Bourgoin ; c'est une vallée de dénudation creusée probablement par un bras du Rhône, antérieurement à la période glaciaire ; cet ancien lit a été ensablé par le Rhône, qui l'a abandonné pour couler tout entier dans les gorges de Villebon, et c'est depuis cette époque que se sont formés les lits successifs de graviers, de sable et de tourbe qui constituent le sol des marais [1].

Le desséchement de cette vallée, commencé en 1808, a été terminé en 1823 ; il a eu pour résultat de faire disparaître de vastes mares d'eau croupissante, sources d'exhalaisons insalubres, et de faire gagner à l'agriculture près de 7,000 hectares de terrain.

Sur ces 7,000 hectares, il y en a près de 3,900 qui sont tourbeux ; 1,000 environ appartiennent aux communes et le reste à des particuliers. Les marais tourbeux que possèdent les particuliers ont été, par suite de ventes successives, subdivisés en un nombre prodigieux de parcelles, ayant toutes des propriétaires différents. On en compte au moins cinq à six mille, qui, pour la plupart, n'ont que quelques ares de superficie.

L'épaisseur de la tourbe y est fort variable : elle est de deux mètres sur les bords du grand canal de la Bourbre, dans la commune de Vaulx-Milieu ; plus bas, près du pont de Chaffar, elle a été trouvée de trois mètres ; ailleurs, elle ne surpasse pas $0^m,30$ à $0^m,50$.

Dans ce dernier cas, le sous-sol est formé de sable ou de gravier.

---

1. Stanislas Meunier, *Géologie régionale de la France*.

Sur le territoire de quelques communes, on a reconnu que la tourbe alternait, en bancs peu épais, avec des lits de sable et d'argile.

On cultive principalement les parties des marais qui sont les plus élevées et, par conséquent, les moins exposées aux inondations.

Le sol y est d'autant meilleur, dit Scipion Gras, que la tourbe est mêlée d'une proportion plus forte de sable et d'argile. Quand ces matières sont abondantes, on a un terrain léger qui ne craint pas la sécheresse et qui jouit d'une certaine fertilité.

Les arbres sont rares dans ces tourbières, et souvent ils y manquent complètement ; cependant, on voit sur les bords du canal de la Bourbre, dans un terrain essentiellement tourbeux, de belles plantations de peuplier d'Italie.

On utilise tout ce qui n'est pas cultivé, soit en le laissant en prairies naturelles, soit en l'exploitant comme combustible ou comme litière [1].

D'après le rapport publié par le ministère des travaux publics en 1893, la tourbe extraite présente de notables différences d'un endroit à l'autre et varie suivant la profondeur. On peut, en se basant sur son pouvoir absorbant, la diviser en trois catégories principales, savoir :

1re catégorie. — Tourbe absorbant moins de 100 p. 100 de liquide. Elle est noir foncé, lourde, compacte et se désagrège facilement.

2e catégorie. — Tourbe absorbant de 100 à 200 p. 100 de liquide. Mi-compacte ou mi-spongieuse, de densité moyenne et de couleur brune.

3e catégorie. — Tourbe absorbant plus de 200 p. 100 de liquide. Comprenant les espèces spongieuses, légères, de couleur marron.

La tourbe de la 3e catégorie, la seule qui puisse être avantageusement utilisée comme litière, ne se trouve qu'en faibles quantités, dans quelques communes de l'arrondissement de la Tour-du-Pin, et souvent elle est mêlée avec les autres sortes. Les principaux gisements de cette espèce sont situés dans les communes de Veyrins, les Avenières, Thuélins, Passins et Saint-Didier. On peut évaluer à 80

1. Sc. Gras, *Géologie agricole.*

tonnes de tourbe sèche par an la production actuelle de cette catégorie.

Les essais faits sur un grand nombre d'échantillons de tourbe purgée de terre et séchée ont donné les résultats ci-dessous :

	1re catég.	2e catég.	3e catég.
Quantité d'eau absorbée par 100 gr. de tourbe.	76	130	298
Quantité de cendres par 100 gr. de tourbe . .	18.52	12.75	11.70

D'autre part, la tourbe de la 3e catégorie donne, par l'analyse, sur 100 parties de matières :

Azote	1.052
Potasse	0.081
Acide phosphorique	0.074
Chaux	2.408

M. Ch. Genin, ingénieur-agronome, a bien voulu me donner les notes suivantes sur le desséchement et la mise en culture de ces terrains marécageux.

Le sol conquis, devenu comme quelques-uns l'ont nommé, une *petite Hollande,* peut se diviser en deux grandes classes : 1° les bonnes terres ; 2° les prairies et les pâturages.

Les *bonnes terres* se prêtent à toute espèce de cultures. On y trouve aujourd'hui, côte à côte, le blé, l'avoine, le seigle, l'orge, les sainfoins et les trèfles.

Les racines fourragères, la pomme de terre, le maïs-fourrage ; puis le tabac et la betterave à sucre y réussissent à merveille.

C'est que dans ce sol frais, riche en humus et assez calcaire, il ne manque que de l'acide phosphorique ; aussi les phosphates y donnent-ils les meilleurs résultats. Leur emploi s'est depuis 20 ans beaucoup généralisé, grâce aux exemples et aux encouragements que la Société d'agriculture de Bourgoin et son président, M. Joseph Genin, n'ont cessé de prodiguer aux agriculteurs. Aussi a-t-on vu les rendements en blé se transformer ; partout où le phosphate a exercé son action, on trouve un froment au grain lourd et bien rempli.

Ce n'est pas seulement sur les terres arables que l'acide phosphorique a exercé son action, c'est aussi sur les prairies humides ; il est en passe d'achever l'œuvre que le desséchement a commencée. Partout où on l'emploie, les légumineuses remplacent rapidement les carex et les joncs. Ces prairies deviennent des meilleures et beaucoup nourrissent aujourd'hui des animaux de race tachetée suisse et leur permettent de garder dans ces parages leur taille et leur poids. Cette race tend à supplanter les animaux chétifs et petits de l'ancienne race locale.

Il y a certes encore beaucoup à faire pour achever l'amélioration de ces champs, mais on est en bonne voie. Le Dauphinois, fin observateur, voit très bien les progrès faits et, s'il faut un peu l'encourager, il met rapidement en pratique ce qu'il a observé.

La culture du tabac est en honneur dans beaucoup de ces communes. Cette culture se pratique surtout dans la partie nord, où les alluvions sont plus siliceuses; c'est aussi le petit cultivateur qui y consacre ses soins, et, s'il a une famille nombreuse, il occupe à cette culture dispendieuse en main-d'œuvre les faibles bras des enfants et des vieillards. Il y trouve son bénéfice, car en moyenne le tabac produit 1,200 fr. à l'hectare et il n'est point rare de lui voir atteindre 2,000 fr.

Une autre culture industrielle est celle de la betterave à sucre. On en cultive déjà une surface assez grande. La betterave se plaît dans ces terres, elle y donne un gros poids à l'hectare en même temps qu'une richesse en sucre assez considérable, développée par l'emploi des fumures appropriées.

C'est dans cette région, près de Bourgoin, que M. Joseph Genin, lauréat de la prime d'honneur de l'Isère en 1880 pour son domaine des Prairies, a créé une ferme d'élevage, celle de Saint-Honoré, dans le but de recruter en vaches laitières de la race tachetée suisse une étable déjà importante. On y trouvait un sol profond, composé de fines alluvions, apports de la rivière la Bourbre, provenant des formations miocène et pliocène des *Terres froides,* des argiles du diluvium qui recouvrent les plateaux, et aussi des matériaux calcaires, des molasses et des poudingues. On avait par conséquent un sol argilo-calcaire, à éléments assez ténus.

La ferme de Saint-Honoré est d'une contenance de 40 hectares; elle est située à la limite des communes de Jallieu et de l'Isle-d'Abeau; de tous côtés bordée par des canaux de dessèchement, ou par la vieille rivière la Bourbre, qui, elle aussi canalisée, aide à l'écoulement des eaux. Le sol, presque plat, à faible pente, est facile à cultiver.

Jusqu'en 1888 la propriété avait été exploitée par des fermiers. Ils y avaient trouvé au début une fertilité ancienne qui leur avait permis de gagner quelque argent; mais ils avaient pris à la terre tout ce qu'elle pouvait donner.

Au moment de l'acquisition, on y comptait 10 hectares de prairies marécageuses, 20 hectares de terre cultivable, en friche depuis plusieurs années; le reste, souvent envahi par les eaux, était occupé par du sainfoin qui ne produisait presque rien. Les bâtiments se réduisaient à une maison fermière, une grange et deux étables, sans écoulement des purins, sans air et sans lumière.

Comme on voulait élever du bétail, il fallait se procurer des animaux, construire des vacheries, améliorer les cultures et porter les fourrages à une production maxima. Il fallait faire marcher de pair l'accroissement du bétail et la production fourragère. Aussi les céréales, qui jouaient un rôle important dans l'assolement de la ferme, furent-elles peu à peu réduites, laissant la place aux prairies et pâturages; puis, à mesure que le bétail devint plus nombreux, on chercha par les moyens les plus simples à produire le plus de fourrage possible.

Au printemps, on s'adressa au seigle, au trèfle incarnat, à la vesce velue; en été et en automne, au maïs; enfin, en hiver, aux betteraves fourragères et au maïs ensilé, qui joua de suite dans l'alimentation du bétail un rôle des plus importants.

Les prés furent améliorés, assainis, drainés; les superphosphates vinrent en aide et là où autrefois s'étendaient des marécages avec des carex et des joncs, on trouve d'excellents pâturages. Des parcs à bétail furent aménagés, et l'on y laissa, pendant la plus grande partie de l'année, les jeunes animaux en liberté; c'était une innovation apportée aux anciennes pratiques de ce pays, où l'on n'élève guère qu'à l'étable. Sur ces prés, une fumure de 400 kilogr. de superphosphate d'os, 100 kilogr. de nitrate de soude, 50 kilogr. de chlorure de potassium à l'hectare est chaque année appliquée. On peut estimer à 7,000 kilogr. la production en deux coupes d'un bon foin où les légumineuses dominent; mais le pâturage est préféré et la récolte du foin n'est que l'exception.

Quant aux terres arables, l'assolement suivant a été adopté :

1° Sole de récoltes sarclées, pommes de terre, betteraves, etc., 5 hectares ;

2° Sole céréale, 6 à 7 hectares ;

3° Sole fourragère, 9 hectares.

La première sole reçoit du fumier de ferme, soit 50,000 kilogr. à l'hectare. La seconde 400 kilogr. de superphosphate au moment de la semaille et une faible fumure pour les récoltes dérobées, maïs ou navets, qui suivent la céréale. La troisième est fumée soit au fumier de ferme, soit à l'engrais chimique.

Les labours profonds ont peu à peu augmenté la couche meuble ; dans ces sols riches en calcaire, on peut souvent supprimer complètement les labours d'été ; les extirpateurs suffisent pour donner au sol des façons superficielles qui favorisent une nitrification abondante en même temps qu'elles détruisent les mauvaises herbes, surtout la moutarde noire.

Les rendements en betterave fourragère et en pommes de terre ont beaucoup augmenté, mais les récoltes en blé donnent encore mieux une idée de l'accroissement de la fertilité du sol. On ne récoltait autrefois que 15 ou 16 hectolitres à l'hectare ; la première récolte de M. Genin, en 1889, produisit une moyenne de 22 hectolitres; en 1892, on obtint 34 hectolitres; enfin, en 1896, on parvint à une moyenne de $37^{hl},5$ du poids de 83 kilogr. La variété de blé cultivée est le *Rieti*, venu des environs du lac de Pérouse, en Ombrie; très précoce, il ne craint point la rouille, par laquelle les autres blés sont trop souvent dévastés.

La richesse du sol s'accroissait en même temps que le rendement des récoltes. L'analyse des terres épuisées présentait, en 1889, les teneurs suivantes :

Azote	1.318
Acide phosphorique	0.710
Potasse	1.467
Chaux	147.908

En 1892, le même champ, après une récolte d'avoine, donnait :

Azote	1.663
Acide phosphorique	1.200
Potasse	2.072
Chaux	154.936

Une analyse de 1896, faite dans des conditions semblables, donne à peu de chose près les mêmes résultats. L'accroissement du taux des matières fertilisantes dans le sol explique déjà la marche progressive des rendements; mais il faut en attribuer aussi une partie à l'emploi de semences très sélectionnées.

La culture intensive du maïs-fourrage a permis de nourrir un nombreux bétail à Saint-Honoré; dans ces terrains frais, cette plante donne de prodigieux rendements; on y sème la variété *Poti*, qui est très productive. Le maïs est récolté en octobre, haché au moyen de l'appareil Albaret à grand travail et conservé en silos.

Le bétail, qui est le principal but de l'exploitation, atteint aujourd'hui 45 bêtes à cornes qui, ajoutées aux porcs qu'on élève, forment un total de près de 20,000 kilogr. de viande, de façon que l'on nourrit aujourd'hui sur la propriété près de 15,000 kilogr. de bétail de plus que n'en pouvaient tenir les anciens fermiers. La race tachetée suisse est la seule élevée; elle réussit très bien, et à cause de son poids et de ses aptitudes laitières, elle trouve facilement acquéreurs dans le voisinage.

Une étable, aménagée suivant les derniers perfectionnements, permet, en même temps qu'un affouragement parfait, un enlèvement rapide des fumiers; la litière est presque supprimée par l'emploi des planches sous les animaux. Un hangar abrite la sole à fumier, à la confection duquel on apporte le plus grand soin.

La culture de la betterave à sucre est sans doute appelée à transformer les modes culturales de la région des marais de Bourgoin; on va y fonder une usine qui trouvera un approvisionnement assuré et les nombreux animaux que l'on élève dans ce pays de petite culture auront dans la pulpe une précieuse nourriture.

Département des Bouches-du-Rhône. — *Les marais de Fos.* — La compagnie agricole du colmatage de la Crau, dont nous avons parlé au tome III, s'était chargée également du desséchement des marais de Fos, qui s'étendent, sur une longueur d'environ 20 kilomètres, entre la partie inférieure de la Crau et le canal d'Arles à Bouc. Leur superficie est d'environ 4,500 hectares.

Au centre de ces marais se trouvent deux grandes dépressions qui forment deux étangs, ceux du Landre et du Galéjon. Ces étangs communiquent entre eux par une série de canaux dits « des Gazes », l'étang du Galéjon étant lui-même en communication avec le canal d'Arles à Bouc par une brèche d'une quarantaine de mètres de largeur, faite dans la berge nord de ce canal. C'est dans ces étangs que viennent se réunir toutes les eaux des écoulages supérieurs et en particulier celles qui proviennent de tous les territoires supérieurs d'Arles et de Tarascon et qui sont amenées dans ces étangs par les canaux dits de la Vidange, du Vigueirat et des Gazes. Ces derniers ont été construits en 1642 par un ingénieur hollandais nommé Van Ens, qui avait entrepris le desséchement de près de 40,000 hectares aux environs d'Arles et de Tarascon.

Toutes ces eaux ont comme émissaire général vers la mer le canal d'Arles à Bouc, qui communique avec celle-ci par ses écluses de Bouc, en même temps que par une série de pertuis établis à travers la berge sud de ce canal, en face de la brèche qui fait communiquer ce canal avec les marais. Ces pertuis sont munis de clapets qui permettent aux eaux du canal de s'écouler vers la mer lorsque le niveau de celle-ci le permet, mais qui empêchent les eaux de la mer de rentrer dans le canal.

Par leur situation et par suite surtout des travaux de desséchement entrepris par Van Ens, les marais de Fos se trouvaient donc être le réceptacle de toutes les eaux d'écoulages supérieurs dont le régime est réglé ainsi qu'on vient de le voir par celui du canal d'Arles à Bouc. Or, les eaux du canal d'Arles à Bouc varient de l'altitude + 0m,86 au-dessus du niveau moyen de la mer à l'altitude — 0m,26 au-dessous de ce niveau. Leur régime moyen pendant la majeure partie de l'année étant la cote + 0m,30 au-dessus du niveau de la mer, il en résultait que la majeure partie des marais, dont l'altitude moyenne est inférieure à cette cote, était à peu près constamment noyée.

De plus, lorsque la mer était haute, c'est dans cette immense cuvette formée par les marais de Fos que s'accumulaient toutes les eaux supérieures en attendant de pouvoir s'écouler à la mer.

En ce qui concerne le dessèchement et la mise en culture des marais de Fos, la solution du problème telle qu'elle avait été proposée par M. Nadault de Buffon et acceptée par l'État, n'était malheureusement pas plus pratique que la fertilisation de la Crau, telle que la concevait cet ingénieur.

Son projet était aussi basé sur le colmatage de ces marais au moyen des limons de la Durance. Des colmatages successifs devaient, tout en fertilisant le sol, l'exhausser peu à peu, en même temps que l'assèchement de ces marais aurait été obtenu par abaissement du plan d'eau au moyen de machines d'épuisement.

Mais, dans ce cas, comme dans celui de la Crau, les dépenses de premier établissement à faire en vue du colmatage des marais étaient disproportionnées avec le résultat qu'on eût pu en obtenir au point de vue cultural, alors surtout que le colmatage ne pouvait dispenser de l'exécution de tous les travaux et installations de machines d'épuisement, nécessaires pour assurer le dessèchement de ces marais.

Dans ces conditions, la Compagnie, abandonnant toute idée de colmatage du marais de Fos, se préoccupa tout d'abord d'assurer leur dessèchement dans les délais prévus, sauf à poursuivre en même temps l'étude de leur mise en culture ultérieure sans avoir recours au colmatage. C'est dans ce sens qu'un projet de dessèchement de ces marais fut dressé et présenté à l'État qui l'approuva.

Le dessèchement des marais de Fos a été projeté par la création de quatre bassins de dessèchement :

1° Le bassin dit de Fos, de 570 hectares ;

2° Le bassin dit du Galéjon, de 570 hectares (séparé du bassin de Fos par une grande étendue de marais qui ont été distraits du périmètre du dessèchement comme étant des terrains industriels pour extraction de tourbes) ;

3° Le bassin dit de Capeau, de 1,500 hectares ;

4° Le bassin dit de l'Étourneau, de 1,350 hectares.

En se basant sur les données que pouvaient fournir les dessèchements de marais similaires, on a admis que le sol naturel, sous l'influence du dessèchement et de la culture, s'affaisserait d'environ $0^m,50$, et comme il faut toujours laisser une revanche de $0^m,50$ au-dessus du plan d'eau de dessèchement, on a dû prévoir la possibilité d'abaisser le plan d'eau à 1 mètre au-dessous du niveau du sol primitif des marais dans les points les plus bas. Ces points bas étant aux environs du niveau de la mer moyenne, on en a conclu que le plan d'eau devait pouvoir être abaissé de 1 mètre au-dessous dudit niveau, soit à la cote — 1 mètre.

Le plafond des canaux collecteurs a donc été fixé à la cote — $1^m,50$, afin d'avoir toujours environ $0^m,50$ d'eau dans ces canaux.

Restait à déterminer la quantité d'eau qu'auraient à enlever les machines d'épuisement pour maintenir d'une manière constante et régulière le plan d'eau du dessèchement à cette cote de 1 mètre au-dessous du niveau de la mer.

On n'avait malheureusement aucune donnée précise à cet égard, car la présence au milieu des marais de très nombreuses sources artésiennes dites Laurons, dont le nombre est très variable d'un bassin à un autre, ne permettait aucun mode de détermination pratique par comparaison avec des travaux similaires. La présence de ces sources avait fait même craindre que le dessèchement de certaines parties des marais où elles sont plus nombreuses, fût impossible par simple abaissement du plan d'eau. L'expérience est venue heureusement démontrer que ces craintes étaient exagérées.

On dut, en conséquence, procéder par voie d'expériences successives.

Dans le premier bassin dit de Fos (570 hectares), on commença par installer provisoirement deux pompes centrifuges de $0^m,35$ de diamètre d'orifice, pouvant donner ensemble un débit de 700 à 750 litres à la seconde.

Après une série d'essais et d'expériences, on arriva à cette conclusion qu'il fallait s'installer pour obtenir des épuisements pouvant atteindre jusqu'à 4 litres par seconde et par hectare, pour les bassins de Fos et du Galéjon, soit 2,200 à 2,300 litres par seconde pour le bassin de Fos et 1,500 à 1,600 litres pour le bassin du Galéjon.

On installa donc pour le bassin de Fos (570 hectares), deux pompes Guynne de $0^m,762$ d'orifice pouvant débiter chacune de 1,000 à 1,200 litres à la seconde, dans les limites d'élévation indiquées plus haut, et au bassin du Galéjon (370 hectares) une pompe de $0^m,91$ d'orifice, d'un débit de 1,500 à 1,700 litres à la seconde, dans les mêmes conditions au point de vue de l'élévation des eaux. Ces pompes sont actionnées directement par des machines compound à cylindres conjugués.

Les dépenses totales des travaux du desséchement proprement dit, comprenant la création des canaux principaux ainsi que l'installation des machines d'épuisement, se sont élevées à 1,250 fr. par hectare pour le bassin de Fos, et à 1,350 fr. par hectare pour le bassin du Galéjon (dans ce dernier bassin, les fondations des machines ont été particulièrement difficiles, le sol résistant n'ayant été rencontré qu'à $5^m,60$ en dessous du niveau de la mer).

Ces mêmes dépenses rapportées à l'hectare seront sensiblement moins élevées pour les deux autres bassins dont la surface est bien plus considérable et le sous-sol plus résistant.

Quant aux dépenses annuelles pour le maintien du desséchement, elles se montent à environ 25 à 30 fr. par hectare. Ces dépenses iront d'ailleurs en diminuant au fur et à mesure de la mise en culture, par suite du tassement des terres et par le fait de la végétation qui absorbera, en été du moins, des masses d'eau considérables.

Pour terminer, il reste à parler de la mise en culture des terrains ainsi desséchés.

En tant que nature et composition chimique du sol, les marais de Fos comprennent trois zones absolument distinctes les unes des autres.

La partie haute de ces marais, dont l'altitude est supérieure à $+ 0^m,75$ au-dessus du niveau de la mer, bien qu'en partie soustraite aux inondations superficielles, est cependant encore très marécageuse. Elle se trouve constituée par un sol argilo-calcaire dont l'épaisseur varie de $0^m,50$ à 1 mètre. En dessous, se rencontre le même poudingue que sous le sol de toute la Crau. Cette zone de marais est appelée « La Coustière ».

La partie basse des marais est au contraire constituée par des terrains plus ou moins tourbeux, de consistance absolument molle, entremêlés de veines argilo-calcaires et supportant à peine le poids de l'homme. L'épaisseur de ces terrains va constamment en augmentant à mesure qu'on s'éloigne de « La Coustière », et elle varie de 1 mètre à 3 mètres. En certains points on descend même jusqu'à 5 et 6 mètres avant de rencontrer le sous-sol solide.

Cette deuxième zone constitue « Le Marais » proprement dit.

Enfin, le long du canal d'Arles à Bouc, entre l'étang dit du Landre et le Mas-Thibert, il existe une troisième zone de terrains plus ou moins bas, quelque peu salés et de composition absolument semblable à celles des terres de la Camargue.

La première zone ou « Coustière » occupe environ 1,000 hectares, c'est-à-dire le quart de la superficie totale des marais de Fos, et s'étend en bordure de la Crau tout le long des marais, qu'elle limite ainsi au nord. On a commencé à y créer des prairies arrosées et des vignes qui réussissent bien.

La deuxième zone ou « Marais » comprend 2,400 hectares, c'est-à-dire les 3/5 de l'ensemble des terrains à dessécher[1]. La Compagnie a fait venir des Hollandais qui doivent y créer des pâturages, comme dans les polders de leur pays natal.

Mais, pour que ces pâturages puissent bien réussir et payer les frais de leur création, il aurait fallu pouvoir faire venir en même temps les terrains des polders de la Hollande.

D'après une analyse dont les résultats sont donnés dans une note publiée par M. Dornès sur le colmatage de la Crau et le desséchement des marais de Fos, le sol tourbeux de ces marais contient :

Eau	80.000	
Matières organiques	16.400	dont 1.37 d'azote.
Sable siliceux et matières insolubles	2.400	soit 3.6 p. 100 de matières minérales.
Chaux	0.910	
Alumine et fer	0.260	
Acide phosphorique	0.011	
Potasse	0.003	
Soufre, etc.	0.016	
	100.000	

1. Dornès, *Note sur le desséchement des marais de Fos*. 1889.

A part l'azote, qui est assez abondant, mais qui se trouve sous une forme peu assimilable pour les plantes, cette terre ne contient presque rien de ce qu'il faut pour faire un champ ou une prairie productives.

Cependant, grâce aux scories de déphosphoration qu'elle a employées largement, la Compagnie de desséchement a pu créer des prairies qui donnent une coupe d'environ 2,500 kilogr. à l'hectare d'un foin de qualité médiocre. Ces prairies sont ensuite livrées aux troupeaux qui y paissent tout l'été, mais souvent elles souffrent d'un excès de sécheresse.

Dans quelques parties, on a établi des luzernières qui produisent en moyenne 7,000 à 8,000 kilogr. de fourrage à l'hectare. Mais ce fourrage est mêlé de plantes palustres, qui se développent dans les zones basses (*trous*), formées par le tassement irrégulier des tourbes.

DÉPARTEMENT DES LANDES. — *Marais d'Orx.* — Dans le département des Landes, les eaux qui coulent vers l'Océan sont en partie arrêtées par les dunes et forment derrière elles une longue série d'étangs. L'un d'eux, l'étang d'Orx, situé près de l'embouchure de l'Adour, entre Dax et Bayonne, fut concédé par Henri IV à l'Association pour le desséchement des marais et lacs de France, qui était dirigée par l'ingénieur hollandais Bradley; mais, dit M. le comte de Dienne, ce grand dessécheur de marais ne chercha pas à tirer parti de son domaine.

Les premiers travaux de dessiccation de l'étang d'Orx furent entrepris en 1701, sous la direction de l'ingénieur Delavoye; mais, n'ayant pas été continués, le seul résultat obtenu fut de les convertir en marais. — En 1843, un ingénieur courageux, M. Francfort, en obtint la concession et se mit aussitôt à l'œuvre; il approfondit de 3 mètres le canal de décharge et rectifia le cours de ce ruisseau d'écoulement, qui va se réunir à l'ancien lit de l'Adour, en amont de Cap-Breton. Il put ainsi abaisser considérablement le niveau des eaux dans l'étang d'Orx, et conquérir une grande étendue de terrain; mais il eut, dit-on, le malheur de dessécher trop complètement et de transformer en sables infertiles trois cents hectares de terres arables que les Cap-Bretonnais possédaient sur les rives du Bourdigau. — Il dut abandonner son œuvre après avoir péniblement lutté contre les difficultés matérielles de l'entreprise et le mauvais vouloir de ceux qui l'entouraient[1]. Le comte Walewsky étant devenu propriétaire des marais, les travaux de desséchement furent repris en 1860 sous la direction de M. Rérolle et menés à bonne fin en 1864. A Orx, écrit M. Boitel, la tourbe de récente formation est légère, spongieuse et composée de végétaux peu avancés en décomposition. Sur les parties les plus élevées du marais, l'amélioration la plus facile à réaliser consiste à brûler une épaisseur de $0^m,50$ à $0^m,80$ de tourbe, en plein été, quand le terrain est desséché à une certaine profondeur. On obtient ainsi une couche de cendre terreuse reposant sur une tourbe plus ancienne, plus compacte et mieux décomposée. Des navets et d'autres crucifères semés sur la cendre ont donné des produits abondants pour l'alimentation des bêtes à cornes pendant l'hiver.

Il y a, autour de ces marais, des coteaux marneux qu'on pourrait utiliser pour l'amélioration des tourbes, à la condition d'employer des moyens économiques pour l'extraction et le transport de ces marnes.

Dans les parties les plus voisines des cours d'eau, on a pu faire des colmatages et obtenir ainsi de bonnes récoltes de maïs[2].

Dans les parties basses, il y a des prairies marécageuses qui sont souvent inondées au printemps et qui produisent des foins de qualité médiocre, composés surtout d'agrostis et de plantes aquatiques que l'on enlève à la main au moment de la fenaison pour en faire de la litière. Les gens du pays appellent ces prairies basses des *bartes*.

Quelques propriétaires de marais tourbeux insalubres et improductifs ont adopté un mode de prairie qui fait partie d'un assolement composé exclusivement de plantes fourragères. La prairie succède aux plantes annuelles (maïs, fourrage, topinambours, vesces, trèfle incarnat) ; elle utilise l'excédent des fumures et est retournée au

---

1. Comte de Dienne, *Histoire du desséchement des lacs et marais en France avant 1789*.

2. Boitel, *Agriculture générale*.

bout de trois à quatre ans, dès que les herbes aquatiques tendent à prendre le dessus. M. Lartigue de Poustagnac possède à Saint-Paul-lès-Dax une exploitation de ce genre. Une vacherie et une porcherie très prospères utilisent les foins et les plantes annuelles des marais.

Plateau central. — Dans les contrées granitiques, comme le Morvan et le plateau, ou plutôt le massif central, il y a des sources nombreuses qui, tantôt se réunissent en ruisseaux, tantôt, ne trouvant pas de pente devant elles, forment des *flaches* plus ou moins tourbeuses.

« La haute Auvergne et le Plateau central, dit M. Bielawski, sont sillonnés d'une foule d'étroites vallées d'érosion. Leur fond plat présente une pente ondulée qui reste longtemps assez faible, jusqu'au moment où les vallées se transforment en gorges profondes par de brusques dénivellations qui les relient aux limagnes et aux vastes bassins inférieurs. Tout l'ensemble de la région porte l'empreinte des actions glaciaires et diluviennes, comme dans les Vosges. C'est le siège d'une infinité de centres tourbeux plus ou moins étendus, qui se remplissent peu à peu, se nivellent et tendent à se transformer en maigres pacages.

« Semés çà et là, des lacs avec émissaires remplissent les gouffres des vieux cratères, ainsi que le fond des grands cirques montagneux fermés par le barrage des vieilles moraines. Ces lacs sont aux prises avec les sphaignes, les mousses hydrophiles, les joncées et les autres plantes aquatiques qui les entourent d'un anneau tourbeux, les étreignent, les envahissent lentement et finiront par les combler comme tant d'autres. De ces lacs, de ces tourbières installées sur la boue glaciaire, sortent les nombreux cours d'eau qui vont arroser les vallées. Les tourbières sont des réservoirs naturels qui régularisent le débit de ces cours d'eau. Elles jouent, dans une certaine mesure, le rôle des grands bois[1]. »

Ainsi, près du village de la Godivelle, à 1,210 mètres d'altitude, dans le département du Puy-de-Dôme, on exploite les deux grandes tourbières des Cayasses et des Vacants et, un peu plus bas, se trouve

1. Bielawski, *les Tourbières et la Tourbe*. Clermont-Ferrand, 1892.

un lac qui se convertit aussi peu à peu en tourbière et dont les eaux forment la Rüe, confluent de la Dordogne.

Sur le plateau basaltique du Cézallier, *département du Cantal,* il y a un grand nombre de tourbières qui sont exploitées par les habitants des villages voisins : Landeyrat, Prades, etc...

Ces gisements ont une épaisseur qui varie de 1 à 6 mètres. Ils sont en général très peu chargés de matières terreuses; leurs parties inférieures, composées de tourbe très compacte, fournissent un excellent combustible et leurs parties hautes, spongieuses et légères après dessiccation, pourraient être utilisées comme litière. La tourbe superficielle du Landeyrat, convenablement pulvérisée, est capable d'absorber six fois son poids d'eau. Elle contient, à l'état sec, pour 100 :

Azote	0.800
Potasse	0.041
Chaux	0.197
Total des cendres	1.200

Les communes de Vendoire, Nanteuil et Auriac, situées dans la vallée de la Lizonne, *département de la Dordogne,* ont des tourbières analogues à celles du Cézallier. Leur partie supérieure est composée de tourbe légère qui pourrait aussi servir de litière. Elle absorbe 190 p. 100 d'eau et renferme :

Cendres	6.40
Peroxyde de fer	0.08
Carbonate de chaux	6.00
Potasse	traces.
Acide phosphorique	0.02
Silice et argile	0.30[1]

Dans le *département de la Vienne,* presque tous les fonds des vallées de la Charente, du Clain, etc..., sont plus ou moins tourbeux, aussi bien dans les zones jurassiques que dans les zones crétacées qu'elles traversent. La tourbe y atteint, d'après M. de Longuemar,

---

1. Rapport des ingénieurs des mines au ministère des travaux publics, 1893.

parfois une profondeur assez considérable, jusqu'à 3 à 4 mètres, et il est rare que ses lits ne soient pas séparés par des couches de limon interposées. Ce fait a été notamment constaté dans la vallée de la Charente, entre Civray et Charroux.

Les sources qui sourdent dans les prairies tourbeuses, et qui proviennent des berges calcaires du voisinage, entraînent avec elles des détritus de même nature, qui s'agglutinent peu à peu autour des racines et des tiges enfouies dans la tourbe fibreuse, et forment une série de gaînes qui se relient et se soudent entre elles parfois assez solidement pour fournir des matériaux de construction. C'est en quelque sorte une transition de la tourbe aux dépôts de travertin.

A Pas-du-Jeu, au point de contact nord-ouest des départements des Deux-Sèvres et de la Vienne, on extrait de la tourbe qui a rempli et comblé peu à peu l'ancien fond de la vallée de la Dive. Cette tourbe est aujourd'hui couverte de prairies avec d'innombrables peupliers. La terre de la surface est noire, très fine, sans pierres. On extrait la tourbe au moyen de *louchets* qui permettent de la couper sous l'eau en parallélipipèdes dont on fait des briquettes. Ces briquettes sont séchées à l'air, puis broyées par un instrument spécial, qui en fait une excellente tourbe-litière. Si elle est bien entretenue, 4 à 6 hectolitres, pesant 50 kilogr., peuvent rester propres de 1 à 2 mois sous un cheval de taille ordinaire.

DÉPARTEMENT DU CHER. — Les terrains tourbeux occupent dans quelques vallées du Cher une étendue assez considérable. Dans les environs de Bourges, on en tire un parti avantageux par la culture maraîchère. Mais ailleurs, sauf de rares exceptions, ils sont en prés, et ils ne donnent qu'un maigre pâturage ou un fourrage de médiocre qualité.

La colonie agricole du Val-d'Yèvre cultive 277 hectares, dont 147 appartiennent à l'étage oolithique moyen et sont argilo-calcaires. Les autres se composent, en proportions à peu près égales, d'alluvions modernes et de terres tourbeuses. M. Ravel, régisseur des cultures, a fait dans ces dernières des améliorations et des expériences fort intéressantes ; nous allons en rendre compte d'après une communication que M. Ravel a lue à la Société d'agriculture du Cher.

La terre tourbeuse est spongieuse, élastique, d'une grande légèreté et, par suite, très facile à travailler à bras en tous temps. Son épaisseur varie de $0^m,60$ à 3 mètres. Elle repose sur une couche d'alluvions anciennes, qui se présente sous forme d'un gros gravier calcaire.

Des rigoles à ciel ouvert ont permis d'abaisser le plan d'eau à $0^m,60$ au minimum, au-dessous du niveau du sol; mais les matières organiques retiennent fortement l'humidité, et, bien que le sol soit perméable, l'écoulement des eaux ne s'y opère que très lentement. Aussi, les attelages ne peuvent jamais y avoir accès.

Ces terres présentent, toutefois, le grand avantage de contenir toujours une dose d'humidité suffisante, même pendant les plus grandes sécheresses, et ne souffrent sensiblement de l'excès d'eau que pendant les étés très pluvieux. La végétation n'y subit aucun arrêt, d'avril à fin octobre, et prend une grande activité au moment des fortes chaleurs de l'été.

La composition chimique des diverses terres du domaine, que nous connaissons d'après les analyses de M. Péneau, directeur de la Station agronomique du Cher, a été un guide précieux dans les améliorations qu'on s'est efforcé d'apporter aux cultures. Voici celle qui concerne les parties les plus tourbeuses : azote total, 13.500 p. 1,000; acide phosphorique, traces; potasse, 0.400; chaux, 4.700. On voit que la proportion d'azote y est énorme, tandis que tous les autres éléments s'y trouvent en très faibles quantités.

Pendant longtemps, outre les amendements calcaires, le fumier de ferme a été employé seul à la fumure de ces terres. Les récoltes y atteignaient des rendements assez satisfaisants; mais l'impossibilité d'y faire pénétrer des attelages obligeait à transporter les amendements calcaires et les fumiers à la hotte, sur des parcelles de grande étendue, et nécessitait une main-d'œuvre considérable. Ce qui est possible dans une colonie agricole, où l'on dispose d'un grand nombre de bras, deviendrait trop onéreux dans une exploitation ordinaire. A côté de cet inconvénient, le fumier augmentait la richesse de ces sols en matières organiques qui y est déjà très élevée; et l'azote qu'il contenait était sans utilité.

Dans les conditions d'exploitation où se trouvait la colonie, il paraissait plus rationnel de réserver le fumier et d'utiliser l'azote des terrains tourbeux pour la fumure des terres calcaires.

Afin de déterminer les meilleures formules de fumure propre aux terrains tourbeux, des expériences ont été commencées en 1889 et continuées les années suivantes. Elles ont porté sur les betteraves, les pommes de terre, le maïs et les prairies naturelles.

Les engrais essayés ont été : les phosphates naturels, les scories de déphosphoration, les superphosphates, le plâtre et le chlorure de potassium. Les essais d'engrais phosphatés ont porté à la fois, sur la nature de l'engrais le plus efficace et sur la dose à employer.

Voici le résumé des résultats obtenus :

L'emploi isolé de chacun de ces engrais n'a donné que de faibles augmentations de rendement dans les cultures sarclées, et a été à peu près sans effet sur les prairies naturelles.

L'association des engrais phosphatés et potassiques a toujours augmenté le rendement dans une forte proportion.

L'action du plâtre, employé seul ou mélangé aux engrais phosphatés et potassiques, a toujours été nulle.

Parmi les engrais phosphatés, les scories de déphosphoration ont toujours donné des résultats supérieurs aux phosphates naturels et aux superphosphates.

Les doses de 1,000, 2,000 et 3,000 kilogr. de scories, employées pour un, deux ou trois ans, n'ont pas produit des rendements plus élevés que la dose de 500 kilogr. renouvelée tous les ans.

La formule qui a produit, dans tous les cas, les meilleurs résultats, est la suivante : 500 kilogr. de scories et 200 kilogr. de chlorure de potassium, par hectare et par an.

L'assolement adopté comprend quatre soles portant chacune les cultures indiquées ci-après.

TABLEAU.

	Cultures principales.	HECTARES.	*Cultures dérobées.*
1re sole.	Betterave . . .	6 »	
	Carotte	0 50	
	Pomme de terre.	3 50	1 hectare chou-rave, navet ou moutarde.
2e —	Avoine	10 »	2 hectares seigle vert. 5 hectares peuvent être semés en navets hâtifs ou moutarde.
3e —	Vesce verte . .	6 »	6 hectares choux fourragers.
	Maïs-fourrage .	4 »	2 hectares colza d'hiver.
4e —	Haricot	10 »	

La betterave est cultivée en lignes espacées de $0^m,60$, avec un écartement de $0^m,30$ entre les plants. En maintenant ces plantes un peu rapprochées, on obtient une proportion beaucoup moindre de racines creuses, et, à partir du milieu de juillet, le feuillage recouvrant toute la surface, s'oppose au développement des mauvaises herbes.

Les variétés qui réussissent le mieux sont : la géante de Vauriac, l'ovoïde des Barres et la globe jaune.

Le rendement moyen, par hectare, des années 1891 à 1896 a été de 54,800 kilogr. Pendant le même temps, il était de 20,700 kilogr. dans les terres calcaires.

La pomme de terre est cultivée en lignes écartées de $0^m,70$, avec un espacement de $0^m,50$ entre les plants. Le développement du feuillage est toujours très abondant et nécessite un écartement des lignes plus grand que celui qui est généralement adopté. Nous cultivons surtout des variétés hâtives et notamment l'*early* rose qui, plantée dans le courant de mars, peut commencer à être récoltée dès les premiers jours de juillet.

Le rendement dépasse souvent 20,000 kilogr. à l'hectare. Malheureusement, les tubercules, qui se conservent assez bien en terre jusqu'à la fin de novembre, s'altèrent assez rapidement en magasin.

Le maïs géant Caragua, cultivé pour fourrage vert, est la plante de prédilection des terres humifères. Très exigeant au point de vue des matières azotées et de la fraîcheur du sol, il trouve là toutes les conditions nécessaires à son développement, si on fournit au sol l'acide phosphorique et la potasse qui leur manquent. Il est semé en lignes espacées de $0^{m},60$ et fortement butté pour lui permettre de résister à la violence des vents.

On commence la récolte vers le 15 juillet, au moment où il n'a pas encore atteint la moitié de son développement ; et, dans ces conditions, le chiffre du rendement obtenu à l'hectare ne représente pas la réalité. Mais s'il était récolté en septembre, en vue de l'ensilage, sa production par hectare atteindrait fréquemment 80,000 kilogr.

Les prairies naturelles ont fait l'objet d'une étude spéciale, au double point de vue des meilleures formules d'engrais et de leur composition botanique. Ensemencées avec un mélange de graminées et de trèfles, et non fumées, ou ne recevant que des phosphates, elles ne tardaient pas à se couvrir d'une végétation spontanée dans laquelle ne subsistaient que quelques touffes de dactyle et de fléole, la plus grande place étant occupée par le mouron, les menthes, la prêle, les jones, la consoude officinale, l'eupatoire chanvrine, l'inule dysentérique et autres composées ; c'est-à-dire un mélange absolument impropre à former un fourrage de qualité passable.

Sur une des parties les plus mauvaises de ces prairies, les phosphates, scories, plâtre et chlorure de potassium, employés seuls ou mélangés entre eux à des doses diverses, avaient formé deux séries de parcelles d'expérience, dans lesquelles les mêmes formules d'engrais avaient été reproduites. La première série n'a reçu aucune semence fourragère. Sur la seconde, on a semé, après hersage, un mélange des meilleures graminées, du trèfle ordinaire et du trèfle hybride.

Dans la série de parcelles qui n'avait pas reçu de semence fourragère, les diverses formules d'engrais n'ont donné aucun résultat appréciable. Les engrais ont été sans influence sur la végétation spontanée et ne l'ont pas modifiée.

Les mélanges de scories et de chlorure de potassium ont produit au contraire des effets très sensibles dans les parcelles qui avaient reçu des semences fourragères, et les augmentations de rendement, sur les parcelles témoins, sont dues entièrement aux trèfles et graminées qui avaient été ensemencés sur la vieille prairie.

Le trèfle ordinaire et le trèfle hybride ne sont venus que dans les parcelles qui avaient reçu du chlorure de potassium. Partout où manquait l'engrais potassique, on ne trouvait pas un seul pied de trèfle, bien qu'on eût employé la même semence partout.

Ainsi, ces premières expériences, dont les résultats se sont manifestés dès la première année, nous ont donné deux indications utiles : 1° les meilleures formules d'engrais ne donnent aucun résultat dans les prairies mal composées, où manquent les bonnes graminées et légumineuses ; 2° l'étude des meilleures formules d'engrais doit être complétée par celle des plantes fourragères les plus propres au terrain.

C'est dans ce but que M. Ravel a cultivé séparément, sur une parcelle tourbeuse, fumée aux scories et au chlorure de potassium, les huit graminées suivantes : paturin commun, vulpin des prés, fléole des prés, ray-grass vivace, fromental, avoine jaunâtre, dactyle et fétuque des prés. Parmi ces plantes, le fromental, le dactyle et la fléole sont les seules qui aient eu une végétation vigoureuse ; les autres sont restées chétives. Aussi a-t-il adopté la formule suivante pour l'ensemencement d'un hectare de prairie : fromental, 15 kilogr. ; dactyle, 15 kilogr. ; fléole, 10 kilogr. ; trèfle ordinaire, 8 kilogr. ; trèfle hybride, 4 kilogr.

Une prairie de quatre hectares, ensemencée d'après cette formule au printemps de 1892, et fumée à raison de 500 kilogr. de scories et 200 kilogr. de chlorure de potassium, lui a donné en 1893, en trois coupes, un rendement par hectare de 9,766 kilogr. de foin de bonne qualité. Ajoutons que cette prairie est entourée de très hauts peupliers, qui ont nui au rendement, par leurs racines et leur ombrage. En 1894, la récolte a été de 7,238 kilogr. ; en 1895, de 8,865 kilogr., et en 1896, de 5,300 kilogr.

En prenant la moyenne du rendement des quatre années 1893 à 1896 et en la comparant à celle qui était obtenue jusqu'en 1892, on trouve une augmentation de 5,949 kilogr. valant, à 5 fr. les 100 kilogr., 297 fr. 45 c. pour une dépense d'engrais de 67 fr. 75 c., soit un bénéfice de 229 fr. 70 c. par hectare.

Pour apprécier plus exactement ce bénéfice, il faudrait tenir compte du dosage en éléments nutritifs du fourrage qu'on récolte maintenant et de celui qui était récolté avant l'emploi de la fumure. En l'absence d'analyse chimique, on constate que la croissance et l'engraissement des animaux sont actuellement plus rapides, avec le même poids de fourrage.

Les anciennes prairies créées avant l'emploi des scories et du chlorure de potassium et ensemencées avec des espèces choisies un peu au hasard, sont moins bien composées et contiennent une proportion variable de mauvaises plantes, qui rendent le fourrage moins abondant et de moins bonne qualité. Les engrais phosphatés et potassiques ont favorisé le développement des bonnes espèces, sans toutefois détruire les mauvaises, et leur production est aujourd'hui très satisfaisante.

Voici d'ailleurs les rendements, par hectare, obtenus dans l'ensemble des prairies depuis la généralisation de la fumure. En 1893 : 5,960 kilogr.; 1894 : 5,569 kilogr.; 1895 : 6,757 kilogr.; 1896 : 4,617 kilogr.

La méthode d'amélioration des prairies que M. Ravel a suivie, et qui consiste à étudier les meilleures formules d'engrais et les plantes fourragères qui conviennent le mieux au terrain, en cultivant séparément les bonnes espèces de graminées et de légumineuses, paraît de nature à donner de bons résultats dans toutes les terres où l'on se propose de créer des prairies naturelles. Elle évitera des dépenses de graines de semence, souvent inutiles, et les indications à attendre de ces expériences n'exigeront pas plus de deux ans.

La parcelle sur laquelle avait été obtenu un rendement de 9,766 kilogr. de foin par hectare, avait été amendée ou chaulée. Il est certain que des terres aussi riches en matières organiques atteindront plus facilement leur maximum de production par l'emploi des amendements calcaires. Toutefois, dit M. Ravel, nous avons observé que dans des parcelles très tourbeuses, qui n'ont jamais été amendées ou chaulées, mais qui reçoivent annuellement, depuis quatre ans, des scories et du chlorure de potassium, les rendements des plantes sarclées et des prairies naturelles ne sont pas sensiblement inférieurs à ceux des parcelles amendées ou chaulées. La chaux vive, contenue dans les scories, paraît exercer une action suffisante pour la formation des nitrates et l'assimilation des autres éléments fertilisants.

Il ne faut pas en conclure qu'on peut, dans tous les cas, se dispenser des amendements, des chaulages et des terrages; ils doivent être employés toutes les fois que ces travaux ne sont pas trop coûteux. Mais, sachant par expérience que la main-d'œuvre qu'ils exigent dans des sols inaccessibles aux attelages, sera très souvent un obstacle à leur emploi, nous affirmons qu'on peut obtenir des rendements très satisfaisants par le seul usage des scories et des engrais potassiques, dont l'épandage ne demande que deux journées de semeur par hectare et par an.

La fumure aux scories et chlorure de potassium, que nous employons annuellement, importe dans le sol : 75 kilogr. d'acide phosphorique, 225 kilogr. de chaux vive et 100 kilogr. de potasse. La proportion d'acide phosphorique et de chaux répond aux exigences des rendements les plus élevés, mais la potasse exportée par les récoltes obtenues est de beaucoup supérieure à la quantité importée, si l'on prend pour base de calcul les tables de Wolff. L'excédent a été pris sur les réserves du sol. Or, ces réserves ne sont pas inépuisables ; et il est probable que, pour maintenir et accroître les rendements obtenus pendant ces dernières années, nous serons obligé de doubler la dose d'engrais potassique.

Enfin, dans la partie cultivée en plantes sarclées, nous employons tous les quatre ans une petite fumure de 10,000 kilogr. de fumier par hectare.

En supposant qu'on soit obligé d'employer à l'avenir les quantités suivantes : 500 kilogr. de scories, 400 kilogr. de chlorure de potassium et 2,500 kilogr. de fumier, le prix de cette fumure reviendrait à environ 140 fr. par hectare. On conviendra qu'il n'a rien d'exagéré, pour un produit brut qui est en moyenne de 832 fr., en appliquant aux récoltes les prix d'une année ordinaire et en n'y comprenant pas les cultures dérobées.

Bretagne. — En Bretagne, dit M. Hitier dans un excellent travail sur l'utilisation des tourbes françaises en agriculture, on trouve des dépôts tourbeux dans tous les fonds de ravins peu profonds; la tourbe y est généralement de mauvaise qualité au point de vue du chauffage, les végétaux dont elle se compose n'étant point à l'état de décomposition qui constitue la tourbe proprement dite.

A côté de ces petits dépôts tourbeux peu importants qui se rencontrent, pour ainsi dire, à chaque pas lorsque l'on parcourt la Bretagne, il existe des dépôts beaucoup plus importants tels que celui compris entre les monts d'Arrée et le chaînon qui se détache du mont Saint-Michel pour courir dans la direction du sud-est vers le bourg de Loqueffret. Là, en effet, dominé par les sommets les plus élevés des monts d'Arrée (chapelle Saint-Michel, 400 mètres), s'étend sur un fond de granit le vaste marais de Berrien ou Saint-Michel, où l'Élez prend sa source. Ce dépôt tourbeux n'avait donné lieu, jusqu'à présent, qu'à des exploitations de peu d'importance, mais aujourd'hui se monte sur cette tourbière une usine pour la fabrication de la tourbe-litière, comme en Hollande. La nature de la tourbe de l'étang de Berrien le permet effectivement. Ce marais, toutefois, appartenant à un assez grand nombre de propriétaires, il est nécessaire que ceux-ci s'associent tout d'abord pour faire en commun quelques travaux de desséchement.

Les procédés d'extraction de la tourbe suivis à Berrien sont les mêmes que dans la Somme. A l'aide du louchet, on enlève la tourbe qui est divisée en briquettes ayant les dimensions suivantes : 0m,28 de long, 0m,10 de large, 0m,06 de haut. Ces briquettes, mises en petits tas, puis en meules, sont transportées à l'aide de wagonnets Decauville jusqu'à l'usine. La tourbe se vend 4 fr. la charrette de 2 mètres cubes ; le mètre cube pèse 340 kilogr. environ.

M. Hitier a fait l'analyse de deux échantillons de tourbes du marais Saint-Michel : une tourbe mousseuse de la surface, une tourbe un peu plus compacte du fond de la tourbière, et enfin une tourbe à éléments plus grossiers, chargée d'une assez forte proportion de sable et d'argile, telle qu'on en rencontre dans les prés qu'arrosent les petits cours d'eau et les ruisseaux qui descendent des monts d'Arrée. La tourbe désignée sous le nom de tourbe d'Huelgoat provient d'un de ces prés, situés entre la Feuillée et Huelgoat[1].

1. Hitier, *Annales de l'Institut national agronomique*. 1887.

Tourbes de Bretagne.

	SAINT-MICHEL.		
	Mousseuse.	Dure.	Huelgoat.
Cendres	4.7	11.0	38.0
Azote	1.87	1.32	1.54
Acide phosphorique	0.145	0.020	0.065
Potasse	0.05	0.015	0.015
Carbonate de chaux	traces	»	»

Dans le département de la Loire-Inférieure, les marais tourbeux de la Grande-Brière s'étendent, sur une longueur de 20 kilomètres et une largeur de 15, depuis Herbignac jusqu'à la Loire et sont séparés des dunes et des marais salants de la côte par une succession de collines de 15 à 20 mètres d'élévation.

Pendant l'hiver, cette vaste plaine est couverte d'eau et ressemble de loin à une mer, d'où émergent çà et là quelques îlots ou monticules de pegmatite. Les habitants profitent de cette saison pour élever des canards à demi sauvages.

Dès que les grandes chaleurs sont arrivées, on dessèche la tourbière à l'aide des nombreux canaux dont on ouvre les écluses; les eaux se déversent dans la mer. Dans le courant du mois d'août, pendant une période de huit jours, il est permis à tous les habitants de venir extraire la tourbe. Alors cette contrée, ordinairement triste et déserte, devient animée; plusieurs milliers de personnes se répandent sur cette vaste plaine. On extrait tous les ans quatre à cinq millions de tonnes de tourbe.

L'emplacement de la Grande-Brière (Bruyère?) était occupé jadis par une vaste forêt. Elle fut détruite, à une époque indéterminée, par le fait de l'irruption de la mer, qui s'est ouvert un chemin entre Saint-Nazaire et Montoir. Il est facile de s'en convaincre en étudiant la position des nombreux troncs d'arbres renfermés dans la masse de la tourbe. Ils sont tous orientés: leur racine est au sud-ouest et leur tige se dirige vers le nord-est. Ce sont presque tous des chênes et des bouleaux, atteignant jusqu'à 10 mètres de long; ils sont encore couchés sur un lit de feuilles carbonisées. Les riverains en extraient chaque année de grandes quantités et les utilisent soit comme bois de chauffage, soit comme bois de charpente. Ce bois, complètement noir, est très mou lorsqu'il sort de la tourbe; il se travaille facilement, et en se séchant acquiert une grande dureté. On trouve encore dans la tourbe des instruments en bronze; leur fini et leur régularité indiquent la dernière et la plus belle période de l'âge du bronze[1].

DÉPARTEMENT DE LA SOMME. — Dans la vallée de la Somme, dit M. de Lapparent, et dans celles de ses affluents, la Noye, la Selle et l'Avre, toutes les conditions qui peuvent favoriser la formation de la tourbe se trouvent réunies, telles que Belgrand les a définies autrefois : température modérée et eaux limpides qui coulent lentement. « En effet, dit M. de Lapparent, la pente est très faible dans la vallée de la Somme et le cours d'eau est l'un des plus constants dans son régime qu'on puisse rencontrer, car le débit des crues n'est que de quatre fois celui d'étiage. Depuis sa source jusqu'à son embouchure, ce petit fleuve n'est alimenté que par des sources, c'est-à-dire par l'épanchement naturel d'une même nappe d'infiltration, contenue dans le terrain de craie blanche. De cette manière, tout le long de la vallée, au pied des versants crayeux qui l'enserrent, s'échappent une multitude de suintements limpides qui vont grossir le cours d'eau principal.

« Si la vallée était étroite, le produit de ces suintements arriverait de suite dans le lit de la rivière; mais, avant d'y parvenir, il lui faut parcourir un très long espace, la vallée de la Somme ayant, par endroits, plus de 1 kilomètre de largeur. En outre, le fond de cette vallée est, comme dans tous les terrains perméables, plutôt convexe que plat, et le cours d'eau principal a une tendance marquée à occuper le point le plus haut du thalweg. Par suite, les suintements latéraux ne peuvent s'écouler qu'en prenant une direction presque parallèle à celle de la rivière. Pour toutes ces raisons, le large fond de la vallée se trouve parcouru par une foule de filets d'eau limpide et sans vitesse.

1. Jules Girard, *Revue de géographie*. 1884.

« Aussi la vallée de la Somme et celles de ses affluents sont-elles garnies de tourbe sur une épaisseur qui atteint parfois 8 mètres, représentant tout ce qui s'est formé depuis que la Somme a cessé d'être la rivière torrentielle qui roulait les cailloux de Saint-Acheul. »

En 1887 on a extrait, dans le département de la Somme, 68,260 tonnes de tourbe qui, au prix moyen de 9 fr. 60 c. la tonne, représentent une valeur de 659,440 fr. Les végétaux qui lui donnent naissance ne sont pas des sphaignes, comme dans les terrains peu calcaires du massif central de la France ; ce sont surtout des mousses du genre *Hypnum* et des cypéracées du genre *Carex*.

D'après M. H. Hitier, on trouve en Picardie 3 sortes de tourbes : une tourbe compacte et feuilletée, qui provient des débris d'arbres et de gros végétaux ; puis une tourbe mousseuse, résultant de la décomposition des prêles, des joncs et des mousses qui ont poussé sur la tourbe compacte. Enfin, à certaines époques, il s'est produit dans les tourbières des inondations qui charriaient de grandes quantités de terre et qui sont venues se jeter au milieu d'une formation de tourbe. Cette formation à l'état mousseux, spongieux, laissait filtrer l'eau et retenait dans ses pores les matières minérales. Il en est résulté une troisième espèce de tourbe, très riche en substances minérales, brûlant mal et appelée tourbe à cendres. On peut donc distinguer trois sortes de tourbes : la *tourbe noire du fond,* la *tourbe mousseuse* et la *tourbe à cendres*.

Les tourbières dans la Somme appartiennent en général aux communes ; ce sont de mauvais prés où vont paître les bestiaux des cultivateurs. Quand on a reconnu l'existence, à une faible profondeur, de tourbe noire bonne comme combustible, on en entreprend l'exploitation.

L'extraction se fait à l'aide d'une bèche spéciale, dite *louchet,* dont le fer a 1 mètre de long et 10 centimètres carrés de section. L'ouvrier enfonce le louchet verticalement et retire une sorte de boue noirâtre qui est coupée en briquettes et exposée à l'air pour être séchée. Ces briquettes sont d'abord mises en tas au nombre de 21, puis de 63. Enfin, au bout de deux mois environ, on les met en meules de 3 stères. La tourbe est alors prête pour la vente. L'extraction se fait d'avril à la fin de juillet.

Les tourbes ainsi séchées à l'air renferment encore une assez forte quantité d'eau ; les bonnes tourbes à brûler en contiennent de 20 à 29 p. 100 de leur poids. Les tourbes à cendres 14 à 15 p. 100.

Le poids moyen du mètre cube de ces tourbes est de 360 kilogr. en moyenne (280 à 460 kilogr.).

Analyses de tourbes, par M. Hitier.

	HUMIDITÉ.	CENDRES.	RÉSIDU insoluble.	AZOTE.	POTASSE.	ACIDE phosphorique.	CARBONATE de chaux.
	p. 100.	p. 100.	p. 100.	p. 100.	p. 100.	p. 100.	p. 100.
Tourbe mousseuse de Corbie	15,50	7.10	1.05	1.17	0,025	0.105	5,0
— dure de Corbie	16.70	8.40	0.65	2.15	0 012	0.01	7.0
— dure de Longueau	18.05	12.0	4.10	2.65	0.076	»	6.75
— mousseuse de Longueau	20.90	8.0	0.68	2.01	0.05	0.14	3.9
— dure de Long	17.60	9.50	0.50	1.15	0.03	traces	6.90
— mousseuse de Long	15.30	6.00	0.98	1.50	0.01	»	4.90
— dure de Picquigny	17.30	17.30	6.70	2.28	0.05	0.01	10.50
— de Fossemanant	16.50	17.30	6.10	2.29	»	0.02	9.75
— de Moreuil	14.90	6.70	0.97	1.96	0.01	»	5.75
— de Thézy	14.00	20.00	12.70	2.20	0.04	traces	4.00
— de Fonécamp	22.05	8.14	2.20	2.38	0.01	»	5.90
— de Violaines	15.50	5.3	0.25	1.48	»	»	»
— dure d'Ailly-sur-Noye	15.7	10.0	0.90	1.93	0.05	traces	3.02
— grise d'Ailly-sur-Noye	5.9	71.0	0.05	0.66	0.03	0.03	67.4
— grise du Catelet	9.80	49.05	»	0.58	0.02	»	46.49
Tourbes du Jura.							
Tourbe du Bief-du-Four (fibreuse)	14.50	3.1	»	0.68	0.01	traces	1.00
— couche moyenne	16.00	10.5	»	1.61	0,008	»	2.00
— du fond	11.70	50.0	»	1.11	0.01	0,03	2.50
Tourbes de la Sarthe.							
Tourbe de Pontvallain, fibreuse	»	18.70	»	2,01	0.006	0.031	7.20
— de Pontvallain, à cendres	»	31.20	»	2.26	0.001	0.015	4.80
— de Pontvallain, dure	»	28.20	»	1.92	0.006	0.017	4.20
Tourbes de Bretagne.							
Tourbe de Saint-Michel, mousseuse	»	4.70	»	1.87	0.01	0,127	traces
— de Saint-Michel, dure	»	11.0	»	1.92	0.05	0.017	»
— de Huelgoat	»	38,65	»	1.54	0.01	0.052	»
Tourbes de Hollande.							
Tourbe litière	»	1.0	»	0.41	0.039	0.021	0.25
— poussière	»	4.50	»	0.59	0.03	0.035	0.40

Malheureusement, dit M. Hitier, les prés tourbeux de la Somme ont été presque toujours fort mal exploités. Sans s'occuper d'assurer aux eaux un écoulement vers la rivière, chacun est venu extraire un coin de tourbe là où l'exploitation semblait la plus avantageuse. Aussi peut-on comparer, aujourd'hui, une de ces tourbières à un échiquier, les cases noires étant représentées par les carrés où la tourbe n'a pas encore été extraite et les cases blanches par des mares remplies d'eau. On comprend qu'ainsi entourées d'eau, les tourbes qui restent sont presque impossibles à extraire, à faire sécher et à transporter. Les habitants des communes de la Somme auraient dû s'associer, se syndiquer, pour exécuter, d'après un plan d'ensemble, comme le font les Hollandais, les travaux nécessaires pour l'écoulement des eaux et le transport des tourbes. La commune de Long est la seule jusqu'à présent qui ait bien compris les avantages de ces travaux d'ensemble.

Quand les eaux seront écoulées, beaucoup de ces prés tourbeux et improductifs pourront être facilement transformés en bons pâturages ; pour cela, il suffit d'y amener les craies phosphatées que l'on trouve dans les coteaux du voisinage.

Enfin, dans le voisinage des centres de population ou encore à proximité des chemins de fer, la culture maraîchère peut s'emparer des terrains tourbeux et en faire des *hortillonnages,* comme ceux d'Amiens que nous allons décrire d'après M. Rattel.

En jetant les yeux sur un plan d'hortillonnage, dit-il, on est en présence d'un véritable échiquier dont les divisions sont séparées par des fossés.

On arrive à ces divisions par des canaux publics, qu'on appelle des *rieux.* Ces rieux communiquent entre eux et peuvent donner passage aux barques qui s'y croisent. Ils aboutissent à la Somme, grande artère, qui déverse les produits maraîchers dans la cité laborieuse.

La superficie des petites îles déterminées par les rieux est très variable. On en rencontre qui n'ont que quatre ou cinq ares de terre, d'autres quinze et jusqu'à quarante et même plus. Toutes ces parcelles de terre, appelées *aires,* sont entourées de fossés ayant de 2 à 4 mètres de largeur.

Géologie agricole. IV. Berger-Levrault et Cie, Éditeurs.

TOURBIÈRES DE LA VALLÉE DE LA SOMME.

D'après une photographie de M. You.

Les eaux de ces fossés et de ces rieux sont limpides, d'un vert sombre ; leur lit n'est pas encaissé ; leur cours droit et paisible sillonne, en se reliant, toute cette vallée tourbeuse, recouverte d'un terrain noir, qui, mélangé avec le sous-sol, est d'une fertilité sans pareille.

Avant la Révolution française, les aires valaient à peine en moyenne 1,400 fr. l'hectare. A partir de cette époque, les prix ont graduellement atteint une moyenne de 10,000 fr. l'hectare. C'est encore le chiffre actuel.

Les terrains un peu secs sont loués, en moyenne, 150 fr. les 42 ares et demi. Si l'on pense que le 1/5 est en eau et les 4/5 seulement en terre cultivable, on se demande comment le maraîcher trouve de quoi vivre dans de si petites parcelles.

Un hortillon, cultivant un hectare de terre, ne dépense pas moins de 1,000 fr. par an de fumier, soit 400 fr. le journal. La location étant de 150 fr. environ, les frais divers de 50 fr., la dépense totale serait de 600 fr. par journal. Si les recettes, pour les légumes, ont été de 900 fr., le bénéfice net est de 300 fr. par 42 ares 46 centiares, soit par hectare 750 fr.

A côté d'un espace plus ou moins grand en culture potagère se trouvent, dans quelques endroits, des plantations d'arbres fruitiers, des cerisiers, des pruniers, des poiriers, des pommiers généralement à haute tige. Tous les intervalles sont garnis de groseilliers qui réussissent parfaitement dans les aires.

Pendant l'hiver, lorsque les légumes ne donnent plus de travail, on s'occupe des aires. On les recharge avec les vases des rigoles et celles de la Somme. On préfère les boues des canaux à celles du fleuve, à cause des débris de légumes qui y ont été jetés tous les jours, soit en les récoltant, soit en les portant au marché.

Avant les gelées, tous les terrains sont retournés au fur et à mesure que la récolte est enlevée. C'est le moment le plus dur pour l'hortillon, c'est celui où il se sert de la drague pour retirer la vase destinée à réparer les rives qui se trouvent dégradées. C'est aussi le moment des défoncements et du relèvement des terres, celui où l'on s'occupe du fumier que l'on donne à chaque carré.

L'entretien des rives, voilà la plaie de l'hortillon ; ces rives se dégradent continuellement : c'est la gelée qui les effrite, ce sont les eaux qui les lavent sous l'effort des vents ; ce sont les rats qui les minent, qui y creusent des galeries, qui infestent les bords des rivières et dont on n'a d'autre moyen de se défaire que le fusil.

Les travaux préparatoires terminés, on établit l'assolement triennal de la manière suivante :

La 1re année, après un labour et une bonne fumure, on sème pêle-mêle à la volée, mi-février : 1° des radis ; 2° des salades ; 3° des carottes ; 4° des oignons ; 5° des poireaux. Les radis se récoltent en mai, les salades en mai et juin, les carottes en juin et juillet, les oignons en août et les poireaux à la fin d'août.

Aussitôt la terre découverte, à la fin d'août, on donne un labour et une fumure, puis on repique et on plante : 1° des choux ; 2° des salades par routes ou rangées. Les salades se cueillent à la fin de septembre et les choux en décembre, janvier et février.

La 2e année, on donne un labour et une fumure, on redresse les rigoles, les canaux, on rabat les berges ou talus des aires.

On sème des pois par routes, à 2 mètres de distance, et entre les routes de pois, on plante trois rangées de pommes de terre à 0m,50 les unes des autres. Les pois se cueillent à la fin de juin ; à leur place, on plante les choux. Les pommes de terre se récoltent en août et septembre ; aussitôt on repique des laitues ou chicorées qu'on cueille en septembre et octobre. Enfin, on récolte les choux en décembre et janvier.

La 3e année, on recommence comme la précédente par un labour, avec fumure, puis on sème pêle-mêle des radis et des salades. En mars, en avril, suivant le temps et la saison, on plante des œilletons d'artichaut. Les radis s'arrachent en avril ou mai, et les salades en mai ou juin. Les artichauts se cueillent en août et septembre, et aussitôt qu'ils ont fini de donner, on repique à leur place des chicorées que l'on recueille en janvier et février.

Tel est le mode de culture suivi dans les hortillonnages de la vallée de la Somme. Il est, je crois, difficile ou plutôt impossible d'obtenir un plus grand nombre de récoltes sur un même terrain dans une période de trois ans.

Dans le *département de l'Oise,* il y a deux marais tourbeux importants : celui de Sacy-le-Grand, entre Liancourt et la forêt de Compiègne, dont la superficie est de 1,050 hectares, et celui de Bresle, dans la vallée du Thérain.

Le *département de l'Aisne* renferme deux gisements de tourbe assez importants situés, l'un près de Saint-Quentin et l'autre aux environs de Laon. Ce dernier se divise lui-même en deux groupes dans les vallées de la Souche et de l'Ardon. La puissance des couches exploitées varie de 1^m^,25 à 2 mètres.

Des expériences et analyses ont été faites sur des échantillons pris dans la moyenne épaisseur des bancs ; elles ont donné les résultats suivants pour chacun des gisements susmentionnés :

		Saint-Quentin.	La Souche.	L'Ardon.
Pouvoir absorbant p. 100. . . .		217	285	252
Cendres.		34	25	73
Contenance p. 100 parties en	Azote	0.61	0.61	0.89
	Potasse	0.52	0.67	0.33
	Acide phosphorique	0.10	0.12	0.10
	Chaux	2.10	2.27	1.40

Les tourbes de l'Aisne sembleraient donc pouvoir être employées comme litière. La production actuelle s'élève à 11,000 ou 12,000 tonnes par an.

Les communes sur lesquelles s'étendent les gisements sont celles de : Annois, Cugny, Ollezy, Artemps, Dury, Happencourt, Saint-Simon, Machecourt, Messy-lès-Pierrepont, Pierrepont, Marchais, Liesse, Vesles-et-Caumont, Nouvion.

La *Champagne* étant, plus encore que la Picardie, une région à sous-sol perméable, la plupart de ses vallées sont occupées par de la tourbe. Rien n'est plus curieux que le contraste de ces côtes crayeuses, d'où la terre végétale est absente, et qui offrent l'image de la stérilité la plus absolue, avec les marais tourbeux dont le fond plat des principaux thalwegs est tapissé.

Départements des Vosges et de la Haute-Saône. — Il y a un certain nombre de tourbières dans les Vosges et dans le département de la Haute-Saône, aux environs de Lure. On désigne souvent ces endroits tourbeux par le terme de *Faing, Feing* ou *Feigne.*

Les couches inférieures, noires et compactes, pèsent 300 à 400 kilogr. par mètre cube et sont employées comme combustible, mais souvent les parties supérieures se composent d'une sorte de feutre végétal, dont le poids n'est que de 100 à 200 kilogr. par mètre cube, qui absorbe jusqu'à 440 litres d'eau par 100 kilogr. et qui peut, par conséquent, être exploité comme litière. Il en est ainsi pour la tourbière de Corbéfaing, dans la commune de Clerjus, et pour celle du Grand-Étang, près de Gérardmer.

Au Champ-du-Feu, sur un point culminant des Vosges, par 1,000 mètres d'altitude, on est tout surpris de trouver une tourbière dont l'épaisseur n'a pas moins de 2 à 3 mètres.

. . . .

Dans les *montagnes du Jura*, sur France comme sur Suisse, on trouve des tourbières très nombreuses. Par exemple, aux environs de Nozeroy et de Bief-du-Fourg, il y a plusieurs centaines d'hectares de prés tourbeux. Ces terrains, dit M. Hitier, appartiennent à la commune, et chaque année on en extrait une certaine quantité de tourbe pour l'usage des habitants. A la surface, la tourbe que l'on rencontre est composée de fibres non décomposées, entremêlées d'une sorte de filasse comparable à celle qui se trouve dans quelques tourbes de Hollande, et que l'on utilise pour le pansement des chevaux, la confection d'étoffes, etc.

Au-dessous de cette tourbe mousseuse, qui serait excellente pour litière, se rencontrent des couches de tourbe plus dure servant au chauffage.

Le mètre cube pèse de 320 à 360 kilogr.

L'analyse de ces tourbes a donné les résultats ci-après.

Tourbes du Jura (Bief-du-Fourg).

	Fibreuse.	Couche moyenne.	Dure du fond.
	P. 100.	P. 100.	P. 100.
Humidité.	14 50	16.00	11.70
Cendres	3.1	10.5	50.00
Azote	0.08	1.61	1.11
Acide phosphorique	traces	0.00	0.03
Potasse.	0.01	0.008	0.01
Carbonate de chaux.	1.0	2.0	2.50

Dans les montagnes du Jura, les marais tourbeux ne commencent à se montrer qu'à des altitudes supérieures à 800 mètres. D'après M. Bourgeat, leurs couches inférieures se composent de restes de carex, puis sont venus des *Hypnum* ou autres mousses bryacées et, enfin, la tourbe formant un filtre qui débarrasse les eaux de leur calcaire, les sphaignes apparaissent. Tout en haut, où l'eau n'arrive plus en aussi grande abondance, il y a des bruyères et des *Eriophorum vaginatum*[1].

Des sources très nombreuses et très abondantes débouchent au pied des montagnes du Jura, du côté de l'est, soit en France, dans les départements de la Savoie et de l'Ain, soit en Suisse, dans les cantons de Vaud, Neuchâtel, Berne, etc....

En arrivant dans la plaine, ces eaux y rencontrent les dépôts des anciens glaciers de l'époque quaternaire qui ralentissent leur écoulement et il en résulte une longue série de marais qui s'étend aux environs de Culoz et recommence dans le pays de Gex, aux environs de Divonne, puis dans le canton de Vaud, près d'Orbe et d'Yverdon, formant entre les lacs de Neuchâtel, de Morat et de Bienne une vaste étendue de tourbières que l'on appelle le Seeland. La plupart de ces marais sont remplis de dépôts de tuf calcaire qui se mêlent aux matières végétales en décomposition; et ils ne produisent guère que des joncs et des carex qui peuvent être employés comme litière, mais qui ne fournissent au bétail qu'un fort maigre pâturage. Les

1. Bourgeat, *Tourbières du Jura*. Poligny, 1885.

cultivateurs du voisinage vont les faucher en automne dans les moments où il fait le plus sec et où l'ouvrage ne presse pas ailleurs. Ils les mettent en meule et pendant l'hiver, quand le sol gelé permet d'entrer dans les marais avec des chars, ils rentrent cette provision de litière dans leur ferme. Ainsi exploités à peu de frais et presque en temps perdu, ces pauvres terrains donnent un produit net très satisfaisant.

On a souvent fait des essais pour les assainir et en obtenir d'autres produits. Mais le desséchement y a détruit les plantes marécageuses et il n'y poussait plus rien du tout, si ce n'est parfois des chardons. Lorsqu'on les a rompus pour en faire des champs à céréales, le résultat n'a guère été meilleur. Pour les transformer en terres fertiles, il faudrait, outre les travaux de drainage, beaucoup d'engrais.

Il faudrait en quelque sorte refaire ces terres et de telles opérations ne peuvent guère être profitables à une époque où il est souvent difficile d'obtenir un produit net des sols naturellement fertiles.

ALLEMAGNE.

Les contrées de l'Europe qui ont les plus grandes étendues de tourbières sont le nord-ouest de l'Allemagne, la Hollande et l'Irlande.

En Allemagne, une station agronomique spéciale, celle de Brême, dirigée par M. le Dr Fleischer, s'occupe de l'étude de toutes les questions qui se rattachent à la mise en culture des terrains tourbeux ; dans ces derniers temps, les améliorations faites par M. H. Rimpau, dans son domaine de Cunrau, près de Magdebourg, sont devenues classiques. M. P. de Malliard nous en a donné une excellente description.

Ce domaine a une étendue de 1,603 hectares, dont 1,200 hectares se composent de sables analogues à ceux que l'on trouve en si grandes quantités dans le nord de l'Allemagne et que son voisin, M. Schultze, à Lupitz, a appris à améliorer, à la fois en y employant des superphosphates de chaux et des sels de potasse et en y cultivant, comme engrais verts, des lupins qui fixent l'azote de l'atmosphère. Sur le reste de ses propriétés, ce sable est couvert de tourbes; c'est le commencement du Drömling, immense tourbière qui couvre une superficie de 33,000 hectares.

A Cunrau, l'épaisseur de ces tourbes varie de 1 mètre à $1^m,50$, en sorte qu'en y creusant, pour les dessécher, des fossés parallèles à 25 mètres de distance les uns des autres et de $1^m,20$ à $1^m,80$ de profondeur, on atteint le sable sur lequel elles reposent, et c'est là ce qui a été le point de départ des améliorations de M. Hermann Rimpau. Il avait constaté que sur les bords des fossés d'assainissement où la tourbe avait été couverte de 12 à 15 centimètres de sable provenant du déblai de ces fossés, les récoltes étaient très supérieures aux tourbes non ensablées et il chercha dès lors à couvrir les planches qui séparaient ces fossés d'une couche uniforme de 12 à 15 centimètres de sable pris dans le déblai même de ces fossés. En même temps, il régla la profondeur des fossés de drainage de telle sorte que le niveau des eaux se maintînt autant que possible à 1 mètre au-dessous de la surface dans les champs labourés et à 60 à 70 centimètres au-dessous de cette surface dans les prés.

Ce qu'il y a de plus original dans le système d'amélioration des terrains tourbeux de M. Rimpau, c'est qu'au lieu de mêler le sable à la tourbe, comme on le fait souvent ailleurs, il cherche au contraire à le maintenir en couverture partout d'épaisseur égale à la surface des planches. Il obtient ce résultat en ne donnant à ses labours qu'une profondeur de 10 à 12 centimètres, de manière à entamer aussi peu que possible la tourbe.

En effet, cette couverture minérale exerce une influence très heureuse sur les propriétés physiques des terrains tourbeux; elle leur sert en quelque sorte de régulateur.

Tandis que, dans la tourbe nue, l'eau qui s'évapore à la surface est toujours rapidement remplacée par celle que la capillarité ramène du fond, la couverture de sable ralentit cette évaporation; le sol est moins humide en hiver et moins sec en été. Dans le sable, les plantes risquent moins d'être déchaussées par les gelées que dans la tourbe pure; elles y trouvent une température moyenne plus élevée. En même temps le passage des voitures chargées est facilité sur les planches assainies et couvertes de sable ; les mauvaises herbes y sont moins abondantes et les incendies moins à craindre.

Sous certains rapports, des terres argileuses pourraient remplir le même but que le sable. Ainsi fournissent-elles comme lui un substratum plus sûr pour les plantes que la tourbe. Elles ne peuvent pas plus que lui être emportées par le vent ou descendre dans les interstices de la tourbe et perdre ainsi leur efficacité. Elles peuvent également diminuer l'évaporation de l'eau et le refroidissement du sol qui en est la conséquence. Mais le sable et surtout le gros sable doit être préféré à l'argile, parce qu'il permet mieux la circulation de l'air, parce qu'il est plus lourd et s'oppose ainsi mieux au soulèvement du sol par le gel et au déchaussement des plantes.

Au point de vue chimique, le sable de Cunrau est très pauvre. C'est un sable siliceux plus ou moins fin, avec un peu de mica et de feldspath et des cailloux provenant des montagnes de la Scandinavie. D'après une analyse de M. H. Schultze, il renferme 29.51 p. 100 de sable fin et 70.49 de sable plus grossier. Sur 100 parties de ce sable fin, l'acide chlorhydrique dissout à froid :

	P. 100.
Alumine	0.17
Oxyde de fer	0.32
Chaux	0.16
Magnésie	0.10
Potasse	0.02
Acide sulfurique	0.03
Acide phosphorique	0.04

Quant à la tourbe, M. G. Kühn y a trouvé 88.8 p. 100 de matières organiques contenant 3 p. 100 d'azote et 11.2 p. 100 de substances minérales. 100 parties de tourbe sèche renferment :

Potasse	0.313
Soude	0.179
Chaux	5.801
Magnésie	0.459
Oxyde de fer et alumine	1.982
Silice soluble	0.224
Silice insoluble	0.280
Acide phosphorique	0.157
Acide sulfurique	0.862
Chlore	0.022
Sable	0.930
Azote	3.000

Cette tourbe étant très riche en azote, il est tout à fait inutile d'en ajouter comme engrais. Il suffit de lui donner la potasse et l'acide phosphorique qui se trouvent en quantités insuffisantes dans l'ensemble du sable et de la tourbe. M. Rimpau les emploie sous forme de kaïnite (800 à 1,200 kilogr. par hectare) et de superphosphate de chaux (300 à 400 kilogr. à l'hectare). Il obtient ainsi des récoltes magnifiques de colza, de betteraves, de blé, d'avoine, d'orge, de seigle, de pois, de raygrass d'Italie[1].

Quand l'épaisseur de la tourbe est trop grande pour que l'on puisse se procurer, en creusant des fossés de drainage, toutes les matières minérales nécessaires pour couvrir les planches d'une couche de 12 à 15 centimètres, il faut aller chercher ces matières minérales dans un terrain voisin et les amener au moyen de chemins de fer Decauville.

TOURBIÈRES DE LA HOLLANDE.

Il faut distinguer en Hollande deux zones : celle des alluvions argileuses déposées sur les bords de la mer par le Rhin, la Meuse et l'Escaut, fertile delta qui a été entouré de digues et converti en *polders*, et la zone des terrains quaternaires où les sables prédominent. On trouve des tourbières dans les deux zones, mais dans la première ce sont des *tourbières basses* (*laag veen*), dont la plupart ont été converties en prairies et font partie des polders, tandis que, dans la seconde, ce sont des *tourbières hautes* (*hoog veen*).

L'épaisseur de tourbe dans les *hoog veen* varie depuis quelques décimètres jusqu'à 10 mètres, mais ordinairement elle se maintient entre 1 et 5 mètres.

La surface de ces tourbières hautes n'est pas horizontale ; elle suit les ondulations du sol sablonneux sur lequel elle repose et elle est au milieu plus élevée que sur les bords. Elle est couverte de mousse ou de bruyère, et par endroits toute nue, prenant alors une teinte brunâtre.

---

1. Pierre de Malliard, *Monographie du domaine de Cunrau.*

Sa couche supérieure, épaisse de 20 à 50 centimètres et appelée *Bolster*, est composée de restes de mousses qui n'ont pas encore passé à l'état de tourbe. On l'enlève pour l'étendre sur les terres cultivées du voisinage et la mêler aux engrais qu'on y emploie, comme nous le dirons tout à l'heure.

Puis viennent $0^{m},50$ à 2 mètres et demi de *grauer veen*, tourbe appelée *grise*, mais dont la couleur est plutôt brun pâle, dans laquelle on peut encore facilement reconnaître les éléments de la mousse et qui, après avoir été divisée en mottes et séchée sur place, est transportée dans les fabriques où l'on en fait de la litière, nouvelle industrie qui prend de plus en plus de développement en Hollande.

A la tourbe grise succède la tourbe brune, qui devient de plus en plus noire, et présente de plus en plus de consistance à mesure que l'on approche de sa base. C'est la tourbe proprement dite que l'on découpe en mottes et que l'on met sécher pendant plusieurs mois avant de l'expédier dans les villes, où elle est employée comme combustible. Pour le chauffage domestique, la tourbe peut faire concurrence à la houille, à la condition que son transport ne coûte pas trop cher et, dans ce but, on a soin de creuser, au fur et à mesure qu'on l'extrait, des canaux qui servent à ce transport. Généralement on prend 100 mètres comme distance maxima à laquelle la tourbe peut encore être tirée avec profit. Dès que cette distance est atteinte, on commence à faire sortir du canal principal des canaux latéraux ou *wijken*, éloignés les uns des autres de 200 mètres. C'est ainsi que naissent ces réseaux de canaux qui donnent aux tourbières de la Hollande un aspect tout particulier. Ces canaux emmènent aussi les eaux surabondantes et plus tard, quand les sables mis à nu sont cultivés, les mêmes bateaux qui portent dans les centres de population le combustible et les récoltes des champs en ramènent des fumiers et des vidanges. Ces échanges de produits et de moyens de production, facilités par ces voies de transport économiques, sont les causes principales de la prospérité de la région des tourbes de la Hollande et particulièrement des colonies de tourbières (*Veen Kolonien*) qui se sont établies près de Groningue.

Dès que la tourbe est enlevée, on commence à cultiver le sol, en sorte que l'agriculture suit pas à pas l'exploitation des tourbières.

Sur le sable, on laisse la couche inférieure de la tourbe, épaisse d'environ $0^m,20$, comme étant impropre à la combustion. Puis on étend sur ce terrain le *bolster*, couche supérieure de $0^m,50$ que l'on a mise de côté lorsqu'on a commencé à entamer la tourbière. Il reste donc sur le terrain sablonneux une couche de tourbe très perméable, de $0^m,50$ à 1 mètre d'épaisseur. On la mélange avec le sable fourni par le creusement du canal et avec le fumier ou les vidonges amenés par les bateaux. On obtient ainsi un terrain excellent.

En règle générale, le niveau des eaux dans les canaux est déterminé de façon à ce qu'il se trouve à peu près à égale hauteur avec la superficie de la couche sablonneuse qui se trouve sous la tourbe et, par conséquent, à 1 mètre au-dessous de la surface de la terre arable[1].

« Rien de plus singulier, dit M. de Laveleye, que l'aspect de ces *Veen Kolonien* des environs de Groningue, dont les dispositions ont toutes été commandées par les nécessités de l'exploitation des tourbières, sur le sous-sol desquelles elles sont assises. C'est une longue série de maisons coquettes et charmantes qui se poursuit en droite ligne, toutes séparées l'une de l'autre par un canal latéral, et chacune par conséquent munie d'un pont qui lui appartient, de sorte qu'il y a autant de ponts que de maisons. En voyant l'élégance de ces habitations, l'importance des églises et des écoles, le luxe des magasins à grandes glaces, on croirait que ces localités si prospères sont peuplées uniquement de ces rentiers hollandais que le peuple appelle ironiquement *Coupon-Knippers*, parce qu'ils n'ont rien à faire, sauf à détacher les coupons semestriels de leurs fonds publics. Et cependant ce sont bien des habitations rurales, car derrière chacune d'elles on aperçoit la grange et les champs cultivés qui s'étendent à perte de vue.

« La manière dont le sol est mis en valeur n'est pas moins remarquable que la façon dont il a été créé et dont il est occupé. Les fermes ont de 10 à 20 hectares et presque tous les cultivateurs sont

1. H. Wortmann, *l'Exploitation des tourbières dans les Pays-Bas*. 1894.

propriétaires ou locataires héréditaires (*beklemde meyers*) de celles qu'ils exploitent. Ils ne reculent pas devant les avances; ils achètent pour 2,000 ou 3,000 fr. d'engrais de toutes sortes, surtout des boues de rue, que des bateaux amènent d'Amsterdam et des autres villes hollandaises, à travers le Zuydersée, ou de la ville de Groningue, qui a, depuis 1628, adopté les meilleurs règlements pour recueillir toutes les matières fertilisantes, trop souvent perdues ailleurs. Ils emploient aussi, pour stimuler leurs récoltes, le limon fertile que la mer dépose dans le Dollard, le fumier de l'hiver qu'ils obtiennent des fermiers de la zone argileuse moyennant 36 ou 40 fr. par tête de bétail, enfin jusqu'à des moules, qu'on répand ici sur les champs dans la proportion de 200 à 300 hectolitres par hectare, au prix de 0 fr. 50 c. l'hectolitre[1]. »

Malheureusement ce système de culture n'est possible qu'à la condition de pouvoir vendre la tourbe à un prix qui paie à peu près les frais d'extraction et de transport. Or, en moyenne, le pouvoir calorifique de la tourbe est à celui de la houille comme 1 est à 2,5 et, comme elle a d'ailleurs le défaut d'occuper, à poids égal, un plus grand volume et d'être souvent très inégale, on lui préfère la houille pour le chauffage des locomotives et des machines à vapeur. On n'emploie la tourbe que pour les usages domestiques dans les villes qui ne sont pas trop éloignées des lieux d'extraction.

Depuis une vingtaine d'années, la vente de la tourbe grise pour litière a pris une certaine extension. Quand la paille est chère, elle donne un assez large bénéfice.

Mais dans les contrées où il y a de vastes étendues de tourbes accumulées sur de grandes épaisseurs, on ne peut leur appliquer ni le système de l'ensablement en couverture, comme à Cunrau, ni celui du déblaiement de la tourbe et du mélange de sa couche inférieure avec le sable et les engrais de ville, comme dans les *Veen Kolonien*, et l'on est forcé d'avoir recours à l'écobuage, comme cela se pratique depuis un temps immémorial dans les immenses plaines du Hanovre et de l'Oldenbourg.

---

1. Laveleye, *La Néerlande*, 1865.

CHAPITRE XIX

SURFACES OCCUPÉES PAR LES DIFFÉRENTES FORMATIONS GÉOLOGIQUES EN FRANCE. — TERRES COMPLÈTES ET TERRES INCOMPLÈTES.

J'ai essayé de faire, avec l'aide de M. G. Fron, préparateur à l'Institut agronomique, le relevé des surfaces occupées par les différentes formations sur la carte géologique à l'échelle de 1/1,000,000^{e}, exécutée, sous la direction de MM. Jacquot et Michel Lévy, par le service de la carte géologique détaillée de la France.

Voici les surfaces que nous avons trouvées :

Terrains quaternaires et alluvions modernes . .	5,822,500	hectares.
Pliocène	2,894,800	—
Miocène	2,240,000	—
Oligocène	2,523,600	—
Éocène	5,635,500	—
Crétacé supérieur	5,997,500	—
Crétacé inférieur	2,158,600	—
Jurassique	7,616,900	—
Lias et rhétien	1,670,300	—
Marnes irisées	540,500	—
Muschelkalk	214,700	—
Grès bigarré et grès des Vosges	299,600	—
Permien	545,800	—
Carbonifère	565,700	—
Dévonien	580,900	—
Silurien	1,092,800	—
Cambrien	2,742,700	—
Roches éruptives anciennes (granites, porphyres, etc.) et gneiss, micaschistes, etc.	9,160,000	—
Roches éruptives récentes (trachytes, basaltes, laves, etc.)	1,386,700	—
Total	53,689,100	hectares.

La statistique agricole de la France, publiée en 1882 par le ministère de l'agriculture, porte à 2,296,483 hectares le territoire non agricole (emplacement des maisons et bâtiments, des voies de communication de terre, de fer et d'eau, des canaux, etc...). On pourrait y ajouter 1,392,717 hectares de terrains rocheux et montagneux qui sont, non seulement incultes, mais incultivables et qui le resteront toujours, et il y aurait ainsi une surface de 50 millions d'hectares qui est cultivée ou qui pourra l'être tôt ou tard, soit en champs, prés ou forêts : c'est le territoire agricole.

Combien y a-t-il là-dessus de terrains *complets,* c'est-à-dire contenant naturellement, par suite de leur origine géologique, les quantités d'acide phosphorique, de chaux et de potasse nécessaires pour produire ce que nous considérons aujourd'hui comme des récoltes moyennes dans un assolement où se succèdent régulièrement les céréales, les racines et les plantes fourragères? Combien y a-t-il de sols *incomplets,* c'est-à-dire de sols qui sont trop pauvres ou en acide phosphorique, ou en chaux, ou en potasse, pour porter de telles récoltes sans qu'on les complète préalablement par des engrais qui leur fournissent ces éléments ?

Pour faire ces calculs, il ne suffit pas d'avoir les surfaces des principales formations géologiques telles qu'elles sont indiquées dans le tableau ci-dessus ; il faut chercher autant que possible à estimer celles de leurs différents étages au moyen des cartes géologiques plus détaillées qui ont été publiées pour une grande partie de la France. Puis, en tenant compte de ce que nous avons dit dans le cours de notre livre sur la composition minéralogique de ces étages, et des expériences agricoles que l'on y a faites, nous pourrons faire l'inventaire de notre richesse territoriale d'une manière, sinon parfaite, du moins plus exacte qu'on ne l'a fait jusqu'à présent.

Terres complètes. — Sur un territoire agricole de 50 millions d'hectares, nous avons environ 7 millions d'hectares de terres *naturellement complètes,* c'est-à-dire, contenant, par suite de leur origine géologique, les doses d'acide phosphorique, de potasse, etc., nécessaires pour produire de bonnes récoltes de blé, de racines, de trèfle ou de luzerne. Ce sont des sols d'origine volcanique, du calcaire coquillier, du lias, quelques terrains jurassiques, des mollasses tertiaires et surtout des alluvions. Nous pouvons, dès à présent, y ajouter 3 millions d'hectares de limons quaternaires de la Flandre et du bassin de la Seine qui n'étaient pas naturellement complets, mais qui ont été enrichis par leur excellente culture. Cela fait un total de 10 millions d'hectares de terres complètes.

Terres pauvres en acide phosphorique. — Il reste le chiffre considérable de 40 millions d'hectares de terres incomplètes dont environ 3 millions manquent surtout de potasse et dont 37 millions sont trop pauvres en acide phosphorique pour que l'on puisse songer à leur appliquer les assolements intensifs qui sont considérés comme l'idéal de l'agriculture ; et, remarquez-le bien, ces terres ne sont pas pauvres en acide phosphorique, parce qu'elles ont été, comme on l'a souvent dit, épuisées par une culture imprévoyante, une culture *vampire*, suivant l'expression de Liebig ; elles l'ont toujours été, elles le sont par suite de leur origine géologique.

Il y en a une partie, environ 12 millions d'hectares, qui ne manquent pas de chaux : elles appartiennent aux formations jurassique, crétacée, au calcaire grossier, au calcaire nummulitique, etc. Mais la plupart sont aussi pauvres en chaux qu'en acide phosphorique. Ce sont d'abord tous les sols formés par la décomposition des roches éruptives anciennes : granites, gneiss, micaschistes, etc. (plus de 9 millions d'hectares) ; puis les terrains primaires, et une partie des terrains tertiaires : argile plastique, argile à silex, etc. Ces derniers ne manquent pas de potasse. Mais il y en a qui sont, comme le grès houiller, le grès des Vosges, le sable de Fontainebleau, etc., pauvres en tout.

Telles que la nature les a faites, ces terres ne peuvent produire ni blé, ni trèfle, si l'on ne trouve pas moyen de les compléter par une addition d'acide phosphorique et de chaux. Mais, quand on n'avait pas de phosphates (et il n'y a guère qu'un demi-siècle que nous en avons découvert des gisements importants), quand on ignorait même les causes de leur infertilité, que faisait-on de ces terres ?

On les abandonnait à leur végétation spontanée ou bien on ne leur demandait que ce qu'elles pouvaient donner par des procédés de culture qui les enrichissaient dans une certaine limite et que nous allons décrire tout à l'heure.

Leur végétation spontanée, c'est la forêt ou la lande ; dans les contrées méridionales, la *touya* ou le maquis ; quelquefois de maigres prairies, quelquefois des tourbières ou des marais.

On peut admettre que presque toutes nos landes et bruyères (3,889,171 hectares d'après la statistique de 1882) et la plupart de nos bois et forêts (9,455,225 hectares), soit en tout 13,344,396 hectares de landes et forêts, se trouvent situés sur ces terrains pauvres en acide phosphorique ; dans tous les cas 13 millions.

Il reste donc environ 24 millions d'hectares de terres réellement agricoles pauvres en acide phosphorique.

Tandis que la plus maigre récolte de blé doit trouver dans le sol qui la produit 15 à 16 kilogr. d'acide phosphorique par hectare (environ 1 kilogr. par hectolitre), un bois de pin en demande seulement, d'après M. Ebermayer, 4^{k},75 par an et par hectare, et encore la plus grande partie de cet acide phosphorique (3^{k},68) va-t-elle se fixer dans les aiguilles et les menues branches qui tombent sur la terre, s'y décomposent et lui rendent ce qu'elles y ont pris ; le bois lui-même n'en absorbe guère plus de 1 kilogr. par hectare et par an.

Du reste, la vigueur de la végétation des pins eux-mêmes est d'autant plus grande que le sol contient plus d'acide phosphorique. M. Schütze, en Bavière, a dosé :

Dans le sol des pinières de 1re classe, 0.501 p. 1,000 d'acide phosphorique.

Dans le sol des pinières de 2e classe, 0.569 p. 1,000 d'acide phosphorique.

Dans le sol des pinières de 3e classe, 0.388 p. 1,000 d'acide phosphorique.

Dans le sol des pinières de 4e classe, 0.299 p. 1,000 d'acide phosphorique.

Dans le sol des pinières de 5e classe, 0.236 p. 1,000 d'acide phosphorique.

Les épicéas et les chênes prennent à la terre un peu plus d'acide phosphorique que les pins, à peu près deux fois plus, mais leur consommation d'acide phosphorique est toujours infiniment moins grande que celle de nos plantes cultivées. De plus, les arbres ont de longues racines qui vont puiser les matières minérales dont elles ont besoin à des profondeurs que ces plantes annuelles ne pourraient pas atteindre. Une partie de ces matières minérales est exportée quand on exploite le bois, mais le reste s'accumule à la surface du sol avec l'humus que forment « les dépouilles de nos bois qui, chaque automne, viennent joncher la terre ».

Mais les hommes ne peuvent pas se contenter de bois, de landes et de tourbières. Quels sont les procédés qu'ils ont employés pour cultiver les céréales nécessaires à leur alimentation? C'est d'abord l'écobuage.

Écobuage. — Lorsqu'on brûle une partie de ces débris de feuilles et de bois et que l'on sème des grains sur le terrain ainsi défriché, on met à la disposition de ces grains une partie de l'acide phosphorique, de la chaux et de la potasse que les arbres ont absorbés et concentrés pendant une longue série d'années et, en même temps, la nitrification de l'azote contenu dans l'humus est activée. C'est ce qu'on appelle l'*écobuage*. Si la terre des forêts ainsi défrichée, cette *terre vierge,* comme on la nomme souvent, est, par suite de sa constitution géologique, riche en éléments minéraux, on peut en obtenir pendant longtemps de belles récoltes, mais, si elle est pauvre en phosphate, l'écobuage permet d'y faire pendant quelques années de l'avoine, du sarrasin, du seigle, rarement du blé ; mais ses réserves de matières minérales utiles sont bientôt épuisées et le cultivateur est obligé de la rendre à sa végétation spontanée pour aller défricher une autre partie de la forêt. C'est l'agriculture des premières civilisations, celle des peuples encore nomades.

Concentration des matières fertilisantes dans le voisinage de la ferme. — Quand la population augmente et devient sédentaire, quand le cultivateur s'est construit une demeure, une ferme, sur le terrain qu'il a défriché et que la propriété foncière se constitue, il faut trouver moyen de rendre à ce terrain la fertilité qu'il a perdue.

On a recours alors à un système de culture que le comte de Gasparin a appelé *hétérositique*, nom dérivé du grec, qui veut dire que cette terre se nourrit aux dépens d'autres terres qui l'entourent. Sur ces terres, on envoie pâturer le bétail ; et l'on y coupe tout ce qui peut servir de combustible, de litière pour les animaux et de matières pour fabriquer du fumier.

Évidemment, les terres ainsi dépouillées ne peuvent pas rester boisées; elles se transforment en landes plus ou moins pauvres, suivant leur profondeur. — Toutes les substances fertilisantes sont accumulées dans les champs qui entourent la ferme et qui s'enrichissent ou du moins conservent une certaine fertilité aux dépens des landes.

Mais, sans amendements calcaires ou phosphatés, on ne peut y cultiver que l'avoine, le seigle, le sarrasin, les pommes de terre, etc.

Dans les terrains granitiques et siluriens du centre de la Bretagne, la plupart des fermes ont, outre une dizaine d'hectares de champs cultivés, de *terres chaudes*, comme on les appelle, 40 à 50 hectares de landes ou de terres froides. Dans les terres les plus profondes, c'est la *grande lande*, dont les végétaux principaux sont la fougère, le genêt à balai et l'ajonc épineux. Dans les arènes siliceuses qui couvrent les granites, les gneiss et les quartzites siluriens, c'est la *petite lande*, caractérisée par le petit ajonc, diverses sortes de bruyères. Les ajoncs et les genêts jouent le rôle d'accumulateurs d'azote, comme toutes les légumineuses, et les plantes qui constituent la flore des landes fixent dans leurs tissus la potasse et les traces de chaux et d'acide phosphorique qu'elles réussissent à trouver en terre. Mais, au lieu de les brûler, on en emploie une partie pour la nourriture du bétail, et les grosses tiges, coupées tous les trois ou quatre ans, servent de litière pour ce bétail ou sont étendues dans les cours humides des métairies où elles se décomposent et servent ensuite à fabriquer les fumiers que l'on emploie dans les terres chaudes. La lande sert de fabrique d'engrais pour les champs, et la proportion des landes nécessaire pour entretenir la fertilité de ces champs est d'autant plus grande que le sol est plus pauvre.

Dans les landes de Gascogne, le terrain est si pauvre que, pour le rendre apte à produire un peu de seigle et de millet, il faut concentrer sur 1 hectare tout l'azote, l'acide phosphorique, la potasse et la chaux que la végétation naturelle a pu trouver dans 20 ou 30 hectares de landes.

Mais au sud des landes de Gascogne, aux environs de Mont-de-Marsan, dans le Bas-Armagnac et dans la Chalosse, les terres sont meilleures et la proportion des landes se réduit.

Dans les Basses-Pyrénées, on ne considère un domaine comme bien constitué que s'il possède au moins un tiers de sa superficie en landes ou *touyas*. Ces touyas intermédiaires entre la lande et la forêt, mélanges de genêts, de bruyères, de pins, épars au milieu des vignes, des champs de blé et de maïs, donnent un grand charme au paysage.

Prés. — Dans une grande partie de la France, nous avons, depuis l'époque de Charlemagne, l'assolement triennal; mais il n'a pu se maintenir dans les terres à la fois pauvres en chaux et en acide phosphorique, malgré sa jachère, que grâce aux prés qui soutiennent les champs, et il faut que ces prairies soient enrichies par l'irrigation pour qu'elles puissent elles-mêmes enrichir les terres en culture.

Bossingault a montré, dans son *Économie rurale,* d'après les analyses qu'il a faites des produits de son exploitation agricole de Bechelbronn et du foin récolté sur les prairies qui y sont annexées, qu'il faut, pour restituer aux champs les 6 kilogr. par hectare d'acide phosphorique que les récoltes vendues exportent chaque année, à peu près un demi-hectare de pré irrigué pour un hectare de terre labourée. Les prés sont arrosés par la Sauer, qui a coulé sur le grès des Vosges; ils ne reçoivent aucun autre engrais que les sels dissous dans les eaux et les limons déposés par la rivière.

Dans l'ensemble du département des Vosges, on ne trouve qu'un hectare de prés pour trois hectares de terres labourales (82,696 pour 245,125). Une grande partie de ces prés est irriguée, mais les eaux qui servent à ces irrigations sont aussi pauvres en acide phosphorique et en chaux que les terres sur lesquelles on les amène et c'est pour cela qu'au lieu d'employer 1 à 2 litres par seconde et par hectare, comme dans le département de Vaucluse, on en emploie 100 à 150 litres, quelquefois même plus.

Dans le granite et le grès des Vosges, l'irrigation a un double but : non seulement elle fournit l'eau nécessaire au développement des graminées, mais elle sert de véhicule aux matières minérales que cette eau a dissoutes dans les terrains qu'elle a traversés. On obtient ainsi un certain poids de fourrages ; mais ces fourrages sont composés presque exclusivement de graminées et les légumineuses y sont rares. Comme ils contiennent relativement peu de phosphates et de chaux, les animaux qu'ils servent à nourrir ne peuvent pas prendre une forte ossature ; ils restent petits. De plus, il est difficile de les engraisser avec les foins de ces prairies surabondamment arrosées. Pour améliorer ces foins, les cultivateurs vosgiens ont depuis longtemps l'habitude d'acheter, soit en Lorraine, soit en Franche-Comté, des cendres lessivées qu'ils répandent sur leurs prés ou dans leurs champs. Cet engrais supplémentaire y fait pousser du trèfle, grâce à l'acide phosphorique et à la chaux qu'il lui amène, et dès lors le foin devient plus favorable à la croissance et à l'engraissement des bêtes à cornes.

Mais il est difficile de se procurer assez de cendres lessivées pour produire ces améliorations dans tout le département. Heureusement nous avons aujourd'hui des ressources nouvelles ; les superphosphates de chaux et surtout les scories de déphosphoration peuvent fournir l'acide phosphorique en grande quantité et à un prix beaucoup moins élevé que les cendres lessivées. En ajoutant leur emploi à l'irrigation, on pourra, avec le même volume d'eau, arroser une beaucoup plus grande surface de prés et augmenter ainsi la quantité et la qualité des fourrages.

Dans les terrains granitiques du Limousin et de tout le plateau central, les prairies irriguées jouent le même rôle que dans les Vosges. Mais là elles sont souvent plus riches en acide phosphorique et en chaux, parce que les eaux ont passé sur des rochers volcaniques qui leur en ont fourni.

Chaux et marne. — Depuis que nous avons de bonnes routes départementales, c'est-à-dire depuis cinquante ou soixante ans, et surtout depuis que nous avons des chemins de fer, on a commencé à amener de la chaux dans toutes ces contrées granitiques du plateau central, comme dans celles de la Bretagne et de la Vendée. La chaux, tout en fournissant au sol un des éléments qui lui manquent, active la décomposition et la nitrification des matières organiques. On recherche surtout la chaux qui a été fabriquée avec des calcaires qui contiennent des phosphates, comme ceux du lias.

« La chaux change la bruyère en trèfle et le seigle en avoine », disent les Bretons.

Sur les côtes de la Bretagne, on a la tangue, le maërl, les varechs, etc. L'Océan est une vraie fabrique d'engrais. De là, la *ceinture dorée,* bande de terres fertilisées qui entoure la Bretagne jusqu'à une certaine distance de la côte.

Ailleurs, c'est la marne qu'on emploie, quand on la trouve à peu de distance des terres qui en ont besoin. Par exemple, dans le pays de Caux, l'argile à silex et le limon quaternaire reposent sur une base de craie ; on appelle cette craie de la *marne* et on l'extrait simplement en creusant des puits à travers les terres qui la recouvrent.

Certains bancs de craie sont, comme on le sait, assez riches en phosphates et, par conséquent, ils fournissent à la fois de la chaux et de l'acide phosphorique. On dit que ce sont nos ancêtres les Gaulois qui ont inventé le marnage. Il est probable que cette invention a été faite sur les plateaux du pays de Caux, de la Brie ou de la Beauce, où il était si facile d'extraire la marne.

Dans tous les cas, grâce à ces marnages si faciles, ces plaines ont pu devenir les greniers de la France, en conservant le vieil assolement triennal de Charlemagne, mais en le perfectionnant, en remplaçant la jachère par les trèfles et les betteraves et en cultivant de la luzerne en dehors de l'assolement.

Phosphates. — Évidemment la meilleure manière de corriger le défaut d'acide phosphorique dans les terres, c'est de leur en donner.

On a commencé par employer les os pulvérisés et le noir animal, résidu des raffineries du sucre. Mais les quantités disponibles étaient loin de correspondre aux besoins. Une nouvelle ère s'ouvrit, il y a quarante à cinquante ans, lorsqu'on eut découvert de véritables mines de phosphates, d'abord dans le grès vert, puis dans le lias, dans les dépôts tertiaires du Quercy, de la Somme, etc., et en dernier lieu dans ceux de l'Algérie, de la Tunisie et de la Floride. Si nous avons en France beaucoup de terrains pauvres en phosphates, nous avons aussi beaucoup de gisements de phosphates. Grâce à cette abondance de phosphates, à ceux qui nous arrivent aussi de la Floride et aux scories de déphosphoration que fournissent les usines métallurgiques, le prix du kilogramme d'acide phosphorique n'est plus que de 20 centimes à peine dans les phosphates des Ardennes, 25 à 30 centimes dans les scories de déphosphoration et 45 à 50 centimes dans les superphosphates de chaux minéraux. Évidemment, malgré ces bas prix, il ne peut pas être question de compléter à tout jamais les terrains qui sont trop pauvres en acide phosphorique, c'est-à-dire de leur donner tout d'un coup les 2,000 à 3,000 kilogr. d'acide phosphorique qui leur manquent par hectare. Ce serait encore une dépense de 500 à 600 fr. par hectare.

Il vaut mieux donner seulement 50 à 60 kilogr. par hectare d'acide phosphorique à l'état assimilable pour les plantes ; ce sera une dépense de 20 à 30 fr. qui, faite à propos, c'est-à-dire dans un terrain qui renferme tous les autres éléments de fertilité, se remboursera dès la première année, en laissant un bénéfice considérable au cultivateur.

Il en est de même pour la potasse, quand les terres en contiennent trop peu. Il est impossible de *compléter* tout d'un coup le capital foncier, quand certains éléments y manquent. Il vaut mieux chercher à compléter chaque année la fraction de ce capital qui est devenue liquide, c'est-à-dire assimilable par les récoltes.

Mais il est inutile de donner à toutes les terres un engrais complet, comme l'ont proposé certains chimistes. Il suffit de leur donner ce qui leur manque et, pour savoir ce qui leur manque, il faut connaître leur origine géologique.

D'un autre côté, le *principe de la restitution* [1] que Liebig a mis à la mode il y a cinquante ans et que l'on présente encore souvent

1. « La terre ne peut conserver sa fertilité qu'à la condition qu'on lui rende intégralement tout ce que les récoltes lui ont pris. »
(Liebig, *Chimie appliquée à l'agriculture*, 1re partie.)

comme une loi fondamentale de l'agriculture, n'est applicable que pour les terres qui sont naturellement complètes. Mais nous avons vu que ces terres sont beaucoup plus rares que les terres incomplètes. Or, si un sol est trop pauvre en acide phosphorique, en chaux ou en potasse, on ne pourra y obtenir que de misérables récoltes de blé ou de trèfle; on ne pourra peut-être même pas en cultiver du tout; et l'on ne peut pas restituer où l'on n'a rien pris, où il n'y avait rien à prendre.

Pour utiliser les ressources naturelles de notre territoire, il faut commencer par les répartir, conformément aux besoins de l'agriculture. Il en est des phosphates et des autres matières minérales qui servent à nourrir les plantes, comme des eaux. Dans certaines terres, il n'y en a pas assez; dans les autres, il y en a trop. Il faut compléter les uns par les autres, et c'est la géologie qui nous servira de guide dans cet aménagement rationnel de nos richesses agricoles.

ERRATA

A la page 168, à la 9e ligne, lisez : rive *droite* de la Seine au lieu de : rive gauche.

A la page 192, à la 3e ligne en commençant par en bas, lisez : *qu'elles en amènent* au lieu de : qu'elle en amène.

TABLE DES MATIÈRES

CHAPITRE XVI

Les terrains tertiaires et quaternaires du sud-ouest de la France (suite).

CHAPITRE XVII

CHAPITRE XVIII

CHAPITRE XIX

TABLE GÉNÉRALE DES MATIÈRES

CHAPITRE IV

Terrains de transition.

CHAPITRE V

CHAPITRE VI

CHAPITRE VII

Le trias.

CHAPITRE VIII

Terrains jurassiques.

CHAPITRE IX

CHAPITRE X

CHAPITRE XI

CHAPITRE XII

CHAPITRE XIII

CHAPITRE XIV

CHAPITRE XV

Les terrains tertiaires et quaternaires de la Suisse, de l'est et du sud-est de la France.

CHAPITRE XVI

Les terrains tertiaires et quaternaires du sud-ouest de la France.

CHAPITRE XVI

Les terrains tertiaires et quaternaires du sud-ouest de la France (suite).

CHAPITRE XVII

CHAPITRE XVIII

CHAPITRE XIX

TABLE DES MATIÈRES

PAR DÉPARTEMENTS ET PA

(Le chiffre romain indique le volume et le chiffre arabe la page où les terrain

Ain.

Aisne.

Allier.

Alpes-Maritimes.

Basses-Alpes.

Hautes-Alpes.

Ardèche.

Ardennes.

Ariège.

Aube.

Aude.

Aveyron.

Bouches-du-Rhône.

Calvados.

Cantal.

Charente-Inférieure.

Charente.

Cher.

Côte-d'Or.

Corrèze.

Côtes-du-Nord.

Creuse.

Dordogne.

Doubs.

Drôme.

Eure.

Eure-et-Loir.

Finistère.

Gard.

Haute-Garonne.

Gers.

Gironde.

Hérault.

Ille-et-Vilaine.

Indre.

Indre-et-Loire.

Isère.

Jura.

Landes.

Loir-et-Cher.

Loire.

Haute-Loire.

Loire-Inférieure.

Loiret.

Mayenne.

Meurthe-et-Moselle.

Meuse.

Morbihan.

Nièvre.

Nord.

Oise.

Orne.

Pas-de-Calais.

Puy-de-Dôme.

Basses-Pyrénées.

Hautes-Pyrénées.

Pyrénées-Orientales.

Rhône.

Haute-Saône.

Saône-et-Loire.

Sarthe.

Savoie.

Haute-Savoie.

Seine-Inférieure.

Seine-et-Marne.

Seine et Seine-et-Oise.

Deux-Sèvres.

Somme.

Tarn.

Tarn-et-Garonne.

Var.

Vaucluse.

Vendée.

Vienne.

Haute-Vienne.

Vosges.

Yonne.

Alsace-Lorraine.

Allemagne.

Angleterre.

TABLE DES MATIÈRES PAR DÉPARTEMENTS ET PAYS.

Autriche.

Belgique.

Espagne.

Hollande.

Russie.

Suède et Norvège.

Suisse.

Nancy, impr. Berger-Levrault et Cie.

www.ingramcontent.com/pod-product-compliance
Ingram Content Group UK Ltd.
Pitfield, Milton Keynes, MK11 3LW, UK
UKHW031043260726
13965UKWH00006B/149

9 782013 479707